U0938125

华北水利水电学院校史

（2001—2011）

主　　审　朱海风
主　　编　严大考
常务副主编　张殿玉
副 主 编　程思康　马　英　丁立杰

黄 河 水 利 出 版 社
·郑州·

图书在版编目(CIP)数据

华北水利水电学院校史:2001—2011/华北水利水电学院校史编委会编.—郑州:黄河水利出版社,2011.9

ISBN 978 - 7 - 5509 - 0117 - 9

Ⅰ.①华… Ⅱ.①华… Ⅲ.华北水利水电学院 - 校史 - 2001 ~ 2011 Ⅳ.①TV - 40

中国版本图书馆 CIP 数据核字(2011)第 181340 号

出 版 社:黄河水利出版社

地址:河南省郑州市顺河路黄委会综合楼 14 层　　邮政编码:450003

发行单位:黄河水利出版社

发行部电话:0371 - 66026940、66020550、66028024、66022620(传真)

E-mail:hhslcbs@126.com

承印单位:河南省瑞光印务股份有限公司

开本:787 mm × 1 092 mm　1/16

印张:23.5

字数:520 千字　　印数:1—2 000

版次:2011 年 9 月第 1 版　　印次:2011 年 9 月第 1 次印刷

定价:100.00 元

《华北水利水电学院校史(2001—2011)》编审委员会成员

序

为彰显学校办学发展成就，展现学校精神风貌，达到以史育人，激励精神，凝心聚力，促进学校可持续发展之目的，在我校60周年华诞之际，校史编写组在《华北水利水电学院院史(1951—2001)》的基础上，尊重史实，深入挖掘，认真凝练，科学编纂了这部《华北水利水电学院校史(2001—2011)》，无疑具有重大而深远的意义。

近十年，适逢我国高等教育管理体制发生重大变革的时候，华北水利水电学院按照国务院安排，由水利部直属管理划转为以河南省管理为主，省部共建的管理体制；近十年，国家相继出台了《国家中长期科学和技术发展规划纲要》和《国家中长期教育改革和发展规划纲要》，2011年中央发布一号文件，做出了《关于加快水利改革发展的决定》，召开了中央水利工作会议，教育、科技和水利电力事业都面临快速发展的历史机遇。华北水利水电学院紧紧抓住了近十年的各种发展机遇，在河南省和水利部的双重支持下，实现了规模、结构、质量、效益的协调发展，形成了自己的优势和特色，提出了建设特色鲜明的高水平教学研究型大学的奋斗目标，并坚定不移地推进这一目标的实施。

过去的十年，是华北水利水电学院与中国教育事业、水利事业的快速发展同行，致力于人才培养，取得丰硕成果的十年。学校牢固树立“育人为本、学以致用”的办学理念，秉承“勤奋、严谨、求实、创新”的校训，坚持“从严治校、从严执教”的管理思想，构建了“厚基础、宽专业、强素质、重实践、有创新”的人才培养方案，保证了人才培养质量。学校全日制本、专科生由2001年的7 289人发展到目前的20 322人；在校研究生由2001年的113人发展到目前的1 086人。2005年学校在教育部本科教学工作水平评估中获优秀等次。2007年获“全国教育系统先进集体”。学校连续10年荣获“全国大中专学生志愿者暑期‘三下乡’社会实践活动先进单位”，连续15年荣获“河南省社会实践活动先进单位”，2010年获得中国志愿者集体的最高荣誉——“第八届中国志愿者优秀组织奖”。学校连续4届被评为“河南省艺术教育一类院校”，并荣获“全国学校艺术教育先进单位”称号。

学校建立了招生、培养、就业联动工作机制。近年来，学校第一志愿报考率、第一志愿录取分数和毕业生就业率在河南省一直名列前茅，形成了“入口旺、出口畅”的良好局面。2008年以来，河南省毕业生就业市场水利电力类分市场、“全国高校毕业生就业市场河南分市场”和“河南省高中等职业院校毕业生就业创业综合服务基地”先后落户我校。2009 年,学校获“全国高校毕业生就业工作先进集体”。

过去的十年,是华北水利水电学院与创新型国家建设同行,致力于科学研究,科技创新成绩斐然的十年。学校遵循“保持传统优势,突出学科特色,优化学科结构,拓展学科领域,强化学科融合,发展新兴学科”的思路,不断优化专业结构,并形成了以水利为特色、以工科为主干,理、工、农、经、管、文、法相互渗透的多学科协调发展的专业体系,呈现出重点学科与优势专业相互促进的良好局面。本科专业由 2001 年的 21 个发展为现在的 54 个,硕士学位授权点由 2001 年的 6 个发展为现在的 52 个;省级重点学科由 2001 年的 2 个发展为现在的 19 个,现拥有 3 个省部级重点实验室,1 个省级重点实验室培育基地,4 个院士工作站,1 个院士实验室,35 个研究(院)所,国家级特色专业建设点 3 个,省级特色专业建设点 10 个。

2001 年以来,学校承担国家自然基金项目 29 项,国家社科基金项目 2 项,国家科技支撑计划项目 5 项,国家“948”项目 6 项,公益性科研专项项目 10 项,教育部科研项目 10 项,水利部 50 余项,其他省部级项目 200 余项。获得国家级科技进步二等奖 2 项,获省部级以上科技奖达 109 项,发表科研论文 6 844 篇,其中被 SCI、EI、ISTP 等检索收录 906 篇;出版学术著作、教材编著 637 部。科研项目立项合同总额累计达 3.8 亿元,其中纵向项目合同额 6 590 万元。学校先后被评为河南省高校科研管理先进单位和全国水利系统科研先进单位。

过去的十年,是华北水利水电学院与经济社会协调发展同行,致力于服务社会,社会贡献成效显著的十年。学校秉承“情系水利,自强不息”的办学精神,明确“服务河南、服务行业、服务社会”的服务面向定位,紧紧围绕国家水利电力行业的建设与发展,不断优化人才培养方案和创新培养过程,提高学生的政治素质、人文素质、工程素质,培养其实践能力,铸造了“下得去、吃得苦、留得住、用得上”的华水毕业生品牌,得到社会各界的广泛认可和普遍赞誉,为河南省经济社会发展,为全国水利电力行业培养了一大批从事专业技术与管理工作的应用型创新人才。

2009 年 8 月,河南省政府与水利部签署共建华北水院协议,构建了与地方、水利行业科研及企业单位的合作平台,进一步增强了学校服务河南、服务行业、服务社会的能力。近年来,学校实施“以服务求支持、以贡献求发展、以共赢求合作”方略,相继与中国水利水电科学研究院等十余家研究院所及企业签订了合作(共建)协议,在国家水利建设的各个领域开展合作与服务。

过去的十年,也是华北水利水电学院与时代同行,拓展规模、提升内涵、特

色发展的十年。学校适应规模发展的需要,积极稳妥推进新校区建设,使学校占地面积由2001年的560亩扩展到2 330亩,两校区校舍建筑面积由2001年的26万m^2增加到70万m^2,极大地拓展了办学空间;学校在新校区建设了教师周转房,实现了教职工安居乐业、校园和谐稳定;学校加大图书信息等办学资源建设,图书期刊文献从由2001年的60万册增加到208万册,教学科研仪器设备总值由2001年的0.3亿元增加到1.416亿元,现代电子图书系统达到国内高校先进水平,使办学条件整体得到改善。经过近十年的建设发展,学校固定在产总值已经从2001年的1.4亿元增加到12.9亿元。

2010年2月,学校博士学位授予单位建设成功立项,2011年7月通过了国务院学位委员会中期检查验收,博士学位授予单位建设工作实现了历史性的突破;学校实施人才强校战略,师资力量明显增强,从2001年到现在,学校教职工总量由600余人增加到1 559人,教授由59人增加到147人,副教授由101人增加到327人,高级职称占专业技术人员的37%。具有硕士以上学位的专任教师由2001年的不足200人增加到目前的近1 000人,占专业技术人员的79%。师资队伍的规模、学历结构、学缘结构、年龄结构更加趋于合理,综合素质得到显著提高;学校积极深化校内管理体制改革,试行校院二级办学模式,对基层教学、科研和学术管理组织进行优化调整等,体制改革不断深化;学校不断加强党的建设,充分发挥党委的领导核心作用,保障了学校各项事业沿着正确的轨道发展。

过去的十年,是华北水利水电学院持续发展、协调发展、特色发展的十年,是始终向着特色鲜明的高水平教学研究型大学目标迈进的十年。展望未来,我们相信,华北水利水电学院的人才培养质量、科技创新能力、社会服务水平和文化影响力将实现新的跨越,将在地方经济社会发展和国家水利建设事业中发挥更大的作用。

谨以此书奉献给学校历任领导、老师、海内外校友,奉献给关心支持学校发展建设的社会各界人士。本书编纂之中,疏漏之处在所难免,敬请指正海涵。

是为序。

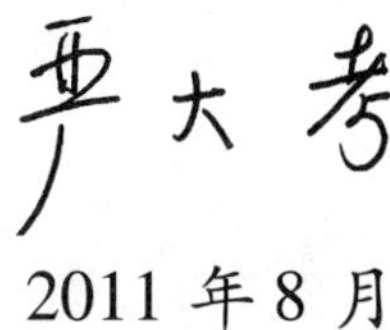

2011年8月

我们是未来的水电建设者

——华北水利水电学院校歌

1=C $\frac{4}{4}$

陈自强 词
李以明 曲

亲切 召唤地

嵩山北麓，黄河之畔，中原绿城有我们可爱的校园。

振兴中华是我们的理想，开发水电是我们的志愿。
求实创新是我们的校训，面向世界是我们的誓言。

勤奋学习努力钻研,在知识的海洋中破浪向前，我们想的是兴利除害，爱的是水库电站。
团结友爱刻苦攻关,向科学的高峰奋勇登攀，我们今天是桃李芬芳，明天把青春贡献。

我们是未来的水电建设者，事业可爱前程灿烂。

rit

前程灿烂。

目　录

序

·学校发展史·

·部门发展简史·

·大事记·

·附　录·

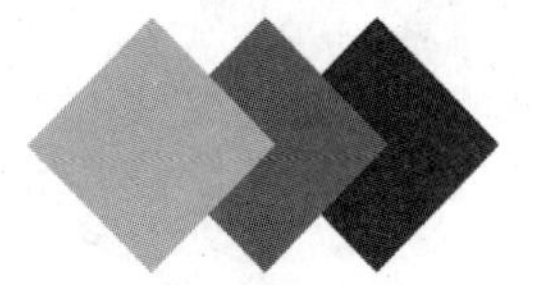

学校发展史

第一章　科学规划与特色发展

进入21世纪,随着国家经济社会的飞速发展,经过50年办学积淀的华北水利水电学院也进入一个崭新的发展阶段。回顾过去10年,可以看到学校改革与发展始终贯穿着一条鲜明的主线,那就是奋力推进特色鲜明的高水平教学研究型大学建设。特色鲜明的高水平教学研究型大学建设目标的提出和确立不是一时兴起,建设特色鲜明的高水平教学研究型大学也不可能一蹴而就,这是过去50年教学型大学建设发展到一定历史阶段的必然要求和逻辑方向,也是全体华水人过去10年集思广益形成共识和大力实践的必然结果,更需要一代代华水人科学谋划、强力推进,最终实现学校的科学发展、特色发展和持续发展。

第一节　教学研究型大学建设目标的确立

高校办学定位问题的实质是“建设什么样的大学”和“如何建设这样的大学”的问题。在长期的办学过程中,特别是迁郑办学以来,学校对办学定位问题进行了深入的思考,经过不断地探索,逐渐形成了教学研究型大学的建设目标。

迁郑之初,时任水利部部长杨振怀对学校提出了“面向三北,重点黄河,新校新办,办出特色”的指导思想。1990年3月,学校党委决定,在全校开展“迁郑建设事业发展规划和组织实施办法”的大讨论,着重讨论应该办成一个什么样的学校,怎样理解“新校新办”、如何办出特色等议题。这次大讨论,实质上就是关于学校办学定位的一次广泛、深入的思考。

1991年5月,杨振怀部长就学校的办学问题再次指出:要把学校办成出人才、出成果、出经验的高质量工科院校,要建设一个开放式、研究型、多样性的高质量的工科院校。杨振怀部长的指导意见,已经触及到了学校提升办学水平、建设成为研究型院校的发展方向,但学科发展方向仍然局限在工科。

1993年8月,学校召开暑期改革与发展研讨会,与会人员认真讨论了学校《改革与发展大纲》(讨论稿)。这个大纲从新的角度提出了学校的发展方向:以水利水电专业为主的,适应市场经济的多层次、多学科的综合性大学。这一发展方向,已经突破了水利部领导和学校原有的关于学校办学定位的界定,学科发展不再限于“工科”,而是多层次、多学科;办学定位不再限于“院校”,而是综合性大学。这是学校办学定位的一次大拓展。时任党委书记冯国斌认为:一是在坚持以水利水电专业为主的前提下,拓宽专业面;二是要瞄准市场和社会需要,发展和扶持新兴学科和边缘学科,适当发展经济类、管理类等人文科学专业,使学校既有水利院校的特点,又有综合大学的方向,逐步形成自己的办学优势和特色。

1996年,在学校建校45周年庆祝大会上,时任校长王克修提出了学校发展的总目标:面向21世纪我国水利水电建设的主战场,加快学院的改革与发展步伐,把我院建设成一所具有北方特点的,适应社会主义市场经济和水利系统五大体系要求的,以水利水电为主的多学科、多层次的工科大学,成为水利水电行业培养高级人才和开展水利水电科学技术的重要基地。王克修的讲话,再次明确要以大学为发展方向,表明了学校对大学建设目标的认识更加深化。

1998 年,学校制定了《改革与发展纲要(1999—2010 年)》,该纲要明确提出了"以水资源开发和综合治理为主,工、农、经、管等多学科全面发展的、具有北方特色的水利水电大学"的发展目标,规划了"立足水利行业、面向三北地区、重点开展黄河流域、具有北方特色"的发展定位,提出了"重点发展本科教育,进一步扩大研究生教育,大力发展成人教育"的发展方向。这一纲要更加清晰地勾勒了多学科发展和建设大学的办学定位。

2002 年,学校召开了第八次党代会,时任党委书记朱清孟在工作报告中提出,要把学校建设成"具有鲜明特色的华北水利水电大学"。这一办学定位,在已有的建设大学的发展目标的基础上,立足于学校管理体制划转、以河南省管理为主的实际情况,明确了突出水利水电学科优势的特色发展道路,是学校办学定位的一次重要提升。

2004 年,学校在制定《发展战略规划》时,明确提出:逐步把学校由教学型大学建设成教学研究型大学。这是学校正式提出建设教学研究型大学的发展定位,表明学校具备了较强的办学实力、较高的办学水平,已经具有了建设教学研究型大学的条件。学校提出建设教学研究型大学,既是对办学实力、办学水平的确认,更是办学定位从教学型大学向教学研究型大学转变的新的提升。

此后几年,学校围绕建设教学研究型大学的办学定位,不断丰富其内涵。2003—2005 年,在迎接教育部本科教学工作水平评估过程中,学校对办学指导思想及定位进行了重新审视和综合,更加突出了优势和特色。2006 年,在学校建校 55 周年庆典上,校长严大考提出要把学校建设成"特色鲜明的教学研究型大学"。同年,学校制定的《"十一五"规划》,又对"特色鲜明的教学研究型大学"加以明确。2008 年,学校召开的暑期专题会议,集中讨论了由教学型大学向教学研究型大学的转型战略,明确提出要加快建设"高水平多学科教学研究型大学"步伐。在 2008 年下半年开展的学习实践科学发展观活动中,在省委指导检查组的指导下,学校以"真学真信真用科学发展观,奋力推进高水平教学研究型大学建设"为主题开展学习实践活动,进一步深化了对建设教学研究型大学的认识。2009 年 9 月,党委书记朱海风把学校办学定位概括为"特色鲜明的高水平教学研究型大学",并在 2010 年 9 月学校召开的第六届教职工暨工会会员代表大会上,写入大会决议,获得大会通过,使学校办学定位的表述更加完整、内涵更加充实。此后,学校在各种场合、公布的文件及 2011 年制定的《"十二五"发展规划》中,都对"特色鲜明的高水平教学研究型大学"的表述加以确认。

在学校办学定位确立过程中,党委书记朱海风进行了透彻的分析和深刻的理论阐述,对全校形成建设"特色鲜明的高水平教学研究型大学"的共识起到了重要作用。2007 年,他在《在办学实践中把树立科学发展观同加强党的先进性建设紧密结合起来》一文中认为:"我们的目标是要把华北水利水电学院建设成富有鲜明特色的水利电力大学,我们的定位是要逐步从教学型大学向教学研究型大学转变。"2008 年,他在《关于加快建设高水平多科性教学研究型大学的思考及建议》一文中认为:"历史上,由于我校长期的办学定位是建设教学型大学,大家的思维定势主要围绕如何建设高水平教学型大学上。要加快建设高水平教学研究型大学,首先要让全校师生员工了解什么是高水平教学研究型大学,高水平教学研究型大学有什么特点和标准,建设高水平教学研究型大学对学校发展有什么意义,如何建设高水平教学研究型大学等。""加快学校的内涵提升和协调发展,加快建设高水平多科性教学研究型大学的决策,这不仅是国家实施创新战略的客观要求,也是我国高等教育合理布局的要求,更是我校自身建设与发展的内在需要。"2009 年 10 月,他在接受河南日报记者采访时说,要"抓住省部共建机遇,强化优势和特色,实施特色兴校战略,把优势和特色做大做强,建设特色鲜明的高水平教学研究型大学,为河南经济社会发展和国家水电建设事业提供强大的人才支撑和科技支撑。"

学校的办学定位,经历了从工科院校—综合性大学—多学科的水利水电大学—具有鲜明特色的华北水利水电大学—教学研究型大学—高水平的教学研究型大学—特色鲜明的高水平教学研究型大学的发展历程,最终定型为"特色鲜明的高水平教学研究型大学"。这是学校立足基本校情,着眼发展远景,深刻把握高等教育发展规律,科学谋划学校持续发展的结果,充分体现了华水人艰苦奋斗、力争上游、服务国家建设和水利行业的信心和痴情。

第二节　教学研究型大学的建设规划

在长期的办学过程中,学校坚持根据办学定位科学规划未来发展,逐步树立了"以规划引领发展方向"的发展理念。学校结合基本校情和发展前景,对特定时期的发展指导思想、发展思路、发展目标、发展途径等,进行深入调研,广泛征求意见,在集思广益的基础上制定发展规划,做出系统全面的安排和部署,为学校的发展道路指明方向,已经成为学校坚持的持续发展道路。

一、《改革与发展纲要(1999—2010年)》对学校建设目标的规划设计

1993 年,学校根据"以水利水电专业为主的,适应市场经济的多层次、多学科的综合性大学"的办学定位,开始研究制定《华北水利水电学院改革与发展大纲》,并在当年的暑期改革与发展研讨会上进行了认真讨论。尽管最终没有形成正式的文件,但在讨论中,对办什么样的学校、如何办学等问题形成了许多共识,为以后学校发展规划的制定打下了良好的基础。

1998 年,学校根据"工、农、经、管等多学科全面发展的、具有北方特色的水利水电大学"的办学定位,制定了学校《改革与发展纲要(1999—2010 年)》,从办学体系,学科、专业和课程体系,校内资源开发与管理体系,精神文明建设体系,依法治校体系等 5 大方面,系统规划了学校 1999—2010 年的发展蓝图,并根据校情,将改革与发展的总目标分三个阶段实施,即 2000 年前的基础建设和全面改革阶段,2001—2005 年的初步发展阶段,2006—2010 年的稳步发展阶段。围绕改革与发展总目标,学校从建立开放式的办学体系,建立具有合理结构的高质量学科、专业、课程体系,建立高效益的校内资源开发、管理体系,建立全方位的精神文明建设体系,建立健全的依法治校体系等方面,进行了系统、全面的规划与设计,提出了具体的实现目标。

二、第八次党代会对学校建设目标的规划设计

2002年10月26~27日，学校召开了第八次党代会。这次会议，对1993年第七次党代会以来的改革与发展做了全面的总结，结合高等教育发展的形势和学校面临的机遇与挑战，明确了学校发展的指导思想，提出了建设“具有鲜明特色的华北水利水电大学”的发展目标，并紧紧围绕这一目标，进行了全面部署。会议认为：必须高举邓小平理论伟大旗帜，以“三个代表”重要思想为指导，坚持社会主义办学方向，紧紧围绕培养人才这一中心任务，坚持走改革创新之路，抓住机遇，加快发展，不断提高教学质量和科研水平，提高办学层次和办学效益，正确处理扩大办学规模与提高教育教学质量的关系，正确处理改革、发展和稳定的关系。这次会议，是学校在新世纪面对高等教育事业快速发展的新形势下召开的一次重要会议，对学校的改革与发展进行了全面而深刻的规划，提出了科学、合理、切实可行的指导思想、发展目标和发展措施，对学校的改革与发展起到了重要的指引作用和强大的推动作用。

三、《发展战略规划》等“三个规划”对学校建设目标的规划设计

2004年，学校基于改革发展的新形势，本着实事求是、与时俱进的精神，围绕发展主题，分别制定了《发展战略规划》、《学科建设和师资队伍建设规划》和《2004—2010年校园建设规划》等三个规划。

《发展战略规划》立足于“逐步把学校由教学型大学建设成教学研究型大学”的办学定位，站在学校战略发展的高度，提出了学校战略发展的指导思想，论述了学校的目标定位、类型定位、层次定位、学科定位和服务面向定位，规划了学校2004—2007年的近期发展目标、2008—2010年的中期发展目标和2011—2020年的远期发展目标，并根据学校定位和发展目标，明确了八项战略举措。

《学科建设和师资队伍建设规划》是对学校《发展战略规划》目标的进一步深化。这个规划针对学校战略发展中的学科建设和师资队伍建设两大核心目标，明确了发展指导思想，规划了学科建设和师资队伍建设发展的近期目标、中期目标和远期目标，确定了实现规划目标的九项实施措施。

《校园建设规划》是学校在郑州东区龙子湖高校园区征地建设新校区的背景下，为贯彻落实学校战略发展规划，科学合理定位新老校区功能，充分利用两校区建设资源而制定的规划，从新校区的功能定位和学生规模、总体规划及建设要求、老校区校园建设资源利用、新老校区校园景观等方面，对两个校区的校园建设进行了具体规划。

四、“十一五”规划对学校建设目标的规划设计

2006年，为贯彻落实科学发展观，促进各项事业持续、快速、健康发展，学校正确认识和把握高等教育规律，根据“特色鲜明的教学研究型大学”的办学定位，制定了《“十一五”规划》。《“十一五”规划》系统总结了学校在“十五”时期取得的主要成就，深刻剖析了“十一五”时期“特色鲜明的教学研究型大学”的发展定位，规划了学校“十一五”时期的发展目标，从九个方面提出了实现目标的具体措施。《“十一五”规划》是学校在以科学发展观为指导，深刻分析形势，正确把握高等教育

规律基础上制定的，遵循了学校规划所坚持的“巩固、深化、提高、发展”的方针，是《改革与发展纲要》和《发展战略规划》的进一步发展和深化，为学校“十一五”时期的发展明确了前进的方向。

五、“十二五”发展规划对建设“特色鲜明的高水平教学研究型大学”的规划设计

2010年以来，学校围绕“特色鲜明的高水平教学研究型大学”的办学定位，着手制定“十二五”发展规划。为保证规划的科学性，学校组织力量进行了广泛深入的调查研究，于2010年召开暑期研讨会进行了专题研讨，后来又多次讨论、修改，易稿十余次，历时一年有余，最终于2011年6月6日正式印发了学校《“十二五”发展规划》。

《“十二五”规划》是在认真总结“十一五”时期学校取得的主要成就，深刻认识并准确把握国内外形势的新变化和新特点，深入分析学校发展面临的机遇和挑战的基础上制定的，集中了全校师生员工的智慧，是引领学校科学发展的指导性文件，具有鲜明的科学性、时代性和特色性。《“十二五”规划》坚持以邓小平理论、“三个代表”重要思想和科学发展观为指导，坚持以战略规划引领发展全局的发展理念，明确了建设“特色鲜明的高水平教学研究型大学”的发展目标，从十个方面规划了“十二五”时期学校的发展任务，有针对性地提出了实现规划目标的战略举措。

六、《文化建设规划纲要》对学校办学思维的升华

文化传承创新是高等学校的重要职能。学校在近年来推进特色鲜明的高水平教学研究型大学的过程中，敏锐而深刻地认识到文化建设对于提升发展境界、丰富发展内涵、增强发展内力的作用，组织力量开展了专题研究，于2011年制定了学校《文化建设规划纲要(2011—2010年)》。

《文化建设规划纲要》着眼于建设特色鲜明的高水平教学研究型大学的奋斗目标，深刻剖析了文化传承与创新对高等学校发展的重要意义，回顾总结了学校办学60年来以“育人为本、学以致用”的教育理念、“情系水利、自强不息”的办学精神、“从严治校、从严执教”的管理思想等为内核的华水文化，进一步明确了学校文化建设的指导思想、基本原则、目标任务，从突出大学文化的核心价值、办学传统、办学精神、制度文化、活动文化、物质文化、文化品牌、条件保障等方面，全面规划了未来10年学校文化建设的任务和措施。《文化建设规划纲要》是我校文化建设的纲领性文件，反映了学校对大学发展内涵的最新认识，体现了学校建设特色鲜明的高水平教学研究型大学的高层次精神追求。

第三节　教学研究型大学建设规划的实施

10年来，学校在奋力推进特色鲜明的高水平教学研究型大学的进程中，着眼于内涵提升、协调发展，重点抓好了本科教学工作水平评估、省部共建、博士学位授予权立项单位建设、新校区建设等大事，丰富了发展内涵，增强了办学实力，有力地带动了学校的整体发展。

一、本科教学工作水平评估获得优秀

根据教育部的安排，我校的本科教学水平评估于2005年进行。学校于2002年11月6日即召开了教学工作专题会议进行布置，正式启动了迎接评估工作。当时，学校面临着许多困难：教学用房紧张；师生

比不断扩大;教师学历结构不合理;年轻教师教学水平不高;教学研究活动、教学秩序不规范……这些问题,使学校感受到了巨大的发展压力,很多教职员工对获得优秀的信心不足。但学校还是结合实际情况,客观地分析了评估指标体系,认为具有很多获得优秀的条件,即提出了“争优保良”的目标。

为了做好评估准备工作,学校成立了迎评促建领导小组和办公室,组织全校各方面的力量和资源,按照“以评促建,以评促改,以评促管,评建结合,重在建设”的方针,对照评估指标体系,着力加强建设,推动了学校办学水平的快速提升。经过两年多的准备,学校再次对照评估指标体系逐项检查建设情况,增强了获得优秀的信心。2005 年 7 月,学校决定调整评估目标,将“争优保良”变更为“力争优秀”。7 月 14 日,在学校召开的暑期评建工作动员大会上,校长严大考就评估目标的调整作了详细说明。他说:“我们有 54 年的办学历史,形成了勤奋严谨的治学态度、求真务实的科学精神、开拓创新的进取思想、艰苦奋斗的优良作风;我们有一支素质较高、责任心强、顾全大局、与学校荣辱与共的管理干部队伍和职工队伍;我们有良好的社会声誉;我们有较为充分的评估工作准备;我们有基本达到要求的硬件设施。因此,我校‘力争优秀’的目标是可行的,是可望又可及的。但我们的目标也不是轻而易举就能实现的,我们的任务还是相当艰巨的。”

在迎接评估的紧要关头,学校领导班子进行了调整,原任党委书记朱清孟调任河南科技大学党委书记。新任党委书记朱海风到任后,立即将主要精力投入到评估工作中。在 8 月 23 日召开的五届三次教代会上,党委书记朱海风说:“要坚持一任接着一任干,一张蓝图绘到底,事在人为,业在人创。评估结果能不能达到‘优秀’,关键是大家的精诚团结,关键是全院上下的协调并进。”他希望与会代表和广大教职员工当好主人翁,当好排头兵,为实现评估优秀的目标、为学校发展振兴献计献策,竭诚奉献。

为了切实抓好评估过程中的每一个环节,学校在正式评估前,严格按照评估的程序,一板一眼地开展了 3 次评估预演,进一步熟悉了评估的过程,为正式评估做好了充分准备。2005 年 11 月 12 ~ 18 日,教育部专家组对学校本科教学工作进行了评估。2006 年,教育部发文确认我校本科教学工作水平评估获得优秀。评估结果表明,我校的本科教学工作具有很高的水平,已经具备了建设教学研究型大学的条件。

二、新校区建设成效显著

学校自 2000 年开始扩招后,教室、实验室、学生宿舍、学生食堂等设施的数量和面积远远不能满足需要,拓展办学空间成为当务之急。2001 年 4 月,学校新一届领导班子成立后,将征地作为学校发展的头等大事。当时,征地形势比较严峻,学校西边已经无地可征,学校北面附近的沙门村虽有几百亩可征,但代价过高,且已有开发商介入,即使能征到手,作为建设校园来讲,地型不够理想。正当学校准备在位于郑州南面的新郑龙湖镇征地时,郑州市的土地规划突然发生了重大调整,决定在新东新区以东建设一个高校园区。获得这一信息后,学校及时于 2002 年 12 月调整了征地工作领导小组,并调整征地思路,寻求在郑东新区高校园区征地。经过学校多方面工作,鉴于学校良好的办学声誉,河南省政府在经过决策的反复后,最终同意学校征地建设新校区。2003 年 3 月 25 日,省计委以豫计社会〔2003〕378 号文件,批复同意学校在郑东新区龙子湖高校园区征地1 770亩(净面积1 608亩)建设新校区。

征地成功为学校提供了广阔的发展平台,新校区建设随即开展。2003年5月8日,学校成立了新校区建设领导小组和新校区建设指挥部。2004年6月2日,学校举行新校区奠基仪式。2005年9月,一期建设的主要工程完工,2005级新生顺利入住新校区。2008年以来,学校在新校区开展了教师周转房建设工程,为广大教职工解决了住房难题。到2011年,一个初具规模现具有鲜明现代气息的美丽校园已经形成,容纳12 000多名学生,教学、生活功能基本配套。

新校区的建设,使学校形成了两校区(花园校区和龙子湖校区)办学的格局。正是由于建设了新校区,使得学校的办学空间和平台更加广阔,为推进特色鲜明的高水平教学研究型大学提供了必需的校园条件。

三、省部共建协议的签订与实施

世纪末,国家进行了高校管理体制改革,许多中央部委所属高校划归地方管理。学校于2000年由水利部划转为河南省管理,但多年来形成的水利部的办学情缘和学校的水利情结依然非常浓厚。

学校划转河南省管理后,各项事业都得到了长足发展。但在办学的过程中,学校深刻地认识到,只有保持办学特色,发展才有前途,才能在激烈的高等教育竞争中立于不败之地。我校是一所水利水电学科优势突出的高校,虽然身在地方,但情系水利,服务面向主要是水利行业,应当保持水利水电特色,把学校办成具有鲜明特色的大学。因此,学校积极加强与水利部的联系与沟通,努力构建共建平台,为建设高水平教学研究型大学创造良好的条件。

从2005年起,学校即着手运作促成河南省政府与水利部共建华北水利水电学院。这一方案得到了时任河南省和水利部领导的大力支持,但由于人事变动等各种原因,没有签订共建协议。在4年多的时间里,历经了两任省长、两任水利部部长、四任主管教育的副省长、两任水利部主管副部长,共建协议数易其稿。经过学校的不懈努力,学校终于抓住了发展机遇,促成河南省和水利部于2009年8月12日,在北京签订了共建华北水利水电学院协议,水利部部长陈雷和河南省省长郭庚茂在协议书上郑重签字。

省部共建协议的签订,标志着学校正式进入省部共建行列,成为继郑州大学、河南大学之后,河南省第三所省部共建高校。这是学校改革发展中的一件大事,为学校建设特色鲜明的高水平教学研究型大学提供了良好契机和宽广平台。共建协议签订之后,学校积极行动起来,加强与水利行业和河南省有关部门、单位的联系,大力开展共建合作,取得了显著效果。为了充分调动开展共建工作的积极性,学校出台了《关于切实推进省部共建协议落实的若干意见》,鼓励校属单位和广大教职员工利用共建平台,开展多种形式的共建活动。

四、博士学位授予权单位立项建设深入开展

推进高水平教学研究型大学建设,必须能够培养高层次人才,开展高层次科学研究,因此,获得博士学位授予资格必不可少。学校具有悠久的研究生培养历史,从1965年即开始招收培养研究生,1981年获得国家首批硕士学位授予权,积累了40多年的研究生教育经验,培养了30多届硕士研究生。1986年以来,学校先后与中国科学院、清华大学、北京科技大学等单位联合

培养博士研究生。

多年来,学校一直寻求获得博士学位授予资格。2008 年 12 月,河南省启动了新增博士学位授予权单位立项申报工作。学校专门召开专题会议进行研究,决定以水利水电、地质资源与地质工程、管理科学与工程等 3 个学科申报博士授予权学科。2009 年 1 月 22 日,河南省学位委员会经过评议和投票,确定我校为河南省博士学位授予权立项建设单位并上报国务院学位委员会。2010 年 2 月,国务院学位委员会正式下文(学位〔2010〕8 号文件),确定我校为河南省 2008—2015 年新增博士学位授予权立项建设单位。自此,我校博士学位授予权单位立项建设工作全面启动。

为了切实开展好博建工作,学校制定了《新增博士学位授予单位项目建设规划》,进行了全面部署,要求以各项建设指标为指引,保证各项保障措施落实到位,取得显著的建设成效;以建设工作为带动,促进学校人才培养质量持续提高,学科整体布局全面优化,师资队伍水平全面提升,学术禀赋传统得到巩固,科学研究水平全面提高,服务经济社会发展能力显著增强。学校办学特色更加鲜明,办学条件得以改善,内涵建设全面进步。在建设过程中,学校成立了专门的领导机构,投入了大量资金,出台了多项激励政策,多次召开现场办公研究解决实际问题,为博建工作开展营造了良好的氛围。

经过一年的多的建设,水利工程、地质资源与地质工程、管理科学与工程 3 个授权学科建设成效突出,各项建设指标完成情况良好,已经具备申报博士学位授权一级学科点的基本条件,充分满足最低要求,拥有了培养博士学位研究生的条件和能力。2011 年 7 月,专家组对学校的博士学位授予权立项建设进行了中期检查,认为学校开展博建工作以来,整体办学实力明显提升,授权学科建设成效显著,支撑学科实力不断增强,公共服务体系支撑有力,学术交流与合作不断扩大,管理措施科学有效,整体建设成效显著,已具备博士学位授予单位和授权学科的条件。

2011 年 7 月 12 日,在召开的暑期改革与发展研讨会上,学校对迎接博士学位授予权立项建设终期检查进行了布置,要求加强建设力度,加快建设进度,力争在 2012 年通过终期检查,获得博士学位授予权资格。

第四节　十年的办学经验和办学成就

10 年的科学谋划,10 年的强力推进,特色鲜明的高水平教学研究型大学已经初具雏形,不仅彰显了学校的办学成就和办学特色,而且积累了丰富的办学经验,成为学校未来发展的强大动力和可资借鉴。

一、办学经验

(一)必须以"三个服务"为导向,以真诚贡献求发展

把"服务中原崛起、服务水利事业、服务社会发展"作为办学方向,不断强化学校基本职能,实施"以服务求支持、以贡献求发展、以共赢求合作"方略,这是我校引导和推动科学发展的价值取向。

(二)必须"一张蓝图绘到底,一任接着一任干"

把"建设特色鲜明的高水平教学研究型大学"作为共同愿景,建立发展战略规划管理机制,按照"一任接着一任干,一年要比一年好、一张蓝图绘到底"思路,着力蓄势期远,不搞短期行为,这是我校引导和推动科学发展的必然抉择。

（三）必须固本强基练内功，特色发展创业绩

坚守大学之道，恪尽大学职守，树立正确的创新观，一切从省情、行（业）情、校情出发，求固本强基、特色发展之真，务固本强基、特色发展之实，多做打基础利长远之事，多创惠民生强学校之绩，这是我校引导和推动科学发展的必由之路。

（四）必须抢抓机遇上台阶，尽心尽力破难题

正是近年来我们抓住了大机遇，破解了大难题，才实现了大发展。强烈的发展意识、机遇意识和破解难题意识，敏锐察觉而及早把握机遇的能力，正确决策以果断实施的作风，这是我校引导和推动科学发展的重要支撑。

（五）必须强化团结聚合力，“五个依靠”开新局

坚信“团结就是力量、团结就是方向”，注重领导班子的团结和全校内部的团结，依靠“学习促动”、“班子带动”、“改革驱动”、“创新推动”和“全员发动”，挖潜力、聚合力、增活力，把巨大的能量整合起来释放到学校事业发展上，这是我校引导和推动科学发展的的力量源泉。

（六）必须围绕发展抓党建，抓好党建促发展

高校育人，党建为魂。坚持抓学习塑灵魂，抓作风提干劲，抓制度促成效，抓班子带队伍，围绕发展抓党建，抓好党建促发展，始终以科学发展观引领学校发展，这是我校引导和推动科学发展的政治保障。

二、办学成就

（一）教育教学质量稳步提升

学校主动适应经济建设和社会发展对人才的需求，进一步完善本专科、研究生的人才培养体系。办学规模不断扩大，2011年各类本专科在校生达2万余人，是2001年的近3倍；硕士点增加到52个，研究生招生计划达到344人。本科专业从2001年的21个，发展到2011年的54个。2005年，学校顺利通过教育部本科教学工作水平评估，并获得优秀院校。2006年以来，学校大力实施“高等学校本科教学质量与教学改革工程”，现已拥有国家级特色专业3个，省级特色专业10个，省级精品课程14门，省级优秀教学团队4个，省级教学名师3名。2007年，学校首个参与专业评估的土木工程专业顺利通过建设部评估。学校艺术教育成果显著，连续4届被评为“河南省艺术教育一类院校”，2010年被评为全国学校艺术教育先进单位。2007年学校被国家人事部、教育部授予“全国教育系统先进集体”称号。

与教育教学质量的提高相对应，学校招生就业保持着良好态势。多年来，新生第一志愿报考率逐年提高，每年都超过100%，新生报到率保持在97%以上。学校毕业生以“下得去、吃得苦、留得住、用得上”的人才特色，得到用人单位的高度认可，毕业生一次就业率平均每年达95%以上，在河南省名列前茅。2009年荣获全国普通高校就业工作先进集体，“河南省毕业生就业市场水利电力类分市场”、“全国高校毕业生就业市场河南分市场”和“河南省大中专毕业生就业创业服务基地”先后落户学校。

（二）科研整体实力明显增强

学校不断加强科研条件和创新平台建设，整合优化科研资源，完善科研评价制度，调整科研奖励政策，促进产学研结合。2001年以来，我校获得省部级以上科研立项352项；获省部级以上科研成果奖110项；出版学术专著、教材637部；发表学术论文6 844篇，其中被SCI、EI等收

录的高层次学术论文 906 篇。学报两刊的办刊层次和质量不断提高,2003 年 10 月,在第三届全国理工农医院校社会科学学报评比中,社科版学报被评为优秀期刊。2008 年、2010 年,在河南省新闻出版局组织的全省第六届、第七届社会科学综合质量检测中,社科版学报连续两次被评为“河南省一级期刊”。2010 年,社科版学报被评为“全国理工农医院校社会科学学报优秀编辑团队”。2009 年,自然科学版在全国高校自然科学学报编辑质量评比中荣获优秀编辑质量奖。2010 年,自然科学版学报被评为河南省一级期刊。2008 年河南省钢结构协会在我校成立。2006 年,我校被评为河南省高校科研管理先进单位,2007 年,被评为水利部科研先进单位。2008 年,在国家首次水利科技大会上,学校被授予“全国水利科技先进集体”荣誉称号。

(三)学科建设实现新的突破

学校适应建设高水平教学研究型大学的需要,建立了省级重点学科和校级重点学科联动机制,不断凝练方向,突出特色。学校新增省级重点学科一级学科 3 个、二级学科 19 个。2009 年,学校获得博士学位授予权立项建设单位,申请新增博士学位授权一级学科 3 个、二级学科 9 个。学校与 20 多所高校、科研机构联合培养博士生,办学层次实现了新的突破。2006 年被授予“河南省学位点建设与研究生教育工作先进单位”称号。

(四)人才队伍建设不断加强

学校制订、实施了师资队伍建设规划,坚持培养与引进相结合,重点抓好高层次人才和学科梯队建设。学校拥有双聘院士 5 名,享受政府特殊津贴专家 18 人,省优秀专家、省学术技术带头人 16 人,省特聘教授、黄河学者、校特聘教授 8 人。教学科研人员中,高级职称人员占 35%,具有研究生学历的占 70%,教师队伍结构不断优化,整体素质明显提高。2009 年荣获“河南省大中专学校人事工作先进集体”称号。

(五)办学条件得到显著改善

学校制定、实施了校园建设规划。2003 年在郑东新区龙子湖高校园区征地 1 770亩并开始奠基建设。2005 年完成近 9 万 m^2 的首期建设任务,确保了 2005 级新生顺利入住新校区。到 2011 年,学校已顺利完成近 50 万 m^2 的建设任务,初步形成了教学区、学生生活区、学生活动区、文科区、教师生活区等功能配套井然有序的现代校园雏形。学校建筑总面积达到 70 多万 m^2,校园总面积达到 2 330 亩。公共服务体系建设步伐加快,拥有固定资产 8.72 亿元,省部级重点实验室 3 个,图书期刊 168 万册,各类档案资料 1.4 万卷,校园网络系统带宽超过了 1G,学校办学条件明显改善。

(六)开放办学渠道不断拓宽

学校积极探索合作办学新模式,积极开展国内和国外的交流与合作。与嵩山少林武术职业学院联合举办以武术和中原文化为特色的英语和对外汉语本科项目逐步形成特色,在校生已达 1 227 人;与美国签订《1 +2 +1 中美人才培养计划》的大学目前已增加至 16 所,已有 5 人次获得我校与美方大学双学位;与澳大利亚斯威本科技大学合作办学项目逐步深化并积累了良好的国际合作办学经验;与美国俄亥俄州立大学、澳大利亚科廷大学、荷兰代尔夫特理工大学联合培养研究生项目,与台湾静宜大学学生交流项目也已经展开;与阿根廷布宜诺斯艾利斯大学签署了拟在我校建立河南西班牙语培训及考试中心的项目协议。学校已有百余人次赴 20 多个国家和地区交流访问,国际学术活动进一步活跃。学校积极争取成人教育招生计划，并申请成为河南省高等成人招生专科注册入学试点单位，不断扩大继续教育规模，成人学历教育在册人数已达 1.2 万余人。电大试点办总体培养学生人数已达到 4.6 万人。

第二章　教学工作与师资队伍建设

2001年以来,学校始终坚持人才培养的根本目标,坚持本科教育的基础地位和教学工作的中心地位,坚持教育教学质量的核心地位,不断更新教育理念,开拓创新,切实加强教学基本建设。学校经过长期的办学实践,形成了"育人为本,学以致用"的办学理念,确立了"厚基础,宽专业,强素质,重实践,有创新"的人才培养目标,建立了"平台+模块"的本科教育课程结构体系,不断深化"基础、实践、创新"的三位一体本科人才培养模式,构建"目标明确、信息全面、评价合理、过程严密"的本科教学质量监控与评价体系,形成了领导重视教学、政策保证教学、经费优先教学、科研促进教学、管理服务教学、教师倾情教学、后勤保障教学的良好氛围,实现了学校教学工作又好又快发展。

第一节　本科专业建设

本科专业建设是学校实现人才培养目标的基础性工作,是提高人才培养质量和办学水平的重要举措。学校遵循"保持传统优势,突出学科特色,优化学科结构,拓展学科领域,强化学科融合,发展新兴学科"的思路,适时优化调整专业结构与布局,依托重点学科,强化优势专业,根据社会需求和自身实际积极申报新专业,大力加强学科专业建设,构建科学、合理的学科专业体系,形成了以水利电力为特色、以工科为主干,理工结合、多学科协调发展的学科专业发展体系。

一、本科专业设置

(一)专业建设

2001年以前,学校共有20个全日制本科专业,分别是:地质工程、机械设计制造及其自动化、热能与动力工程、水利水电工程、农业水利工程、土木工程、水土保持与荒漠化防治、给水排水工程、港口航道与海岸工程、经济学、计算机科学与技术、建筑学、工程管理、建筑环境与设备工程、会计学、电气工程及其自动化、信息与计算科学、材料成型及控制工程、环境工程、城市规划。

2001年以后,学校结合发展规划、学科专业定位以及自身办学实力和已具备的办学条件,大力挖掘和拓展学科专业资源,按照"依托传统优势学科拓展新专业,以工科为基础,增设应用理科专业,以工程管理应用为发展方向,增设管理类、经济类专业,以提高人文素养为目标,增设人文社科类专业"的思路,持续加快新专业建设步伐。

2001年,学校增设水文与水资源工程、交通工程、工程力学、英语和自动化5个本科专业;2002年,学校增设资源规划与城乡规划管理、电子信息工程、国际经济与贸易、消防工程和艺术设计5个本科专业;2004年,学校增设地理信息系统、法学、信息管理与信息系统、数学与应用数学、工业工程5个本科专业;2005年,学校增设测控技术与仪器、交通运输和统计学3个本科专业;2006年,学校增设测绘工程、电子科学与技术和市场营销3个本科专业;2007 年,学校增设无机非金属材料工程、电子信息科学与技术和通信工程 3 个本科专业;2008 年,学校增设对外汉语、劳动与社会保障工程和行政管理 3 个本科专业;2009 年,学校增设了应用化学和物流管理 2 个本科专业;2011 年,学校增设俄语、核工程与核技术、建筑节能技术与工程、再生资源科学与技术 4 个本科专业;2011 年,学校申报风能与动力工程、软件工程和网络工程 3 个本科专业。

截至 2011 年 7 月,学校有本科专业 54 个,其中工学 34 个,占 63%;管理学 8 个,占 14.6%;理学 5 个,占 9.3%;文学 3 个,占 5.6%;经济学 2 个,占 3.7%;法学 1 个,占 1.9%;农学 1 个,占 1.9%。

(二)专业分布

资源与环境学院(6 个):地质工程、土木工程(岩土与地下建筑方向)、资源环境与城乡规划管理、地理信息系统、测绘工程、水土保持与荒漠化防治。

水利学院(5 个):水利水电工程、农业水利工程、工程管理、水文与水资源工程、港口航道与海岸工程。

土木与交通学院(6 个):土木工程、工程力学、交通工程、无机非金属材料工程、建筑节能技术与工程、再生资源科学与技术。

机械学院(4 个):机械设计制造及其自动化、材料成型及控制工程、测控技术与仪器、交通运输。

电力学院(5 个):热能与动力工程(分水动方向和热动方向)、电气工程及其自动化、自动化、电子科学与技术、核工程与核技术。

环境与市政工程学院(5 个):给水排水工程、环境工程、建筑环境与设备工程、消防工程、应用化学。

管理与经济学院(7 个):经济学、会计学、国际经济与贸易、工业工程、信息管理与信息系统、市场营销、物流管理。

信息工程学院(4 个):计算机科学与技术、电子信息工程、通信工程、电子信息科学与技术。

外国语学院(3 个):英语、对外汉语、俄语。

数学与信息科学学院(3 个):数学与应用数学、统计学、信息与计算科学。

法学院(3 个):法学、行政管理、劳动与社会保障。

建筑学院(3 个):建筑学、城市规划 、艺术设计(分景观设计方向和视觉传达方向)。

二、本科专业内涵建设

学校坚持“规模发展与质量提高相结合,布局调整与结构优化相结合,外延扩张和内涵提升相结合,夯实基础和特色创新相结合”的原则,加强本科专业内涵建设。截止 2011 年 7 月,已建成国家特色专业建设点 3 个,省级特色专业建设点 10 个,校级特色专业建设点 10 个,形成了国家、省、校三级特色专业建设体系。

2005 年 9 月,学校出台了《专业建设发展规划》。

2006 年 10 月,学校启动名牌专业建设工作,出台了《名牌专业建设管理办法(试行)》,同年 4 月,地质工程专业和水利水电工程专业被评为河南省高等学校名牌专业建设点。

2007 年 12 月,土木工程专业和机械设计制造及其自动化专业被评为河南省高等学校特色专业建设点;同年,土木工程专业以优异成绩顺利通过建设部高等教育质量评估,使学校进入到当时全国通过专业评估的 45 所高校行列,成为河南省 19 所设置该专业高校中继郑州大学之后第 2 所通过国家专业评估的高校,进一步巩固了学校在全国241所设置该专业高校中位列A类专业的地位。

2008年,地质工程专业被评为国家级特色专业建设点,热能与动力工程专业和农业水利工程专业被评为河南省高等学校特色专业建设点。

2009年,水利水电工程专业被评为国家级特色专业建设点,交通工程专业和工程力学专业被评为河南省高等学校特色专业建设点。

2010年,农业水利工程专业被评为国家级特色专业建设点,工程管理专业和艺术设计专业被评为河南省高等学校特色专业建设点。

2011年,工程管理专业申请专业评估,土木工程专业申请复评。

第二节 课程建设与教材建设

课程建设是教学建设的重要内容之一。课程教学既是一所学校教学质量和水平的基本标志,又是学校科研、师资和管理等综合实力的体现。通过优秀课程、精品课程、网络课程的建设,进一步加固本科教育的基础地位,探索出培养高水平教师和高质量人才的新途径、新机制,融教学思想、教学内容、课程体系、教学方法、教学手段等要素为一体,推进教学基本建设,创建教学名牌,发挥精品课程的示范作用,有力地带动了学校课程建设整体水平的提高。

一、课程体系调整

学校根据人才培养目标和培养模式,从对人才的知识、能力和素质的要求出发,2004年对教学内容和课程体系进行调整、合并、重组,使课程结构整体趋于优化,加强课程与课程之间的逻辑和结构上的联系,更新课程的教学内容,构建“平台+模块”的本科教育课程结构体系,即公共基础和学科基础二级平台,努力打造人文素质平台,逐步形成了具有我校特色的教学内容与课程体系改革的总体思路。2010年,为了更好地适应经济社会和科技发展的要求,进一步适应高等教育大众化发展的趋势,培养满足经济社会和水利电力行业需要,具有实践能力、创新精神和学校特色的应用型人才,学校出台了《关于修订全日制本科人才培养计划的指导意见》,进一步创新人才培养模式,完善人才培养体系。

新修订的培养计划完善了学校“基础、实践、创新”三位一体的培养模式,以及“平台+模块”的本科教育课程结构体系。坚持以人为本,注重因材施教,加强实践训练,注重科技创新意识培养,改革英语课程和数学课程教学,以达到知识、能力、素质协调发展和共同提高。

为加强学生素质教育,全面提升学校素质类选修课的教学质量,学校出台了《素质类选修课管理办法》、《免修课程管理办法》、《跨专业选课管理办法》,对课程设置、任课教师资格、申报程序、课程评估、学生修读要求、课程考核等方面做了严格要求,有效地保证了素质类选修课的质量。在强化素质类选修课管理的同时,注重学生科学文化素质和人文素质的培养,学校制定了《创新学分和素质学分管理办法》、《科学文化大讲堂管理办法》和《科技创新实践课管理办法》,为提高学生科学文化素养、加强学生科技创新训练、增强学生科学意识、扩展文化视野、活跃学生科学思维、提高学生创新意识和实践能力创造了条件,提供了空间。

二、精品课程建设

为深入开展课程建设工作,2003年学

校出台了《精品课程建设工程管理办法》，把优质课程建设改为内涵更为丰富的精品课程建设，建成了《岩石力学》、《水工建筑物》、《水力学》、《土力学》等4门省级精品课程。

2005年9月，学校出台了《精品课程建设规划(2006—2008)》，使精品课程建设走上了规范化、合理化、科学化的道路。

2006—2011年，省级精品课程数以每年2门的速度递增，目前学校共有省级精品课程14门，校级精品课程27门，省级网络课程5门，校级网络课程15门。

精品课程见表2-1。

表2-1 精品课程一览表

序号	项目名称	所在单位	负责人	备注
1	岩石力学精品课程建设	资源与环境学院	刘汉东	2003省级
2	水工建筑物精品课程建设	水利学院	孙明权	2003省级
3	水力学精品课程建设	水利学院	李国庆	2004省级
4	土力学精品课程建设	资源与环境学院	刘汉东	2005省级
5	机械控制理论精品课程建设	机械学院	杨振中	2006省级
6	技术经济学精品课程建设	管理与经济学院	李　创	2006省级
7	机械设计精品课程建设	机械学院	严大考	2007省级
8	地下水动力学精品课程建设	资源与环境学院	陈南祥	2007省级
9	混凝土结构精品课程建设	土木与交通学院	赵顺波	2008省级
10	节水灌溉理论与技术精品课程建设	水利学院	刘增进	2008省级
11	建筑材料精品课程建设	土木与交通学院	邢振贤	2009省级
12	水电站精品课程建设	水利学院	张　丽	2009省级
13	液压与气压传动精品课程建设	机械学院	刘仕平	2010省级
14	数据结构精品课程建设	信息工程学院	庄晋林	2010省级
15	水轮机精品课程建设	电力学院	陈德新	2004校级
16	材料力学精品课程建设	土木与交通学院	白新理	2005校级
17	工程地质学精品课程建设	资源与环境学院	刘汉东	2007校级
18	地理信息系统精品课程建设	资源与环境学院	姜　彤	2007校级
19	工程水文学精品课程建设	水利学院	孙宝沭	2007校级
20	水利工程施工精品课程建设	水利学院	康迎宾	2007校级
21	房屋建筑学精品课程建设	土木与交通学院	陈爱玖	2007校级
22	工程图学基础(水利、土木类)精品课程建设	土木与交通学院	赵艳霞	2007校级
23	气轮机原理精品课程建设	电力学院	张利平	2007校级
24	分析化学精品课程建设	环境与市政工程学院	刘秉涛	2007校级
25	管理学原理精品课程建设	管理与经济学院	朱雪芹	2007校级
26	高等代数精品课程建设	数学与信息科学学院	刘法贵	2007校级
27	思想道德修养与法律基础精品课程建设	法学院	张　梅	2007校级

三、教材建设

教材是体现教学内容和教学要求的知识载体,是学科建设与课程建设成果的凝结与体现,同时也是进行课堂教学的基本工具。为确保高质量教材进课堂,满足学校各专业人才培养目标的要求,2002 年学校印发了《2002—2005 年教材建设规划》,全额资助出版教材 9 部。

2005 年 5 月,学校印发了《选用教材评价办法》,规范了教材选用程序,提高了教材选用质量。

2006 年,通过积极动员、认真组织学校知名教授、骨干教师参与申报普通高等教育"十一五"国家级规划教材选题,由孙东坡主编的《水力学》、陈南祥主编的《工程地质与水文地质》、侯树文主编的《电工学及电气设备》、孙美凤主编的《自动控制原理》、陆桂明主编的《数据库技术及应用》、赵艳霞主编的《现代机械设计图学》6 部教材选题列入"十一五"规划。

2009 年学校印发了《2009—2011 年教材建设规划及实施意见》,经学校教学指导委员会评议票决,共评审出规划教材 19 部。

2011 年 6 月,学校印发了《教材建设管理办法》,进一步完善和加强了教材建设,提出教材建设校、院二级管理新模式,不断创新教材管理新机制。

学校教材建设见表 2-2。

表 2-2 学校教材建设一览表

序号	项目名称	所在单位	负责人	备注
1	结构力学与钢结构	黄河水利出版社	严大考	2002 年 8 月
2	液压与气压传动	黄河水利出版社	刘仕平	2003 年 2 月
3	机械优化设计	黄河水利出版社	韩林山	2003 年 1 月
4	数值计算方法	黄河水利出版社	丁天彪	2003 年 4 月
5	经济法	黄河水利出版社	李　创	2003 年 1 月
6	招投标与合同管理	黄河水利出版社	孟凡玲	2002 年 8 月
7	岩土工程原位测试	郑州大学出版社	石林珂	2003 年 9 月
8	工程力学	郑州大学出版社	张　伟	2002 年 8 月
9	大学物理实验	黄河水利出版社	王燕红	2009 年 3 月
10	土木工程结构试验	土木与交通学院	赵顺波	2009 年立项
11	基础工程设计	资源与环境学院	孙文怀	2009 年立项
12	数学专业英语	数学与信息科学学院	杨　乔	2009 年立项
13	水资源开发利用	水利学院	李彦彬	2009 年立项
14	水利机组振动	电力学院	王玲花	2009 年立项
15	企业财务管理学	管理与经济学院	曹玉贵	2009 年立项
16	抽水蓄能电站	电力学院	高传昌	2009 年立项
17	治河及泥沙工程	水利学院	孙东坡	2009 年立项
18	水法概论	法学院	晁根芳	2009 年立项
19	岩石力学	资源与环境学院	刘汉东	2009 年立项
20	水环境评价与保护	水利学院	韩宇平	2009 年立项

续表 2-2

序号	项目名称	所在单位	负责人	备注
21	工程力学专业英语	土木与交通学院	白新理	2009 年立项
22	消防给水工程	环境与市政工程学院	鲁智礼	2009 年立项
23	现代环境水利	水利学院	孙东坡	2009 年立项
24	现代设计理论与方法	机械学院	韩林山	2009 年立项
25	纳米材料学	土木与交通学院	霍洪媛	2009 年立项
26	弹塑性力学教程	土木与交通学院	孟闻远	2009 年立项
27	空气污染控制	土木与交通学院	唐克东	2009 年立项
28	水污染防治法概论	法学院	黄建水	2009 年立项

第三节　教学管理

学校始终贯彻“从严执教，从严治校”的两严方针，按照“遵循规律，尊重教师，善待学生，严格管理，保证质量”的管理理念，坚持科学管理，长期不懈地致力于提高教育教学质量。

从 2004 年开始，学校每 2 年召开一次教学工作会议，总结教学工作的成绩和不足，明确教学工作的目标和工作思路。

为进一步提高学校的教育教学质量，开创教学工作的新局面，2010 年出台《关于进一步加强和改进教育教学工作的若干意见》，明确了今后教学工作的目标：教育教学质量稳步提高，师资结构明显优化，学科专业结构更趋合理，人才培养模式更加完善，教学改革进一步深化，办学条件进一步改善，教学经费投入进一步增加，制度建设更加科学规范，学生的学习能力、实践能力和创新精神显著增强，教学质量监控体系更加健全，努力构建“领导重视教育教学、制度保障教育教学、经费优先教育教学、科研提升教育教学、管理服务教育教学、党建促进教育教学、教师倾情教育教学”长效机制。

一、严格教学管理，教学工作稳定有序

（一）日常教学管理

为了制定科学、合理的教学计划，确保教学任务落实到实处，学校每学期定期召开教学工作例会、教学督导团会议。在各教学单位的配合下，合理调配教学资源，落实教学任务，并严格按照教学计划执行。2005 年以来，面对两校区办学格局，在教学资源不足的情况下，学校合理规划，精心组织，积极稳妥推进教学管理二级管理，实施教务员制度，保质保量地完成了日常教学任务，教学管理严谨有序，教学秩序井然有条。

（二）实践教学管理

学校出台了《实验教学管理暂行规定》、《本科生实习管理条例》等多项管理文件，从制度上保证了实践教学的顺利进行。2010 年出台《实习经费使用管理办法》，进一步严格实习经费的使用手续，确保经费的专款专用。同时，在制定教学计划时，严格按照培养方案，合理安排认识实习、生产实习、毕业实习和专业技能训练等实践环节，使各专业培养方案中的实习、实训教学均得到安排和落实，有效地提高了学生的实践能力。

(三)毕业设计(论文)实施"三级四期"检查制度

2010年,学校出台《本科生毕业设计(论文)检查评估管理办法》,对毕业设计(论文)实行校、院、教研室三级管理模式,进行包括初期、中期、后期和总评四个阶段在内的评估检查。毕业设计(论文)初期的评估工作由教研室负责,学院进行抽查;中期评估工作由各学院负责,学校进行抽查;后期评估工作(主要为毕业设计、论文答辩)由校督导团负责;最后学校教务处从答辩通过的毕业设计(论文)中按2%~4%的比例随机抽取,送校外专家盲审,对于盲审成绩差错率超过70%的,或者发现有抄袭、剽窃毕业设计(论文)的,学校依据相关规定做相应处理。

(四)考试管理

从考场纪律、考场规则、试卷命题的基本要求、试卷评判规定、考场巡视员职责、试卷管理、成绩报送等各个环节对考试进行规范管理,保证了学生的培养质量。近年来,圆满完成了全国计算机等级考试,英语四、六级考试的组织和考务工作,2008年和2009年分别获得河南省优秀考点的称号。2010年出台了《考试管理细则》,并实施学生评考制度,有效地保证了考试质量。2010年出台《体育换项考试管理办法》,体现了以人为本、关爱学生的管理理念,既保证了学生身体素质锻炼,又结合实际,保证体育教学质量。2010年实施学生评考制度,保证了教师监考和学生考试质量,促进了良好校风、学风、考风的形成。

(五)现代化管理

为提高管理的现代化和服务水平,学校2004年购置教学管理软件,充分利用教务网络管理系统,实现了学期教学计划、课表编排、学生选课、成绩报送等数据共享,使得教学运行各环节管理更加高效规范;实现了各种查询功能和统计功能,为教学运行提供了先进、实用的信息化管理平台,形成了人才培养方案过程控制及人才培养输出的一体化管理,为全面实行现代化、信息化管理奠定了基础,保证了人才培养方案的有效实施。

(六)少数民族学生教学管理

为贯彻中央民族工作精神,落实国家民族工作政策,为培养民族地区急需的各类高素质人才,学校从2004年开始招收新疆本科班学生和少数民族本科预科班,2010年开始招收西藏本科班学生。学校各级领导高度重视这些学生的学习和生活,把对他们的教育管理工作上升到事关民族团结、民族和谐的政治高度来看待。考虑到少数民族学生的特点,学校在培养理念、课程教学与考核等方面对他们实行特殊政策,做到既保证培养质量,又保证稳定、和谐,着力把他们培养成为"思想坚定、爱党爱国爱家园,掌握以实用技术为主的高素质人才"。

根据河南省援疆工作整体部署,2011年学校承担了新疆少数民族骨干培训任务,首批18人于3月份到校接受培训。为做好教学管理工作,学校以培养岗位实用人才为导向,结合学校的特色学科专业,制订了详细的教学培训计划,指定教学经验丰富的高级职称教师或博士为少数民族学员班授课,着力培养新疆少数民族学员增长知识、提高技能、增强竞争力、服务基层、扎根基层、政治思想坚定,具有创新能力和实践能力的高素质骨干人才。

二、加强教学质量监控,不断完善监控体系

学校以教学督导工作始于1995年。10多年来,学校始终坚持"预防为主,防控结合"的方针,运用系统的理论和方法,逐

步建成了一个质量目标明确、评价标准合理、信息渠道多样、评价范围广泛的科学严密的教学质量监控体系。通过这一体系，实现了对课堂教学、实践教学、教师培养、课程考试、学生学习状况等各个教学环节的质量监控，为教学管理决策和教学调控提供了非常重要的信息和依据。

（一）督导组织不断壮大，校院两级督导体制日臻完善

学校教学督导工作自实施以来，不断在实践中创新，在探索中完善，逐步形成了具有华水特色的教学督导体系。

学校于 1995 年成立“教学督导组”，挂靠教务处管理，教务处副处长兼任督导组组长，成员由教学经验丰富的退休教授、副教授组成，规模为 10 人左右。主要工作包括“随机听课、学生评教、单项检查和考试巡视”4 项职能。2003 年，为加强教学督导工作，改名为“督导团”，由主管教学的校领导任团长，教务处处长任副团长，督导员数量增加至 20 余人。近年来，学校又根据需要适当吸收部分教学效果优秀的在职教师担任兼职督导员。

2010 年，为满足学校教师和学生数量大量增加、办学规模和层次进一步提升的需要，也为了顺应学校管理体制改革的大方向，学校又出台了《关于二级教学督导实施管理办法》，实施校、院两级教学督导模式，成立校级督导团、院级督导组。校级督导工作和院级督导工作各具功能、各有侧重、互为补充、相互促进。运行实践表明，该模式不仅解决了学校督导人员紧张、督导人员专业结构不均衡的问题，而且极大地调动了各教学单位参与督导的积极性。

（二）教学质量监控主体和层次丰富多样，教学质量监控体系逐步完善

2003 年以来，学校逐步实现了对教学全过程、各环节的由全部教学活动参与主体（同行、学生、督导、领导干部）进行的全方位的教学质量监控，包括督导员对全校任课教师平均每学期 2 ~ 3 次的课堂听课、对全校拟晋升职称人员的教学质量评价工作、对课程设计、对毕业设计（论文）的过程检查和毕业答辩全程监控、对新任教师和拟调入人员的教学评价和对学生学习状况的评价；全校处级以上领导干部每学期开学第一周听课以及学期内 1 ~ 2 次不定期课堂听课；学生网上评教、对课程考试的巡视工作、教学信息员评教、学生评考等。

通过一系列教学质量监控，实现了对课堂教学、实践教学、教师培养、课程考试、学生学习状况等各个教学环节的质量监控，为教学管理决策和教学调控提供了非常重要的信息和依据。

（三）教学质量监控模式不断创新

1. 教学质量监控点面结合，重点突出。教学质量监控从最初的课堂听课逐步发展到对理论教学、实践教学等教学过程的全面监控，到点面结合、重点突出，不断开拓创新，逐步探索出了具有学校特色的教学质量监控体系。近五年来，学校教师人数，特别是青年教师迅速增加。如何帮助青年教师尽快成长为成熟的骨干教师，是学校师资队伍建设面临的新问题。2006 年，学校出台了《新任教师承担课程主讲工作的规定》，要求拟承担本科生理论课程的新教师必须进行不少于 5 次的岗前试讲，校督导团选取其中的 1 ~ 2 次对教师的试讲效果进行评价，评价效果为良好及以上者才能承担课程教学任务。2009 年 6 月，学校又出台了《青年教师导师制实施办法》，要求各教学单位除了组织新教师试讲以外，还必须为青年教师配备导师，“一对一”地指导其备课、上课、实验实习等各环节的教学技能，使新教师迅速成长起来。2010 年，为进一步优化工作程序，最大限

度地调动各教学单位的积极性,学校制订了《青年教师助课制度和讲课验收制度实施细则》。细则明确要求包括5次试讲在内的岗前培训工作全部由各教学单位负责组织和检查,学校负责最终验收。验收人员包括学校督导团成员、教务处负责人、所在单位教学院长、同行专家,以集中听课的方式进行。验收成绩低于75分的,视为验收不合格,连续3次验收不合格者,转入其它系列,不再从事本科教学岗位的工作。

对青年教师上课资格的严格把关,已成为学校教学质量监控的一大特色。实践表明,这一制度对加快帮助青年教师站稳讲台,尽快发挥高级人才的应有作用是非常有效的。

2. 由单一反馈转变为多渠道反馈。在对评价结果的反馈上,常规的做法是由督导员与评价对象进行点对点的交流,这种反馈方法针对性强,及时方便,但效率低。为此,学校尝试了多种反馈方法,包括:①召开教学督导与教师的座谈会,对具有共性的问题进行集中反馈,并就教学问题进行研讨,实现双向交流,互相促进;②举行针对特殊教师群体的讲座,例如邀请督导专家对新引进教师进行入职教育;③加强对综合评价分数低、教学效果较差教师的反馈和指导,对教学质量综合评价75分以下的教师实行"教务处组织课堂听课、召开授课班级学生座谈会、发放征求学生意见表"等措施,并将多渠道征集的问题"书面反馈"授课教师,对连续2个学期75分以下的教师实行"在岗再培训"。对于再培训后仍不达标或教学质量没有提高的青年教师,坚决予以停课。

3. 由过程控制转变为过程、成果的双重控制。对毕业设计(论文)的质量监控是学校教学督导工作的一项重要内容。以往,这一监控主要通过对毕业设计指导过程的逐一检查来完成。随着毕业生就业压力的逐渐增大,单一的过程控制已变得不现实。为此,学校对毕业设计(论文)环节的检查方式方法进行了大胆创新。

4. 学生参与教学质量监控形式由单一到多样。2004年实施学生教学信息员制度以来,学生成为教学评价的主体之一。为了充分发挥学生在教学质量监控中的作用,自2009年开始实施学生评考制度。由学生教学信息员填写《考场情况评分表》,对考场监考情况、学生考试纪律情况进行全面督察,对严肃考场纪律,严格考试管理起到了很明显的促进作用。除此之外,每学期期中教学检查期间召开学生信息员座谈会,深入了解教学情况,现场解答学生疑问;通过信息员开展对任课教师,特别是问题教师的问卷调查;广泛开展网上学生评教,并将学生评教结果作为教师教学质量综合评价的主要要素之一。

(四)教学质量监控效果不断提高

学校教学质量监控体系运行10多年来,收集了大量的质量信息,教学督导团平均每学期听课1 800余人次;教务处每学期至少组织400余名教学信息员填写2次报告书,召开2次座谈会,收集学生的意见和建议,并组织对数千场考试的巡视工作和学生评考工作。如此大量的质量评价信息,保证了教学评价的客观性和科学性,为教学管理、学校决策提供了重要依据。

自2006年实施《新任教师试讲规定》以来,教学督导团对830多名新任教师进行上岗前的试讲评价工作,2009年以来为56位青年教师配备了指导教师,对帮助青年教师尽快站稳讲台起到了明显的促进作用。

近年来,教学督导工作成效越来越受到各级部门的重视,应用范围越来越广泛。教学评优评先、教师职称评定、教学项目评审、津贴发放等环节均将教学督导评定成绩纳入考评主要的要素,特别是职称晋升教学质量一票否决制的实施,极大提高了教学质量监控工作的效果。

三、教研室管理

学校重视教研室建设,规范教研室管理,制定了《教研室工作规范》,《教研室主任聘任办法》,充分发挥教研室在教学管理、教学研究、教学质量监控、人才培养等方面的基础作用,不断完善教研室管理办法,出台《教研室主任聘任办法》和《优秀教研室评选办法》。2004 年以来,先后评选 20 个优秀教研室,教研室设置由 2001 年的 41 个增加到 2011 年的 68 个。

2004 年评选的优秀教研室(9 个):岩土工程、水力学、工程力学、机械制造、会计学、英语、邓小平理论、文学艺术、自动化。

2005 年评选的优秀教研室(5 个):岩土工程、农业水利、应用数学、化学、文学艺术。

2009 年评选的优秀教研室(6 个):水力学、工程结构、测控技术与仪器、给排水工程、工商管理、文学艺术。

教研室设置见表 2-3。

表 2-3　教研室设置一览表

学院	2001 年设置教研室	2010 年教研室设置
水利学院	水力学、水工结构、农田水利、工程管理	水力学、水工结构、农业水利、工程管理、水文水资源
资源与环境学院	地质工程、岩土工程、水文水资源	地质工程、岩土工程、资源环境与城乡规划管理、地理信息系统、测绘工程
机械学院	工程机械、内燃机、工艺、机械设计	机械设计、机械制造、工程机械、内燃机、测控、交通运输、材控、制图
土木与交通学院	工程力学、工程测量、结构与建材、建筑学、施工	工程结构、交通、工程材料、工程力学
电力学院	自动化、水轮机、电工、热动基础、热动	水动、热动、电气、自动化、电子科学与技术
环境与市政工程学院	给排水、暖通、化学	环境工程、建筑环境与设备工程、给水排水、消防工程、化学
信息工程学院	计算机、网络中心、电教中心	计算机硬件、计算机软件、电子、通信、计算机基础
数学与信息科学学院	数学、物理、制图	公共数学、应用数学、信息与计算科学、物理、统计学
管理与经济学院	经济、管理、会计	经济贸易、会计、工商管理、管理工程
建筑学院		建筑学、城市规划、建筑技术
外国语学院	第一外语、第二外语、日、俄语	公共英语第一、公共英语第二、英语、对外汉语、日、俄
法学院		法学、水法与水行政、行政管理、劳动与社会保障
思想政治学院	政治理论、思想品德	中国近现代史、邓小平理论、马克思主义原理、思想品德
人文艺术教育中心	人文艺术	文学艺术、综合素质
体育部	体育	球类、田径、女生

四、教学制度建设

学校一直以来加强教学管理制度化建设,做到管理科学化、制度化、规范化。10年来,学校先后修订、制订了51部教学管理规章制度。

2002年出台1部:《教材建设基金管理暂行规定》。

2003年出台19部:《教学指导委员会章程》、《系、部教学委员会工作管理规定》、《教学基本文件规范化管理规定》、《课程教学大纲管理规定》、《新专业建设基金管理办法》、《精品课程建设工程管理办法》、《网络课程建设项目管理办法》、《教学改革项目管理办法》、《师德规范》、《教师教学工作规范》、《本科生导师工作管理规定》、《教研室工作规范》、《教研室主任聘任办法》、《考试制度暂行规定》、《本科生实习管理条例》、《教学督导团工作条例》、《领导干部听课制度》、《教学成果奖励暂行办法》、《教学责任事故认定及处理规定》。

2004年出台7部:《教学计划管理规定》、《教学质量监控与评价体系实施细则》、《专业评估指标体系》、《申报晋升教师系列职称人员教学质量评价办法》、《教师教学质量优秀奖评选办法》、《教学名师评选表彰办法》、《优秀教研室评选办法》。

2005年出台10部:《双语(英语)教学实施办法》、《教师行为规范细则》、《教授、副教授为本科生上课的规定》、《课程设计管理暂行规定》、《本科课程建设评价办法》、《教材选用评价办法》、《学生教学信息员制度实施细则》、《优良学风班评选办法》、《大学生科技创新奖励办法》、《本科生学分制学籍管理暂行办法》。

2006年出台3部:《名牌专业建设管理办法(试行)》、《新任教师承担课程主讲工作的规定》、《新增专业评估办法》。

2007年出台2部:《本科生不及格课程教学管理办法(试行)》、《本科学生转入名牌专业(建设点)实施办法(试行)》。

2008年出台1部:《本科学生转专业实施办法(试行)》。

2009年出台2部:《青年教师导师制实施办法(试行)》、《关于接收校外人员进修本科生课程管理办法》。

2010年出台3部:《关于授予全日制本科生学士学位的规定(修订)》、《全日制本科生第二学士学位专业教育管理办法》、《全日制本科生创新学分和素质学分管理办法》。

2011年出台3部:《教材管理办法》、《教学优秀奖励管理办法》、《青年教师工程实践锻炼管理办法》。

五、军事训练与体育教学

(一)军事训练

军训是大学生进入大学后的第一课,是学校教育教学工作的一项重要任务。长期以来,学校严格按照教育部、解放军总政治部、解放军总参谋部颁布的《国家普通高校大学生军事技能教学大纲》要求,将其纳入教学计划,作为学生必修课,计算2个学分。除2005年、2009年两年受新校区建设和甲型H1N1流感疫情的影响,将学生军训推迟到第二年暑假进行外,其余年份,均在新生入校后作为第一课开始军训。

2001年以来,学校根据《国家普通高校大学生军事技能教学大纲》,先后制定了《学生军训工作大纲》、《学生军训成绩评分标准》、《学生军训先进连评选办法》、《学生军训先进排评选办法》、《学生军训内务卫生先进宿舍评选办法》、《学生军训先进个人评选办法》、《学生军训枪支管理制度》、《学生军训联席会议制度》、《学生军训队列会操实施方案》、《学生军训歌咏比赛实施方案》等系列工作制度，形成了较为系统科学的学生军训制度体系，使学校学生军训工作走上了制度化、规范化的健康发展轨道。

为做好学生军训工作，学校在每年新生入学前都要成立以校党委主管武装工作的副书记为组长，以学校主管教学工作的副校长、承训部队首长、校武装部部长为副组长，以各有关职能部门负责人和各学院党总支副书记为成员的“学生军训工作领导小组”。在学生军训工作领导小组的统一领导下，校武装部成立“学生军训团”，具体实施学生军训工作，由校武装部部长担任团长、学生处处长担任政委、承训部队教官担任各连连长、各学院党总支副书记担任各连指导员，排长由部队派出，副排长从学生中产生。军训团下设三个组，即训练组、宣传组和后勤保障组。

军训开始前，学校都要专门召开军训动员大会，学校主要领导亲自作军训动员报告，并举行授旗仪式。军训课目主要包括立正稍息、整齐报数、停止间转法、齐步行进与立定、跑步行进与立定、正步行进与立定、步法变换、分列式等队列内容以及“三防理论”。军训结束时，举行军训阅兵式暨总结表彰大会，由学校领导对军训工作进行总结，对军训先进集体和先进个人进行表彰，参训学生接受校领导和教职员工的检阅。

通过多年工作实践，学校学生军训效果显著，为国防和军队建设培养造就大批高素质后备兵员做出了积极贡献，受到了上级领导和部队首长的高度赞扬和充分肯定。学生们通过军训，掌握了一定的基本军事技能和队列动作，国防意识和组织纪律性有了明显增强，意志品质得到了磨练，思想政治觉悟得到显著提高，培养了学生爱国主义、集体主义精神和良好作风，精神面貌得到了焕然一新的变化，营造了“关心国防、热爱国防、建设国防”的浓厚氛围。

（二）体育教学

学校根据国家《学校体育工作条例》和《全国普通高等院校体育课程教学指导纲要》的要求，在体育教学改革中突出“健康第一”的指导思想，加强对学生体育意识、能力和创新精神的培养，增进学生身心健康，为学生进行终身体育锻炼打下良好的基础。

体育课作为公共基础课，有其特殊性。为确保体育教学质量，学校建立了体育教学质量标准、体育课教学质量评价表、体育课学生学习状况评价表等，使质量标准完善，评价指标全面客观，结论明确可行，可操作性强。在课程建设目标方面，学校根据运动参与和运动技能、身体健康和心理健康、社会适应三个领域制定体育课程目标，充分体现了“以人为本”的教学思想。在课程结构方面，每学期均安排4学时理论教学内容，扩大体育课知识面，提高学生的认知能力。在教学内容方面，一年级学生以全面提高身体素质为目的，二年级学生以掌握专项运动技能并产生兴趣为目的，三、四年级学生以培养兴趣和奠定终身体育意识为目的。

学校根据《国家学生体质健康标准》对学生进行测试，2006—2010年测试结果合格率平均为96%。

第四节　教育教学研究与改革

学校一直高度重视教育教学研究与改革工作，不断更新教育教学理念，创新人才培养模式，完善课程体系，创新教学模式，改进教学方式方法,引导广大教师和教学管理人员积极投身教育教学改革研究。2005年来,以质量工程建设项目、河南省高等教育教学改革研究项目和校级教育教学改革研究项目为契机,学校共立项建设了164项校级教育教学研究与改革项目,18项省级教育教学研究与改革项目。通过一系列的教育教学改革创新,学校的整体教育教学质量有了明显提升。

学校重视教育教学研究成果的总结、推广应用和教学成果奖励工作,依此不断深化教育教学改革,保证教学质量,推进教学建设,培养高素质人才。2004年,34项教学成果获得学校教学成果奖,2项获省级教学成果奖。2008年,13项教学成果通过省级鉴定。2009年,学校共有9个项目被评为河南省第六届高等教育教学成果奖,其中一等奖6项,二等奖3项。2009年学校评选了19项校级教学成果奖,其中特等奖8项,一等奖11项。四年一次的教学成果奖评选,为进一步加大教学投入、加强教学基本建设、深化教育教学改革,不断提升教学水平和教学质量奠定了坚实的基础。

2011年,9项省级教育教学改革立项课题通过教育教学改革鉴定委员会鉴定。2011年验收了学校2009年立项建设的校级教育教学改革项目34项,经过专家鉴定,30项教改课题通过结题验收,其中鉴定为优秀项目9项,合格项目21项,另外暂缓结项项目3项,申请延期结项1项。2011年,学校立项建设54项教育教学项目,其中重点项目15项,一般项目39项。

教学成果鉴定汇总表见表2-4;省级教学成果奖见表2-5;校级教学成果奖见表2-6。

表2-4 教学成果鉴定一览表

序号	成果名称	负责人	参加人员	鉴定时间	所属单位
1	普通高等学校教学质量文化及其构建问题研究	刘汉东	高辉巧 丁天彪 李秀丽 张丽英	2008.5	教务处
2	地方工科类高等院校实践教学环节质量保证与监控体系的研究与实践	丁天彪	李秀丽 高辉巧 郑志宏 郭瑾莉	2008.5	教务处
3	工科高校文化素质公共选修课程教学内容和课程体系改革的研究与实践	张丽英	李秀丽 丁天彪 郑志宏 田 刚	2008.5	发展规划处
4	现代国际教育学院办学模式的研究与实践	韩福乐	周冠琼 马强和 陈思瑾 Lynn Meek	2008.5	国际教育学院
5	理论力学和材料力学课程体系改革与实践	杨开云	白新理 张多新 周 娟 张 伟	2008.5	土木与交通学院
6	机械大类专业设置及人才培养模式改革与综合发展研究	杨振中	严大考 王丽君 谭群燕 祁丽霞	2008.5	机械学院
7	农业水利工程专业人才培养方案与课程体系综合改革与实践	刘增进	柴红敏 李宝萍 张巍巍 徐建新	2008.5	水利学院
8	土木工程(岩土与地下建筑方向)专业实践环节的教学改革研究	李永乐	郝小红 余建民 张 昕 丁仁伟	2008.5	资源与环境学院

续表 2-4

序号	成果名称	负责人	参加人员	鉴定时间	所属单位
9	消防工程专业课程体系及实践环节优化研究	邵　坚	陈长飞　白国强　何强勇　谭志光	2008.5	环境与市政工程学院
10	土木工程专业教学内容与课程体系改革研究	赵顺波	丁天彪　刘汉东　邢振贤　陈爱玖	2008.5	土木与交通学院
11	数学与应用数学专业教学内容与课程体系改革研究	刘法贵	王石青　李亦芳　左卫兵	2008.5	数学与信息科学学院
12	音乐艺术类课程教学内容与课程体系改革研究	李以明	史秀玉　杨华轲　罗玲谊	2008.5	人文艺术教育中心
13	物理实验课程开放式教学模式研究	邱　林	许　磊　宋　玲　王燕红　张永杰	2008.5	数学与信息科学学院

表 2-5　获奖教学成果一览表(省级)

序号	成果名称	负责人	参加人员	获奖时间	获奖等级	所属单位
1	基于新专业目录的热能与动力工程专业改革与实践	陈德新	王玲花　殷　豪　张利平　王爱军	2004.12	一等奖	电力学院
2	普通高等学校教学质量监控与评价体系的研究及实践	刘汉东	丁天彪　高辉巧　李秀丽　田　刚	2004.12	二等奖	教务处
3	土木工程专业教学内容与课程体系改革研究	赵顺波	丁天彪　刘汉东　邢振贤　陈爱玖	2009.4	一等奖	土木与交通学院
4	地方工科类高等院校实践教学环节质量保证与监控体系的研究与实践	丁天彪	李秀丽　高辉巧　郑志宏　郭瑾莉	2009.4	一等奖	教务处
5	普通高等学校教学质量文化及其构建问题研究	刘汉东	高辉巧　丁天彪　李秀丽　张丽英	2009.4	一等奖	教务处
6	操作系统课程体系建设创新与实践	朱贵良	刘雪梅　王　峰　李秀芹	2009.4	一等奖	信息工程学院
7	工科高校文化素质公共选修课程教学内容和课程体系改革的研究与实践	张丽英	李秀丽　丁天彪　郑志宏　田　刚	2009.4	一等奖	发展规划处
8	机械大类专业设置及人才培养模式改革与综合发展研究	杨振中	严大考　王丽君　谭群燕　祁丽霞	2009.4	一等奖	机械学院
9	土木工程(岩土与地下建筑方向)专业实践环节的教学改革研究	李永乐	郝小红　余建民　张　昕　丁仁伟	2009.4	二等奖	资源与环境学院
10	理论力学和材料力学课程体系改革与实践	杨开云	白新理　张多新　周　娟　张　伟	2009.4	二等奖	土木与交通学院
11	音乐艺术类课程教学内容与课程体系改革研究	李以明	史秀玉　杨华轲　罗玲谊	2009.4	二等奖	人文艺术教育中心

表2-6　获奖教学成果一览表(校级)

序号	成果名称	负责人	奖励等级	获奖时间	所属单位
1	普通高等学校教学质量文化及其构建问题研究	刘汉东	特等奖	2009.3	教务处
2	地方工科类高等院校实践教学环节质量保证与监控体系的研究与实践	丁天彪	特等奖	2009.3	教务处
3	工科高校文化素质公共选修课程教学内容和课程体系改革的研究与实践	张丽英	特等奖	2009.3	发展规划处
4	机械大类专业设置及人才培养模式改革与综合发展研究	杨振中	特等奖	2009.3	机械学院
5	土木工程专业教学内容与课程体系改革研究	赵顺波	特等奖	2009.3	土木与交通学院
6	土木工程(岩土与地下建筑方向)专业实践环节的教学改革研究	李永乐	特等奖	2009.3	资源与环境学院
7	理论力学和材料力学课程体系改革与实践	杨开云	特等奖	2009.3	土木与交通学院
8	农业水利工程专业人才培养方案与课程体系综合改革与实践	刘增进	特等奖	2009.3	水利学院
9	消防工程专业课程体系及实践环节优化研究	邵　坚	一等奖	2009.3	环境与市政工程学院
10	音乐艺术类课程教学内容与课程体系改革研究	李以明	一等奖	2009.3	人文艺术教育中心
11	数学与应用数学专业教学内容与课程体系改革研究	刘法贵	一等奖	2009.3	数学与信息科学学院
12	关于培养产业型软件技术人才的教学改革研究	张殿玉	一等奖	2009.3	校友会
13	建筑材料精品课程建设与实践	邢振贤	一等奖	2009.3	土木与交通学院
14	新形势下毕业设计模式研究	孙明权	一等奖	2009.3	水利学院
15	《机械优化设计》课程实验教学的研究	韩林山	一等奖	2009.3	机械学院
16	水力学(流体力学)双语教学研究	孙东坡	一等奖	2009.3	水利学院
17	电气工程及其自动化(专升本)课程体系调整项目	朱雪凌	一等奖	2009.3	电力学院
18	水利工程施工网络课程建设	康迎宾	一等奖	2009.3	水利学院

续表 2-6

序号	成果名称	负责人	奖励等级	获奖时间	所属单位
19	水电站精品课程建设	张　丽	一等奖	2009.3	水利学院
20	热能与动力工程专业教学内容与课程体系改革研究	陈德新	特等奖	2004.12	电力学院
21	水利水电工程专业教学内容与课程体系改革研究	孟祥敏	特等奖	2004.12	水利学院
22	地质工程专业教学内容与课程体系改革研究	刘汉东	特等奖	2004.12	教务处
23	人文素质、科学素质教学内容与课程体系研究	丁天彪	特等奖	2004.12	教务处
24	英语专业教学内容与课程体系改革研究	张加民	特等奖	2004.12	外国语学院
25	数学与应用数学专业教学内容与课程体系改革研究	刘法贵	特等奖	2004.12	数学与信息科学学院
26	给水排水专业教学内容与课程体系改革研究	朱铁群	特等奖	2004.12	环境与市政工程学院
27	普通高等学校教学质量监控与评价体系研究	刘汉东	特等奖	2004.12	教务处
28	关于教师教学工作督导与评价的研究与实践	刘汉东	特等奖	2004.12	教务处
29	岩石力学 CAI 及网络课程教学	黄志全	特等奖	2004.12	资源与环境学院
30	给水排水专业工程设计类课程改革的实践	王季震	特等奖	2004.12	环境与市政工程学院
31	普通高等学校经济学专业建设问题研究	李　创	特等奖	2004.12	管理与经济学院
32	国际经济与贸易专业教学内容与课程体系改革研究	王延荣	一等奖	2004.12	管理与经济学院
33	机械设计制造及自动化专业教学内容与课程体系改革研究	杨振中	一等奖	2004.12	机械学院
34	农业水利工程专业教学内容与课程体系改革研究	刘增进	一等奖	2004.12	水利学院
35	电气工程及其自动化专业教学内容与课程体系改革研究	朱雪凌	一等奖	2004.12	电力学院
36	信息与计算科学专业教学内容与课程体系改革研究	杨　乔	一等奖	2004.12	数学与信息科学学院

续表 2-6

序号	成果名称	负责人	奖励等级	获奖时间	所属单位
37	材料成型及控制专业教学内容与课程体系改革研究	杨振中	一等奖	2004.12	机械学院
38	水文与水资源工程专业教学内容与课程体系改革研究	孙保沭	一等奖	2004.12	水利学院
39	水利高校研究生培养质量保证体系	严大考	一等奖	2004.12	研究生处
40	机械优化设计	韩林山	一等奖	2004.12	机械学院
41	实践教学对学生知识、能力、和态度发展的整合功能研究	何　楠	一等奖	2004.12	管理与经济学院
42	创业学——理论与方法	王延荣	一等奖	2004.12	管理与经济学院
43	基础力学教学方法与手段改革的研究与实践	杨开云	一等奖	2004.12	土木与交通学院
44	法学专业教学内容与课程体系改革研究	张玉祥	二等奖	2004.12	法学院
45	工程力学专业教学内容与课程体系改革	白新理	二等奖	2004.12	土木与交通学院
46	基础课大平台教学内容与课程体系改革研究	温随群	二等奖	2004.12	教务处
47	消防工程专业教学内容与课程体系改革研究	邵　坚	二等奖	2004.12	环境与市政工程学院
48	工程管理专业教学内容与课程体系改革研究	肖大强	二等奖	2004.12	水利学院
49	经济学专业教学内容与课程体系改革研究	程世同	二等奖	2004.12	管理与经济学院
50	环境工程专业教学内容与课程体系改革研究	刘玉忠	二等奖	2004.12	环境与市政工程学院
51	现代设计方法在培养创新人才中的探索与实践	上官林建	二等奖	2004.12	机械学院
52	建筑设计课程建设研究	尤　琪	二等奖	2004.12	建筑学院
53	狠抓课堂教学，提高英语专业四级通过率	张加民	二等奖	2004.12	外国语学院

第五节　教学工作水平评估

2005年是学校发展史上具有里程碑意义的一年，在教育部本科教学工作水平评估中，学校荣获优秀。这既是对学校办学水平、人才培养质量、教学管理、教学改革等方面成绩的充分肯定，又是对全体师生的鞭策。

一、本科教学工作水平评估

本科教学工作水平评估，是对学校建校50多年来办学积淀与几代华水人辛勤耕耘的历史性检阅，是对办学思想、办学特色的一次系统的凝炼和升华，是对本科教学工作的全面梳理和提高，为学校今后全面、协调、可持续发展奠定了扎实的基础。通过教学工作水平评估，达到了"以评促建，以评促改，以评促管，评建结合，重在建设"的目标，进一步明确了学校的办学定位和思路，牢固树立了教学工作的中心地位，办学条件和教学基础设施有了较大改善，教学管理更加规范，教学改革不断深化，教学质量显著提升，推动了学校教学工作的科学发展。

（一）进一步明确了学校的办学定位和办学思路，教学工作的中心地位得到进一步巩固

在本科教学工作水平评估过程中，学校认真学习和贯彻落实教育部有关教学工作水平评估的文件精神，始终把端正办学指导思想，确立教学工作中心地位，提高教育教学质量放在十分突出的位置。通过评估，全校上下进一步明确了"三个坚持"的办学指导思想，即坚持以邓小平理论和"三个代表"重要思想为指导，全面贯彻党的教育方针；坚持以人才培养为目的，以本科教学为中心，以教育质量为根本，培养基础扎实、勤奋务实、具有奉献精神和实践能力的应用型人才；坚持以水利为特色，以学科建设为龙头，以师资队伍建设为重点，把学校建成水利学科优势突出、办学特色鲜明、在全国有较大影响的多科性大学。

在长期办学过程中，学校形成了"育人为本，学以致用"的办学理念，"勤奋、严谨、求实、创新"的校训，"情系水利，自强不息"的办学精神，"从严治校、从严执教"的优良传统，"下得去，吃得苦，留得住，用得上"的人才培养特色。

学校全体教工通过评估清醒地认识到只有确保教学工作在全校各项工作中的中心地位不动摇，确保本科教学在学校各类各层次教育教学中的基础地位不动摇，才能提高教育教学质量，学校才能可持续的发展。

（二）办学条件、教学基础设施得到较大改善

学校本着优先本科教学的原则，不断加大基础设施投入，改善了教研室和实验室条件，拓展了实习基地。在整合实验室资源、更新实验室设备的同时，充实了实验教学和管理人员队伍，形成了良好的实验教学条件。不仅能够满足本科实验教学，还能为教师开展科学研究提供有力保障。在优化学校资源的同时，加大校外实习基地的建设，为学生提高动手能力创造了良好的条件。图书资源、网络资源的丰富与共享，对学校教学质量的提高都起到了积极的促进作用。

（三）强化了教学管理，完善了教学质量监控体系

通过教学工作水平评估，学校的教学管理得到了进一步的加强。学校根据教育部、河南省教育厅的方针、政策和高等教育的新形势对教学管理规章制度进行了修订，补充了许多新的教学管理规章制度，编

印新的《教师手册》;制(修)订了课程教学大纲、实验教学大纲,并编印成册;各专业的核心基础课和学科基础课普遍建立了试题库;完善了教务网络管理系统,实现了网上排课、选课、成绩管理、质量监控;学生教学信息员制度执行情况良好。

(四)加强了校风、教风、学风建设

学校采取有效措施,促进良好校风、教风、学风的形成。在保障日常教学的同时,为了拓宽学生的知识面,了解学科现状和前沿,有计划地举办了一系列的学术讲座,使学术活动制度化,营造了良好的学术文化氛围,进一步丰富了学生课外的科技学术活动。组织了各级领导和教学督导员深入课堂听课,对教学中的问题及时解决,对教学事故严肃处理。通过开展诚信考试签名、各类学习经验交流会、一帮一、优良学风班评选等活动将学风建设落到实处,全校学风浓厚,为学生提供了良好的学习氛围。

(五)促进了教学改革的深化

学校大力推进教学改革的步伐。各院(系)积极组织,申报校级教学改革立项的项目达到82项,改革项目不仅覆盖面广,而且内容新颖。校内专家认真评审后确立了7项精品课程、10项网络课程、20项其它教学改革项目作为校级教改立项项目。这些教改项目的建设不仅提高了的我校的课程建设水平,还为新时期教学模式和教学方法的改革提供了思路,教学改革成效显著。2005年,学校获河南省"十一五"教育教学改革项目7项,河南省高等教育改革项目9项。

2005年,学校全面开展了新一轮的专业建设规划工作,修订了本科生培养方案,构建了"平台+模块"的本科教育课程体系结构,加大了实践教学比例、设置创新学分等特色鲜明的全新课程体系,使培养方案更加优化。得到了王菊梅副省长、河南省教育厅领导的高度评价,且多家新闻媒体予以报道。

二、专项教学评估

(一)高校公共艺术教育工作评估

为全面贯彻教育方针,积极推进素质教育,促进河南省高校公共艺术教育工作健康发展,推动高校公共艺术教育的课程设置和教学步入规范化、制度化的轨道,河南省2000年启动全省高校公共艺术教育工作水平评估。检查评估主要要素包括艺术教育机构建设、课程建设、教学科研、师资配备、课外艺术活动开展、场馆设施建设等。

该项评估启动至今,学校先后参加了2000年、2003年、2007年和2011年4次评估,并连续4次获得河南省公共艺术教育"优秀"等级(一类高校)。通过评估,展现了学校艺术教育工作的新面貌,理顺了艺术教育的管理机制,巩固了艺术教育工作的地位,完善规章制度,加强了课程建设,保证了艺术教育课程质量,促进了学生丰富多彩的第二、第三课堂活动开展,保证学校艺术教育"四有"(有队伍、有教材、有设备、有管理)和艺术教育活动"四化"(大型活动制度化、综合训练经常化、社团活动群体化、环境熏陶艺术化)。

(二)思想政治理论课程教学工作评估

2011年,河南省高校思想政治理论课程评估专家对学校思想政治理论课程教学工作进行了专项检查评估。专家组听取了专题汇报、召开教师和学生座谈会、查阅资料、实地查验、专家反馈等环节,对学校思想政治理论课程进行全面检阅,对学校该项工作给予高度评价,并提出了很好有价值的意见和建议。通过检查评估,进一步增加了全校师生对思想政治理论课对育人主要地位的认识，理清了今后思想政治理论课教学研究与改革的思路和方向，充分展示了学校领导对思想政治理论教学工作的高度重视、学校各职能部门的强力支持、稳定的高素质教师队伍建设、规范严格的教学管理制度体系、高水平的教学和科研成果、丰富多彩的教研活动，实现了“以评促建，以评促管，以评促改，重在建设”的基本目标。

（三）体育教学工作评估

2009 年 11 月 19 ~ 20 日，河南省普通高等学校体育工作评估专家对学校体育教学工作进行了专项检查评估。专家组通过听取汇报、查阅相关资料、实地查看体育场馆和器材配备等情况，对学校体育工作给与了充分肯定，并提出了有价值的建设意见和建议。通过检查评估，进一步增加了对学校体育工作的认识，完善了体育工作的管理机制，促进了贯彻体育教学工作的科学化、规范化、制度化的进程。

第六节　师资队伍建设

高等教育招生规模的扩大，给学校带来了前所未有的发展机遇，同时也带来了巨大的挑战，面对这一新情况，学校重点加强教师队伍建设工作，采取了一系列卓有成效的师资队伍建设措施。2003 年，学校全面启动了“1115 人才工程”（建设一支拥有 10 名左右在国内同类学科中取得公认的重要成就、具有带领本学科在其前沿领域保持或赶超国内外先进水平能力的高水平学科带头人、100 名教授、100 名博士、500 名硕士的教师队伍）。一支思想稳定、数量充足、结构合理的教师队伍已经形成，很好地满足了人才培养的需要。

一、引进和聘用高层次人才

学校于 2002 年出台了《师资队伍建设实施办法》，2004 年又出台了《学科建设与师资队伍建设规划》，结合学科、专业发展情况，积极实施“1115”计划，加大人才引进和培养力度，优化结构，强化措施。目前学校教职工 1 559 人，其中教授 147 人，副教授 327 人，高级职称人员占教职工总数的 37%；教师中具有博士学位 274 人，硕士学位 711 人，博士、硕士的比例超过专任教师的 80%。

二、鼓励在职教师攻读学位和出国进修

引进人才，尤其是高水平的学科带头人，在今天我国大力发展高等教育的背景下已成为重中之重，相应地也使这项工作的开展具有特殊的难度。因此，在师资队伍建设上学校坚持“两条腿走路”的方针，注重教师的再教育、再提高工作，有目的、有计划地选派教师攻读研究生学位和进行业务进修，以自我培养、提高为基础，制订相应措施，积极鼓励在职教师攻读学位和出国进修，各学院（部）也制订了相关政策。2001—2010 年间，学校共提供教师在职攻读学位计划 265 人，总计投入经费近 800 万元。

三、建立健全激励机制和相关规章制度

近几年来，制定了《师资队伍建设实施办法》、《师德建设规范》、《教研室工作规范》，《教研室主任聘任办法》、《教学名师评选表彰办法》、《教学奖励实施办法》等文件，使教师队伍建设有章可循，教学管理、师资培养、培训更加制度化、规范化。

四、加强青年教师培训,帮助青年教师站稳讲台

针对近年来引进青年教师较多的状况,加强对青年教师岗前培训,师德教育,教学业务指导等方面的工作。先后出台了《新任教师承担课程主讲工作的规定》、《青年教师导师制实施办法》、《青年教师助课制度和讲课验收制度实施细则》等多项规定,从制度上保证了青年教师的培养,带动了整个师资队伍的建设。

1. 组织教师参加河南省教育厅组织的教师职业教育和教师素质、技能培训。2001 年以来共组织 300 多名青年教师参加培训和考试,使青年教师在职业道德修养和教育教学技能上得到了提高。

2. 学院(部)制定新进教师的培训计划,对每一名新进教师配备指导教师,并有详细的培养措施,在期中、期末教学检查中进行专项检查。每学期初组织督促学院(部)制定教研室活动计划,对活动内容、活动时间提出具体要求,并配合督导团检查活动计划的落实情况,充分发挥教研室在青年教师培养方面的基础性作用。

3. 在校内以专家讲座、报告、示范课的形式,对青年教师进行职业道德修养、教学技能、方法的教育培训。2002 年组织 110 多名教师参加计算机辅助教学课件培训。2004—2011 年,每年专门聘请校内外专家对全体新进教师进行了岗前培训专题讲座和报告。2009 年和 2010 年,学校 2 次邀请外籍教师为 63 位青年教师进行英语口语技能培训。

4. 青年教师讲课大赛。学校每 2 年举办 1 次的青年教师课堂讲课大赛,要求所有 35 岁以下青年教师都要参加选拔,10 年来共有 2 000 余名青年教师参加。

2001 年青年教师课堂讲课比赛获奖情况:一等奖为尤琪、户进菊;二等奖为鲁智礼、李亦芳、黄和法、刘桂华;三等奖为殷豪、师素娟、宋永嘉、凌虹、李雪芹、陆桂明。

2003 年青年教师课堂讲课比赛获奖情况:一等奖为周俊胜、张金辉;二等奖为朱雪凌、曹琳、周培红、陆建红、陈岩;三等奖为王莹、李红光、袁昕、宋岭、李建莉、何强勇、郭春光、张世宝;优秀奖为娄妍、薛海、左卫兵、郭飞、宋秋萍、姜彤、朱登亚、梁德成、吕朦。

2005 年青年教师课堂讲课比赛获奖情况:一等奖为周俊胜、左卫兵;二等奖为王峰、常燕、李海华、周培红、王丽君;三等奖为曹琳、刘建厅、陈岩、宋秋萍、戴明清、梁松、张云鹏、周建业;优秀奖为刘慧卿、罗玲谊、李志萍、谷红梅、郭飞、张帆、何伟、梁娜、徐冬梅、张红涛、马莎。

2007 年青年教师课堂讲课比赛获奖情况:一等奖为梁丽丽、张华平;二等奖为薛海、戴明清、李胜机、李萍、常燕;三等奖为周娟、梁松、祁丽霞、周建业、陈友军、杨绿云、杨华轲、李满峰;优秀奖为张帆、郑志宏、王桂秀、张洋、孙树勋、李永健、张振伟、熊军华、黄会平、尹春娥、刘明堂、王慧。

2009 年青年教师课堂讲课比赛获奖情况:一等奖为张金辉、张华平;二等奖为谢巍、王海荣、贾敏、王强;三等奖为刘新宇、董英斌、李萍、徐艳杰、张晓燕、尹春娥、程炎焱、杨华轲;优秀奖为运红丽、孙少楠、郭慧敏、刘艳珍、蒋莉、布辉、帖靖玺、张贞贞、肖哲涛、李金锴、陈岩、王安明。

2011 年青年教师课堂讲课比赛获奖情况:一等奖为任岩、戴明清;二等奖为王慧、张晓燕、刘焕强、丰晓萌、张云鹏、陈自高;三等奖:翟丽平、娄妍、郭飞、郑淑娟、徐澈、赵静、徐艳杰、应一梅、杨光瑞、王林南、李燕、李慧敏;优秀奖为卢保娣、张蕊、张贞贞、张英克、李志国、李娟娟、肖哲涛、张

文剑、闫敏、丁明磊。

青年教师的课堂讲课水平在老教师的示范和同行之间的观摩中得到锻炼和提高。

五、骨干教师培养

学校重视骨干教师的培养选拔工作，制定骨干教师资助计划，努力使青年骨干教师的选拔工作制度化、规范化。学校积极组织申报河南省中青年骨干教师资助计划项目，2001 年以来共有 23 名教师获河南省骨干教师资助计划项目资助，详见表 2-7。

表 2-7　获得河南省青年骨干教师资助计划项目统计表

序号	姓名	项目名称	所在学院	年度
1	赵顺波	环形高效预应力混凝土新技术关键理论的研究	土木与交通学院	2001
2	刘法贵	一阶拟线性双曲型方程组理论及应用	数学与信息科学学院	2001
3	温新丽	遗传进化方法在边坡稳定分析中的应用	水利学院	2001
4	李芬花	拱坝计算机仿真设计	水利学院	2001
5	王丽君	氢发动机异常燃烧信号分析及先进控制技术研究	机械学院	2006
6	向明森	无线 IP 网络的椭圆曲线加密理论的研究	信息工程学院	2006
7	李晓克	大型地下混凝土结构防震减灾关键技术研究	土木与交通学院	2006
8	马建琴	农业水资源的高效利用及可持续发展研究	水利学院	2006
9	李志萍	地下水污染敏感性及防污性能研究	资源与环境学院	2006
10	徐晨光	基于 GIS 的区域水资源承载力研究	资源与环境学院	2008
11	张仙娥	黄河下游典型河段水质模型研究	环境与市政工程学院	2008
12	严　军	水力学及流体力学实验教学新模式研究	水利学院	2008
13	李彦彬	时空变异和人类干扰条件下河川径流演变机理和预测研究	水利学院	2009
14	王为术	干法水泥线纯低温双压余热发电热设计方法和软件研究	电力学院	2009
15	马　莎	大型地下洞室稳定非线性理论与方法研究	资源与环境学院	2009
16	马　歆	基于动态耦合理论的电力市场稳定性演化分析与风险控制研究	管理与经济学院	2010

续表 2-7

序号	姓名	项目名称	所在学院	年度
17	姜卫粉	增强型氧化钨传感器的制备及气湿敏性能研究	数学与信息科学学院	2010
18	薛　海	破面侵蚀地形演变试验及其非线性过程模拟	水利学院	2010
19	吴慧欣	三维 GIS 空间数据模型及可视化技术研究	信息工程学院	2010
20	郑志宏	河流健康用水及承载力分析理论与应用研究	环境与市政工程学院	2010
21	何　伟	中、下承式钢管混凝土拱桥健康监测方法研究	土木与交通学院	2010
22	张先起	典型区域水资源、生态、环境系统协调发展研究	水利学院	2010
23	王安明	注采压力周期性变化情况下层状盐岩储气库稳定性研究	资源与环境学院	2010

六、教学名师的培育

为使广大教师进一步树立教学品牌意识,积极探索教育规律,进行教学研究,提高教育教学质量和教学效果,学校 2004 年出台了《教学名师评选表彰办法》,决定开展“教学名师”评选、表彰工作。当年,白新理、黄志全、杨振中、刘法贵、李以明、赵书爱、李创、李国庆、陈德新 9 名教授被评为校级教学名师。之后,赵顺波、黄志全、杨振中 3 名教师被评为省级教学名师。

七、教学奖惩的实施

完善教师教学效果考核机制,大力表彰奖励在教学工作第一线做出突出贡献的教师。2004 年,启动了教学质量优秀奖评选工作,共 30 位老师受到表彰,一等奖为孟祥敏、王丽君、邵坚、孙明权、赵书爱、师素娟、张利平、李凤兰、常燕、唐克东;二等奖为左卫兵、罗党、田景环、田林钢、张云鹏、张红涛、李日运、胡俭兰、李志萍、时锦瑞、张世宝、程方、陈桂花、谭雁、张伟、杨开云、孟凡玲、胡宝柱、侯树文、朱铁群。2010 年,开展了第二届教学质量优秀奖评选工作,共 36 名教师荣获教学质量优秀奖,一等奖为王丽君、王为术、王晓岗、李亦芳、宋冬凌、陈爱玖、孟凡玲、林桢、郭术义、谢巍;二等奖为马更、王清云、史秀玉、冯翠红、孙少楠、刘慧卿、李胜机、李晓克、李永健、李小根、李红光、吴文红、余建民、张冰、张洋、张云鹏、张庆锋、周娟、郑茗元、郑永红、党兰玲、曾颖、程鹏、韩素兰、董英斌、皇甫中民。

2011 年,学校进一步完善教师奖励制度,出台了《教学奖励管理办法》,完善教学质量优秀奖、教学名师奖评选办法,新增优秀青年教师奖,鼓励 35 周岁以下青年教师脱颖而出,快速成长。

学校坚决贯彻教授、副教授为本科学生上课基本制度,教授、副教授每学年至少要为本科学生讲授一门理论课程,一年内没有本科生理论教学工作量,取消当年度结构津贴,连续两年没有讲授本科生理论课程,不再聘任其担任教授、副教授职务,副教授当年度不能晋升高一级教师系列职称；贯彻执行各项与教学相关的考核中的教学质量一票否决制，把教师承担教学工作的业绩和成果作为聘任（晋升）教师职称、确定津贴和晋升工资等的必要条件。

八、青年教师工程实践锻炼

为加强青年教师工程实践锻炼，增强实践经验，学校于2010年制定了《青年教师工程实践锻炼实施办法》，拟利用5年时间，选派35周岁以下青年教师到工程单位接受实践锻炼。2011年，首批16位青年教师进入了工程一线进行实践锻炼。

九、教学团队建设

学校积极开展优秀教学团队的培育和建设工作，旨在通过建立团队合作的机制，改革教学内容和方法，开发教学资源，促进教学研讨和教学经验交流，推进教学工作的传、帮、带和老中青相结合，提高教师的教学水平和人才培养质量。近5年，学校建成地质工程、水力发电动力工程、土木工程、机械工程等4个省级教学团队，详见表2-8。

表2-8　教学团队情况统计

序号	团队名称	所在院系	级别	批复年度
1	地质工程教学团队	资源与环境学院	省级	2007
2	水力发电动力工程教学团队	电力学院	省级	2008
3	土木工程结构类课程教学团队	土木与交通学院	省级	2009
4	机械类专业基础课程教学团队	机械学院	省级	2010

十、出国进修访问与国外师资引进

校实施“送出去，请进来”基本方针，不断拓宽国际化视野。10年来，学校通过各种方式派出访问学者56名到美国、英国、加拿大、德国、荷兰等国家的著名大学研修，其中国家留学基金委访问学者31人（2004年4人，2005年6人，2006年5人，2007年4人，2008年5人，2009年2人，2010年5人）。通过出国研修，不仅提高了出访人员的科研水平，提高了科研能力，而且拓宽了学校的对外交流渠道和领域，提高了学校的知名度。

学校在2008—2010年，每年派出21名教师到澳大利亚斯威本科技大学交流培训，不仅为合作办学培训了合格的师资，同时引进了澳方的教材、教学计划、教育思想和教学方法。

10年来，学校共引进39名外方教师到校进行本科教学工作，不仅促进学校外语教师的教学水平，而且保证了学校外语教学质量，提高了学生英语能力。校聘外籍教师情况见表2-9。

表 2-9 2001—2011 年学校聘请外籍教师一览表

姓名	性别	国别	在校时间(合同期)
Darren Keith Barnshaw	男	英国	2002.9.1—2003.6.30
Leo Lacey	男	澳大利亚	2002.9.1—2006.6.30
David A. Carmelo	男	菲律宾	2003.9.1—2006.1.26
Egor S. Tamilin	男	俄罗斯	2003.9.1—2004.6.30
Christopher John Pratt	男	美国	2003.9.1—2004.7.30
Jesster Delima Manondo	男	菲律宾	2003.11.1—2006.1.26
Matsy B. Tumacdang	女	菲律宾	2003.9.1—2004.6.30
Martin Edward Parkes	男	英国	2004.2.1—2006.1.26
Giampaolo Gregori	男	意大利	2004.9.1—2007.1.28
Rebecca Jim Andre	女	美国	2005.2.26—2010.7.28
Soren Dietrichson	男	瑞典	2007.9.3—2008.7.31
Mokom Muluh	男	喀麦隆	2007.2.21—2008.2.21
Bame Suiven	女	喀麦隆	2007.2.21—2008.2.21
Rick Mc Daniel	男	美国	2007.8.1—2008.7.20
Caren M Calamita	女	美国	2007.6.21—2008.7.20
Niels Von Deuten	男	德国	2007.6.21—2008.7.20
Robert Briggs	男	澳大利亚	2007.3.15—2008.1.31
Anna Piotrowska	女	波兰	2008.9.1—2009.7.31
James Walker	男	加拿大	2008.9.1—2009.6.30
Marie Karpick	女	法国	2008.10.24—2009.1.11
Aaron Michael Tomlin	男	美国	2008.10.1—2009.1.11
Marcin Basiak	男	波兰	2008.10.1—2009.1.10
Andrew Lawson	男	澳大利亚	2009.2.23—2010.1.31
Marian Lawson	女	澳大利亚	2009.2.23—2010.1.31
Robert Reith	男	美国	2009.4.1—2010.1.31
Ana Cristina Izquierdo	女	阿根廷	2009.10.1—2011.7.11
Lara Orlando	女	阿根廷	2009.10.1—2010.6.30
Kaars Sijpesteijn Daniel Joseph	男	澳大利亚	2009.8.31—2010.6.30
Piotr Grochowski	男	波兰	2009.8.31—2011.7.11
Donald Maurice How	男	加拿大	2009.10.1—2010.6.30
Artur Szatkowski	男	波兰	2010.8.30—2011.7.10
Jean Francois Eugene Auzou	男	澳大利亚	2010.7.1—2011.7.10
Kenneth C. King	男	美国	2010.7.1—2011.7.10
María Laura Zalba	女	阿根廷	2010.10.1—2011.7.10
Joseph Bernard Davey	男	英国	2011.2.21—2012.1.10
Niel D. Zielsdorf	男	加拿大	2011.7.23—2012.7.10
James Tidmarsh	男	英国	2011.8.29—2012.7.10
James Leonard Irish	男	澳大利亚	2011.2.21—2012.1.10

第三章　科学研究与服务社会

2001—2011 年是学校科学研究水平得到持续发展和服务社会能力快速提升的10 年。学校把科学研究作为支撑学校又好又快发展的一项长期的基础性工作,在科研工作中鼓励创新、服务社会、重点突破、支撑发展。学校紧密围绕国家、水利部、河南省中长期科技发展规划和学校总体发展规划,促使科学研究上层次、上水平,科技创新能力稳步提高,科技支撑能力显著增强,科技服务社会的能力明显改善,基础研究、前沿技术研究的实力显著增强,人文社会科学研究、交叉边缘学科研究和软科学研究能力明显提升,取得了一批在国内具有较大影响的科研成果,造就了一批科技人才,为学校建设特色鲜明的高水平教学研究型大学奠定了坚实的科技基础。

第一节　科学研究

一、重视科学研究

进入 21 世纪,学校之所以特别重视科学研究的支撑、引领功能,是有深厚的历史原因和现实基础的。

(一)高等教育自身发展的需要

人才培养、科学研究和社会服务是高等教育的三大职能,是现代高等教育发展的必然结果。由于社会发展的阶段不同,它们在人类社会发展的不同阶段所起的作用是不同的。随着世界经济发展的知识化、信息化的进一步发展,当今社会的发展出现了科学技术是第一生产力的现象。根据当今社会发展的这一特点,我国提出了建设创新型国家的发展战略。为了适应当今社会发展的特点,建设创新型国家,高等教育必须加强以科技创新能力为核心,提高竞争力。

(二)建设高水平教学研究型大学的需要

过去 50 多年,学校定位于教学型大学。2002 年,学校召开了第八次党代会,在工作报告中提出,要把学校建设成“具有鲜明特色的华北水利水电大学”。2004 年,学校在制定《发展战略规划》时,明确提出:逐步把学校由教学型大学建设成教学研究型大学。2005 年,我校跻身于全国本科教学工作水平评估优秀高校行列后,为了进一步继续巩固教学评估成果,深化教学改革,提高人才培养质量,在确保教学为中心的前提下,继续发扬我校在教学工作方面的优良传统,通过教学与科研互补,提升人才培养质量和社会服务水平,不断提高学校的综合贡献率和社会的认可度,这是我校加大科学研究的支持力度的重要原因。

(三)省部共建的需要

2009 年 8 月,河南省人民政府、水利部签署共建华北水利水电学院协议,其主旨在于,通过在学科建设、人才培养、学术研究、科技攻关、行业交流、技术培训等各方面给予学校更多的支持,使学校成为全国水利科技创新和人才培养的重要基地。因此,进一步加强和提升我校的科学研究的能力和水平,是水利部、河南省委、省政府对我校办学提出的新要求,是为了贯彻落实省部共建协议的需要。

(四)博士学位授予权单位立项和建设的需要

2009年初,学校成功申报为博士学位授予权立项建设单位。然而,学校在博士学位授予权单位建设过程中还存在着一些问题。主要表现为:高层次学科带头人数量少;高水平的科学研究成果不多,科研基地建设有待进一步加强。因此,为了完成博士单位建设任务,取得博士授权单位的突破、提升学校的办学层次,必须大力加强学校的科学研究能力和水平。因为科研工作是博士单位建设的重要支撑。高层次科研成果是新增博士授权单位立项建设终期验收考评的重要指标之一。

二、影响科研进程的三次会议

在学校十年发展历程中,有三次会议对学校科研工作意义重大。

(一)2006年全校科技大会

2006年9月21~22日,学校召开了全校科技工作会议。校党委书记朱海风主持了开幕式,校长严大考在开幕式上作了主题报告。

朱海风书记做了大会动员,指出大会的主要任务是贯彻全国科学技术大会和河南省科学技术大会精神,进一步加大我校科技工作力度,提高我校的学术竞争力,实现建设教学研究型大学的奋斗目标。

严大考校长在会上作了题为“坚持自主创新,促进科技发展,全面开创我校科技工作新局面”的主报告。他回顾了“十五”期间我校的科技工作进展,分析、研究了新时期学校科技工作面临的机遇和挑战,明确了我校“十一五”期间科技工作的发展思路和主要措施,向广大科研工作者提出了七点希望:一是提高认识,统一思想,努力提高我校科研工作水平和层次;二是深化科技体制改革,进一步增强科技创新的后劲和活力;三是着眼于学校长远发展,大力培养青年科技人才,建设科研团队;四是加强科技条件建设,实现科技要素的合理配置;五是加强知识产权保护,强化科技成果转化;六是加强国际学术交流与合作,不断扩大学术影响;七是加强科技职业道德建设,营造良好学术氛围。

河南省科技厅政策法规与基础研究处处长李成安在开幕式上重点介绍了河南省科技工作的主要任务。

李纪轩副校长宣读了《关于表彰华北水利水电学院科研工作先进单位、优秀科研机构、优秀科研工作者的决定》等文件。大会表彰了水利学院等5个科研工作先进单位;岩土工程与水工结构研究所等2个优秀科研机构;周振民等29名优秀科研工作者;总结交流了“十五”以来科技工作取得的成就和经验,研究部署了今后一个时期的科技工作。

学校全体校领导、河南省科技厅、教育厅有关领导、具有正高职称的离退休教职工、具有副高级以上职称人员、具有博士学位的教师、副科级以上干部等300多人参加了会议。

这次大会是学校继1997年召开的科研工作会议之后、新世纪召开的首次关于科技工作的专门会议,在我校科技发展史上具有里程碑式的意义:一是印发了《科研项目管理办法》等13个科研规章制度,为学校科学研究的规范、制度化、程序化奠定了坚定的基础。二是坚持了高校教学必须与科研相结合的原则,树立了高等教育的任务是培养具有创新精神和实践能力的高级专门人才,教学与研究的关系是“源”与“流”的关系的办学理念。三是贯彻全国科学技术大会和河南省科学技术大会精神,进一步加大我校科技工作力度,提高我校的学术竞争力，实现建设教学研究型大学的奋斗目标的重要举措。

（二）2008 年青龙山会议

2008 年 7 月 15 ~ 18 日，我校召开了 2008 年暑期研讨会。会议的主题是：提升内涵，加快转型，早日建成教学研究型大学。全体校领导及中层干部共有 61 人参加了会议。

会议首先听取了刘汉东副校长《加强内涵建设、提升办学实力》和徐建新副校长《以科技和学科工作支撑学校转型之理念与措施》的重点发言。刘汉东副校长主要从质量工程、专业与课程、教学改革、工程教育与科学教育、建立质量控制长效机制等方面，分析了学校内涵建设、实力提升面临的机遇、挑战及如何进一步加强教学、学科、专业、课程建设、教学改革等工作。徐建新副校长重点讲述了六个问题：一是从学校的新定位认识学校科研工作的重要性；二是关于以科研工作支撑学校转型的一些思考；三是如何做好转型期的科技管理工作；四是转型过程中我校学科建设中存在问题与不足；五是转型过程中学科建设努力方向；六是实现规划目标的主要措施等。

朱海风书记向大会提交了《内涵提升、协调发展：新时期高等教育发展的必然选择》长篇书面发言。发言包括四大部分：一是为什么要提出走“内涵提升、协调发展”的道路；二是“内涵提升、协调发展”战略的实施对高等教育事业将产生什么影响；三是新时期华北水利水电学院面临的机遇与挑战；四是坚持“内涵提升、协调发展”战略导向，把华北水利水电学院办成富有特色与活力的多科性教学研究型大学。

这次会议是继 2006 年我校科技大会之后，又一次重要的大会。其主要特点在于，这是在距 2009 年 7 月博士学位授予单位立项申报上报国务院学位办、2009 年 12 月大学更名不到 1 年左右的时刻召开的。这次大会的重要成果：一是分析了新时期高等教育发展的规律和特点，明确了我校面临的发展机遇和挑战。二是研究了教学研究型大学的基本特征、基本要求，进一步认识了高校科研工作对建设高水平教学研究型大学的重要性。三是分析了 2006 年学校科技大会召开后，我校科学研究存在的差距和不足，找出迎头赶上的方法和措施。四是会后相继出台了《校设科研专项基金管理规定》、《科技管理规定（试行）》、《关于进一步加强和改进科研工作的若干意见》等文件，进一步使科研工作制度化、规范化、科学化。同时，学校设立重大科研项目培育基金，校设专项基金包括学校青年科研基金、高层次人才科研启动基金、学术交流基金、专利基金等，加大了对高层次科学成果的奖励力度和对青年优秀人才的扶持力度。

（三）2009 年博士授予单位建设工作会议

2009 年 10 月 16 ~ 19 日，学校隆重召开博士学位授予单位建设工作会议，标志着我校“博建”工作进入一个新的阶段。会议主题是动员全校上下统一思想，振奋精神，明确目标，落实责任，以“博建”为契机，不断加快学科建设步伐，促进学校事业又好又快发展。全体校领导、全体中层干部、副高级职称及以上人员、博士、教研室（实验室）正副主任及相关职能部门代表参加了会议。

校长严大考作了《强化学科建设，努力提升核心竞争力，为把我校建设成为博士学位授予单位而努力奋斗》的动员报告。报告共分四个部分：一是统一思想，提高认识，明确学科建设对于学校发展的重大意义;二是总结经验,认清形势,坚定博士授权单位建设的必胜信心;三是明确目标,完善措施,为博士授权单位的建设提供强有力支撑;四是科学组织,明确责任,确保如期完成博士单位建设任务。

副校长王天泽在大会上作了《凝心聚力,争分夺秒,奋力拼搏,努力实现博士学位授予单位立项建设工作目标》的工作报告。他结合我校《关于加强新增博士学位授予单位建设工作的若干意见》,提出如下要求:一要梳理学科建设深厚积淀,明确学科建设比较优势,学习兄弟院校成功经验,坚定"博建"信心;二要科学分析学科建设现状,努力弥补学科建设不足,勇于承担学科建设任务,振奋"博建"精神;三要努力把握建设周期,充分利用建设时间,真正增强紧迫意识、危机意识、进取意识,惜时如金,争分夺秒,抢抓"博建"机遇;四要团结拼搏,激发建设内生动力,广聚建设外部助推力,形成"博建"强大合力;五要多策并举,强力推进学术队伍建设,保质保量落实学术队伍建设目标;六要以合作交流为促进,加速学术成果积累,奠定"博建"的坚强学术基础;七要理顺管理服务机制,建立配套激励制度,切实保障经费投入,形成责权利一致的"博建"局面;八要注重学科平台建设,优化信息资源服务,为"博建"创造良好条件;九要优化环境,改善条件,营造氛围,形成优良的建设文化。

副校长石品传达了校党委会《关于进一步加强和改进高层次人才建设工作的决议》。水利工程学科负责人赵顺波教授、地质资源与地质工程学科负责人黄志全教授作为学科代表分别发言,对各自所负责学科的建设现状作了汇报,并提出了下一步的建设思路和发展规划。

党委书记朱海风作了最后再动员,并提出明确要求。一是在机遇与挑战两势共存的情形下,必须认清形势,明确任务,加压驱动,抱定"事在人为、业在人创、成功在我、舍我其谁"的必胜信念。要形成人人心中有目标、人人肩上有担子、人人身上有压力的工作局面。二是在目标与现实矛盾突出时,必须增强团结,讲求效率,强化责任,弘扬"团结奋进、敬业奉献、雷厉风行、敢打善拼"的亮剑精神。三是实现"博建"的目标任务,关键是提高执行力,努力做到抢时间、讲效率、保质量、勤督导、重奖惩、造氛围、作表率。四是一定要有大局意识、责任意识,要有紧迫感和奉献精神,努力提高工作效率,做好各项工作。

这次会议是在我校内涵提升、协调发展的关键时期,召开的一次特殊会议,主旨明确,议题突出,其实质是全面推进特色鲜明的高水平教学研究型大学建设的再动员、再培训、再部署。

为了促进上述目标的实现,会议后学校相继出台了《申报高层次科研项目及科技成果资助办法(暂行)》、《研究生学术规范(试行)》、《关于使用重点学科建设经费资助出国(出境)学术交流等活动的补充规定》、《高层次科研成果资助与奖励办法(暂行)》、《高层次人员科研基本工作量考核办法(暂行)》、《学术道德规范及学术不端行为处理规定(试行)》、《关于修订高层次科研成果资助与奖励办法的通知》等文件。

三、提升科学研究水平的主要措施

(一)成立科技处

学校本着重视科研、提升地位的原则,于2001年把科研处从科研设备处分离出来,设置独建制的处级单位。2006年,科研处更名为科技处。科技处加强宏观管理,强化跟踪服务,各院系和科研机构具体负责组织落实。各院(系、部)设主管科研工作的负责人和科研秘书(可兼职)各1

人。科研秘书协助主管领导做好本单位的科研管理工作。学院根据发展需要设立科研机构,科研机构实行所长(院长、主任)负责制。为了更好地推动科技成果向生产力的转化,利用学校的水利特色和人才优势,促进学校产学研的结合,学校于2009年1月成立“河南华北水利水电生产力促进中心”,挂靠科技处,由计划财务处负责项目的资金管理、报账等,项目管理政策与学校横向科研项目的管理政策相同。业务范围为水利、电力、机械、岩土等方面新技术、新工艺开发应用,人才培训及相关信息咨询服务等。

(二)健全和完善科研管理工作制度

2001年以来,学校为促进科研的发展,建立和完善了一系列的管理条例和规章制度。针对学校现有的科研现状和面临的问题,学校提出了“挂苹果、搭梯子、扬鞭子”的工作思路,并制定出了相应的管理制度和办法。“挂苹果”即对获得高层次科研课题给予资助或匹配经费,高额奖励高层次的科研成果获奖、论文、专著、专利等,以奖励的手段促使学校科研方面多出成果、出好成果,学校为此出台了《高层次科研项目及科技成果资助办法(暂行)》;“搭梯子”即对科研项目申报、科技成果鉴定、报奖的申报过程进行资助,对教师从事科研的过程进行帮助和资助,减少他们从事科研工作难度和风险,提高教师申报国家级项目和省部级重大项目的积极性,学校为此出台了《高层次科研成果资助与奖励办法(暂行)》;“扬鞭子”即对学校高层次科研人员每年必须完成的科研基本工作量进行规定和考核,对在职高层次人员提出最低科研工作量标准,保证学校科研成果的稳定增长,学校为此出台了《高层次人员科研基本工作量考核办法(暂行)》。

为提高学校科研管理整体水平,推进科研管理的现代化、网络化,学校于2009年购置安装了“科研信息管理系统”,对全校的科研项目及成果相关数据实行现代化的动态网络管理。现已形成由科技处、二级学院(部)和校属科研院所、科技人员三位一体的科技统计和项目申报管理信息网络,实现对科研项目及成果源实时跟踪管理,构建科学合理的科研管理工作平台。

(三)加大对高层次人才的培养和引进力度

学校于2002年出台了《师资队伍建设实施办法》,2003年学校全面启动了“1115人才工程”(建设一支拥有10名左右在国内同类学科中取得公认的重要成就、具有带领本学科在其前沿领域保持或赶超国内外先进水平能力的高水平学科带头人、100名教授、100名博士、500名硕士的教师队伍)。2004年又出台了《学科建设与师资队伍建设规划》。为了更有效的改变师资紧缺现状,大力引进优秀人才,稳定现有高层次人才,2004年12月,学校及时出台了《高层次人才引进办法(试行)》和《高层次人才稳定办法》。2005年2月,学校制定了《高层次人才引进办法(试行)的补充规定》,对在职攻读学位人员的相关待遇做了规定。2006年11月,为进一步贯彻实施人才强校战略,加大引进高层次人才力度,又颁布了学校《高层次人才引进办法》。

(四)加大科研经费投入

学校出台了《关于进一步加强和改进科研工作的若干意见》、《科技管理规定》、《高层次科研成果资助与奖励办法》等文件,加大对高层次科研成果的奖励力度,充分调动教师的科研积极性。投入大量资金,鼓励和支持教师开展科研活动。2008年学校的科研奖励额为27.4万元,2009年发展到130万元,是2008年的4.7倍。

2009年度学校资助教师申请高层次项目的经费是7万元,2010年发展到132.4万元,是2009年的18.9倍。2011年第一阶段资助经费34.3万元,计划全年投入科研奖励经费600万元,科研资助经费500万元。

(五)大力支持博士学位授予权单位建设

学校成立了由党委书记和校长任组长的领导小组,成立了人才队伍、科技、公共服务、经费保障等4个专项工作组,出台了《关于加强新增博士学位授予单位建设工作的意见》、《博士单位建设经费使用管理办法》等文件。河南省政府对批准列入立项建设的高校,在建设期内每所高校投入3 000万元。我校研究决定,在建设期内,学校每年将投入3 500万元,加上省财政的3 000万,三年建设期内共投入1.35亿元”。这些投入重点用于人才引进和培养、高水平科研平台的建设、公共服务体系的建设及高层次科研成果的积累。

(六)加强公共信息资源建设。

在建设期内,学校综合馆藏文献由158万册增加到300万册。提高中外文期刊保障水平,水利工程、地质资源与地质工程、管理科学与工程类的中文期刊满足率达到95%以上,外文期刊满足率达到85%以上,初步建成具有鲜明专业特色的藏书体系和各类电子数据库;网络信息网络已覆盖新校区,实现了两校区网络资源共享。

(七)加强科研院所建设

随着学校科研的发展和积累,学校先后成立了30多个科研院所。独立处级编制院所有:岩土工程与水工结构研究所、钢结构研究院、黄河科学研究院、地球物理研究所等。这些科研院所的成立,整合了学校的科研实力,推动科学研究与科研团队的建设,为学校的科研发展打下了坚实的基础,推进了学校科研的大发展。

四、科研成果

2001—2010年,学校取得的论文、著作、项目等科研成果和获奖等情况见表3-1~表3-5。

表3-1　2001—2010年学校发表论文情况统计表

年度	总数	核心	SCI	EI、ISTP
2001年	190	51	1	6
2002年	223	71	3	1
2003年	234	85	1	3
2004年	412	186	1	9
2005年	761	314	8	32
2006年	777	308	8	35
2007年	943	370	8	51
2008年	915	436	17	68
2009年	970	348	21	116
2010年	1 494	417	31	486
合计	6 844	2 586	99	807

表 3-2　2001—2010 年学校出版论著情况统计表

年度	2001	2002	2003	2004	2005	2006	2007	2008	2009	2010	合计
总数	14	11	14	20	31	23	30	27	65	63	203

表 3-3　2001—2010 年省级以上科研立项项目统计表

时间	项目类别	数量
2001	河南省科技攻关项目	11
	河南省哲学社会科学规划项目	1
	河南省教育厅项目	1
	中国外语教育基金	1
	全国高等学校教学研究中心	1
2002	国家自然科学基金项目(参加)	2
	国家社科基金项目	1
	国家科技攻关计划项目子项目	1
	水利部科技创新项目	1
	水利部“948”计划项目	1
	中国水利高等教育“新世纪水利教育改革研究课题”	2
	教育部世行贷款 21 世纪初高等理工科教育教学改革项目	1
	河南省留学回国人员资助项目	1
	河南省自然科学基金项目	2
	河南省重点科技攻关项目	1
	河南省科技攻关项目	4
	河南省社会科学规划项目	1
	世界银行贷款”河南省高校教师与管理人员培训项目”科学研究课题	1
	河南省教育厅项目	1
2003	国家高技术研究发展计划(863 计划)课题子题	1
	国家自然科学基金资助项目	1
	水利部重点科技推广计划项目	2
	河南省科技攻关计划	1
	河南省留学回国人员工作站	1
	河南省哲学社会科学”十五”规划项目	1
	河南省自然科学基金项目	1
	河南省科技攻关计划项目	2
	河南省软科学研究项目	1
	河南省杰出人才创新基金	1
	中科院自动化研究所国家重点实验室项目	1

续表 3-3

时间	项目类别	数量
2004	“十五”国家重大技术装备研制项目	1
	国家自然科学基金	1
	“973”项目子课题	1
	“948”项目子课题	1
	“十一五”水利科技计划项目	1
	河南省科技攻关项目	11
	河南省自然科学基金	1
	河南省杰出青年基金	1
	河南省自然科学基金	1
	河南省科技攻关项目	1
	河南省国外贷款项目管理办公室	1
	河南省高校杰出人才培养工程	1
2005	国家自然科学基金	2
	水利部“948”项目	1
	河南省科技厅重点攻关项目	1
	河南省国外贷款项目管理办公室	1
	河南省高校杰出人才培养工程	1
	河南省科技攻关项目	15
	河南省软科学项目	3
2006	国家自然科学基金	1
	水利部“948”项目	1
	南水北调工程建设监管中心	1
	河南省哲学社会科学规划项目	2
	河南省科技攻关项目	14
	河南省软科学研究	5
	河南省自然基金	3
	交通部科技项目子题	1
2007	国家自然科学基金	5
	水利部“948”项目	1
	国家科技支撑计划课题	4
	河南省科技攻关项目	9
	河南省软科学研究	4
	河南省基础与前沿技术研究	1
	河南省哲学社会科学规划项目	1
	河南省哲学社会科学规划项目	1
	河南省新世纪优秀人才支持计划	2
	水利部建设管理司	1
	水利部水资源管理司	2

续表 3-3

时间	项目类别	数量
2008	国家自然科学基金	2
	国家 948 项	1
	国家科技支撑计划课题	1
	水利部公益性行业科研项目分专题	1
	水利部公益性行业项目	4
	水利部公益性行业科研项目分专题(黄河勘测规划设计有限公司)	1
	河南省攻关项目	3
	河南省基础研究项目	4
	河南省软科学项目	4
	河南省哲学社会科学规划项目	1
	河南省政府决策研究招标课题	5
	水利部科技创新项目	1
	水利部综合事业局	2
	河南省教育厅科技创新人才支持计划	2
2009	国家社科基金项目	1
	国家自然科学基金	2
	水专项(中国水科院)	3
	教育部人文社会科学研究规划基金项目	1
	水利部公益性行业科研专项	1
	教育部留学回国人员科研启动基金	1
	河南省国际科技合作项目	2
	河南省基础与前沿技术研究	2
	河南省杰出人才计划	1
	河南省科技成果转化项目	1
	南省科技创新团队	1
	河南省科技攻关项目	15
	河南哲学社会科学规划办	2
	水利部建设与管理司	2
	河南省教育厅科技创新人才支持计划	1
	水利部综合事业局	2
	郑州市供水节水办公室	1
	水沙科学与水利水电工程国家重点实验室	1
	中国科学院地球地质与地球物理研究所工程地质力学重点实验室	1
	中国科学院地理科学与资源研究所	1
	郑州市工程技术研究中心专项	1
	郑州市科技创新人才专项科技计划	2

续表 3-3

时间	项目类别	数量
2010	国家自然科学基金	9
	“948”项目	2
	水利部公益性科研项目	2
	水专项(中国水利水电科学研究院)	2
	水专项(辽宁省水利水电科学研究院)	1
	水专项(中国环境科学研究院)	1
	教育部人文社会科学项目	1
	留学人员科技活动项目	4
	河南省基础研究项目	2
	河南省科技攻关项目	16
	河南省软科学研究项目	8
	水利部水利信息中心	6
	水利部建设与管理司	2
	水利部综合事业局	1
	郑州市科技创新人才培育计划	1

表 3-4　2001—2010 年学校承担的国家与地方重点工程项目数一览表

年份	2001	2002	2003	2004	2005	2006	2007	2008	2009	2010
数量	20	16	27	33	17	26	27	32	23	53

表 3-5　2001—2010 年荣获省部级及以上科技成果奖统计表

时间	奖项	奖项数量
2001	河南省科技进步二等奖	2
	河南省科技进步三等奖	1
2002	国家科技进步二等奖	1
	河南省科技进步二等奖	1
	河南省科技进步三等奖	5
	水利部优质工程勘测奖铜奖	1
	河北省科学技术奖三等奖	1
2003	广东省科学技术奖特等奖	1
	河南省科技进步二等奖	4
	河北省科学技术奖三等奖	1
	河南省实用社会科学优秀成果三等奖	1
	大禹水利科学技术奖三等奖	1

续表 3-5

时间	奖项	奖项数量
2004	河南省科技进步二等奖	2
	河南省科技进步三等奖	2
	大禹水利科技技术奖三等奖	1
	河南省第十二届实用社会科学优秀成果奖三等奖	2
2005	河南省科技进步二等奖	5
	河南省科技进步三等奖	4
2006	教育部科学技术进步一等奖	1
	河南省科技进步二等奖	4
	河南省科技进步三等奖	7
	大禹水利科学技术奖二等奖	1
	大禹水利科学技术奖三等奖	1
	中国水利工程优质(大禹奖)(全国十项)	1
	河南省社会科学优秀成果奖三等奖	1
2007	河南省科技进步一等奖	1
	河南省科技进步二等奖	8
	河南省科技进步三等奖	4
	大禹水利科学技术奖一等奖	1
	中国机械工业科学技术奖一等奖	1
	大禹水利科学技术奖三等奖	1
2008	河南省科技进步二等奖	3
	河南省科技进步三等奖	1
	大禹水利科学技术奖一等奖	1
	大禹水利科学技术奖二等奖	1
	第二届河南省发展研究奖二等奖	3
	河南省社会科学优秀成果奖(论文类)二等奖	1
	河南省社会科学优秀成果奖(著作类)二等奖	1
	河南省社会科学优秀成果奖(著作类)三等奖	1
2009	大禹水利科学技术奖一等奖	1
	河南省科技进步二等奖	1
	河南省科技进步三等奖	3

续表 3-5

时间	奖项	奖项数量
2010	国家科技进步奖二等奖	1
	河南省科技进步一等奖	2
	河南省科技进步二等奖	5
	河南省科技进步三等奖	3
	大禹水利科学技术奖三等奖	2
	水利部水力发电科学技术奖三等奖	1
	贵州省科技进步奖三等奖	1
	教育部科学技术进步奖一等奖	1
	河南省发展研究奖一等奖	1
	河南省发展研究奖二等奖	1
	河南省发展研究奖三等奖	6

第二节　服务社会

学校紧密结合水利建设实际需要开展科研和服务，是历代华水人的优良传统。长期以来，学校秉持重视工程实践、服务社会的办学传统，把服务社会作为自己义不容辞的责任，在新中国重大水利建设中都有学校师生的身影。近10年来，华水人情系水利事业，以满腔的热情和智慧投入到祖国的各项建设中，先后参与了长江三峡、黄河小浪底、南水北调、北方水资源综合开发利用等国家重大水电建设项目的科研、设计、监理、模型试验等工作，为水利事业和地方经济社会的发展作出了积极的贡献。

一、服务方针

（一）服务面向

学校1990年迁郑办学至2000年一直隶属水利部管理，“立足黄河，面向三北”是当时学校的服务面向。2000年随着学校划转为以河南省管理为主的地方高校，校党委及时地把学校的服务面向调整为：立足河南，面向全国，为河南经济社会发展、为全国水利电力行业培养具有创新精神和实践能力的、从事专业技术与管理工作的应用型人才。

2009年8月，水利部与河南省签署共同建设华北水利水电学院协议。朱海风书记在《华北水利水电学院学报》2009年第12期上发表《以省部共建为契机，加快高水平教学研究型大学建设》一文中，提倡“三个服务”，即服务河南、服务行业、服务社会。其理由是：一是省部共建后，由于隶属关系、服务对象、办学模式已发生重大变化，今后学校的服务面向，不仅仅限于行业，而且还包括河南地方经济社会文化发展以及我国的社会主义现代化建设，因此“立足黄河，面向三北”这一传统的提法，已不能完全反映和覆盖当今学校的服务面向。二是水利部与河南省合作共建华北水利水电学院的主旨即“使其成为全国水利科技创新和人才培养的重要基地”。

（二）服务原则

在社会主义市场经济条件下，政府、市

场、社会是决定并制约大学发展的重要因素。因此,如何正确地统筹处理学校与政府、市场、社会之间的关系,办一所政府认可、社会支持、市场前景发展良好,特色鲜明的高水平大学是我校在新一轮的发展中需要解决的重大而现实的问题之一。

根据社会主义市场经济条件下,政府、市场、学校之间关系的变化,特别是省部共建后学校的办学实际,朱海风书记在《华北水利水电学院学报》2009 年第 12 期上发表《以省部共建为契机,加快高水平教学研究型大学建设》一文中,提出要把"以服务求支持、以贡献求发展、以共赢求合作"当做学校的办学原则。其基本含义有三:一是要打破计划经济体制下行业特色办学的"等、靠、要"思维模式,充分发挥我们的专业、人才、学科优势,面向国民经济和行业重大需求开展前瞻性、战略性研究,瞄准需求、加强对接,树立与地方、行业共发展的主动融入战略。二是根据社会主义市场经济的内在要求,正确认识和处理新时期高校、政府、市场、社会之间的关系,端正态度、找准位置;辩证看待服务与支持、贡献与发展、合作与共赢之间的关系,围绕发展,扎实做好服务。三是根据责、权、利相统一的原则,一方面根据以服务求支持的原则,积极争取水利部、河南省对我校办学多方面的支持,抓好机遇,用足政策;另一方面遵循以贡献求发展、以共赢求合作的原则,打好基础、练好内功,不断提高办学水平、办学层次,办人民满意的高水平大学。

三、服务项目

学校的科技服务主要依托学校专业优势,用理论指导生产实践,以生产实践充实教学理论,教学和科技相互促进,提升了学校科技水平,使教学、科研融为一体。近年来学校在工程监理、监理培训、环境监测、勘察设计、钢结构研究及地基基础施工处理等科技服务方面取得了卓越的成绩,在业内享有较高的声誉。

(一)工程监理

学校工程监理中心专门负责水利部委托的全国水利工程建设监理工程师和监理员培训工作。秉承学院"勤奋、严谨、求实、创新"的校训,围绕水利部提出的"百千万工程"的工作目标,适应我国建设领域的管理体制改革需要,更好地推行建设监理制,开展监理工程师和监理员培训工作。参与教学的教师共 15 人,其中,教授 2 人、副教授 7 人、讲师 6 人。根据我国建设领域的管理体制改革需要,在抓好监理工程师培训的同时,还开办了层次多样的研讨班,并多次在各类培训班中举办专家讲座。

具有水利部甲级监理单位资质河南华北水电工程监理中心的主要任务是在为全国工程建设提供高质量的监理服务的同时,为工程建设监理工作起到示范作用。2008 年 8 月,为适应水利工程建设监理制改革与发展的需要,经学校研究决定,河南华北水电工程监理中心变更为河南华北水电工程监理有限公司。公司已在全国水电系统承担了 100 多项各类水利水电工程建设监理任务,其中包括广东省东江—深圳供水改造工程、广东省珠江河口治理工程、广东省潮州市韩江南北堤达标加固工程、山西省万家寨引黄工程、新疆引额济乌工程、南水北调中线一期工程总干渠黄河北—美河北段(中线建管局直管)温博段、沁河段等国内大、中型水利水电工程的建设监理任务。工程类型包括大坝、电站、堤防、水闸、疏浚、隧洞、泵站、渡槽、涵洞、渠道、道桥、楼房等。公司对承接的各项监理任务十分重视,在严格按照国家有关的法律、法规进行科学的合同管理基础上,严把质量关,坚持工程质量单项否决权,并在保证工程质量的前提下,对工程进度和工程投资进行有效的管理和控制。同时,加强工程建设过程中的协调工作,保证工程建设的顺利实施和实现工程建设目标。监理人员在工作中认真负责,不谋私利,不徇私情,并充分利用自己所掌握的扎实的理论知识和丰富的工程管理经验,为工程建设提供了大量合理化建议。而且,监理人员还在工程建设全过程中,为业主提供了全方位的咨询服务,如项目评估与评价、组织招投标工作、编制招标文件、工程重大技术问题的科学研究、项目管理咨询等。

在监理工作中,公司始终坚持"合法规范、科学严谨、诚信公正"的原则为业主提供高质量的服务,得到了业主和社会的好评。如:在广东省东江—深圳供水改造工程监理中,2001 年 8 月被评为"先进监理单位",2002 年 3 月被评为"标兵监理单位",广东省东江—深圳供水改造工程荣获"2005 年度中国詹天佑土木工程大奖"、"2006 年中国水利工程优质(大禹)奖"、"新中国成立60 周年100 项经典暨精品工程";2003 年、2004 年水利部授予河南华北水电工程监理中心"全国水利建设系统先进单位"光荣称号;在四川华电杂谷脑河薛城电站工程的建设监理中,公司及现场机构被评为"先进单位"、"优秀监理部";在南水北调中线京石段应急供水工程的建设监理中,公司现场监理部被评为"先进集体"、"文明监理单位"、"优秀建设单位"等荣誉称号。

2001—2010 年监理培训、监理项目情况见表 3-6,工程监理科研项目见表 3-7。

表 3-6　2001—2010 年监理培训、监理项目情况统计表

年份		2001	2002	2003	2004	2005	2006	2007	2008	2009	2010
监理培训	期数	38	23	22	17	8	12	11	8	9	8
	人数	4 338	2 990	3 770	1 993	1 596	1 830	1 439	1 031	1 221	943
监理项目	数量	11	14	34	43	45	44	49	45	80	44
	合同额(万元)	340	189	340	1 309	2 268	353	627	2 268	5 472	4 714

表 3-7　工程监理科研项目一览表

序号	项目名称	项目性质	合同经费(万元)
1	南水北调中线京石段工程合同变更、索赔典型案例分析研究项目	横向	35
2	南水北调中线干线工程施工合同验收管理办法和实施细则的编制	横向	32
3	南水北调工程建设管理信息系统研究	横向	22.4
4	涡河和沙颍河流域 13 座大中型水闸安全鉴定工程技术咨询	横向	10
5	工程项目(群)供应链管理系统分析及优化研究	纵向	5
6	工程项目群管理与优化研究	纵向	0.4

(二)工程设计

勘察设计研究院自1998年底正式成立以来,在最近的10年步入了提速发展的新阶段。

截止2011年,设计院拥有国家一级注册建筑师3名,一级注册结构师6名,注册公共设备工程师(给水排水)1名,注册公共设备工程师(暖通空调)2名,注册电气工程师(供配电)1名,注册土木工程师(岩土)1名。设计院于2003年4月获得河南省建设厅颁发的建筑行业(建筑工程)乙级设计资质,勘察专业类(水文地质勘察、岩土工程)乙级,电力行业(变电工程、送电工程)丙级资质。2005年获得水利行业(水库枢纽、引调水、灌溉排涝)、水土保持方案编制乙级设计资质。2007年获得建设项目水资源论证乙级设计资质。2009年获得文物保护规划、古建筑维护保护、近现代文物建筑维护保护乙级设计资质。

2001年来,设计院累计完成了建筑规划设计项目100余项,勘察项目近百项,特别是在承接校园建筑方面取得了显著成绩,黄河水利职业技术学院新校区半数建筑为该院设计。

设计院代表性作品有:“世界小姐选美大赛”主会场—海南三亚国际会展中心、黄河水利职业技术学院风雨操场、郑州西亚斯国际学院体育馆、宁夏银川体育中心、郑州市杂技馆等代表作品。

近年来,设计院设计或参与设计了一些较大型的住宅小区,如郑州市四月天小区(2003年),郑州圣菲城小区(2004年),郑州安泰金苑小区(2005年),濮阳泰和花园(2006年),郑州雅美佳小区(2007年),郑州东方润景小区(2008年),邢台新京都住宅小区(2009年),济源矿用电器厂产业园(2010年)等,总面积超过了百万平方米,产生了良好的社会和经济效益。

除走向市场服务社会之外,近年来设计院积极参与本校新区建设,提供了全程技术咨询服务,先后为新区设计了校门、学生宿舍、食堂、节水灌溉实验室、河南省就业指导中心、体育场等建筑,尤其是为新校区20余万平方米的教工周转房提供了优质的规划和设计,受到了校领导和教工的较高评价。

设计院充分发挥学校设计院产学研结合、专兼职结合的特点和优势,进一步拓展了勘察设计业务,迄今已在校内形成多支相对稳定的设计团队:

以邱林为首的设计团队,在2005年承担的河北邢台七里河河道治理工程设计是设计院建立以来承担的最大水利项目,此外他们还在四川、西藏等地开展多座小型水电站设计;以徐建新、牛文臣为首的设计团队,承接了以巩义黄河引供水工程为代表的多个水利项目;以刘汉东、黄志全为主的设计团队承担了大江水务有限公司河道综合治理的勘察设计任务和大量岩土工程勘察设计项目;以孙明权为主的水利工程设计团队承接了河南襄城县多座橡胶坝工程的勘察设计任务;以田林刚为首的设计团队,充分利用来自水利设计院的优势和业务联系,在省内多个地区开展较多的农田水利工程设计业务;以高辉巧、吴卿为主的设计团队,在水保领域承担并完成了多个项目;以鲁改凤为主的团队,在电力输配电工程方面积极展开设计工作;以刘玉忠为主的团队,多年来在水环境治理方面开展了大量业务。

2008年四川汶川地震重建工作中,设计院派出以王学军为项目负责人的团队承接了四川江油职业教育中心新址的整体规划设计,高质量的按期完成了任务,使之成为江油重建的样板工程之一。2009年设计院被河南省勘察设计协会评为抗震救灾先进集体,张新中被评为抗震救灾先进个人。

(三)钢结构与工程研究

钢结构与工程研究院由归国学者魏群教授于2005年申请组建,当时的名称为钢结构与工程研究所,2010年9月更名为钢结构与工程研究院。研究院下设3个研究室,主要工作:钢结构行业标准的制作、成套软件技术的研发、工程节点设计和详图制作、钢结构住宅设计、数值分析、物理模型实验、三维可视化仿真、虚拟现实、工程管理信息平台开发、数据采集与处理系统、连续与非连续介质力学理论计算等方面的工作。研究院在省教育厅和学校的支持和资助下,建立了中原地区同行业中规模最大的三维仿真虚拟现实实验室,拥有三维打印机、三维扫描仪等多项高技术试验设备和实验条件。与中国水利水电科学院、河南奥斯派克科技有限公司、中国科学院力学研究所、清华大学土木学院、中国传媒大学、加拿大劳伦森大学 Mirarco 研究中心、美国 IIT 大学有着良好的合作关系。现有专、兼职教学科研人员30余人,形成了由院士顾问团队、科研团队、国际合作团队强强联合的学术梯队。目前专职科研人员全部获得或正在攻读博士学位。魏群教授是国务院特殊津贴专家(1992年),于2006年被评为第六批河南省优秀专家,近年来在国际和国内学术会议上作专题报告10余次,2008年发起成立了"河南省钢结构协会"并成功召开了成立大会,钢结构研究院为常务副会长兼秘书长单位。2010年主办了第六届全国省际钢结构会议和钢结构工程关键岗位人员培训丛书新书发布会。2009年研究院被认定为"郑州市钢结构工程技术研究中心",该研究团队被认定为"郑州市科技创新团队"。2010年被认定为河南省钢结构可视化仿真工程研究中心。

研究院注重"产学研"相结合,近年来主持或参加完成了国家和省部级科学基金和科技攻关项目50余项,主持或参加完成了包括拉西瓦水电站工程、坝陵河特大钢桁桥梁、北盘江大桥、矮寨大桥、马来西亚槟城大桥、落脚河水电站、周公宅水电站、功果桥水电站、鲁地拉水电站、三峡水利枢纽工程等国内外重点建设工程的科研项目,并取得了令人瞩目的成果。2006年,"逻辑产品模型及 CIS2CAD 的自主研发"研究成果获河南省科技进步二等奖;2007年"三维可视化仿真与虚拟现实技术的研发应用"研究成果获河南省科技进步二等奖;2008年,"混凝土高坝施工温度控制决策支持系统"研究成果获水利部大禹奖二等奖,2009年,"岩土工程中图形计算力学方法的研究及应用"研究成果获河南省科技进步二等奖;2010年"海量点云数据采集、处理、数值分析及逆向建模成套信息技术的应用研究"成果获贵州省科技进步三等奖。

研究院获得多项专利证书。①2005年,魏群独自编写完成的具有完全自主知识产权的"CIS2CAD"程序获加拿大授权专利证书(证书号:1025965);②2010年,魏群等完成的"超薄臂钢结构单体型材和组合型材及其超薄壁钢结构房"实用新型专利(申请号:201020185801.7);③"钢结构坝空间桁架结构单元体及拱式钢构坝"实用新型专利(申请号:201020169372.4);④"钢结构坝空间桁架结构单元体及拱式钢构坝"发明专利(申请号:201010154656.0);⑤"标准化钢结构节点连接件"实用新型专利(申请号:201020157251.8);⑥"标准化钢结构节点连接件"发明专利(申请号:201010145405.6);⑦"组合连拱式钢构坝”实用新型专利(申请号:201020202111.8);⑧“组合连拱式钢构坝”发明专利(申请号:201010181877.7)。

钢结构与工程研究科研项目见表3-8。

表3-8　钢结构与工程研究科研项目

序号	项目名称	项目性质	合同经费
1	钢桁梁架设过程可视化仿真	纵向	35万元
2	水利工程智能超站仪与3G网络数据处理系统推广与应用	纵向	16万元
3	郑州市科技创新团队	纵向	30万元
4	岩土工程中图形计算力学方法的研究	纵向	9万元
5	郑州市钢结构与工程研究中心	纵向	30万元
6	混凝土高坝安全方法研究及技术开发	纵向	55万元
7	“十一五”国家科技支撑计划水库大坝安全保障关键技术研究	纵向	20万元
8	西气东输二线管道工程平顶山段河流穿越项目防洪评价工作	横向	95万元
9	宝丰县边庄、兰沟等十座小二类水库安全鉴定项目	横向	20万元
10	乌江河防洪评价项目	横向	6万元
11	新型大跨度轻质阻燃木结构成套技术的引进与应用	纵向	2万元

第三节　学术交流

为了有效推进省部共建、博士学位授予单位建设,加快特色鲜明的高水平教学研究型大学建设步伐,学校支持主要学术带头人和学术骨干到国内外进行学术访问,有计划地邀请国内外著名学者到校兼职、访问、讲学和研究,主办全国性、国际性学术会议和高水平的学术论坛。

一、学术交流

1.邀请专家学者来校讲学、作报告。2001年以来,学校开展了丰富多彩的学术交流与学术活动,组织学术报告会300多场,邀请来自国内外的知名专家学者有:中国工程院院士、国际工程地质学会主席王思敬;全国人大代表、中国铁路隧道集团副总工程师、北方交通大学博士生导师王梦恕教授;中国力学学会理事、爆炸力学学会理事、河南省力学学会理事长、工程结构安全防护学组组长周丰峻;中国水利科学研究院教授王浩;学校特聘教授顾金才;解放军信息工程大学测绘学院高俊教授;水工结构抗震专家、中国水利水电科学研究院抗震研究中心主任陈厚群教授;长安大学李佩成教授;清华大学倪维斗教授;东南大学博士生导师孙伟教授;哈尔滨工业大学李圭白教授等。邀请专家中的相关领导有:原水利部副部长索丽生;水利部副部长李国英等。此外还有国内外知名大学的教授博士生导师等。

2. 承办学术会议。

2005 年 10 月 21 ~ 24 日,学校承办了第一届全国水工岩石力学学术会议。来自全国部分高校、科研单位、水利厅(局)和工程一线的岩石力学界代表 186 人参加了会议。王思敬院士、顾金才院士、周维垣教授、张镜剑教授、马国彦教授、中国岩石力学与工程学会副理事长唐春安教授、冯夏庭教授出席了会议,挪威理工大学教授、挪威科学院院士 Einar Brock 教授和美国 URS 公司吴佳尔博士参加了会议,长江三峡总公司总工张超然院士、长江科学院院长董学晟教授也派代表参加会议并宣读论文。会议征集论文 106 篇,经学术委员会审查,22 篇发表在 2005 年第 20 期《岩石力学与工程学报》,43 篇发表在 2005 年第 4 期《华北水利水电学院学报》,并在会议上进行了交流。刘汉东副校长作为大会组委会主席主持了会议,校长严大考教授致欢迎词。

2005 年 10 月 15 ~ 16 日,学校承办了全国第八届计算机操作系统课程教学研讨暨学术交流会。来自全国 24 个省市自治区的 115 所高校的 150 多名代表,其中包括北京大学、清华大学、南开大学、复旦大学、西安交大、西安电子科技大学、浙江大学、华南理工、国防科技大学、北京理工大学、北京工业大学、北京航空航天大学、中国科学院计算所等 30 多所重点院校派出的代表和国际知名公司 Sun 公司,国内中文红旗 2000 公司的代表。教育部高教司司长张尧学,河南省教育厅唐多毅处长、我校严大考校长、省计算机学会有关领导出席会议,并发表了热情洋溢的讲话。大会组委会副主任委员兼秘书长、我校信息工程系朱贵良教授主持了大会。

3. 参加学术会议。

学校还积极组织老师参加国内外各类科研学术会议百余场,发表会议论文 600 多篇。学校组织教师先后参加由水利部黄河水利委员会主办的第二届(2005 年)、第三届(2007 年)、第四届(2009 年)黄河国际论坛。

二、智力引进

学校积极推进智力引进工作,加强专家教授与国外机构和专家的科技合作,外引内联,不仅提高了学校外语教学的质量,而且促进了学校多文化的交流与融合,提升了学校国际化水平。从 2003 年以来,我校教师与国外专家合作研究,获得多项国家或河南省外专局引进国外智力项目的科研资助(见表 3-9),引进国外智力工作受到了河南省人力资源和社会保障厅、河南省外国专家局的肯定,2010 年被评为“河南省引进国外智力工作先进集体”;2011 年获得“十一五期间河南省引进国外智力工作先进集体”。

学校积极帮助留学回国人员申请国家科研资助经费,2009 年以来,申请到国家人事部资助项目 2 项;国家教育部资助项目 3 项,并得到河南省匹配资助(见表 3-10)。

表 3-9　引进国外智力项目一览表

年份	主持人	项目名称	资助金额（万元）
2003	崔云昊	中国南水北调西线工程生态环境影响的预测研究	4
2004	刘汉东	黄河下游堤防工程安全度评价研究	1
2005	解　伟	南水北调中线一期工程安阳河倒虹吸河工模型试验	3
	孙绪金	移动式流域防洪和减灾预警决策支持系统研究	1
	周振民	黄河下游引黄灌区土地沙漠化与农业经济可持续发展研究	3
2007	周振民	污水灌溉区土壤复合污染生态修复技术研究	1
2008	刘汉东	深部高地应力区巷道大变形规律与支护技术研究	
	周振民	中原城市群城市水务产业化发展模式研究	
	魏　群	数字化软件学院平台 3D – Prober 的研发与应用	
2009	解　伟	南水北调中线总干渠洪河倒虹吸水工模型试验研究	2
	刘汉东	CGMT 桩加固质量检测与勘测技术研究	2
	赵顺波	混凝土抗硫酸盐侵蚀的增强机理与测试技术研究	6
2010	魏　群	新型大跨度轻质阻燃木结构成套技术的引进与应用	2
	王四巍	塑性混凝土强度特性研究	3

表 3-10　留学回国人员国家资助项目一览表

时间	资助单位	受助人	资助项目名称	资助金额（万元）	河南省匹配
2009.11	教育部	严　军	黄河下游河道水沙输移优化方法	3	1.5
2009.12	教育部	黄志全	南阳盆地弱膨胀土特性综合试验研究	3	1.5
2009.12	教育部	李志萍	地下水除砷技术在偏远地区的小规模应用	5	2
2010.10	人事部	张小桃	农业废弃物气化与煤混燃发电技术研究	4	4
2010.10	人事部	王鸿翔	郑州市饮用水源地生态安全评价及保障体系研究	4	4

第四节　学报建设

学报是展示学校教学科研成果的重要窗口,是代表大学形象的重要名片,是培养人才和学科建设的重要园地。

一、自然科学版学报

改革开放初期,我校就积极创办学术刊物。1980 年,《华北水利水电学院学报》创刊,当时为内部刊物,开创了我校学术期刊的先河。1986 年,经国家新闻出版总署批准,取得国内统一刊号,刊期为季刊。从 2007 年始,自然科学版学报由季刊扩容为双月刊,页码由 80 页增至 112 页,刊期和载文量都有了较大幅度的提高。2010 年,自然科学版学报从第 4 期开始又扩版至 160 页。出版周期缩短,刊物容量大幅增加,使得作者和读者群体不断壮大,既繁荣了学校的学术氛围,又增强了传递科研信息、进行学术交流的桥梁作用。

随着学校的快速发展,自然科学版学报在栏目设置上与时俱进,特别注意与学校的学科构成相匹配。到 2011 年,自然科学版学报共设置了水利工程、土木工程、岩土工程、动力工程、机械工程、环境工程、管理工程、计算机科学、数理研究等栏目,并吸收与上述专业有关的基础学科、新兴学科、交叉学科、边缘学科等的优秀成果。栏目的递增、办刊规模的扩大,一方面反映了学校在学科建设上的重要成就;另一方面也反映出自然科学版学报在及时报道和传递校内科研新成果、科技新动态,促进水利水电现代化建设和国民经济的发展等方面做出的积极努力。

刊物的学术质量是刊物综合质量的重中之重。自然科学版学报在选稿中严格执行“三审制度”,并建立了审稿专家库,严把学术质量关。同时,还积极向知名专家及学者约请高质量稿件,努力提升自然科学版学报的整体学术质量。另外,还精心组织策划重大学术专题,如 2009 年刊登的“全国桥梁与结构工程”专题,2010 年刊登的“第六届全国省际钢结构行业组织经济技术协作会暨钢结构产业链中原高峰论坛”专题,这些专题汇集了来自众多国内知名专家学者和重大工程项目的研究成果,代表了行业的学术热点和前沿。正是经过这样长期坚持不懈地努力,刊登博士、教授、硕导、博导的高水平高质量稿件逐渐增多,论文基金刊载率大幅提高,刊物的整体学术质量不断提升。2010 年,自然科学版学报被评为河南省一级期刊。

编校质量是期刊综合质量的重要内容,而差错率是衡量刊物编校质量的重要指标。自然科学版学报为保证刊物的编校质量,严格实行“责任编辑制度”。在差错率控制上,一方面加大了编校力度,实行“六校制度”;另一方面,制定了编校绩效奖惩标准。在制度的保障下,责任编辑认真负责,编校差错率一直控制在万分之三以下。2003 年获《CAJ - CD 规范》执行优秀奖;2009 年,获全国高校学报优秀编辑质量奖。

在学术期刊已经进入数字化出版时代,自然科学版学报紧跟时代步伐,已与中国知网、万方、重庆维普、台湾华艺等网上数据库合作多年,在学术成果宣传和传播方面成绩斐然。

二、社科版学报

作为传播社会主义先进文化的重要载体,作为展示高等学校教学、科研成果和学术水平的重要窗口,社科版学报自创刊以来,一直积极为开展校内外、国内外学术交流铺架桥梁,将自身的发展融入到学校发展的宏伟蓝图中，以自身的发展为学校的发展增光添彩。

1985年，学校创办《水利高教研究》，掀开了学校社科学报20余年办刊史的第一页。1989年，又创办《华北水利水电学院学报（社会科学版）》。为适应学校人文社会科学研究发展的需要，1990年，《水利高教研究》和《华北水利水电学院学报（社会科学版）》两刊合并为《华北水利水电学院学报（教育・社科版）》。1992年，从第1期开始，正式确定刊名为《华北水利水电学院学报（社科版）》，办刊宗旨更加明确。1998年，《华北水利水电学院学报（社科版）》被批准转为国内外公开出版发行的连续出版刊物，从而有了更大的发展空间，跻身于全国高校文科学报之列。2007年，社科版学报由季刊改版为双月刊，页码由112页增至136页。2010年，从第4期开始，社科版学报扩版为190页，从办刊规模到办刊质量，实现了跨越式发展。

2000年，在首届《中国学术期刊（光盘版）检索与评价数据规范》执行评优活动中，社科版学报获"执行优秀奖"。

2002年12月，社科版学报加入"万方数据—数字化期刊群"，实现全文上网，并被《中国核心期刊（遴选）数据库》收录，无论稿源还是发文影响得到了空前的拓展。

2003年7月，社科版学报入选"中国学术期刊综合评价数据库"统计源期刊及"中国期刊全文数据库"全文收录期刊，增进了社科版学报与世界各地作者、读者的紧密联系，扩大了学校期刊的海内外影响，提高了学校的知名度。

2003年10月，在第三届全国理工农医院校社会科学学报评比中，社科版学报被评为优秀期刊。2004年，社科版学报顺利通过省教育厅组织的全省"高校学报综合质量评估"。

2008年、2010年，在河南省新闻出版局组织的全省第六届、第七届社会科学综合质量检测中，社科版学报连续两次被评为"河南省一级期刊"。

2010年，社科版学报又被评为"全国理工农医院校社会科学学报优秀编辑团队"。办刊水平与编辑质量得到新闻出版行业专家与同行的一致认可与好评。

2011年5月10日，在河南省第七届期刊质量检测评比中，我校自然版学报和社科版学报双双荣获河南省一级期刊。这是我校自然版学报第一次被评为河南省一级期刊，社科版学报继2008年荣获河南省一级期刊后再次获得这一殊荣。同时，2010年的引证数据显示，自然版学报在同学科66家杂志中排名提前到22位，超过了几家核心期刊。

长期以来，社科版学报坚持以质论稿，所刊发文章具有较高的学术质量和文献研究价值，学报的整体学术水平不断提升，每年所登载的文章都有数篇被"人大书报资料中心复印报刊资料"、《高教文摘》、《新华文摘》等检索转载，在全国理工类大学学报（社科版）中近年来一直名列前茅。

2006年，社科版学报开设了"笔谈"栏目。每期一个中心话题，紧紧围绕社会热点，先后有"网络文化与网络伦理建设"、"生命教育视域下的成人仪式研究"、"和谐文化建设专题研究"、"关于大学办学特色与特色办学"、"传统节日文化与新休假制度"、"关于生命教育的若干探讨"等专题在社科版学报展开讨论，社会反响强烈。

特色栏目"水文化研究"已有10余年的开办历史。这一栏目历经多年的延续、积淀与发展，稿源充足，内容丰富，历久弥新；栏目作者学历、职称层次高，研究能力强；刊发的文章质量好，学术价值高，社会影响大。近几年的河南省高校学报研究会每次会议,都对社科版学报“水文化研究”这一特色栏目的开设和持续发展特别表彰。“水文化研究”这一栏目以其选题的独特视角、研究的原创价值而备受关注,也因为能够推陈出新、弘扬中华文化而在省内外高校同类学报中独具特色,刊登的多篇文章陆续被“人大复印报刊资料中心”全文转载。

第四章 学科建设与研究生教育

学科建设是高等学校一项根本性建设,是集学科方向、师资队伍、人才培养、学术交流、科学研究等于一体的综合性建设,是承载人才培养、科学研究和社会服务三大功能的平台。2001 年以来,学校始终坚持"以学科建设为龙头,以工科学科为主干,加强基础学科建设,培育弱势学科"的学科建设思路,启动校级重点学科和培育学科建设工程,实施校级重点学科和培育学科支撑省部级重点学科建设基本模式,推进学科建设快速发展,学术队伍稳步壮大,学术积淀明显厚重,科研水平和能力显著增强,为建设特色鲜明的高水平教学研究型大学奠定了坚实的科研支撑。

2001 年以来,学校遵循"加快发展研究生教育,推动学校上层次、上水平"的基本思路,不断深化研究生教育,积极推进博士授权单位建设,拓展研究生培育类型,扩大硕士点,加强研究生教育教学改革,完善研究生培养模式和体系,有效地保证研究生培养的质量和水平。

第一节 重点学科建设

一、重点学科建设

2001 年以前,受学校划转地方、省部重点学科建设力度小等外部大环境和学校以基础建设为重心的建设布局影响,学校省部级重点学科少且集中。2001 年,为加强学科建设,加快研究生教育发展步伐,谋划教学研究型大学建设,学校成立了研究生处,主管学科建设和研究生教育。

2003 年,学校只有 3 个学科列入河南省第五批省级重点建设学科,它们是水工结构工程、水力学及河流动力学、水利水电工程,学科带头人分别是郭雪莽、李国庆、陈德新。

2002 年,学校着手谋划建设校级重点学科,出台《校级重点学科建设和考评办法》,启动校级重点学科建设工程,实施以校级重点学科支撑省部重点学科的基本建设模式。办法规定校级重点学科建设期为 2 年,明确校级重点学科评审基本规则、建设期具体考评指标、学科带头人选拔办法。

2003 年,学校评审、建设了第一批 13 个校级重点学科,涵盖工学、理学、经济学等 3 个一级学科。13 个校级重点学科包括工程力学、机械设计及理论、计算机应用技术、岩土工程、结构工程、水文学及水资源、水力学及河流动力学、水工结构工程、水利水电工程、地质工程、农业水土工程、环境工程、技术经济及管理。学科带头人分别是:白新理、杨振中、刘法贵、刘汉东、赵顺波、邱林、孙东坡、孙明权、陈德新、陈南祥、徐建新、王季震、李创。

2005 年,第二批校级重点学科共有 15 个,包括应用数学、工程力学、机械设计及理论、流体机械及工程、岩土工程、结构工程、水文学及水资源、水力学及河流动力学、水工结构工程、水利水电工程、地质工程、农业水土工程、环境工程、管理科学与工程、技术经济及管理。学科带头人分别是:刘法贵、白新理、杨振中、高传昌、刘汉东、赵顺波、邱林、孙东坡、孙明权、周振民、陈南祥、徐建新、朱灵峰、胡宝柱、李创。

2007 年,第三批校级重点学科共有 19 个,分为两个层次,其中第一层次校级重点学科 11 个,包括机械设计及理论、岩土工程、结构工程、桥梁与隧道工程、水文学及水资源、水力学及河流动力学、水工结构工程、水利水电工程、地质工程、农业水土工程、技术经济及管理。学科带头人分别是:杨振中、刘汉东、赵顺波、解伟、邱林、孙东坡、孙明权、周振民、陈南祥、徐建新、罗党。第二层次校级重点学科 8 个,包括应用数学、工程力学、流体机械及工程、计算机应用技术、防灾减灾工程及防护工程、环境工程、水土保持与荒漠化防治、管理科学与工程等学科。学科带头人分别是:刘法贵、白新理、高传昌、刘建华、张新中、朱灵峰、李永乐、聂相田。

2009 年,第四批校级重点学科共有 22 个,其中第一层次校级重点学科 18 个,包括应用数学、机械设计及理论、流体机械及工程、计算机应用技术、岩土工程、结构工程、市政工程、防灾减灾工程及防护工程、桥梁与隧道工程、水文学及水资源、水力学及河流动力学、水工结构工程、水利水电工程、地质工程、农业水土工程、环境工程、技术经济及管理、水土保持与荒漠化防治。学科带头人分别是:刘法贵、杨振中、高庆敏、刘建华、黄志全、李凤兰、邢振贤、张新中、解伟、邱林、孙东坡、赵顺波、高传昌、刘汉东、徐建新、朱灵峰、罗党、陈南祥。第二层次校级重点学科 4 个,包括人口资源与环境经济学、工程力学、车辆工程、管理科学与工程。学科带头人分别是:王延荣、白新理、韩林山、聂相田。

为使学校学科协调、平衡发展,拓展学科门类,2010 年初,学校启动了培育学科的建设工作,出台了《培育学科建设和考评办法》,规定培育学科的培育周期为 2 年。首批培育学科包括建筑学、英语语言文学、法学、科技哲学等 4 个学科,学科带头人分别是:张新中、张加民、黄建水、张玉祥。

2011 年,第五批校级重点学科共有 25 个,其中第一层次校级重点学科 18 个,包括应用数学、机械设计及理论、流体机械及工程、计算机应用技术、岩土工程、结构工程、防灾减灾工程及防护工程、桥梁与隧道工程、水文学及水资源、水力学及河流动力学、水工结构工程、水利水电工程、地质工程、农业水土工程、环境工程、水土保持与荒漠化防治、管理科学与工程、技术经济及管理,学科带头人分别是:罗党、杨振中、(空缺)、刘建华、黄志全、李凤兰、张新中、解伟、邱林、孙东坡、赵顺波、高传昌、刘汉东、徐建新、朱灵峰、陈南祥、聂相田、杨雪;第二层次校级重点学科 7 个,包括人口资源与环境经济学、基础数学、工程力学、车辆工程、模式识别与智能系统、市政工程、城市水务工程及管理,学科带头人分别是:王延荣、刘法贵、白新理、张瑞珠、苏海滨、杨中正、周振民。

在校级重点学科的支撑下,极大地推动了学校学科建设,科研水平和科研能力明显提升,学术积淀和学术成果逐步深厚,学术声誉逐步增强。在 2004 年和 2006 年河南省第六、第七批省级重点学科建设中,学校分别有 5 个和 22 个学科(其中一级重点学科 3 个,二级重点学科 19 个)列入省级重点建设学科。2004 年第六批省级重点学科为水利水电工程、水力学及河流动力学、水工结构工程、水文学及水资源、地质工程,学科带头人分别是:高传昌、孙东坡、赵顺波、邱林、刘汉东;2008 年第七批省级一级重点学科为土木工程、水利工程、环境科学与工程,学科带头人分别是:黄志全、赵顺波、朱灵峰;省级二级重点学科为应用数学、机械设计及理论、流体机械及工程、计算机应用技术、岩土工程、结构工程、市政工程、防灾减灾工程及防护工程、桥梁与隧道工程、农业水土工程、水文学及水资源、水力学及河流动力学、水工结构工程、水利水电工程、港口海岸及近海工程、地质工程、环境工程、水土保持与荒漠化防治、技术经济及管理,学科带头人分别是:刘法贵、杨振中、高庆敏、刘建华、黄志全、李凤兰、邢振贤、张新中、解伟、徐建新、邱林、孙东坡、赵顺波、高传昌、王二平、刘汉东、朱灵峰、陈南祥、罗党。

经过近10年的学科建设,学校已经形成了以水利电力学科为特色的省、校二级重点学科建设体系,有力地推动了特色鲜明的高水平教学研究型大学建设。

二、重点学科建设成果

学校重点学科建设重要举措的实施,推进了学校科研水平更上新台阶,青年学术骨干快速成长,学术队伍逐步壮大,学术成果极大丰硕,学术精神显著增强,为学校科学发展奠定了坚实的学术支撑。

第一批校级13个重点学科成员总数146人,其中教授40人、副教授62人、博士28人,40岁以下的学科成员61人,占总人数的42%;发表中文核心期刊论文182篇,一级学报论文33篇,国际会议论文18篇,SCI、EI、ISTP收录论文23篇;出版专著10部,编著18部,教材36部;获得省级科技进步二等奖6项,省级科技进步三等奖3项,省级精品课程3项;完成科研经费1 332.26万元,人均科研经费9.13万元。

第二批校级15个重点学科成员总数239人,其中教授55人、副教授72人、博士42人,40岁以下的学科成员121人,占总人数的51%;发表中文核心期刊论文265篇,一级学报论文37篇,国际会议论文13篇,SCI、EI、ISTP收录论文79篇;出版专著13部,编著21部,教材47部;获得省级科技进步二等奖8项,省级科技进步三等奖11项,省级优秀教学成果一等奖1项,省级优秀教学成果二等奖1项,省级精品课程5项;完成科研经费2 096.32万元,人均科研经费8.77万元。

第三批校级19个重点学科成员总数285人,其中教授68人、副教授86人、博士63人,40岁以下的学科成员139人,占总人数的49%;发表中文核心期刊论文208篇,一级学报论文25篇,国际会议论文10篇,SCI、EI、ISTP收录论文53篇;出版专著3部,编著14部,教材16部;获得省级科技成果一等奖1项,省级科技成果二等奖8项,省级科技成果三等奖4项,省级精品课程2项;完成科研经费1 276.35万元,人均科研经费4.48万元。

第四批校级22个重点学科成员总数312人,其中教授72人、副教授101人、博士114人,40岁以下的学科成员181人,占总人数的58%;发表中文核心期刊论文211篇,一级学报论文26篇,国际会议论文46篇,SCI、EI、ISTP收录论文69篇;出版专著21部,编著26部,教材23部;获得国家科技进步二等奖1项,省级科技成果一等奖3项,省级科技成果二等奖6项,省级科技成果三等奖11项,省级优秀教学成果一等奖6项,省级优秀教学成果二等奖3项,省级精品课程2项;完成科研经费3 052.90万元,人均科研经费9.78万元。

从校级重点学科的建设过程来看,学科成员总数逐轮增加,学科队伍的学历结构、职称结构、年龄结构进一步趋于合理,学科的教学、科研成果显著增加,特别是高水平的成果增效明显,完成科研经费总额稳步攀升。尽管学科建设取得了显著的成绩,但人均完成的科研经费略有波动。

第二节 学位点建设

一、硕士学位授权点建设

2001年以前,学校学位点建设存在的问题主要有:一是没有博士授权点,严重制约学校的发展;二是硕士点少,仅有的6个硕士点集中在工学门类的水利、地质等一级学科,理学、农学、管理学、法学、经济学等学科不仅没有硕士点,而且除水利、地质学科外的工学类学科也没有硕士点。扩展硕士点,提升学科建设层次,促进学校整体发展,是将学校建设成一所高水平教学研究型大学的必然选择。

针对学科建设和研究生教育存在的主要问题,2001年以来,学校始终坚持"加快发展研究生教育,启动博士授权点基础建设,扩展硕士点及硕士点的培养学科门类"基本原则,稳步推进学位点建设。

经过10年的建设,2010年,学校取得了新增博士授予权立项建设单位资格,硕士点学科门类从单一的工学门类扩展到理学、农学、管理学、经济学、法学等6大门类,硕士培养类型从2001年单一的学术型硕士扩展到2011年的学术型和专业型2大类别,其中,学术型一级学科硕士点从2001年的空白增加到11个,二级学科硕士点从2001年的6个增加到52个,专业型二级学科硕士点从无增加到13个。

(一)学术型硕士点

2001年以前,学校学术型二级学科硕士点6个:第一批(1981年)批准水利水电工程、水工结构工程、水力学及河流动力学硕士点;第五批(1993年)批准地质工程硕士点;第七批(1998年)批准水文学及水资源硕士点;第八批(2000年)批准农业水土工程硕士点。

2001年以后,学校强抓机遇,注重内涵提升,硕士点建设进入快速发展期。

2003年,第九批批准7个二级学科硕士点:岩土工程、结构工程、管理科学与工程、计算机应用技术、机械设计及理论、应用数学、流体机械及工程。

2005年,第十批批准3个一级学科硕士点:水利工程、地质资源与地质工程、管理科学与工程;批准15个二级学科硕士点:技术经济及管理、工程力学、环境工程、车辆工程、地球探测与信息技术、水土保持与荒漠化防治、市政工程、模式识别与智能系统、桥梁与隧道工程、防灾减灾工程及防护工程、港口海岸及近海工程、人口资源与环境经济学、马克思主义基本原理、思想政治教育、矿产普查与勘探。

2010年,第十一批批准8个一级学科硕士点:数学、机械工程、动力工程及工程热物理、控制科学与工程、计算机科学与技术、土木工程、农业工程、工商管理,涵盖24个二级学科硕士点,包括基础数学、计算数学、概率论与数理统计、运筹学与控制论、机械制造及其自动化、机械电子工程、工程热物理、热能工程、动力机械及工程、制冷及低温工程、化工过程机械、控制理论与控制工程、检测技术与自动化装置、系统工程、导航制导与控制、计算机系统结构、计算机软件与理论、供热供燃气通风及空调工程、农业机械化工程、农业生物环境与能源工程、农业电气化与自动化、会计学、企业管理、旅游管理。

(二)专业型硕士点

2003年,学校不仅获得新增专业型硕士学位授权单位资格,同时新增水利工程领域专业工程硕士学位授权。

2004年,新增地质工程领域专业工程硕士学位授权。

2009年,新增农业工程领域专业工程

硕士学位授权。

2010 年,新增 8 个工程硕士专业学位授权领域,分别是机械工程、动力工程、控制工程、建筑与土木工程、项目管理、工业工程、物流工程,并新增了工商管理硕士和农业推广硕士 2 个类别。

二、博士学位授权单位和授权点建设

(一)立项准备

学校一直高度重视博士学位学科授权点建设,在 2001—2008 年历次新增博士学位授权点申报工作中,学校都科学谋划,认真筹备,积极申报。但限于学校非博士学位授权单位,尽管申报的学科得到专家一致高度评价,但最终没能取得突破。

2008 年,国家对新增硕士、博士学位授予单位建设工作作出了重大政策性调整,由过去直接申报评审调整为先申报立项建设、再检查验收评审。基于此,国家学位办出台了《关于做好新增博士、硕士学位授予单位工作的指导意见》和《关于做 2008—2015 年新增博士、硕士学位授予单位立项建设规划工作的通知》,确定河南省 2015 年以前配额新增 3 个博士学位授予单位、1 个硕士学位授予单位。

根据国家、河南省新增博士学位授予单位的遴选原则和“自由申报、专家论证、实地考察、省学位委员会审议”的遴选要求,学校召开专题会议,全面部署博士学位授权单位立项建设工作,明确要求全体教职员工,一是要统一思想,提高认识,明确博士学位授权单位建设对于学校发展的重大意义;二是总结经验,认清形势,坚定博士学位授予单位建设的必胜信心;三是明确目标,完善措施,为博士学位授予单位的建设提供强有力的基础支撑;四是科学组织,明确责任,确保如期完成博士学位授予单位的建设任务。

经过全校教职工的共同努力,2009 年 1 月 22 日,河南省学位委员会经过评议和投票,推荐学校为河南省博士学位授予立项建设单位,2010 年 2 月国务院学位委员会正式批复学校为河南省 2008 - 2015 年新增博士授予立项建设单位。

(二)筹备建设

为了确保博建工作的顺利进行,学校采取切实有效的措施,召开学术骨干、中层领导、教授、专家动员大会,成立博建工作领导机构,签订目标责任书,实施责任追究制,强力推进博士学位授权单位建设工作。

1. 领导重视,组织到位,组建博建工作机构。2009 年初,学校成立了新增博士学位授予单位立项建设领导小组。组长由书记、校长担任,主管校领导任常务副组长,其他校领导任副组长,成员包括各主要相关职能部门负责人和各学院主要领导。办公室设在研究生处,研究生处处长陈南祥任办公室主任。新增博士学位授予单位立项建设领导小组下设人才队伍工作组,科技工作组,公共服务平台工作组,经费保障工作组,各专项工作组组长分别由主管校领导兼任。

2. 科学规划,择优选优,确定授权学科和支撑学科。依照学校学科建设的总体建设布局和办学特色与定位,遵循择优选优的原则,确定 3 个新增博士学位授权学科和 3 个支撑学科进行重点建设,3 个授权建设学科分别是水利工程学科、地质资源与地质工程学科和管理科学与工程学科,学科指导协调人分别为徐建新、刘汉东和王天泽,学科负责人分别为赵顺波与聂相田、黄志全和王延荣。各学科成员主要由相关学科学科骨干和学术骨干组成;3 个支撑建设学科分别为结构工程学科(支撑水利工程学科)、岩土工程学科(支撑地质工程学科)、应用数学学科(支撑管理科学与工程学科),学科负责人分别为李凤兰、姜彤、刘法贵。

3. 打好基础,强化支撑,加强公共服务体系建设。为搭建博士授权建设学科基础平台,做好基础性工作,确定同步建设公共服务体系,包括:

(1)仪器设备和教学科研设施的建设。包括实验室建设,师资队伍建设,规章制度、政策的制定等。

(2)文献信息资源的建设。包括现有馆藏文献资源的利用和统计工作,文献信息资源的采购工作,数字图书馆建设,授权学科的特色数据库资源库建设,联机书目库建设,新图书馆建设等。

(3)网络信息资源的建设。包括信息资源共享建设,网络中心建设,水利、电力特色公共服务体系建设,高性能计算与数据中心建设,国际远程同步视频系统建设,高清视频录播系统等。

4. 目标管理,责任到人,建立目标责任体系。为落实好博建工作任务,明确目标,实施目标管理,学校分别与授权学科、支撑学科、职能部门、学院等27个单位签订了《新增博士单位建设目标管理任务书》,细化博建工作,明确要求和奖惩措施,做到任务分解、目标到位、责任到人,各司其责。

5. 建章立制,制度保障,强化博士学位授权点的制度建设。鉴于博建工作建设任务重、建设内容多、涉及面广、建设周期短、建设任务紧等特点,为确保立项建设目标的实现,必须建章立制,制度建设先行。依据国家、河南省文件精神,结合学校校情,学校先后出台了多个文件,构建博建工作的制度保障体系。2009年7月31日印发了《关于成立新增博士学位授予单位建设领导小组的通知》;2009年10月15日印发了《关于加强新增博士学位授予单位建设工作的意见》;2009年11月28日印发了《博士单位建设经费使用管理办法》。

(三)中期检查

2011年7月7日,根据国务院学位办公室通知要求,河南省学位委员会组成新增博士学位授予单位立项建设中期检查组来校,对学校博建工作进行中期检查。

中期检查分六个阶段进行:听取学校建设工作汇报、会议座谈、实地检查、授权学科和支撑学科工作汇报、专家组评议、意见反馈。

经过认真、细致的考察,检查组认为,学校自新增博士授予单位立项建设以来,在培养和引进拔尖人才,提升行业科技创新能力,提高人才培养质量和增强社会服务能力等方面实现了跨越式发展,整体办学实力明显提升;授权学科建设成效显著,立项建设学科师资队伍水平显著提高,结构进一步得到优化,科学研究和科技创新取得重要突破,取得了以国家科技进步奖为代表的一批标志性科技成果;支撑学科实力不断增强;公共服务体系服务学科发展与人才培养的保障能力与水平显著提升,能够满足学科发展和博士研究生培养需要;学术交流与合作不断扩大,为水利行业和区域经济发展提供了技术和智力支撑;管理措施科学有效。检查组一致认为,学校博士学位授权单位立项建设成效显著,已具备博士学位授予单位和授权学科的条件。同时,检查组就进一步加强博士授权单位建设工作向学校提出了意见和建议。

三、自主设置目录外二级学科

2011年,根据国务院学位委员会《关于做好授予博士、硕士学位和培养研究生的二级学科自主设置工作的通知》的要求,学校积极申报增设自主设置目录外二级学科。经校学位委员会审议,"中国学位与研究生教育信息网二级学科自主设置信息平台"公示、同行专家评议和质询,学校新增5个自主设置目录外二级学科,并列入2012年硕士研究生招生目录。5个二级学科分别是材料成型工程及控制、地下建筑工程、土木工程建造与管理、城市水务工程与管理、生态水利与景观艺术。

第三节 研究生导师队伍建设

导师是研究生培养的主要组织者和实施者,导师的思想素质、学术水平和工作作风直接影响到研究生的成长,对研究生的培养质量起决定性的作用。学校一直高度重视研究生导师队伍建设,2011年,学校制定了《研究生指导教师工作规范》、《硕士研究生指导教师遴选和聘任管理办法》,结合学校研究生教育发展和研究生招生、培养工作实际,严格导师聘任条件和聘任程序,按照"明确标准、严格程序、公平公正、宁缺毋滥"的原则择优聘任导师,坚持导师的学术标准,重视导师教书育人,在学术能力、教学能力、职业学术道德和师德育人等方面加强对导师的综合考核。学校采取走出去、请进来的方式,积极开展学术交流,吸取各种学术营养,博采众长,促进导师不断更新知识,拓宽专业面,了解学科发展趋势,以利于自身业务素质的不断提高,保证导师队伍质量的不断提高。2011年,学校学位评定委员会对2011年之前的硕士研究生指导教师和新增指导教师的资格进行复审或考评,复审和考评要素包括科研成果、教学质量等。经会议票决,最终确认357人具备硕士研究生指导教师资格,8人取消硕士研究生指导教师资格。

随着研究生教育事业的发展,学校研究生导师队伍逐年扩大,从2001年的85人,增加到2010年的281人(其中,校内导师从60人增加到200人,见表4-1);导师队伍职称结构更加合理,导师中教授比例稳步提高(校内导师队伍教授比例从2001年的33%提高到2010年的39%),导师队伍年龄结构呈现年轻化(2010年:教授中50岁以下的占60%,见表4-2;副教授中50岁以下的占91%,见表4-3),学历结构(2010年:校内博士学位导师比例:教授中占41%,副教授中占20%)。

表4-1 研究生导师队伍概况

年度		2001	2002	2003	2004	2005	2006	2007	2008	2009	2010
校内导师	教授	20	22	25	29	31	34	54	62	63	78
	副教授	40	43	47	51	55	60	76	84	99	122
	小计	60	65	72	80	86	94	130	146	162	200
校外兼职		25	27	30	33	43	50	67	80	84	81
合计		85	92	102	113	129	144	197	226	246	281

表 4-2 2010 年导师中教授情况

年龄段	教授	学历			
		大学	硕士	博士	博士后
30~40	1				
41~50	51	10	12	29	
51~60	26	11	7	8	
合计	78	21	19	37	1

表 4-3 2010 年导师中副教授情况

年龄段	副教授	学历			
		大学	硕士	博士	博士后
30~40	21	3	10	7	1
41~50	86	33	35	16	2
51~60	15	8	6	1	
合计	122	44	51	24	3

第四节 研究生教育与管理

一、研究生招生工作

学校高度重视研究生招生宣传工作，充分利用校园网进行广泛宣传，积极参与教育厅组织的研究生招生现场咨询会；校内组织召开考研动员咨询会。多方式、多渠道的招生宣传，收到了良好的效果，每年第一志愿报考华北水利水电学院研究生的数量稳步提升，报考质量稳步提高。

为确保每年研究生招生考试工作顺利进行，学校在招生各个环节上尽可能早安排、早落实，最大可能确保优质生源进入学校。同时保证学校业务课试题命制的质量和保密性，严格按照有关文件的要求，组织各命题小组按规范程序命题、审核试题并签订命题保密责任书。在复试中，组织各学科点在复试内容中增加对学生综合素质、科研能力和创新意识的考核，有效地保证了研究生录取质量。

根据《教育部、国家发展改革委、国家民委、财政部、人事部关于大力培养少数民族高层次骨干人才的意见》及《教育部等五部委关于印发〈培养少数民族高层次骨干人才计划的实施方案〉的通知》文件精神，学校于 2008 年 10 月被列为培养少数民族高层次骨干人才计划硕士研究生的培养单位，2009 年开始招生。学校先后招收 56 名少数民族骨干硕士研究生，其中包括汉族、藏族、朝鲜族、回族、蒙古族、苗族、畲族、土家族、维吾尔族、瑶族、彝族、仡佬族、壮族。

2001—2010 年硕士研究招生情况见表 4-4。

表4-4 硕士研究生招生情况一览表

录取年份	全日制硕士研究生	非全日制硕士研究生	合计	备注
2001	55	0	55	
2002	81	0	81	
2003	107	20	127	
2004	156	27	183	
2005	189	20	209	
2006	236	31	267	
2007	259	30	289	
2008	244	25	269	
2009	319	43	362	含30名少数民族高层次骨干计划
2010	344	85	429	含26名少数民族高层次骨干计划
总计	1 989	281	2 270	

二、研究生培养

(一)学制变更

2006年,学校参加河南省教育厅教学改革实验,进行了研究生学制由三年调整为二年的缩短学制实验,并在2006级、2007级中施行。为保证学制缩短后的研究生培养质量,学校采取了"加强培养管理,充分利用暑期"、对专科学历和跨专业的研究生实行补习一年本科课程等一系列措施。

2008年,根据不同专业特点,学校对研究生学制重新进行调整:工学、农学等学科恢复三年制,理学、管理学、经济学、法学等学科调整为二年半学制。

(二)培养方案

2006年5月,学校对28个专业培养方案进行全面制订或修订,同年9月新培养方案(二年制)从2006级开始实施(2006版);2008年5月,学校完成工学、农学等学科三年制,理学、管理学、经济学、法学等学科二年半制培养方案(2008版)制订,并自2008级开始实施。2011年,学校对2008版培养方案全面修订,自2011级开始实施(2011版)。新修订的培养方案更好地反映了国家对研究生培养质量的基本要求,体现学校本学科专业已形成的优势和特色。培养方案坚持宽口径培养,坚持有利于学科发展的原则,对一级学科授权的,按一级学科设置专业基础课;坚持体现因材施教的原则,为研究生个人发展提供空间;坚持学校宏观管理、学科微观调控的原则,分别按1∶2和1∶3的比例提供专业基础课和专业方向选修课的选课菜单,使研究生的培养在满足培养方案基本要求的同时,根据个人实际情况,可对课程选择、科研实践及学位论文选题等进行不同的安排。

(三)创新能力培养

2009年6月,学校出台《研究生教育创新计划基金管理办法》,设立学校研究生教育创新计划基金。同年启动了研究生教育创新课题资助计划,目前已在2008级、2009级、2010级全日制研究生中实施,已评选出19名同学获得项目资助;2009年启动优秀硕士生的评比,2008级、2009级分别有23名、27名同学获优秀学生奖,2008级有19名同学获优秀毕业生奖、19名同学获优秀学位论文奖,举办了3期研究生学术论坛。

实践表明,学校研究生教育创新计划的实施,为研究生提供了学术交流的平台,激发了学生关注学术前沿的热情,营造了浓厚的创新研究氛围,加强创新能力和独立思维能力的训练,推动了学生综合素质和培养质量的提高。

(四)学术道德建设

2010年11月,为贯彻国务院学位委员会《关于在学位授予工作中加强学术道德和学术规范建设的意见》,进一步规范学校研究生学术行为,结合学校《硕士学位授予工作细则》的规定,出台了《研究生学术规范(试行)》,对学生进行学术道德规范教育,采取利用中国知网学位论文学术不端行为检测系统对硕士学位论文进行全面检测,学位论文撰写内容中加入《学位论文独创性声明》等多种有效的途径和形式,大力倡导良好的教风学风,在研究生中发出"做一流学问,树一流人品"的倡议,以研究生新生入学教育环节为契机,切实推进学术道德和学术规范建设。

(五)完善学位管理制度和管理模式

从2010年开始,学位论文答辩工作统一下放二级学院,研究生学位办公室具体负责答辩资格的审查和监督。

三、研究生管理

(一)研究生学生工作的领导体制和工作机制

学校研究生管理实行一级管理模式。研究生思想政治工作队伍按照《大学生思想政治工作队伍建设规定》的要求,构筑了校党委、研究生处党总支、研究生处学生工作领导小组、研究生团委、研究生自我管理组织5个工作层面。由学校领导对研究生的思想教育和培养工作进行指导,研究生处党总支规划管理,研究生处学生工作领导小组具体负责研究生学生管理工作,研究生团委发挥核心作用,学生党支部、学生会积极配合的工作局面,深入有效地开展研究生思想政治工作。

(二)研究生工作

研究生处针对研究生活动空间分散和党员比例较高的特点,不断创新研究生工作模式、完善工作机制,狠抓思想建设、组织建设、作风建设、制度建设,以党风促教风带学风,各项工作都取得了长足进展。

在党建方面,研究生处党总支按照"有利于开展工作、有利于发挥作用"的原则,在充分调研的基础上,按不同学科不同专业的学生特点,改进和优化了研究生党支部的设置方式,把"党支部建在班上"的横向建制方法和"按学科门类设置班级"的纵向建制方法有机结合起来,这种复合建制方法,有效控制了研究生党支部的人员规模,提高了研究生党支部工作的时效性和针对性。

在研究生工作开展过程中,研究生处注重做好两个方面的工作。①加强研究生处党总支的宏观调控。一是加强研究生干部的选任工作,把素质好、能力强、有一定工作经验的研究生党员选任到研究生会、支委会、班委会中来来;二是选派责任心强、经验丰富的辅导员专门指导和扶持各支部委员会开展工作;三是在积极分子培养、党员发展、评优选模等方面,强调计划性,严格工作程序,完善工作规范。②突出研究生管理服务的自主性,充分调动研究生工作机构的积极性，促进其自主开展各类教育和主题实践活动，努力推进学生自我教育、自我管理、自我服务、自我发展的工作机制的形成。

四、研究生就业

在就业形势不断变化、就业压力逐渐增大的情况下，研究生处及时调整就业工作思路，一方面加强就业教育和指导，引导学生合理调整就业期望值，树立先就业、后择业、再创业的观念；另一方面加强管理和服务，为学生就业工作开辟绿色通道，开辟就业渠道、收集就业信息、完善就业手续办理服务。学校研究生就业率一直保持在较高水平。

五、专业学位教育

专业学位是指有专门职业要求的研究生教育学位。学校已在工程硕士、农业推广硕士、工商管理硕士 3 个类别、13 个领域专业学位授权点开展招生培养工作。目前，已培养 150 名工程硕士毕业生。

学校注重对专业学位研究生培养的探索，在培养目标上转变重理论研究、轻工程应用的观念，强调培养研究生要面向工矿企业、工程建设等工程实践单位；在培养方式上灵活多样，既保持学位条例对工学硕士的基本要求，又针对实际应用部门的需要，强调理论研究与工程应用相结合，注重多方面能力的培养和提高，收到了显著的成效并积累了一定的培养经验；在指导教师的配备上实行双导师制，并建立和加强了研究生教育基地建设。

开展工程硕士培养的目的就是要为推动技术创新，为国民经济发展做贡献。学校培养出的学生都在自己的工作岗位上取得了丰硕成果，为所在单位建设做出了较大贡献。

六、获得的主要荣誉

2006 年，学校荣获“河南省学位点建设和研究生教育工作先进单位”称号。徐建新、胡建兰、张华平 2006 年荣获“河南省学位点建设和研究生教育工作先进个人”称号。

2004 年开始，学校参与河南省硕士研究生优秀硕士论文评审。获得河南省优秀硕士学位论文奖情况见表 4-5。

表 4-5　获河南省优秀硕士学位论文名单

时间	作者	导师	省优秀硕士学位论文题目
2004 年	赵　旭	刘汉东	宝泉抽水蓄能电站开关站边坡运动学分析研究
	王　萍	徐建新	灌区灌溉模式优选及实时灌溉决策支持系统
	王顺生	高传昌	控制性交替隔沟灌溉条件下夏玉米需水量的计算
2006 年	陈晓楠	邱　林	农业干旱风险分析及对策
	郭文献	徐建新	河北省南水北调供水区水资源可持续利用评价及其合理配置研究
	高润东	赵顺波	钢纤维混凝土电杆的生产工艺、受力性能以及工程应用
2008 年	皇甫中民	刘雪梅	逆向工程中二次曲面及简单自由曲面提取技术研究
	李　强	孟闻远	清水混凝土在工程中的应用与施工新方法研究

续表 4-5

时间	作者	导师	省优秀硕士学位论文题目
2009 年	肖　琳	邱　林	水库群防洪优化调度模型及算法研究
	贺瑞春	赵顺波	受硫酸盐溶液长期浸泡混凝土耐久性试验研究
	张巧玉	杨宝中	地表水与地下水联合利用技术研究—以石津灌区为例
	张晓强	朱贵良	椭圆曲线加密体制及其算法研究
2010 年	邓光连	康迎宾	基于 ANSYS 的和平水库大坝渗流与稳定分析
	刘　翠	李志萍	地下水除砷实验及模拟研究
	宋丽娟	黄志全	低频循环荷载作用下软土扰动状态边界模拟研究

在硕士研究生英语演讲比赛中取得优异成绩。在 2007 年举办的第一届河南省硕士英语演讲比赛中,彭晓彭同学获得二等奖,李锦同学获得三等奖,平良帆同学获得优胜奖;在 2008 年举办的第二届河南省硕士英语演讲比赛中,高原同学获得一等奖,甘甜同学获得二等奖;在 2009 年举办的第三届河南省硕士英语演讲比赛中,祁迪和罗辉同学获得优胜奖。

第五章　实验室建设与信息保障

第一节　实验室建设与管理

实验室建设与管理工作是学校提高教学质量、教学水平和学科建设水平的重要手段，是做好社会服务工作的重要平台，是学校科学研究的基础，也学校核心竞争力的体现。2001年以来，学校紧紧围绕办学目标，不断加大实验室的规划、建设和管理工作力度，努力促进实验室提层次、上规模。学校建设了一批数量充足、规模适宜、层次较高的实验室，为建设特色鲜明的高水平教学研究型大学打下了坚实的基础。

一、实验室建设

学校实验室建设分为两个阶段：2001—2009年是规划、基础建设阶段，主要工作是服务于学校的教学活动，兼顾科研工作；2009年以后，为满足建设教学研究型大学的需要，学校着力加强了能满足高水平科研需要的重点实验室建设。

（一）实验室建设规划

根据学校2004年制定的《发展战略规划》和《学科建设和师资队伍建设规划》目标要求，为加强学校实验室建设与管理，推进实验教学改革，学校于2004年12月制定了《实验室建设规划》，这是学校首次对全校实验室建设进行规划。《实验室建设规划》提出要围绕具有创新精神和实践能力的应用型人才的培养目标，适应学校办学规模，实行分类指导，分层次管理，高标准建设基础扎实、重点突出、特色鲜明的实验室体系；立足高标准、高起点、高效益、规模适度地建设基础实验教学平台，着眼于学校优势学科和国家社会经济、科学技术的发展，争创省、部级重点实验室；改革实验室管理体制，形成科学、合理的实验教学、科研、创新、发展的运行机制；建立素质优良、结构合理、充满活力的实验教师队伍；全面实现利用现代化手段进行实验教学与管理；在实验室实行校、院（系）两级管理的基础上，调整和理顺实验室管理体制，将学校实验室按基础实验室、专业实验室和科研实验室三类进行分类指导、分层次管理，即教学系部管理专业实验室，学校统一管理基础实验室和科研试验室；积极推进实验教学改革，更新、整合实验教学内容，加强实验室建设及实验教学的评估和检查，建立健全实验室各项规章制度，努力实现实验室工作的科学化、规范化、标准化。

针对学校的具体情况，经过广泛校外、校内调研，学校于2010年5月制定了各学院2010—2012年实验室建设与发展规划。各学院实验室建设与发展规划主要内容包括：实验室基本情况；存在的问题；建设目标；主要建设内容；资金预算安排及设备购置进度；预期效益分析；保障条件及措施等。

（二）实验室建设投资

为确保实验室建设目标的实现，学校在每年正常为实验室建设投资的基础上，积极为实验室建设多方筹集资金。2004—2006年，国家开展了为期3年的中央与地方共建高校基础实验室项目建设，学校通过此项目建设共筹集资金1 800万元，学校同时配套投入 1 500 万元;2007—2010 年,国家开展了中央与地方共建高校特色优势学科实验室项目建设,学校通过此项目共筹集资金 3 500 万元,学校同时配套投入 4 000 万元;2010 年,学校获得中央财政支持地方高校发展专项资金项目经费 1 200万元。

(三)实验室整合

为促进学校实验室提层次、上规模,从 2002 年开始,学校开展了实验室整合工作。整合工作采取统筹规划、先易后难、分类试点、全面推开的方法进行。撤销了规模小、效益低的实验室,合并重复设置的实验室,改变了分散设置的模式。2002 年,信息工程系实验室整合,成立信息与计算科学实验中心;岩土工程系实验室整合,成立地质及岩土力学实验室和地质工程实验中心。2004 年 11 月,学校专门召开了实验室建设工作会议,分析了实验室现状及需要解决的问题,提出了"分类指导、分层次建设、巩固基础、突出特色、吸引人才、稳定队伍"的实验室建设发展思路,讨论了学校《实验室整合方案》。2005 年,学校在数学与信息科学系所属的物理实验室和动力工程系所属的电工电子实验室基础上成立基础物理与电工电子实验室,由学校对其人、财、物统一管理,日常业务归资产与实验室管理处。通过实验室体制改革,构建了公共基础教学实验平台、专业基础教学实验平台、专业实验室平台。公共基础教学实验平台包括语音实验室、基础物理与电工电子实验室、计算中心;专业基础教学实验平台包括基础力学实验室、水力学实验室、地质及岩土力学实验室、机械基础实验室、财会与投资实验室、模拟法庭实验室、工程材料实验室;专业实验室平台包括动力与自动化实验中心、信息与计算科学实验中心、信息工程实验中心、工程结构实验室、地质工程实验中心、测量与空间信息实验中心、机械工程与自动化实验中心、材料成型及控制实验室、实习工厂、建筑与艺术实验中心、环境工程实验中心、水利工程实验中心。通过这些平台建设,为培养富有创新精神、创新思维和实践能力、具有竞争意识的高素质的复合型人才,推动重点学科的发展,促进高层次人才培养和出高水平的科研成果,增强办学的实力,起到了积极的推动作用。到 2005 年底,学校实验室整合基本完成,学校实验室情况见表 5-1。

表 5-1　学校实验室(中心)设置一览表(2005 年 10 月)

<table>
<tr><th>序号</th><th>单　位</th><th>实验室(中心)名称</th><th>实验分室名称</th></tr>
<tr><td rowspan="6">1</td><td rowspan="6">水利工程系</td><td>水力学实验室</td><td></td></tr>
<tr><td rowspan="5">水利工程实验中心</td><td>水利馆</td></tr>
<tr><td>农田水利实验室</td></tr>
<tr><td>工程管理电子模拟实验室</td></tr>
<tr><td>水工模型实验室</td></tr>
<tr><td>水文水资源实验室</td></tr>
</table>

续表 5-1

序号	单　位	实验室(中心)名称	实验分室名称
2	土木工程系	基础力学实验室	
		工程测量实验室	
		建筑与艺术实验中心	视觉图像实验室 模型实验室 建筑物理实验室 摄影实验室
		土木工程实验中心	交通工程与材料实验室 工程结构实验室
3	动力工程系	动力与自动化实验中心	水动实验室 电气工程实验室 自动化实验室 流动可视化实验室 热动实验室 模式识别实验室
4	岩土工程系	地质及岩土力学实验室	土力学实验室 岩石力学实验室 基础地质实验室 水文地质实验室
		地质工程实验中心	物探实验室 地理信息系统实验室 工程检测实验室 资源环境与规划实验室
5	机械工程系	机械基础实验室	公差实验室 金相实验室 机械原理实验室 微机原理实验室
		机械工程与自动化实验中心	内燃机实验室 工程机械与车辆实验室 自动控制实验室 测试技术实验室 液压实验室 材控实验室

续表 5-1

序号	单　位	实验室(中心)名称	实验分室名称
6	环境工程系	化学实验室	
		环境工程实验中心	微生物实验室 给排水工程实验室 建筑环境与设备工程实验室 工程环境检测实验室 环境工程实验室 消防工程实验室
7	外国语言系	语音实验室	
8	经济管理系	财会与投资实验室	会计手工模拟实训室 金融贸易实验室 管理综合实验室 案例分析实验室 人机工程实验室
9	信息工程系	计算中心	
		信息工程实验中心	软件实验室 计算机组成原理实验室 单片机、PLC 实验室 网络实验室 通信原理实验室
10	数学与信息科学系	数学与信息科学实验中心	数学建模实验室 信息与计算科学实验室
11	法学系	模拟法庭	
12	资产与实验室管理处	基础物理与电工电子实验室	物理实验室 电工实验室 电子实验室

为满足建设特色鲜明的高水平教学研究型大学的需要,学校自 2005 年本科教学水平评估之后,继续加大实验室建设与改革力度。到 2011 年 7 月,学校共设立了 28 个实验室(中心)(见表 5-2)。

表 5-2　学校实验室(中心)设置一览表(2011 年 7 月)

序号	所属单位	实验室(中心)名称
1	水利学院	水力学实验室
		水利工程实验中心
2	土木与交通学院	工程结构实验室
		工程材料实验室
		基础力学实验室
3	电力学院	动力与自动化实验中心
		电工电子实验室
4	资源与环境学院	地质及岩石实验室
		地质工程实验室
		测量与空间信息实验中心
5	机械学院	机械工程与自动化实验中心
		材料成型及控制实验室
		实训中心
		机械基础实验室
6	建筑学院	建筑与艺术实验中心
		基础美学实验室
7	环境与市政学院	环境工程实验中心
8	信息工程学院	信息工程实验中心
		计算中心
9	数学与信息科学学院	物理实验室
		信息与计算科学实验中心
10	管理与经济学院	管理与经济学院教学实验中心
		复杂系统与决策科学重点实验室
11	外国语言学院	语音实验室
12	法学院	模拟法庭实验室
13	软件学院	软件学院实训中心
14	岩土力学与结构工程研究院	河南省岩土力学与结构工程重点实验室
15	钢结构工程研究院	三维可视化仿真室

(四)学校实验中心建设

学校实验中心于 1997 年 6 月正式成立,由科研设备处负责日常管理工作。实验中心下属 5 个检测室:工程材料检测室、工程结构检测室、土工参数检测室、岩石参数检测室、水环境检测室。实验中心于2000年8月通过国家计量认证,证号为(2000)量认(国)字(G1954)号,获得批准有7类118个参数的相关检测数据的资格。2003年10月,扩大为140个检测参数。2001年底,实验中心以学校200万元的实验设备作为注册资本,办理了对外营业的相关手续,其经济性质是国有非独立的法人企业单位。2002年,实验中心开始开展对外检测业务。2007年4月,实验中心正式更名注册为河南华水工程质量检测有限公司,独立法人资格。2009年10月,河南华水工程质量检测有限公司由土木与交通学院负责日常管理,同年取得水利部混凝土工程甲级资质和岩土工程乙级资质,2010年通过水利部计量认证验收。

实验中心先后完成了南水北调工程的渡槽、小浪底水利枢纽的排沙洞、三峡水利工程中的预应力背管等大型结构工程的实验任务,完成了国家科技攻关项目、省部级科技攻关项目、水电基金项目以及有关部门委托的大型科研生产项目的实验。实验中心还完成了部分工业与民用项目的实验任务,如2002年1月完成了河南省民用建筑中单桩极限承载力吨位最大的静载荷试验——洛阳润峰广场工程的基础检测任务。

(五)实验教学示范中心建设

为加快实验教学改革和实验室建设,促进全校优质资源的整合和共享,学校从2006年开始进行了实验教学示范中心建设。到2011年7月,学校已经建成了土木工程综合训练实验教学中心、水利实验中心、机械工程实验中心等3个省级实验教学示范中心,大学物理实验中心1个校级实验教学示范中心。

二、实验室管理

在实验室管理工作中,学校注重加强制度建设,着力构建开放性实践教学体系,优化资源配置,提高实验室效益。

(一)加强管理制度建设,提高实验室管理水平

2002年,学校制定了《实验室工作条例》,就实验室任务、实验室建设、实验室队伍建设及职责、机构与体制、实验室管理等作出了明确的规定。以此为基础,学校加强了全校实验室管理工作。2005年6月,学校对《实验室工作条例》进行了修订和完善。新的《实验室工作条例》提出实验室的建设要有计划、有重点、有步骤地开展;要做到建筑设施、仪器设备、技术队伍与科学管理协调发展;经费分配以“择优扶持,先基础后专业、照顾重点学科和兼顾科研”的原则,提高投资效益。新的《实验室工作条例》对学校实验室进行了分类:基础实验室、专业实验室和科研实验室三大类,基础实验室主要面向本科学生,以满足教学要求为首要任务;专业实验室以满足专业课的实验和实习,并从事一些科研和生产任务;科研实验室主要从事科学研究,培养高层次人才。同年,学校还制定了《实验室及仪器设备信息收集、管理细则》、《仪器设备管理规则》、《仪器设备申报及采购工作程序》等制度。2010年1月,学校根据新的情况,再次对《实验室工作条例》进行了修订。

2010年3月12日,在经过半年筹备后,学校校隆重召开了实验室与设备工作大会。会议全面总结了学校在实验室建设和设备管理方面所取得的成绩,同时也找出了学校在实验室建设方面存在的不足与差距。会议提出今后的实验室建设与设备管理工作思路:提高认识、科学规划、讲求

效益、强化责任、增强活力、加强基础、重点突破、加强队伍、提升机制、优化服务。会议讨论修订、制订了17项规章制度，包括：《实验室人员工作职责》、《实验室安全管理制度》、《仪器设备申报及采购工作程序》、《危险品(放射源)管理办法》、《实验室仪器设备维修管理办法》等。

(二)着力构建开放性实践教学体系

为提高学校实验教学质量，进一步加强学生的素质教育，发挥学生的主动性，给学生学习以选择时间和内容的空间，鼓励学生在课余时间参加实验教学、科研和社会活动，充分利用学校实验室资源，学校于2004年起开始进行实验室开放工作。学校制定了《实验室开放管理暂行办法》和与之相配套的《实验室开放基金使用办法》。通过建立学校实践教学体系和大学生科研训练体系，形成通识教育、学科门类教育和自主教育三个层次的实践体系结构，强化学生实践能力、创新能力和自主学习能力培养。通过构建学校开放式实验平台与实验室管理新模式，增加虚拟实验，由教师完全主导实验变为学生自主实验。

(三)优化资源配置，提高实验室效益

为实现实验室资源共享，学校于2010年启动大型仪器设备共享平台建设。一是开展大中型仪器设备对外有偿使用。通过对全校大型仪器设备使用情况进行调查、分析，为进一步提高学校大型仪器设备的利用率，学校2010年制定了《大中型仪器设备对外有偿使用管理暂行办法》。二是完善大型仪器设备的共享管理机制。积极推进学院(部)层次上的大型仪器设备共享平台建设，设立实验室共享专项工作四处(资产处、教务处、科技处、人事处)联席会制度，对实验室共享进行协调，研究和解决共享中出现的重大问题和难点问题；建立投资机制，提高设备和实验项目水平；制定优先政策，鼓励共享效果好的实验室；完善工作量计算制度，保障实验室共享良好运行。三是选择实验室作为创新实验室试点。设立创新基金，支持教师指导学生开展创新实验，并在实验材料经费等经费投入方面给予大力支持。

(四)实验室评估考核

为加强教学实验室的建设与管理，优化资源配置，提高实验室投资效益，实现资源共享，建立建管并重的长效机制，促进实验室高效运行并为实验室建设资金投向提供决策依据，学校于2010年1月制定了《教学实验室效益评估考核办法(试行)》。2010年11月10日至2010年12月31日，学校组织对各学院教学实验室进行了考核，经过学院自评、实地考察、学校评估，2010年度学校参加考核实验室19个，其中工程材料实验室、语音实验室、电工电子实验室获得优秀。通过考核实验室的效益，促进实验室效益的发挥，为博士点建设和教学研究型大学建设提供了有力支撑。

三、重点实验室建设

学校拥有省部级重点实验室3个，河南省高校重点实验室培育基地1个，河南省高校重点学科开放实验室3个，校级重点实验室12个，教学科研设备值达1.4亿元。

(一)省部级重点实验室

1996年6月，水利部发文，水工结构实验室和工程结构与材料实验室被评定部级重点实验室。2005年11月，河南省科学技术厅发文，岩土力学与结构工程实验室被评定为省级重点实验室。2007年10月，岩土力学与结构工程实验室被评为第三批河南省高等学校重点学科开放实验室。2009年8月，生态高性能建筑材料实验室荣获河南省高校重点实验室培育基地建设项目。2009 年 12 月,水工结构与材料工程实验室获批为河南省第四批高校重点学科开放实验室。2010 年 11 月,河流环境与河流工程模拟实验室获批为河南省第五批高校重点学科开放实验室。

岩土力学与结构工程重点实验室主要从事岩土力学与结构工程领域的应用基础研究,即工程岩土体基本力学性质、基本理论与工程技术研究;岩土工程与水工结构模型试验研究;混凝土结构试验与仿真模型试验技术。实验室有专、兼职教学科研人员 48 人,中青年占到总人数的 80%。实验室面积达 2 000 m^2,实验仪器价值 1 400多万元,实验仪器精度高,功能强大,能完成高水平的科研项目。实验室近年来获得 10 项国家级科研项目,主要有国家自然科学基金、国家"十一五"科技支撑项目等;20 多项省部级科研项目,如创新人才、杰出人才及省级重大科技攻关项目;为国家重大工程项目提供科学研究,如长江三峡、小浪底、南水北调项目等。

生态高性能建筑材料实验室是国内较早开展生态高性能建筑材料研究开发的单位,是学校立项建设的科技创新基地和人才培养模式创新基地。实验室有管理人员 5 名,研究人员 19 名,其中教授 6 名,副教授(高工)5 名,博士 8 名。实验室由实验楼和实验大厅组成,建筑面积 1 256 m^2。实验室配备较完备的建筑材料传统测试设备,以及适应建筑材料细观结构及其组织优化等特色研究的高精端设备。实验室围绕节能生态、环保绿色、高性能高效益的建筑材料工程技术研发主题,结合国家和省基础工程建设需要,形成了 3 个稳定发展的特色方向:生态高性能混凝土、高效预应力高耐久性混凝土、纤维水泥基复合材料。实验室取得了一批自主研发、储备成熟的科技成果,参编国家标准 4 部,出版专著 4 部。获得国家科技进步一等奖 1 项,中国工程建设"鲁班奖"1 项,中国土木工程学会詹天佑大奖 1 项,中国科学技术发展基金会优秀预应力工程设计一等奖 1 项,省部级科技进步一等奖 1 项。

(二)院士工作站

2010 年 10 月,河南省地下空间利用技术院士工作站、河南省水利防灾减灾工程院士工作站、河南省水文学及水资源研究院士工作站、河南省多沙河流治理院士工作站等 4 个工作站获批为河南省首批院士工作站。

(三)郑州市工程技术研究中心

钢结构工程技术研究中心、农业高效用水工程技术研究中心分别于 2009 年和 2010 年被评为郑州市工程技术研究中心。

(四)校级重点实验室

为了促进学校科技创新,组织高水平基础研究及应用研究、聚集和培养优秀人才、开展学术交流,学校于 2010 年 1 月制定了《校级重点实验室建设与管理办法》。校级重点实验室实行"开放、流动、联合、竞争"的运行机制,实行定期评估、优胜劣汰、动态发展的管理方法。2010 年,学校投入 680 多万元,资助建设了 12 个校级重点实验室,其中第一层次 8 个:生态高性能建筑材料实验室、水工结构与材料工程实验室、钢结构工程技术研究中心(三维可视化仿真实验室)、农业高效用水实验室、河道整治及工程水力实验室、水利水电工程实验室、地质工程实验研究中心、复杂系统与决策科学实验室;第二层次 4 个:清洁能源发动机与工程车辆实验室、水电动力工程实验室、建筑与艺术实验中心、虚拟现实新技术实验室。

第二节 校园网建设与管理

校园网是为学校教学、科研、管理服务而建立的计算机信息网络,学校利用先进实用的计算机技术和网络通信技术,实现校园内计算机联网、信息资源共享,并通过Internet与国际学术计算机网络互联。校园网为学校建设特色鲜明的高水平教学研究型大学提供了强有力的网络信息保障。

一、校园网的建设与管理

(一)起步建设阶段

学校网络建设起步于1999年,当时只有设在图书馆5楼的网络中心连接入了中国教育与科研计算机网,由科研设备处管理。2000年,网络中心归信息工程系管理。当时,校内仅有办公楼、图书馆及部分教学区有线路连接,并且网络应用不够完善。

2002年,教务处的电教中心、信息工程系的网络中心合并,单独成立现代教育技术中心。校园网的建设与管理工作由现代教育技术中心具体负责。学校制定了校园网规划设计方案,计划采用总体规划、分步实施方针,减少设备闲置。整个校园网分为三个大区:教学区、学生区、家属区。三个区中以教学区为中心,学生区、家属区设为分中心,三个中心间设环路,中心设1台核心交换机。2002年5月,校园网外联接通光纤,使用AVAYA P333R经河南农业大学接入教育科研网,整个校园网开始进行全面建设。

(二)完善阶段

到2003年底,校园网一期工程完成。学校建成了通达办公区、教学区、学生生活区、家属区等学校所有楼宇的完整的校园网络,共布设1 000M多模光纤30路以及24条100M光纤线路,联网建筑物50余栋。校园网有可远程网管交换机192台,多台服务器,千兆网络防火墙。提供WWW、DNS、EMAIL、BBS、FTP、代理服务、虚拟主机、网络电视、视频学习资料、英语听力、教务信息、学校新闻、留言簿等各种服务,建设信息点3 000多个,联网计算机2 000多台,网络在教学、办公、日常生活中的作用日益广泛。

随着校园网建设的快速发展,学校于2004年9月制定了《计算机网络用户管理规定》和《校园网管理规定》,规范了学校计算机网络的管理和接入服务、信息服务,以保障校园网的正常运行和健康发展,充分发挥校园网的作用。

(三)龙子湖校区网络建设和资源建设阶段

从2006年开始,伴随着龙子湖校区的建设,学校在丰富网络资源的同时,开始了龙子湖校区网络建设。

2006年,学校完成龙子湖校区1~5号学生宿舍楼、1~5号教学楼、学生活动中心网络接入,接入计算机2 000余台。2006年12月,两个校区校园网实现了互联。

2010年1月,龙子湖校区周转房网络接入校园网,接入计算机400余台。

2010年下半年,学校实施龙子湖校区学生宿舍二期的网络接入。在这次网络建设中,学校采取了引入校外资金的办法进行建设,6~11号、16~20号学生宿舍楼接入校园网。为方便两个校区学生跨校区就餐,在保障信息安全的情况下顺利完成了两个校区就餐一卡通系统的网络联网,极大的方便了两个校区学生的就餐。

2011年2月,龙子湖校区文科楼网络建成并接入校园网。

学校在网络建设的同时,不断丰富网

络教育系统的功能和水平,开发数字化教学资源,完善数字化教学环境和学习环境。

二、校园网的外连与设备

2000 年,学校校园网通过 2Mbps 微波方式连接入中国教育与科研计算机网。2003 年通过 1 000Mbps 光纤接入中国教育与科研计算机网。2005 年校园网增加 10Mbps 中国移动网络出口,2008 年该出口带宽增加到 300Mbps,2009 年增加到 700Mbps。2011 年增加了 1G 中国联通网络出口。通过增加多个网络出口,提高了网络出口速度,较好地满足了师生对网络的应用需求。

2000 年,学校仅有 cisco2514 路由器,BAY1100、BAY350、BAY450 交换机,HP LH4、HP LC3 服务器。经过 10 年建设,目前有中兴 ZXR10T600、中兴 8902、中兴 5900R、中兴 2928、锐捷 NPE50 - 20 、AVAYAP882、AVAYA P333R、华为 6506、华为 8505、华为 3526、华为 2403H、华为 2016,锐捷 RG - S6810E、锐捷 RG - S 4909、锐捷 RG - S 5750、锐捷 RG - S2150G、锐捷 RG - P - 780 无线 AP、D - Link3626、D - Link3028 等 500 多台高、中、低档交换机、路由器。曙光、惠普、浪潮、戴尔、IBM 等一批高中档服务器 50 余台。经过 10 年的设备投入,完善和优化了校园网结构、软硬件平台,为网络教学、办公自动化、科研、学科建设等提供了良好的基础支撑和技术支持。

三、校园网的网络应用与资源建设

2000 年,学校校园网只有 16 个 C 的公网 IP 地址,只开通了学校主页一项网络服务。目前学校公网 IP 地址扩充到 64 个 C,使用 128 个 C 的私网 IP 地址,并申请了 ipv6 地址。安装有域名(DNS)服务器、电子邮件(Email)服务器、WWW 服务器、视频点播(VOD)群集服务器、文件传输(FTP)服务器、电子公告板(BBS)服务器等,提供了完善的网络应用功能。

校园网运行各类网站 100 多个,精品课程网络课程 40 余门,包括校级精品课程 6 项,省级精品课程 8 项;国家级精品课程 2 项。完成教学视频资源转录、拍摄、录制 500 余部。存储各类软件数万个(套),音视频内容上千部;为广大用户提供了 WWW 浏览、文件下载、电子邮件、信息及图书资料查询、视频点播、教务管理系统、办公自动化系统等网络服务,另外,完成了“河南省数字化校园示范工程”建设项目。

到 2011 年 7 月,学校已投入使用的基于校园网的系统有:精品课程建设平台、教务管理系统、办公自动化系统、网络学习平台、英语在线学习平台、数字图书馆等网络应用平台。

经过 10 年建设,校园网已建成了一个以花园校区 4 号教学楼(网络中心所在楼)为中心,覆盖东、西两校区,实现了主干传输速率为东西校区万兆、各校区内千兆到楼、百兆到桌面、校内网络信息点合计 2 万余个、入网计算机 1 万余台的全交换、高性能的校园网络。校园网为学校广大师生提供了丰富的信息资源,有力地促进了学校教学、科研、管理等各项工作的顺利开展。

第三节　图书信息资源建设

为保证建设特色鲜明的高水平教学研究型大学对图书信息资源的需要,学校在图书信息资源建设中购进现代化的设备,建立自动化管理系统,大力加强馆藏文献资源建设,努力增加馆藏文献的数量,保证馆藏文献的质量,引进覆盖多学科的电子文献资源及数据库资源,引进先进的管理手段和服务理念,不断提高图书馆文献信息的保障能力,为学校的教学和科学研究提供了可靠的图书信息资源保障。

一、图书信息资源的现代化建设

(一)网络建设

图书馆网络是基于校园网络的子网——千兆光纤以太局域网,主交换机和主服务器均设在图书馆一楼机房,在各楼层,各个科室房间内留有信息点,通过一楼机房的主交换机和分交换机及三楼电子阅览室的堆叠式分交换机连通了检索大厅、采编、流通、期刊、阅览、馆办公室等各个工作站,使图书馆各信息点有机联接起来,形成图书馆文献管理与数据服务局域网,并联通校园网,与校园网相辅相成。在2000年图书馆现代化建设的基础上,于2010年又购入1台HP2848核心交换机和用于花园校区电子阅览室的3台交换机H3C S5048E,全面替代、升级改善原有内外网络,并对现有网络进行部分改造、扩容,进一步实现网络平台稳定安全、布局清晰、维护方便、功能完善的基本要求,花园校区图书馆与4号教学楼校园网中心机房通过光纤相连,龙子湖校区图书馆通过实验楼、教学楼光纤连入校机房出口。

自2000年建立数字图书馆以来,图书馆的服务器设备已经历了三代的变迁。第一代服务器为HP系列的LH6000和LC2000服务器。第二代服务器为DELL系列的2800、4600、1750服务器;第三代服务器为浪潮系列NF5580和NF290D2服务器。图书馆现有磁盘总容量48TB,磁盘使用容量36TB。存放着CNKI、万方、维普中文期刊全文数据,60万册中外文电子图书,13家综合数据信息、视频内容及自建数据库资源等。

(二)电子资源建设

从2000年起,学校就开始购入了清华同方、万方及重庆维普中文全文数据库。目前,学校已购买了CNKI中国知网、万方及重庆维普中文全文数据库,CNKI中国知网、万方博硕学位论文数据库,SpringerLink、EBSCO等外文期刊数据库,中国高校财经数据库、国务院发展研究中心信息网等宏观经济数据库,并拥有NSTL外文期刊传递及读秀学术搜索平台。

(三)电子阅览室建设

学校于2000年10月建成了电子阅览室,花园校区电子阅览室设机位110个。2005年6月又更换了60台P4品牌计算机。2005年,龙子湖校区电子阅览室设机位100个。2011年,龙子湖校区电子阅览室更换联想品牌机60台,19液晶宽屏。电子阅览室每天开放时间达10小时以上,每天均接待读者500人次,在网络资源检索服务、数据库资源服务、视频点播服务、读者培训服务、科技查新服务及其它技术服务方面发挥了重要作用。

(四)自动化管理及应用

文献管理集成系统采用大连妙思管理软件,可实现各种资源的采购、编目与流通管理,采用SQL SERVER数据库技术,有中文图书采购、中文图书编目,中文典藏管理、西文图书采购、编目、典藏子系统,流通管理子系统,中西文连续出版物子系统,读者咨询子系统等。从2005年起,已实现与校园一卡通对接,2011年起,已实现与深圳海恒自助阅览室管理系统对接,表现出了良好的兼容性、稳定性。目前,在资源管理,读者借还、检索、网上预约、网上续借、分析统计等读者利用与管理等功能上发挥着重要作用。

图书馆在二楼大厅设置有专门的用户检索用机和触摸式检索用机,使读者方便地在入库之前就能针对性开始查询,最大限度地方便读者利用好图书馆。

二、龙子湖校区临时图书馆资源建设

2005年9月,龙子湖校区临时图书馆正式投入使用。临时图书馆馆舍建筑面积10 974 m^2,分为食堂2~4层和教学楼两部分,有1 600个阅览座位,配有5万册适合新生阅读的图书、300种期刊、40种报纸。临时图书馆采用了藏、借、阅一体化的全新服务模式,体现了“以人为本”的服务理念,营造了“人在书旁,书在人旁”、“知识超市”的一站式服务氛围,使读者更加贴近图书,更加贴近知识。2008年,临时图书馆馆舍搬迁到实验楼。到2011年7月,龙子湖校区临时图书馆有藏书17万册,期刊400余种,外文图书2万册,过刊1万册。

2011年,为适应现代化图书馆建设和解决龙子湖校区馆舍面积不足的需要,学校图书馆在龙子湖校区教学楼建立了基于RFID(非接触式自动识别技术)系统的自助图书馆分馆建设。RFID系统是图书馆现代化图书管理理念的重要体现,RFID自助式系统的实施与自助图书馆分馆的建立,给图书馆的传统服务带来极大的变革并注入新的活力,能够为读者提供更好、更方便快捷的图书借阅服务。

三、图书信息资源

截至2010年12月,学校文献总量达到190万册,其中:纸质中外文图书134.3万册;本地镜像电子图书43万册;博硕士学位论文13万篇;纸质中外文期刊1 600余种,电子期刊1万余种;多媒体光盘文献资料25 000余张。生均文献资料达到122.56册。学校图书信息资源情况见表5-3~表5-8。

表5-3 历年图书馆藏书量统计

时间	期内入藏量							
	图书(册)			期刊(本)			报纸(份/年)	资料(份)
	中文	外文	合计	中文	外文	合计		
2001年	40 263	0	40 263	987	118	1 105	40	660
2002年	34 963	400	35 363	968	99	1 067	40	860
2003年	25 865	0	25 865	950	100	1 050	40	1 060
2004年	430 399	23 903	454 302	1 048	156	1 204	40	1 260
2005年	175 380	8 666	184 046	1 048	155	1 203	45	1 460
2006年	10 444	0	10 444	1 048	158	1 206	45	1 660
2007年	49 727	0	49 727	1 014	154	1 168	45	1 860
2008年	19 952	291	20 243	1 000	99	1 099	34	2 060
2009年	96 325	13 515	109 840	9 173	2 554	11 727	34	2 180
2010年	54 456	4 111	58 567	1 263	102	1 458	34	2 300

表 5-4　文献资源统计一览表

文献种类	数量
1. 中文纸质图书	100.001 8 万册
2. 外文纸质图书	4.075 9 万册
3. 中文期刊合订本	8.362 1 万册
4. 外文期刊合订本	3.524 1 万册
5. 院系资料室	14.552 万册
6. 中文电子图书	52.3 万册(种)
7. 外文电子图书	3.5 万册(种)
8. 博硕学位论文	(1)万方(镜像):50 万篇 (2)CNKI 中国知网(包库):78.552 9 万篇 (3)CNKI 中国知网(镜像):33.303 0 万篇
9. 光盘资料	25 000 张
10. 中外文专题数据库资源	76 个

表 5-5　中、外文馆藏文献分配地址统计表

分配地址	种数	册数	备注
第一流通书库	76 349	297 211	中文图书
第二流通书库	67 301	252 794	中文图书
第三流通书库(新校区)	31 924	110 351	中文图书
第四流通书库(捐赠)	21 505	52 583	中文图书
第一样本书库	69 904	70 737	中文图书
工具书书库	6 159	14 528	中文图书
华水文库专柜	208	218	中文图书
科技图书样本书库	28 323	28 429	中文图书
科技资料库	26 145	37 243	中文图书
廉政专题图书专柜	442	654	中文图书
刘国钧分类法书库	14 823	65 009	中文图书
社科图书样本书库	24 132	24 206	中文图书
社科专题图书书库	5 909	6 744	中文图书
数学与信息学院分库	1 069	1 403	中文图书
特藏文库:学位论文	2 072	2 074	中文图书
外语学院分库	482	691	中文图书

续表 5-5

分配地址	种数	册数	备注
汪胡桢赠书书库	1 067	1 072	中文图书
新校区样本图书书库	33 346	34 071	中文图书
第四流通书库(捐赠)	247	554	西文图书
花园校区外文图书书库	15 750	27 139	西文图书
数学与信息学院分库	537	565	西文图书
特藏文库:电力学院	83	83	西文图书
特藏文库:环工学院	53	53	西文图书
特藏文库:机械学院	118	119	西文图书
特藏文库:建筑学院	93	93	西文图书
特藏文库:经管学院	67	67	西文图书
特藏文库:数信学院	155	155	西文图书
特藏文库:土木交通	43	43	西文图书
外语学院分库	12	14	西文图书
汪胡桢赠书书库	874	882	西文图书
西文期刊保存本库	1 688	1 689	西文图书
西文期刊库	242	244	西文图书
新校区外文图书书库	3 750	9 059	西文图书
中文期刊合订本	/	83 621	期刊合订本
外文期刊合订本	/	35 241	期刊合订本
院系资料室	/	145 520	图书资料
新书书库	/	5 709	中文图书
合　计		1 310 868	

表 5-6　图书馆中文纸质图书大类统计表

学科类目	种数	册数	所占比例
政治经济类图书	42 016	181 177	18%
语言教育类图书	21 155	103 524	10.2%
文学艺术类图书	35 552	149 640	14.8%
自然科学类图书	31 665	148 512	15%
工业技术类图书	67 058	387 730	39%
综合类图书	23 790	35 854	3%

表 5-7　图书馆馆藏中文图书年代统计表

文献年代	册数	所占比例
1980 年前	93 399	9.3%
1981—1990 年	72 599	7.2%
1991—2000 年	196 524	19.5%
2000 年至今	643 915	64%

表 5-8　图书馆电子资源统计一览表

文献种类	中文	外文	合计
图书(册)	52.3 万	3.5 万	55.8 万册
期刊(种)	15 148	1 218	16 366 种
数据库资源	1. 超星数字图书馆:28.1 万册电子图书 2. 书生之家电子图书:5.7 万册电子图书 3. 联合采购数字化图书:10.0 万册电子图书 4. 数字化馆藏图书(自建):8.5 万册电子图书 5. 中图外文数字图书馆:5 千册 6. 超星外文数字图书:1 万册 7. 国道外文电子图书:2 万册 8. 超星院士文库:489 位资深院士的著作 9. 博、硕士学位论文: (1)万方(镜像):50 万篇 (2)CNKI 中国知网(包库):78.552 9 万篇 (3)CNKI 中国知网(镜像):33.303 0 万篇 10. 万方数据库(镜像): (1)中国学位论文全文数据库:50 万篇 (2)中国学术会议论文全文数据库:650 400 篇 (3)中国数字化期群:6 260 种期刊 (4)中国标准全文数据库:64 604 篇 (5)中国法律法规全文库:298 630 篇 (6)中国专利全文数据库:3 728 165 篇 (7)科技信息子系统:近 100 个子库 (8)商务信息子系统:175 954 家企业详尽信息 11. 维普数据库(联合采购):中文科技期刊数据库:15 148 种期刊 12. CNKI 中国知网(包库): (1)中国期刊全文数据库:7 503 种期刊 (2)中国博士论文全文数据库:78 801 篇 (3)中国优秀硕士论文全文数据库:706 728 篇 (4)中国重要会议全文数据库:611 676 篇 (5)中国重要报纸全文数据库:402 494 篇 (6)中国年鉴全文数据库:233 种,4 479 576 条 13. CNKI 中国知网(镜像): (1)中国期刊全文数据库:7 249 种期刊 (2)中国博士论文全文数据库:10 594 篇 (3)中国优秀硕士论文全文数据库:322 436 篇 (4)中国重要会议全文数据库:73 793 篇 (5)中国重要报纸全文数据库:304 878 篇		

续表 5-8

<table>
<tr><th>文献种类</th><th>中文</th><th>外文</th><th>合计</th></tr>
<tr><td>数据库资源</td><td colspan="3">(6)中国年鉴全文数据库:961 265 条
(7)工具书全文数据库:956 906 条
14. 读秀学术搜索(包库):可查询到 260 万种图书,6 亿页全文资料
15. SpringerLink 外文期刊数据库(联合采购):718 种期刊
16. 国道数据外文专题数据库(包库):7 个专题库,文献数:958 153
(其中:专题评述占 45%,论文类占 25%,报告类占 12%,教学材料占 9%,电子图书占 5%,会议记录占 2%,议题议案占 1.5%,其余类型占比均小于 1%。)
(1)能源:数据量 193 946
(2)环境:数据量 185 750
(3)水资源:数据量 150 837
(4)建筑工程:数据量 141 184
(5)机械工程:数据量 102 368
(6)动力与电气设备工程:数据量 157 292
(7)地球物理与地质工程:数据量 61 598
17. Socolar 学术资源平台:
OA 期刊数目:10 056　　包含文章数: 12 118 956
OA 仓储数目:1 028　　包含文章数: 7 058 674
平台收录文章总计:19 177 630
18. 起点自主考试学习系统(镜像):23 358 套试卷
19. 公元集成教学图片数据库(镜像):8 个专题库
(1)中国艺术:图片数 8 608
(2)世界建筑:图片数 7 389
(3)世界艺术:图片数 8 316
(4)园艺图库:图片数 8 260
(5)世界地理:图片数 14 074
(6)中国历史:图片数 14 837
(7)中国地理:图片数 21 164
(8)中国建筑:图片数 14 468
20. 国务院发展研究中心信息网(镜像):5 个专题库
(1)国研视点;(2)宏观经济;(3)金融中国;
(4)行业经济;(5)高校管理决策参考
21. 爱迪科森网上报告厅(镜像):
17 个系列,5 967 个学术报告、视频资源
22. 爱迪科森职业培训多媒体数据库(镜像):
33 位著名讲师,65 门精品课程,2 832 个学时
23. 超星名师讲坛(联合采购):6 266 个讲座
24. INFOBANK 中国资讯行(包库):
(1)高校财经数据库:12 个在线数据库
(2)搜数数据库:已收录超过 100 000 000 个统计数据
25. 金报兴图年鉴资源库(联合采购):299 种年鉴,共 2 604 卷
26. 自建数据库资源:
(1)数字化馆藏图书:8.5 万册电子图书
(2)数字化馆藏期刊:1 432 份
(3)特色资源库:138 147 篇
(4)水利特色资源数据库:637 篇
(5)专题文献数据库:27 010 篇
(6)华北水利水电学院硕士论文库:500 多篇
(7)全文电子图书数据库:17 723 册
(8)光盘资料:2 546 种,25 000 余张</td></tr>
</table>

第三节　档案管理

2006年以前,学校档案管理部门为档案室(科级单位),隶属院长办公室管理。2006年2月21日,学校专门设立了档案馆,为学校副处级直属单位。

一、归档管理

档案馆既是学校档案工作的职能管理部门,又是永久保存和提供利用本校档案的业务机构。全校共有立卷单位53个,兼职档案员53人,形成了以档案馆为中心,以兼职档案员为骨干的档案工作网络。全校档案实行集中统一管理,每年收集、整理、归档档案,为教学、科研、管理工作和社会提供档案查阅服务,发挥了档案工作应有的作用。

学校档案归档管理基本模式为本年度接收上年度档案,每年年初对归档工作进行部署,同时对上年度档案工作中表现优秀的单位和个人以学校行政发文的形式进行公开表彰,从而达到鼓励先进的作用。2005年以前,学校档案采用的是以卷为单位整理装订的方式。2005年以后,按照国家档案局《归档文件整理规则》提出的新标准,购置了档案专用缝纫机,采用新标准对文书类档案实行以件为单位、缝纫机线装法装订。根据档案信息化管理和数字化档案馆建设的需要,按照学校《电子公文归档管理暂行办法》要求,在归档工作中,除对传统纸质档案进行归档外,同时对学校及各部门形成的电子档案进行系统管理,实行"双轨制"管理模式。

档案库房保存了建校以来党群、行政、教学、科研、财会、出版、基建、外事、设备仪器、音像十大门类的档案,目前案卷总数接近20 000卷(件)。

二、制度建设及信息化建设

近年来,学校建立了一系列规章制度,采取多种措施,加快档案工作的科学化、规范化、制度化和现代化建设进程。

(一)建立健全了档案工作各项规章制度

根据上级精神和学校实际,学校制定和完善了《档案管理办法》、《电子公文归档管理暂行办法》、《档案分类办法及归档范围》等文件和档案的收集、整理、保管与借阅、利用、统计、保密工作、档案库房管理等规定,使档案管理工作形成了一整套的制度,工作起来有章可循,有法可依;建立和完善了文件材料的归档制度,并纳入教学、科研、财会和管理人员的职责范围内,要求在每个重要会议召开、每项科技成果鉴定、基建工程竣工验收、重要仪器设备开箱验收时,专职或兼职档案员都参与进去,保证所形成的档案完整、准确;形成了校档案馆工作人员指导下的部门预立卷制度,按照上级文件和学校《档案管理办法》中规定的各类档案归档时间,校档案馆及时督促有关部门进行预立卷。

(二)档案日常管理

学校采取多种措施,把档案管理列入了各单位的日常工作,保障了档案的完整、准确、系统。一是实行了学校的各项工作与档案工作的"四同步"管理。即在布置、检查、总结、验收各项工作时,同时布置、检查、总结、验收档案工作。二是学校高度重视档案的完整、准确与系统。学校在处级以上干部会上、在对兼职档案员进行业务培训时以及在日常工作中,都提出了把好"三关"的问题,要求各部门负责人协助兼职档案员把好材料起草关、文件收集关、鉴定验收关。由于各级领导重视,档案员认真负责,制度保障有力,近年来学校档案馆较好地完成了以文书档案为主体的各门类档案的立卷归档任务。2006 年以来各类档案归档率达到了 95%,档案的移交建立了完备的交接手续,归档文件完整率、准确率达到 98% 以上。三是案卷质量严格按国家标准执行。学校档案从目录到封皮全部采用激光打印机打印,案卷格式达到了规范、统一,案卷的合格率接近 100%。

(三)信息化建设工作

档案馆十分重视档案信息化建设工作,一是在归档工作中除纸质档案外,注重电子档案的同步收集整理工作,逐步丰富和积累数字档案信息资源,为信息化管理打下基础;二是积极向学校提出加强档案信息化建设的思路和方案,同时多方面考察相关的档案管理软件,努力实现档案管理的信息化和自动化,将档案资源及其管理过程数字化,以方便全校的档案查询、利用;三是大力开展档案编研工作,充分发挥档案的作用,档案馆每年接待师生员工及校内外各单位查阅利用档案资料 2 000 余人次,档案复印材料 10 000 余页。

第六章 继续教育与合作办学

2001 年以来,依托学校雄厚的师资力量、完备的教学设施和丰富的管理经验,结合学校的水电特色,学校大力开展继续教育与合作办学,取得了良好的社会信誉和办学效益。

学校继续教育主要形式有:高等成人教育、电大开放教育、高等教育自学考试等学历教育以及非学历教育。学历教育的办学层次主要有:高中起点专科、高中起点本科和专科起点本科。

合作办学有国内合作办学和国外合作办学。

第一节 高等成人教育

2010 前,学校的成人教育学习形式有:函授和脱产。随着 2008 年国家取消了成人脱产学习的形式后,截至 2010 年底,学校脱产生全部毕业离校。2011 年开始,学校的成人教育形式仅有函授一种学习形式。

一、高等成人函授教育

(一)概况

学校的高等成人函授教育共开设有成人水利水电工程、电气工程及自动化、热能与动力工程、土木工程、给排水工程、计算机科学与技术等 36 个本、专科专业。办学层次有:高中起点专科、高中起点本科和专科起点本科;办学形式以函授教育为主。近年来招生规模迅速发展,年招生量达 4 000 余名,2010 年 12 月在册总人数达 12 300 余名。在河南、贵州、广西、湖南、甘肃、宁夏、陕西、河北等省设立了函授辅导站 24 个,有半数函授生在省外函授站学习。

2007 年下半年,因规模的迅速发展,为了更好地管理高等成人函授教育,保证教育教学质量,经多方调研、论证,学校出台了《继续教育管理暂行办法》。该办法的出台为进一步规范学校的继续教育工作,推进继续教育规模的加速发展,调动有关院(系)、函授站(点)以及继续教育学院的办学积极性,优化资源配置,提升教学质量,提高办学效益,更好地服务于社会经济建设,起到了积极有效的促进作用。

在日常管理的过程中,重点加强了"五项"建设,理顺完善了"四个"管理体系。"五项"建设,即制度建设、课程体系建设、教学监督体系建设、函授站管理建设和行政管理建设;"四个"管理体系,即校内直属函授辅导站管理体系、省外函授辅导站管理体系、省内函授辅导站管理体系和省内函授教学点管理体系。

学校继续教育近 10 年来共为国家培养本、专科毕业生 2 万余名,在为国家培养优秀人才的同时,也赢得了赞誉,2007 年在河南省高等成人教育教学评估中,学校被评为优秀。

(二)教学管理

1. 健全制度,规范管理。

教育教学质量是成人教育的生命线,确保成人教育教学质量,培养合格人才始终是成人教育教学管理的核心。

学校在《改革与发展纲要(1999—2010 年)》、《发展规划(2004—2020 年)》、《"十一五"发展规划》中都指明了学校成人教育中长期的发展方向。学校始终把成人教育放在与普通高等教育同等重要的地位,成人教育已经成为学校高等教育的重要组成部分。学校党政班子定期研究部署成人教育工作,并根据实际情况,及时召开会议,解决工作中出现的新情况、新问题。学校先后制定了《继续教育管理暂行办法》、《函授教学实施办法》、《成人教育函授教师工作通则》、《继续教育学院授课教师管理规定》、《继续教育学院教学检查制度》、《成人教育考试管理工作暂行规定》、《成人教育函授站管理办法》、《成人教育函授学生学籍管理规定》、《成人教育脱产学生学籍管理规定》、《成人教育本科毕业生授予学士学位工作细则》等 20 多项规章制度。为成人教育和管理工作的顺利开展创造了良好的内外环境、政策导向和组织保证。

2007 年底,学校修订了《教学和其他服务收入分配管理办法》,将直接对成人教育的分配比例增加了 15%,使经费的投入与稳步发展的规模相匹配。软、硬件方面的建设也与学校整体发展同步加强,实现了资源共享,使成人教育在招生、教学、设备使用、学员学习、生活娱乐等方面都有与普招学生同样的待遇,保证了成人教育各项工作的顺利开展。

2. 做好资源建设,加强过程监督。

以制定科学、合理的教学计划为切入点,做好教学资源建设。由继续教育学院牵头,在确保教学质量的前提下,充分考虑社会经济发展的需求和成人教育学生的教学特点,每年对教学计划都进行一次修订,使学校的培养目标始终紧跟时代的变化和社会的需求,使学员学有所获、学有所用。2006 年,学校组织了一批专家和骨干教师,投入了大量的经费,全面、系统地修订和完善了教学大纲和自学指导书、毕业设计指导书。特别是自学指导书,编制了简本(纸质)和繁本(电子)两个版本,纸制的免费发给学生使用,电子版本学生可以根据需要进行无偿拷贝,既节省了经费,减轻了学生的经济负担,又方便了在工程一线工作不便与学校联系的学生的自学,形成了一个完整、科学、实用的教学资源库,为规范校本部和各函授站的教学提供了强有力的支撑。同时,学校还加强了试题库建设,公共基础课全部实现了试题库,其它课程也严格 A、B 卷制度。

根据成人教育的特点制定科学可行的质量保障体系。继续教育学院相继出台了《成人教育函授教师工作通则》、《继续教育学院授课教师管理规定》、《继续教育学院教学检查制度》、《继续教育学院教学督导小组工作职责》等 20 多项规章制度和管理办法,形成了较为完善的教学建设、教学管理、教学监控等质量保障体系,确保教育教学质量的稳步提高。

在教学实施过程中将评教工作纳入制度化。通过每学期的学生评教、教学督导人员评教、管理人员评教等手段对教学计划、授课计划的执行情况以及教师的教学效果、教学质量进行检查和监督。另外,在教学计划执行过程中,允许在保证其相对稳定的情况下,进行灵活地微调,以便更好地适应行业需要。完善的教学质量监控与评价,保障了人才培养的质量。

认真落实各项制度,规范教学管理过程。在教学管理的过程中,一视同仁,照章办事,认真落实各项教学制度。做到制度面前人人平等,各个函授辅导站点平等,严格遵照制度和要求管理教学过程。

3. 重视教学研究,关注市场需求。

教学与研究相结合,以市场的需求为导向,教学与市场需求相结合,专业设置与市场需求为导向,保证学校的成人教育紧跟时代的步伐。通过召开教学工作研讨会、对校友开展问卷调查、到行业系统内进行调研等方式,开展教育教学研究工作。2007 年下半年管理模式改革后,多次召开有关专业院系成人教育领导和成教秘书参加的研讨会,探索在新的管理模式下如何搞好教学工作,确保管理模式的改革卓有成效,促进了教育教学质量的提高。特别是 2010 年,为进一步规范校内直属函授站的管理,总结二级管理后的办学经验,组织有关人员对相关的规章制度进行全面的修订,共修订制度 10 余项。

良好的教学质量,换来了可喜的收获。从毕业生跟踪调查的结果看,用人单位对学校的毕业生的总体评价为优秀的占 92.30%,另外,对学校毕业生的思想素质、工作态度、团队精神、专业知识、业务水平、创新能力等方面也都给予了很高的评价。特别是近五年来,生源形势一年比一年好,每年都超计划完成了录取任务,5 年的录取总数分别为:2 709 人、3 468 人、3 986 人、3 868 人、4 890 人,社会对学校教育教学质量给予充分肯定。

(三)学习形式

函授学生的学习形式分自学、面授辅导以及考试三个主要环节,自学时间占总学时的三分之一,学生依照自学指导书或者自学进度表要求独立进行;面授辅导,学生到校集中学习。面授期间,主要进行面授讲课和结课考试。集中讲授时,学校安排教师进行面授讲课,在保证课程学习的系统性的基础上,主要讲授重点、难点和疑点。

(四)函授教育管理模式

教育管理的模式主要有四个系列,即:校内直属函授辅导站管理体系、省外函授辅导站管理体系、省内函授辅导站管理体系和函授教学点管理体系。

校内直属函授辅导站的教育管理模式:2007 年暑期以前,实行一级管理,由继续教育学院对学生直接管理,采用班主任制。以专业和年级为单位组成班级,由继续教育学院教师担任班主任。2007 年暑期以后,进行了管理模式改革,由一级管理改为二级管理。具体的管理模式与脱产生基本一致。

省内外函授辅导站的教育管理模式:省内外函授辅导站均为一级管理,由继续教育学院代表学校按照教育部、河南省教育厅以及学校的相关规定和协议直接进行管理。

函授教学点的管理模式:函授教学点的管理均为一级管理,谁签合同谁代表学校负责日常管理,师资由学校直接安排。

(五)函授辅导站与教学点建设

1. 函授辅导站点布局。

以科学发展观为指导,根据市场需求、经济建设要求以及生源情况,在相对稳定的基础上,每年对函授辅导站点的布局进行一次微调。十年来,新增加函授辅导站和教学点 17 个,其中省外函授辅导站 1 个;恢复省外函授辅导站 1 个。撤消函授辅导站和教学点 10 个,其中省外函授辅导站 6 个。

学校现有函授辅导站 24 个,其中省外函授辅导站有 10 个。省外函授辅导站都分布在我国水电资源丰富的西部和南部,省内函授站点主要分布在省内各地市和水利、电力、自来水以及消防等行业内,布局科学合理。特别是西北部的函授辅导站,既支援了西部大开发,又弥补了西北部高等水电教育资源薄弱的不足。

2. 函授站的管理。

2007 年 7 月之前,学校所有高等成人函授教育均由继续教育学院直接管理。2007 年 7 月以后,根据学校《继续教育管理暂行办法》,对校内直属函授站的管理模式进行了改革,由一级管理改革为二级管理,校外函授辅导站点仍沿用一级管理模式。

学校先后出台了《成人教育函授站管理办法》、《继续教育学院函授站聘用教师管理办法》、《继续教育学院优秀函授站评选办法》等近10项制度,统一了28种函授站点的教学档案资料的格式,规范了函授站的教育教学管理。

在教学运行的过程中,做到了"三个坚持"和"三个统一",较好地规范了函授站的教学运行过程,保证了函授站的教育教学质量。"三个坚持"为:坚持派主干课程教师讲课,坚持派专家参加毕业答辩,坚持面授巡视;"三个统一"为:"教学计划统一,教材版本统一,重要教学归档资料格式统一"。

认真开好站会。坚持每年一度的函授站工作会议,总结工作、表彰先进,发现问题、及时解决,交流经验、共同进步。目前,一年一度的站会已经成为研讨工作、交流经验、表彰先进的平台,是促进函授站工作的一个有效载体。

将现代化的远程手段引入函授辅导站的管理之中。在做好继续教育学院网页管理的同时,强化了电子邮件的作用,充分利用电子邮件传递各种管理、教学资料,还建立了QQ群,通过QQ群及时发布信息,及时沟通交换信息,在节省开支的同时,提高消息交换的效率。

3. 函授教学点的管理。

函授教学点分布在本省的行业或者大型国企内,日常的组织和管理由学生所在具体单位负责,教学采用送教上门的形式,所有课程的授课、辅导均由学校统一选派优秀教师到学生所在单位进行,考试由学校统一组织。

二、高等成人脱产教育

脱产学习的学生主要集中在学校直属函授站学习,享受普通全日制在校生的一切待遇。专业主要有:水利水电工程(本科)、水利水电建筑工程(专科)、电器工程及其自动化(本科)、发电场及电力系统(专科)、土木工程(本科)建筑工程技术(专科)等。采用全日制普通在校生的管理模式和学习形式,培养方案也基本与全日制普通在校生一致,教学管理由继续教育学院负责。2007年暑期以前,实行一级管理,由继续教育学院对学生直接管理。继续教育学院党总支和团委具体负责日常行政管理和思想教育,管理模式是班主任制。以专业和年级为单位组成班级,由继续教育学院教师担任班主任。2007年暑期以后,进行了管理模式改革,由一级管理改为二级管理,学生的日常管理以及任课教师安排等交由所在的专业学院具体负责。各专业学院安排一名副院级领导主管,设成人教育秘书一人并兼任辅导员,具体负责学生的日常管理。其它管理仍由继续教育学院负责。

第二节　电大开放教育

电大开放教育是1999年以"中央广播电视大学'人才培养模式改革和开放教育试点'项目"推出的研究课题。水利水电工程专业电大开放教育是经国家教育部批准,由中央广播电视大学、水利部人教司、华北水利水电学院联合推出的一种新型高等学历教育模式。1999年5月18日,水利部人教司与中央广播电视大学签署联合开办"水利水电工程"专科专业开放教育,并成立水利行业电大开放教育试点工作办公室,试点办公室设在华北水利水电学院。2002年水利部人教司、华北水利水电学院又与中央广播电视大学分别联合签署了开办"水利水电工程专业"专科起点本科开放教育备忘录和办学协议;2005年改革原专科专业，更名为“水利水电工程与管理专业”，并于当年实施。电大开放教育实行学分制，网上自主学习，考试成绩8年有效。自2009年12月起，水利行业电大开放教育试点工作办公室更名为“水利行业电大开放教育办公室”。

初期的水利水电工程专科专业为114学分，其课程资源建设已全部完成，共出版16门文字教材，制作音象教材69讲，直播课堂32讲，IP课件24讲，网上辅导文章160余篇。2005年，针对水利行业职工的实际情况，将原水利水电工程114学分专科专业减为76学分，专业更名为水利水电工程与管理，原114学分专科停止招生。在原专科基础上共修订、新增9门文字教材，现已全部出版。水利水电工程本科专业为71学分，其课程资源建设已全部完成，共出版19门文字教材及部分音像教材。

加强远程教育基础设施建设，建立健全教学支持服务系统。学校近年来共投资1 000余万元建成了功能比较完善的硬件系统。由于承担了水利水电工程专业专科、本科必修课和选修课的资源建设任务，对多媒体制作系统的要求较高。学校投资近100万元建设了功能较全的演播室和复制系统，购置了非线性编辑机和卫星接收系统。全校直播课堂的节目可以通过闭路电视传输，也可以通过上网供适时点播。

2010年以来，在中央广播电视大学、水利部人教司的领导下，在各省水利厅(局)、各省、市电大以及各办学单位的共同努力下，“水利水电工程专业”开放教育在全国水利行业产生了较大的影响，试点覆盖面不断扩大，专科和本科的招生试点省、市达到26个。截至2010年9月，共招收本科学生14 044人、专科学生38 917人，合计52 961人；毕业本科学生7 172人、专科学生21 658人，合计28 830人。目前，已由89名毕业生获得华北水利水电学院工学学士学位。为水利事业的持续、快速、健康发展提供了强有力的支撑。

第三节　高等教育自学考试和非学历教育

一、高等教育自学考试

高等教育自学考试制度是高等教育体系中一个重要组成部分，是对自学者进行以学历考试为主的高等教育，以个人自学、社会助学和国家考试相结合的高等教育形式，旨在推进在职专业教育和大学后继续教育，造就和选拔德才兼备的专门人才，提高全民族的思想道德、科学文化素质。经多方努力，学校于2010年，成功争取到了由我校作为主考院校、专科学校作为助学单位、面对在校专科生、专升本阶段的高等教育自学考试专业4个，分别是：商务管理、项目管理、交通土建工程、电气工程及自动化。这个项目的优势是：普通在校专科生可以同时参加专升本的学习，专科毕业时可以同时拿到本科毕业证书。与此同时，学校成立了高等教育自学考试委员会，制定、出台了《高等教育自学考试本科专业助学工作实施细则(试行)》、《高等教育自学考试评卷工作实施细则》、《高等教育自学考试实践性环节考核管理办法》等多项管理制度。

二、非学历教育

在学历教育积极稳步发展的同时，非学历教育也有了突破性发展。学校是水利部认定的水利行业定点培训机构、水利监理工程师的培训机构；是河南省教育厅认定的河南省中等职业学校专业教师师资培养培训基地；是河南省建设厅认定的河南省建设系统培训机构。继续教育学院于

2006年成立了培训科,专门负责非学历教育工作。学校各有关单位也积极联系,多方争取,先后开展了高级研修、在职培训、资格认证培训等多种形式的非学历教育活动,受到了河南省水利厅、中国电力投资集团公司等单位的表扬。经过多年的建设,学校以水利电力为特色学历教育与非学历教育相结合的继续教育体系已经形成。

第四节　合作办学

学校开展国内外交流与合作工作历史悠久。学校从1958年起就先后接受越南、尼泊尔、印度尼西亚、喀麦隆等国留学生。1960年,学校受水利电力部委托负责援建越南水利水电学院。2001年以来,学校的国内外合作办学规模不断扩大。

一、国外合作办学

(一)与美国高校合作培养学生

2002年与美国高校签订《1+2+1中美人才培养计划》,到2009年合作大学已经发展到包括托伊州立大学、内布拉斯加大学卡尼尔分校和东华盛顿大学等16所美国大学。1+2+1中美人才培养计划已有5名同学到美方高校学习并顺利毕业。

2010年12月,学校与美国旧金山大学等签署了建立友好学校合作创办华北水利水电学院新田国际学院的协议。

(二)与澳大利亚高校联合培养学生

2006年,经河南省教育厅批准,学校与澳大利亚斯威本科技大学合作,开始招收建筑工程技术专业和会计电算化专业的专科学生。与澳大利亚联合办学,充分发挥了两校的专业优势,共享中澳双方的教育资源,采用澳方先进的教学方法及管理模式,共同努力,培养能够适应社会发展的专科人才。经过6年来的不断发展,联合办学规模不断扩大,办学质量不断提高。中澳合作办学招生情况如表6-1所示。

表6-1　中澳合作办学招生情况

<table>
<tr><th rowspan="2">年份</th><th rowspan="2">专业</th><th colspan="2">实际入学数</th><th colspan="2">毕业人数</th><th rowspan="2">备注</th></tr>
<tr><th>中方学籍</th><th>澳方学籍</th><th>中方单证</th><th>其中:中澳双证</th></tr>
<tr><td rowspan="2">2006</td><td>会计电算化</td><td>86</td><td>80</td><td rowspan="2">155</td><td rowspan="2">42</td><td rowspan="2">出国10人;
专升本50人</td></tr>
<tr><td>建筑工程技术</td><td>69</td><td>64</td></tr>
<tr><td rowspan="2">2007</td><td>会计电算化</td><td>79</td><td>61</td><td rowspan="2">130</td><td rowspan="2">48</td><td rowspan="2">出国1人;
专升本63人</td></tr>
<tr><td>建筑工程技术</td><td>52</td><td>43</td></tr>
<tr><td rowspan="2">2008</td><td>会计电算化</td><td>65</td><td>53</td><td>—</td><td>—</td><td rowspan="2"></td></tr>
<tr><td>建筑工程技术</td><td>62</td><td>53</td><td>—</td><td>—</td></tr>
<tr><td rowspan="2">2009</td><td>会计电算化</td><td>57</td><td>51</td><td>—</td><td>—</td><td rowspan="2"></td></tr>
<tr><td>建筑工程技术</td><td>66</td><td>45</td><td>—</td><td>—</td></tr>
<tr><td rowspan="2">2010</td><td>会计电算化</td><td>79</td><td>63</td><td>—</td><td>—</td><td rowspan="2"></td></tr>
<tr><td>建筑工程技术</td><td>96</td><td>68</td><td>—</td><td>—</td></tr>
</table>

2005年、2006年，学校与澳大利亚新英格兰大学和巴拉瑞特大学签订本科合作协议。

（三）招收留学生项目

2004年5月，经河南省教育厅批准，学校再次取得招收国外来华留学生资格。2010年9月，学校与埃塞俄比亚国家电网公司签署了由广州伟邦电子科技有限公司出资赞助、学校培养4名电力专业方向研究生的协议。2011年下半年，埃塞俄比亚留学生将在学校学习。

二、国内高校合作办学

（一）与嵩山少林武术职业学院合作办学

2007年，为了适应国际上对外汉语人才的需求，弘扬和推广中华文化，经省教育厅的批准，学校与嵩山少林武术职业学院联合举办以武术和中原文化为特色的英语本科项目；2008年增加对外汉语专业项目。为满足国际上对特殊语言人才的需求，2009年对外汉语专业在原有英语地区方向的基础上新增法语地区和西班牙语地区2个专业方向。2010年新增日语地区、俄语地区和韩语地区3个专业方向。通过合作办学，培养和造就一批熟悉国际发展动态、了解国际交往规则具有国际化视野的复合型人才。

表6-2　2007—2010年对外汉语合作办学学生招生情况

年份	专业	招生人数	各专业人数
2007	英语	94	94
2008	英语	308	172
	对外汉语		136
2009	英语	316	85
	对外汉语（英语地区）		84
	对外汉语（法语地区）		73
	对外汉语（西班牙语地区）		74
2010	英语	603	115
	对外汉语（英语地区）		113
	对外汉语（法语地区）		84
	对外汉语（西班牙语地区）		88
	对外汉语（日语地区）		80
	对外汉语（俄语地区）		49
	对外汉语（韩语地区）		74

（二）与解放军外国语学院合作办学

2011年，学校委托解放军外国语学院培养英语专业（商务英语方向）、英语专业（科技英语方向）、俄语专业、对外汉语专业（德语地区方向）、对外汉语专业（阿拉伯语地区方向）、对外汉语专业（泰语地区方向)、对外汉语专业(意大利语地区方向)人才,当年招生400人。

三、对外交流与合作

近年来学校对外交流与合作日益增加,合作领域不断扩大,学校国际知名度不断提高。

(一)学校积极推进与台湾地区高校的交流活动

2009年12月,学校与台湾静宜大学签订了《学生交流协议》。根据协议,学校每学期派出2名学生到静宜大学学习交流。2010年9月,学校首批赴台交流2008级数学与信息科学学院统计专业楚丽君同学、管理与经济学院国际经济与贸易专业刘宇丹同学在静宜大学进行一个学期的交流学习,顺利完成学习任务返校。2011年2月,2008级环境与市政工程学院环境工程专业王菡和外国语学院对外汉语专业在校生许鑫锦2位同学赴台静宜大学进行一个学期的学习。

2009年月2月,学校与台湾暨南大学签署了《学术交流与合作协议》。

(二)学校积极开展与欧洲、亚洲、南美洲、非洲等国家高校的合作与交流活动

2007年,学校与阿根廷布伊诺斯艾利斯大学就西班牙语培训和教师交流达成协议,2名西班牙语教师在学校已工作2年。2009年,学校与埃塞俄比亚水利部签署了关于科研合作、员工交流、教育培训方面的备忘录。2010年,学校与西班牙加的斯大学就共同建立西班牙语培训中心、在西班牙加的斯大学建立以中原文化为特色的孔子学院等事宜达成协议。2010年,学校与亚的斯亚贝巴大学、阿巴敏茨大学签署了关于建立友好学校、创办孔子学院、进行全方位合作的协议。2011年3月,学校与越南水利大学(1960年学校援建的越南水利学院)建立了友好学校,并就科技合作、学生培养、合作办学等合作事宜签署了框架协议。2011年,学校与巴拉瑞特大学两个合作办学项目已获河南省批准报送国家审批,学校与英国提塞德大学签署合作办学协议,两个项目已通过河南省专家评审待国家审批。

第七章　招生培养就业与校友会工作

学生是大学生存与发展的前提和基础,大学招生质量高低、教育过程管理如何,直接决定了学生的质量和学生就业工作。10 年来,学校坚持“招生、培养、就业”一起抓,逐步形成了三者联动的运行机制,并取得了显著成效,有力地促进了特色鲜明的高水平教学研究型大学建设。

第一节　招生工作

一、2001—2011 年招生情况概述

2001 年学校共有 19 个本科专业面向全国招生,招生计划 2 704 名,比 2000 年增加 9.35%。其中新增专业有土木工程(岩土与地下建筑方向)、城市规划、材料成型及控制工程、电气工程及其自动化、环境工程、信息与计算科学。

2002 年面向全国 30 个省、市、自治区招收本科生 2 820 人,比 2001 年净增 4.29%。新增普通本科水文与水资源工程、交通工程、工程力学、消防工程、英语共 5 个专业。

2003 年普通本科招生 2 882 人、专升本 129 人,共计 3 011 人,比 2002 年增加 6.78%。本年学校首次招收专升本学生,优势专业水利水电工程、电气工程及其自动化被纳入专升本招生计划,接收通过考试选拔的河南省优秀专科毕业生。其他新增普通本科专业有资源与城乡规划管理、艺术设计、消防工程、国际经济与贸易、电子信息工程。

2004 年招生计划 3 112 人,比 2003 年净增 3.35%。其中普通本科专业 35 个,计划 2 922 人;专升本专业 2 个,计划 100 人;本科少数民族预科班计划 100 人。为加快西部大开发战略步伐,培养和造就西部少数民族地区高级专门人才,教育部 2000 年开始在普通高等学校举办少数民族预科班,学校于本年列入全国普通高校民族预科招生学校,当年招生 100 人,学校办学层次更加多样化。

2005 年招生专业为 38 个普通本科专业,计划招生 3 024 人;2 个专升本专业,计划招生 120 人;少数民族预科班计划招生 100 人,共计 3 244 人,比 2004 年增加 4.24%。新增普通本科专业为交通运输、测控技术与仪器、统计学。

2006 年面向全国 30 个省(市、区)招生,本、专科原招生计划共 4 766 名。招生计划比 2005 年净增 46.9%。其中普通本科计划 3 378 名;新疆内地班计划 8 名;本科少数民族预科班计划 180 名;专升本计划 960 名;国际合作办学(高职高专一批)首次招生,计划 240 名。2005 年预科升入本科阶段学习新生 90 名。2006 年完成本科录取(含预科班、专升本)5 072 名,比原计划增加 546 人,比 2005 年实际录取人数(3 197人)净增 58.65%。在全国 20 个省份以第一志愿完成录取,录取分数线高出当地录取控制分数线。录取第一志愿考生人数为 4 691,比例为 93%。

2007 年招生计划 4 980 名,比 2006 年增加 4.5%。学校和嵩山少林武术职业学院合作招收三本学生,当年招生专业为英语(汉语推广方向),计划招生 142 人。由

于学校的声誉得到外省招办、考生及家长的认可,外省主动给我校增加招生计划,如宁夏增加本科计划40名,新疆增加本科计划30名,内蒙古增加少数民族预科班计划18名。共录取新生5 106名。

2008年面向全国30个省、市、自治区招收的本专科计划5 662名。其中普通本科计划4 112名;本科少数民族预科班计划200名。专升本计划410个;本科三批(与嵩山少林武术职业学院联合办学)计划300名;国际合作办学(高职高专一批)计划240名;另外,当年有新批软件职业学院(高职高专一批)计划392名。2008年实际录取新生5 870名。其中普通本科4 172人;专升本414人;少数民族预科班234人;总体比原计划增加208人,增幅3.67%。在全国26个省份以第一志愿完成录取,录取分数线高出当地录取控制分数线。

2009年,招生专业为51个本科专业、6个专科专业、7个专升本专业。计划招生6 803名,较去年增加近20.2%。实际录取6 900人,本科二批录取连续四年实现了在河南省高于录取控制分数线20分上,除北京、上海、天津等少数省、市外,22个省、市、自治区实现100%第一志愿录取。

2010年计划招生6 938名,比2009年增加1.9%,其中本科三批增加较多,增幅为100%,本科二批增幅为4.6%,专升本、高职高专计划维持2009年水平。河南省理科高出二本线44分,是河南省同类高校中理科投档线最高的高校。录取分数线较高的省份较多,如贵州高出63分,云南高出52分,黑龙江、湖南高出51分,安徽高出48分,陕西高出42分,河北高出41分。全国一本线上录取916人,占本科二批录取人数的17.99%。在实际录取的5 092名本科二批新生中,第一志愿录取率为94.68%。本科三批、高职高专一批(国际合作办学)、高职高专二批(软件职业技术学院)的录取率比2009年有大幅提高。

2011年学校招生总计划为8 776名,其中普通本科招生计划为6 550名。普通本科招生继续保持良好的势头,从投档情况看,在河南省理工类投档线577分,高出二本线46分,继续位居省内同批次高校首位;文科投档线547分,高出省控线线32分,创我校历史新高。我校2011年在河南计划招生理工类2 451人,其中第一志愿报考我校并且分数超过一本线582分的考生为826人,比例高达33.7%,意味着今年我校三分之一以上的理工类考生分数超过一本线,生源质量持续提高。水利水电工程专业依旧最为热门,上线人数和招生计划数比例超过25:1。其他比较热门的专业有土木工程、机械设计制造及其自动化、电气工程及其自动化、热能与动力工程等。值得关注的是文科类会计学专业上线人数和招生计划数比例高达24.6:1。

和河南招生火爆情况类似,我校在其他省、市、自治区,大多数生源质量状况形势喜人。其中贵州、河北、陕西、安徽、湖南、广西、海南、新疆和福建等地的投档线都在一本线附近。

二、2001—2011年招生工作的鲜明特点

(一)成立机构,完善制度,阳光招生不断完善

为了进一步加强招生就业工作,学校于2006年2月成立了招生就业处,具体负责学校招生录取工作。根据教育部网上录取的要求,2006年7月学校成立了由校长任组长,主管副校长任副组长的网上录取工作领导小组,保证学校招生工作在公开、公正、公平的基础上健康、有序、安全地进行。随着学校办学规模不断增大,招生层次越来越多,2010年9月,招生就业处进行了科室调

整,下设综合管理科、招生管理科、就业市场信息中心、就业管理服务中心、职业发展指导中心(就业指导教研室)。

为进一步健全和完善监督制约机制,规范招生工作,2004 年 7 月学校出台了《招生监察工作实施办法(暂行)》,对招生工作全程监督。在招生工作中实行重大问题集体决策机制,谁主管,谁负责;谁主办,谁负责;谁签字,谁负责,强化工作责任制和责任追究制。在招生过程中主要做到以下几点:一是招生宣传实事求是,不许愿,不误导;二是严格按计划招生,按照省招办程序招生,所有收费均经省发改委、物价局、教育厅审批执行;三是录取过程规范,管理严格,从未发生误录误退现象;四是设立招生考试综合服务大厅,集中受理考生和家长的咨询,对反映的问题及时解决;五是严格招生录取制度建设,规范招生行为,严肃查处冒名顶替考生;六是认真选派录取工作人员;七是严格录取系统和网络安全管理,落实保密制度,录取账号、密码专人负责,录取计算机专人负责。

2006 年教育部首次开设了"网上招生计划调整系统",把以前由各省教育厅计划调整批准权回收教育部,并规定所有省内、省外、不同层次、不同专业的招生计划调整均必须在此网络上进行,调整过程全程接受教育部监督。凡无计划招生均无法进行学籍电子注册。

学校深入贯彻教育部招生"阳光工程"要求,从招生章程的制订、招生计划的编报和公布到招生类型、招生进度、录取过程和结果都通过媒体、网络等途径向社会进行公示和说明。同时严格按照招生章程对社会的承诺逐项检查招生工作,确保招生录取与招生章程的要求相一致。

按照河南省教育厅的要求,学校还设立了"招生考试综合服务大厅",及时将招生的有关政策规定、阶段性招生动态通过校园网向社会公布,开设考生录取信息查询系统,指派专人在网上解答考生对招生录取工作的提问。学校招生工作做到了公开透明,社会反映较好。

(二)招生专业不断增加,专业层次不断多元化

首先,学校招生专业不断增加。本科专业从 2001 年的 19 个增加到 2011 年的 54 个;三本和高职高专专业从无到有。我校招生专业门类更加全面,逐步形成了以工科为主干,理、工、农、经、管、文、法多学科协调发展的专业结构。其次,招生层次也在逐步多元化。2003 年首次招收专升本学生,优势专业水利水电工程、电气工程及其自动化被纳入专升本招生计划;2004 年进行本科少数民族预科班招生;2006 年,国际合作办学(高职高专一批)首次招生;2007 年,学校和嵩山少林武术职业学院合作招收三本学生;2008 年软件职业学院(高职高专一批)正式招生。招生层次的多元化,不仅满足了省内不同层次考生的升学需求,也扩大了生源范围,有利于学校的健康可持续发展。

(三)招生规模稳步扩大,生源质量不断提高

2001 年学校招生计划 2 704 名,2011 年学校招生总计划为 8 776 名,其中普通本科招生计划为 6 550 名,规模是 2001 年的 3.24 倍,招生规模稳步扩大,在校生规模已近 3 万人。

10 年来,学校保持着招生火爆的势头,生源质量不断提高。除北京、上海等地以外,在全国多个省份第一志愿生源报满,保持 100% 第一志愿录取,其中部分省份的实际录取分数接近甚至超过重点分数线。我校近年来在河南省一枝独秀,录取分数居省内同批次高校前列。2011 年理

科录取分数线高出河南省控制分数线46分,创历史新高,是河南省同类高校中投档线最高的高校,多家媒体予以报导,社会反响强烈,实现了招生规模、招生结构、招生质量和招生效益的全面协调发展。

第二节　学生(团员)教育管理机制

一、学生教育管理概述

2001年以来,学校面对新形势下社会经济的快速发展对高等教育和人才培养提出的时代要求,在校党委的统一领导下,始终坚持以毛泽东思想、邓小平理论、"三个代表"重要思想和科学发展观为指导,坚持办人民满意的社会主义大学,切实加强大学生思想政治教育工作,以强有力的教育管理工作,保障了学校改革发展稳定工作的顺利进行,也有力地促进了学校教学研究型大学的建设。

学校党委统一领导全校学生教育管理工作,经常分析大学生思想状况和思想政治教育状况。学校认真研究制定了思想政治教育的总体规划,于2006年制定了《关于进一步加强和改进大学生思想政治教育的实施意见》、《华北水利水电学院大学生思想政治教育工作队伍建设规定》等一系列文件。每年根据形势发展和工作需要适时召开专门的工作会议,对学生教育管理工作做出全面部署和安排。党委设有分管学生思想政治教育工作的副书记,校行政设有分管学生日常管理工作的副校长。在学校党委、校行政的领导下,学校设有学生工作领导小组,成员包括学校各职能部门的负责人和各院(系)党总支副书记。学校学生工作领导小组办公室设在学生工作(部)处,(部)处长任办公室主任。

学校建立健全了党委统一领导、党政群齐抓共管、各部门各院(系)各负其责、全体员工大力支持的领导体制和"辅导员、班主任、导师分工合作,校、院(系)共管,以院(系)为主"的工作机制。校学生工作领导小组负责全校学生教育与管理工作的宏观领导,各院(系)党总支、行政全面负责本院(系)学生的教育与管理工作。形成全校共同关心支持大学生教育管理工作的强大合力。学校独立成立有党委学生工作部、校团委、宣传部、社会科学部、人文艺术教育中心、关心下一代工作委员会等机构,按照各自的职责分工,共同做好大学生的教育管理工作。

二、以学生工作处(部)为主体的教育管理机制

(一)形成了一套完整的学生教育管理工作机制和规章制度

在学校学生工作领导小组办公室(党委学生工作部)直接指导下,各院(系)设立以分管学生工作的书记或副书记为组长的学生工作领导小组。各院(系)学生工作领导小组成员包括院(系)党总支书记、副书记、院长、副院长、分团委书记、年级专(兼)职辅导员、班主任、专业导师。

10年来,学校坚持从严管理,不断完善学生教育管理的各项规章制度,特别是规范、严密操作程序,实现科学、规范化管理,提高学生教育管理工作水平。经过多年实践探索,学校形成了一套完整的学生教育管理规章制度。2000年制定了《三好学生、优秀学生干部、先进班集体评选奖励办法》;2004年制定了《学生学年交费注册制度实施细则》、《毕业生就业工作暂行规定》;2005年制定了《学生管理规定》、《优良学风班评比办法》、《学生纪律处分暂行规定》;2007年制定了《学生奖学金评定办法》;2008年制定了《优秀新生奖学金评定

办法》。加上《本专科学生缴费注册管理规定》、《中外合作办学专科学生学籍管理暂行办法》、《软件学院专科学生学籍管理办法》、《家庭经济困难学生认定办法》、《国家奖学金管理暂行办法》、《国家励志奖学金管理暂行办法》、《国家助学金管理暂行办法》、《国家助学贷款管理暂行办法》、《学生资助工作量化考核办法》等，基本完善了学生教育管理各项规章制度。学校把相关制度汇编成《学生手册》，并利用校园网、展板、橱窗广泛宣传，实现了学生教育管理的科学化和规范化。

（二）形成了一支政治过硬、业务扎实的大学生教育管理工作队伍

学校大学生教育管理工作队伍建设遵循“专职为主、专兼结合”的原则。队伍主体是学校专职从事学生工作的党政干部和共青团干部、思想政治理论课和哲学社会科学课教师、辅导员和班主任。其中专职人员主要包括校党委分管学生思想政治教育工作的副书记、校党委宣传部、学生工作部成员、校团委成员、各院（系）分管学生工作的党总支书记（副书记）、各院（系）分团委书记（副书记）、专职辅导员、校大学生心理健康教育中心成员。兼职人员主要包括兼职辅导员和班主任、专业导师。

学校高度重视大学生教育管理队伍建设。近年来，根据校党委《关于进一步加强和改进大学生思想政治教育的实施意见》和《华北水利水电学院大学生思想政治教育工作干部队伍建设规定》的要求，学生处认真落实文件精神，大力加强辅导员队伍建设，按照“公开、公平、公正”的原则，高质量地引进了多名专职辅导员，至2011年6月，学校的一线带班专职辅导员人数达到76人，基本实现了辅导员队伍专职化。

按照学校《大学生思想政治教育工作队伍建设规定》的要求，对专职辅导员选任、职责、考核、待遇等方面做出了明确规定，对在学生教育管理一线工作的专（兼）职辅导员、班主任，其政治待遇、经济待遇、工作待遇得到有效保障。学校根据事业发展和工作需要，有计划、有针对性地对大学生思想政治教育工作干部进行培训。培训内容主要包括马克思主义基本理论、思想政治教育工作专业理论知识、现代科学管理知识和技能、党的路线方针政策、国家法律法规以及其它与从事学生思想政治教育工作相关的知识。

（三）形成了一套科学、规范的大学生教育管理工作评价机制

学校定期对各职能部门及院（系）学生教育管理工作进行考评。把学生教育管理工作纳入管理人员、教师、服务人员年度考核的重要内容。每年坚持开展“三育人”先进个人、优秀党组织及优秀党员、师德标兵、优秀辅导员及班主任、优秀导师等多项评选工作，表彰先进，树立典型。学校各职能部门及系（部）也定期对本单位学生教育管理工作进行考评。

针对做好在校大学生思想政治表现考评，早在上世纪80年代，学校提出了“综合积分”的素质测评办法，把学生综合素质包括思想政治素质测评数量化、科学化。近年来，学校又不断完善综合积分评定办法，将学生的学习积分和综合积分评定结果作为学生评先评优、评定奖学金、入党和就业的重要依据。

学校在长期学生教育管理工作中，不断探索新模式、新思路、新机制、新方法，结合学校实际情况和学生工作特点，摸索出了一套从人为管理向制度管理、依法管理过渡，从“过程管理”向“目标管理与过程管理相结合”转变的“学生管理工作目标责任制”，将学生管理工作作为重要考核指标，

设定目标,落实责任,严格考核。至今"学生管理工作目标责任制"已实施了整整十六年,形成了成套的管理模式和管理办法,积累了成熟的经验,使学生的教育管理工作走上了科学化、规范化、制度化的道路。

三、以团组织为主体的教育管理机制

2001年以来,学校团委在校党委和上级团组织的正确领导下,始终坚持"把握一个中心,贯穿一根主线,突出两个重点,加强三项建设,拓展四个载体"的工作思路,围绕培养中国特色社会主义事业合格建设者和可靠接班人的育人目标,不断深化思想引领和成长服务两大战略任务,狠抓基层组织建设和基层工作,不断加强团干部队伍建设,努力推动工作再上新台阶、实现新发展,为学校的改革发展、和谐稳定做出了积极的贡献。

(一)通过团员代表大会凝聚共识,服务学校中心工作

2002年5月18~19日,共青团华北水利水电学院第十三次代表大会召开,此次大会是在学校第八次党代会胜利召开后,学校共青团在新世纪召开的第一次盛会。会议的主题是:高举邓小平理论伟大旗帜,认真学习宣传实践"三个代表"重要思想,团结拼搏,求实创新,为实现我校共青团事业在新世纪的新发展而努力奋斗。出席本次大会的上级团组织和校领导有:团省委学校部部长谢李广、副部长张岩、团市委副书记常继红、校党委书记朱清孟、校长严大考、校党委副书记高武胜等。开幕式上,团省委学校部部长谢李广、团市委副书记常继红、校党委副书记高武胜分别代表上级团组织和校党委作了重要讲话,校工会副主席宋进章代表院工会致贺词。会议听取、审议并通过了郭玉宾代表第十二届委员会所作的题为《团结拼搏、求实创新、为实现共青团事业在新世纪的新发展而努力奋斗》的工作报告;听取、讨论并通过了王艳艳所作的《关于团费收缴、管理、使用情况的报告》;选举产生了共青团华北水利水电学院十三届委员会,郭玉宾担任校团委书记、费昕担任校团委副书记。

2010年6月20~21日,共青团华北水利水电学院第十四次代表大会召开,此次大会是在全国上下深入学习实践科学发展观,学校奋力建设高水平教学研究型大学、喜迎60年校庆的新形势下召开的。会议的主题是:高举中国特色社会主义伟大旗帜,以邓小平理论和"三个代表"重要思想为指导,深入贯彻落实科学发展观,解放思想,求真务实,开拓创新,切实服务学校改革发展的中心工作,切实服务团员青年的成长成才,团结带领全校团员青年为创建高水平教学研究型大学而努力奋斗。团省委学校部部长王宏琳、郑州团市委副书记李磊、校党委书记朱海风及在郑所有校领导出席了大会,河南省内23所本专科高校团委书记和校属各单位负责人作为嘉宾参加了大会。开幕式上,团省委学校部部长王宏琳、校党委副书记兼工会主席许琰分别代表上级团组织和校党委作了重要讲话,河南大学团委书记张国强、校工会副主席郭少龙代表兄弟院校和工会组织致贺词。此次会议听取、审议并通过了李尚可代表第十三届委员会所作的题为《高举旗帜、科学发展、团结带领全校团员青年为创建高水平教学研究型大学贡献青春力量》的工作报告,总结回顾了过去多年学校共青团工作所取得的成绩和收获,明确了今后一个时期学校共青团工作的目标和任务,选举产生了共青团华北水利水电学院十四届委员会,李尚可当选校团委书记、宋凯果当选校团委副书记。

（二）立足组织建设，坚持创新发展，不断推进团的自身建设

坚持党建带团建，从机构、人员、经费、制度、机制等方面全面落实河南省委青年工作会议精神。坚持巩固和发展团的组织体系，在新成立院系和部分学生社团中建立了团支部，并在全校各级团组织中推广“团学工作博客”。

2001 年以来，学校先后增设了数学与信息科学系分团委（2004 年 3 月）、法学系分团委（2004 年 5 月）、建筑学院分团委（2006 年 4 月）和软件学院分团委（2008 年 9 月）。截至 2011 年，学校共有水利学院等 15 个分团委。经校党委批准，学校先后成立了大学生社团联合会和大学生志愿者联合会。大学生社团联合会的成立，标志着学校共青团“一体两翼”工作格局的正式确立；大学生志愿者联合会的成立，标志着学校青年志愿者工作进入了规范化管理的新轨道，推动了学校青年志愿者事业的健康持续发展。

与此同时，学校团委始终坚持对基层工作实行全量化考核，依据《分团工作量化考核办法》、《团支部工作量化考核办法》，对基层工作进行量化考核和评比，规范了基层团组织的各项工作；坚持加强团干部能力建设，实施团校分层教学、团干部分类培训，大力提升团干部的育人能力、服务能力、凝聚能力、学习能力、创新能力和合作能力，有效地培养了一批忠诚党的事业，热爱团的工作，让党放心、让团员青年满意的团干部；坚持深化“推优入党”工作，做到早培养、早考察、早推荐，几年来，学校举办各类团校（干）培训 220 余场，培训人数 38 000 余人，近万名优秀团员经过“团内推优”光荣地加入了中国共产党。

通过多年的努力，学校团委多次荣获“郑州市先进团委”、“郑州市五四红旗团委”、“河南省五四红旗团委”、“全省团干部读书学习交流活动优秀组织奖”等荣誉称号。

（三）创新体制机制，强化管理育人，提高“三自”能力

按照“一体两翼”的团建工作框架，校团委充分发挥各类学生组织“自我教育、自我管理、自我服务”的职能，着力增强学生会、学生社团联合会的工作活力，着力推动学生组织工作机制科学化、内部管理规范化、优秀活动品牌化建设，建立健全各项规章制度，形成较为科学系统的管理和服务机制；指导学生会开展各类校园科技文化艺术活动，重点打造了“新生加油站”、“流行风”校园歌手大赛、宿舍文化节等品牌活动，营造寓教于乐、寓教于学、寓教于美的良好氛围。支持大学生伙食管理委员会、宿舍管理委员会积极参与学校民主管理，合法有序地维护学生权益；充分发挥学生组织的桥梁纽带作用，大力加强学生社团建设，学生社团从 2002 年的 21 个发展到现在的 76 个，会员达 12 000 余人。大学生记者团、广播站、读书协会、武术协会等 16 个学生社团先后被授予“河南省高校优秀学生社团”的荣誉称号。

（四）更新服务理念，提高服务效果，关注学生的生活与成长

校团委十分重视大学生心理健康，积极指导大学生心理协会、班级心理委员开展工作；每年举办两期心理健康教育活动月，坚持编发专题报纸《心岛》、编写《心理健康手册》，加强“绿城心岛”网站建设，构建了课堂教育教学活动、指导咨询、危机干预、调查研究“五位一体”的大学生心理健康教育模式，促进了大学生良好心理素质的形成；学校连续保持着无因学生心理问题而导致意外事故发生的良好记录。关注学生生活，与中国移动、可口可乐等公司签

署助学协议，积极开展勤工助学和就业实践项目，帮助家境贫寒、品学兼优的学生解决实际困难。关注学生成长，出版《华水青年报》、《尚学杂志》等适合新时期青年学生阅读的励志读本和成长指南。关注学生就业创业，举办"就业创业大讲堂"、创业计划竞赛、职业生涯规划大赛，成立创业与就业协会、SIFE(赛扶)创业团队等4个学生创业类社团，建立13个青年就业创业见习基地，帮助大学生实现就业创业。2008年，学校在第二次参加"挑战杯"河南省大学生创业计划竞赛中，实现了金奖零的突破；在第八届"挑战杯"河南省大学生创业计划竞赛中，我校再创佳绩，荣获金奖1项、银奖1项、铜奖3项、优秀奖3项，并首次荣获河南省"挑战杯"创业计划竞赛"优秀组织奖"。

第三节　学生思想政治教育工作

学校大学生思想政治教育工作，坚持"育人为本、德育为先"的指导思想，认真落实《中共中央、国务院关于进一步加强和改进大学生思想政治教育的意见》和《中共河南省委、省政育工作放在学校各项工作的首位。

一、明确使命，全面部署，齐抓共管

学校按照例会制度召开专题会议，研究加强和改进思想政治教育工作。2006年，学校制定了《关于进一步加强和改进大学生思想政治教育的实施意见》，对思想政治教育的工作体系、主要任务、思想政治教育课教学、形势与政策课、社会实践、校园文化建设、网络教育、心理健康教育、学生资助、发挥党团组织和学生社团作用、保障机制、理论研究等都予以明确规定，有力地促进了大学生思想政治教育工作的顺利开展。

学校建立健全了党委统一领导、党政群团齐抓共管、各部门各院(系)各负其责、全体员工大力支持的领导体制和"辅导员、班主任、导师分工合作，校、院(系)共管，以院(系)为主"的工作机制。校学生工作领导小组负责全校学生思想政治教育与管理工作的宏观指导，各院(系)党总支、行政全面负责本院(系)学生的教育与管理工作。形成全校共同关心支持大学生思想政治教育的强大合力。

二、完善机制，建设队伍，加强保障

在长期的办学实践中，学校认真贯彻党的教育方针，充分利用各种形式和载体对大学生进行思想政治教育，形成了以思想政治理论课、人文艺术类选修课为载体的第一课堂，和以党团组织活动、大学生"MMD"学习研究会、社会实践、校园科技文化艺术活动、心理健康教育咨询等为载体的第二课堂相结合的教育模式，并取得了显著成效。

学校历来十分重视政工干部队伍建设，按照政治强、业务精、纪律严、作风正的要求，建立了一支学历层次高、知识结构合理、素质全面的专(兼)职学生工作队伍。1998年学校制定了《政工干部队伍建设规定》，2000年又修订为《学生思想政治工作干部队伍建设暂行规定》。2006年5月，学校根据中央16号文件和河南省有关文件精神又修订出台了《华北水利水电学院大学生思想政治教育工作队伍建设规定》，为建设一支稳定而高水平的政工干部队伍提供了有力的制度保障。

目前，学校辅导员队伍实现了专职化，同时配备了330名兼职辅导员、班主任和导师。特别是学校还选拔一些综合素质高、工作能力强的高年级学生和研究生，担

任低年级学生兼职辅导员,具体指导大学一年级学生的思想、学习、工作和生活,同时,也使他们得到锻炼和提高。

学校注重加强对从事学生思想政治教育工作人员的培训,每年通过举办培训班、有计划地选派专职人员参加省内外相关会议、考察学习等,不断提高他们的工作能力和政策水平。

此外,学校不断完善大学生思想政治教育和管理的保障机制。第一,加大了对大学生思政教育工作的经费投入,各项经费列入预算科目,尤其是为迎接 2005 年 11 月教育部对学校进行的本科教学工作水平评估,学校大学生思想政治教育工作经费也等比例增长,达到历史最高水平。第二,学校重视大学生思想政治教育工作的硬件建设,不断改善工作条件,为开展大学生思想政治教育工作提供了必要的场所与设备。第三,学校坚持把大学生思想政治教育工作贯穿在学校各项工作的各个环节,制定了一系列制度和措施,如:2005 年制定了《国家助学贷款管理暂行办法》、《毕业生就业工作暂行规定》、《大学生参加〈大学生志愿服务西部计划〉奖励办法》,2006 年修订了《学生德智体综合测评实施细则》,2007 年出台了各类奖学金评定和管理办法等文件,形成了较为完善和切实有力的保障体系。第四,学校注重教育和管理相结合,从 1995 年起开始对学生的教育管理工作实行“目标责任制”,把对学生教育管理的各项要求以量化的形式制定目标,每年度对各院(系)进行一次全面考核,取得了良好效果。

三、深化改革,拓展途径,务求实效

(一)不断深化思想政治理论课教学改革,充分发挥主渠道作用

学校把马克思主义理论课、思想政治教育课作为重点课程进行建设。长期以来一直把思想政治理论课的教学计划纳入了学校总体培养计划。2009 年,为充分发挥思想政治理论课在大学生思想政治教育中的主渠道作用,进一步推动中国特色社会主义理论体系进教材、进课堂、进学生头脑工作,学校党委讨论通过了《关于加强和改进思想政治理论课教学工作实施意见》。《实施意见》对师资队伍建设、思想政治理论课的学科建设、专项经费等作了明确而具体的规定。

为了进一步做好大学生思想政治教育工作,近年来,学校对创新思想政治理论课教学方法进行了深入探索。

1. 实施“四讲”法。

“四讲”是指:与中学教材重复的内容“不讲”(解决“纵向”重复问题);课内相互重复的“单讲”(解决“横向”重复问题);学生自己能读懂的内容“少讲”(解决学生“简单重复”问题);重点、难点、热点问题“精讲”(解决学生疑难问题)。

2. 采用专题滚动法。

《形势与政策》课教学除大型形势报告之外,由一个教师在不同的课堂讲授统一专题内容,多个教师分别在同一课堂讲授不同的专题,每学期每个班有 3 -5 位教师讲授不同内容。

3. 运用双向交流法。

教师课前布置讨论题,小组讨论,选代表发言,教师指导、讲评和即席解答,开展研讨式教学。

4. 多环节实践性教学法。

其一,利用“思想政治理论课”课外学时,安排社会调研。其二,组织部分优秀学生,开展社会实践活动。其三,利用暑期,组织任课教师社会考察。

5. 综合考试方法。

针对许多学生死记硬背应付考试的现

象,从2004级学生开始,学校对“思想道德修养与法律基础”、“中国近现代史纲要”等课程中,试行考试方法改革。第一,加大平时成绩分量,占40%;第二,取消传统题型(名词解释题、选择题、简答题、论述题),全部改为材料分析题;第三,变闭卷考试为开卷考试。

形势与政策课由党委宣传部统一安排,对大学生进行系统的形势政策教育,教务处把形势政策课列入教学计划排入课表,各有关部门密切配合。按照上级有关要求,建立了形势报告会制度,每年有近30位专家和领导为大学生作报告。

(二)以“MMD”学习研究会为依托,鼓励大学生积极进行课外理论学习,帮助大学生树立正确的世界观、人生观和价值观

学校充分发挥大学生MMD(马列主义、毛泽东思想、邓小平理论)学习研究会在青年学生思想政治教育工作中的重要作用,多渠道引导青年学生学习党的先进理论,逐步培养他们学习科学理论的自觉性,用理论指导实践。创建于1995年的学校大学生MMD学习研究会,已成为学校规模和影响力最大的社团组织。现在研究会共有MMD学习小组410多个,人数达8 000余人。学校选购理论学习资料,供研究会成员借阅;学校还成立了指导组、讲师团,10年来,累计辅导400余场达59 600人次,开展社会考察与实践达28 000人次。广大学生通过参加MMD研究会的活动,不但加深了对MMD理论的掌握,而且提高了运用正确的思想方法指导自己实践的能力。10年来,在获得各种奖励的学生当中,MMD研究会成员的比例高达95%。由于成绩显著,2006年,大学生MMD学习研究会被团中央授予“全国百佳社团”荣誉称号。

同时,学校各级团组织通过广泛开展党的十七大精神宣讲、社会主义荣辱观学习、科学发展观实践等活动,深入进行社会主义核心价值观教育;通过组织纪念新中国成立60周年、纪念抗日战争胜利60周年、纪念建军80周年、纪念“五四”运动90周年、纪念建党90周年等系列活动,广泛开展革命传统教育;通过举行“永远跟党走,争做新一代”、“青春与祖国共奋进”等系列主题实践活动,持续推进团员意识教育;通过实施青年马克思主义培养工程,举办各类骨干培训学习班,认真落实青年骨干教育等多种形式,提高了学生政治理论和思想认识水平。

通过卓有成效的思想政治教育工作,广大团员青年的思想政治素质有了明显提高,近几年涌现出扎根贵州扶贫扶困的好干部——全国大学生志愿服务西部优秀志愿者王桂、支边新疆救人英雄哈佳、河南大学生无偿捐献造血干细胞第一人周济以及援助四川江油灾后重建的优秀志愿者杨凯、邓富玉、何珊珊等先进典型。在印尼海啸、汶川地震、西南旱灾、玉树地震等重大事件发生后,学校广大团员青年踊跃捐款近60万元,多次受到上级部门的表彰和奖励。

(三)营造健康向上的校园文化氛围

学校非常重视利用重大节日、纪念日或围绕重大事件开展丰富多彩的主题活动,弘扬主旋律,对青年学生进行爱国主义、集体主义和社会主义教育。如:围绕国庆、元旦、建党建团纪念日、五四青年节等开展系列纪念和教育活动,积极引导青年学生把爱国、爱党、爱校结合起来,自觉维护祖国统一,维护社会稳定和学校的发展,支持改革,刻苦学习,立志成才。

两年一届的大学生科技文化艺术节、每年一届的社团文化节和校园文化节为团

员青年们提供了展示自我、锻炼自我、提升自我的宽广舞台；“成才之路”辩论赛、“语言之星”演讲比赛、女生才艺比赛等校园文化活动争奇斗艳、异彩纷呈；迎新文艺晚会、毕业生送别晚会、“流行风”校园歌手大赛等公共艺术活动格调高雅、内涵丰富、特色鲜明、影响深远。近10年来，中央歌剧院、中国歌剧舞剧院、北京朗诵艺术团、河南省交响乐团、河南话剧院等高水平艺术团体纷纷来学校演出；英语朗诵比赛、电脑装机大赛、“萌芽杯”基础学科知识竞赛等学习类活动多姿多彩；篮球文化艺术节、“黄河杯”足球联赛、“天羽杯”羽毛球赛、“天健杯”乒乓球赛、太极拳比赛、健美操大赛等阳光体育运动如火如荼；模拟法庭、外语角、岩土之春、艺苑杯等众多院系级校园文化活动成为一道道靓丽的风景线。近几年，校团委组织开展的各项第二课堂活动深受青年学生欢迎，直接参与人数达80 000人次，学校团体和个人获得省级以上文化艺术奖项百余项；在每两年一次的河南省大学生科技文化艺术节中，我校成绩一直名列前茅，学校连续获得“河南省大学生科技文化艺术节优秀组织奖”。

在新的历史时期，网络在思想教育和宣传方面有着显著的影响力和巨大的潜力。学校积极利用校园网络开展思想教育活动，“思政之窗”、“学工在线”、“白鹭论坛”、“华水家园吧”“工作微博”日益成为老师与学生、学生与学生交流思想、互通有无的一个重要平台，让广大学生可以借助网络论坛这样一个平等、宽松、自由的环境来与老师进行直接沟通，提高了思想教育的实效性和针对性。

学校一直重视大学生人文艺术活动的开展，人文艺术活动特色鲜明。2009年，学校派出的以大学生艺术团为主力阵容的合唱队，获得庆祝新中国成立60周年河南省教育系统“爱国歌曲大家唱”比赛“二等奖”以及教育部颁发的“优秀组织奖”。创作和表演的节目多次在全国、水利部和河南省比赛中获奖。2001年、2003年、2007年、2010年，在河南省普通高校艺术教育教学评估中，学校连续4次被评为一类学校（获得此荣誉的河南省高校共3所），被专家组称为“理工科院校的典范”，被教育厅有关领导誉为“普通高校艺术教育的一面旗帜”。学校于2010年12月获“全国学校艺术教育先进单位”（获得此荣誉的河南省高校共4所，全国十年评一次）。

（四）深入开展社会实践，大力推进科技创新活动

学校以社会实践为桥梁，促使学生由认知到行为的内化。学校一方面结合专业优势，利用暑期组织专家、教授带队开展重点项目服务，不断创新大学生社会实践的方法和途径。校团委以青年志愿者组织为依托，立足于党政关注、群众急需、青年能办相结合来寻找社会实践工作的突破口，并始终坚持社会实践与思想教育相结合、与专业学习相结合、与素质拓展相结合、与基地建设相结合的“四结合”方针，设立专项经费，形成从调研立项、组织动员、招募培训、安全保障到总结表彰的一套完整制度。通过“三下乡”、“四进社区”、“西部计划”等活动，使团员青年在实践的过程中“识国情、受教育、长才干、做贡献”。同时，结合学校多学科交叉的优势，鼓励学生跨学院组队，强化学生的创新实践能力。10年来，全校社会实践学生参与率达90%以上，中央电视台、《中国青年报》、《中国教育报》、《光明日报》、《人民日报》、中国青年网等百余家媒体多次报道我校社会实践活动，学校连续10年荣获“全国社会实践先进集体”，连续15年荣获“河南省社会实践先进集体”。

校团委坚持以提高大学生自身素质,培养大学生的社会责任感和使命感,发扬“奉献,友爱,互助,进步”的志愿精神为目的,通过项目化、事业化的运作方式,结合大学生的自身优势,组织开展了一系列形式多样、内容丰富、卓有成效的志愿服务活动,积极推动青年志愿者事业的持续健康发展。截至目前,全校注册志愿者达5 500余人,累计为10万人次提供了超过30万小时的服务。校青年志愿者协会、环保协会、爱心社、新知青学社等志愿服务类社团,多次被评为“河南省优秀社团”,学校援建江油志愿服务队被评为“河南省抗震救灾先进集体”、“河南省优秀志愿服务集体”,校青年志愿协会被授予“第六届郑州市十佳优秀志愿者集体”的荣誉称号,学校被评为“第二届中国绿化博览会优秀志愿者集体”。特别是,在两年一次的中国志愿者优秀个人、集体和项目的表彰中,校团委首次获得中国志愿者集体的最高荣誉——“第八届中国志愿者优秀组织奖”。

2001年以来,学校先后出台了《关于进一步加强大学生科技创新活动的意见》和《大学生科技创新奖励办法》,并专门设立了大学生科技创新活动基金,为大学生科技创新工作提供了有力的保障;校团委按照实施项目化管理,坚持重点扶持和指导优秀团队的原则,使学生创新能力的培养由活动主导向项目主导转变;以“挑战杯”竞赛为龙头,带动“萌芽杯”竞赛、“创新杯”数学建模竞赛、flash网页设计竞赛、节能减排科技竞赛、“周培源”力学竞赛等创新活动蓬勃开展;“华水大讲堂”、“科普大讲堂”等学术交流平台每年邀请多位名人名师来校讲学。

通过坚持不懈的努力,学校大学生科技创新工作稳步推进,成绩逐年提升,学校连续6届参加“挑战杯”全国竞赛,期间荣获“挑战杯”全国竞赛优秀组织奖一次,多次荣获“挑战杯”河南省竞赛优秀组织奖,并于2011年捧得河南省“挑战杯”赛的“优胜杯”。

由于学校的大学生思想政治教育工作特色鲜明,品牌突出,内容丰富,效果明显,学校先后被授予“河南省党建和思想政治教育工作先进单位”、河南省“五四红旗团委”、“河南省科技文化艺术节先进单位”、“国家助学贷款工作评估先进学校”、“河南省先进关工委”、“全国心理健康教育先进单位”等荣誉称号。

第四节　学风建设

近10年来,校党委、行政把学风建设作为学校基础建设的重要工作来抓,2004年制定了《本科生创新学分管理暂行办法》;2005年制定了《本科生学分制学籍管理暂行办法》、《大学生科技创新奖励办法(试行)》、《优良学风班评选办法》;2007年制定了《本科生不及格课程教学管理办法(试行)》、《本科学生转专业实施办法(试行)》等制度,构建了学校学风建设的长效机制,营造了良好的学习氛围,为培养道德高尚、基础扎实、学业精湛,具有实践能力和创新精神的高素质应用型人才,更加夯实了学校发展、学生发展的基础。

一、学风建设的指导思想

学校以科学发展观为指导,全面贯彻党的教育方针和《国家中长期教育改革和发展规划纲要(2010—2020)》精神,坚持“育人为本、德育为先”,尊重学生成长规律,尊重和善待学生,立足校情,解放思想,实事求是,开拓创新,保证质量,坚持第一课堂和第二课堂相结合、学校教育和学生自我教育相结合、纪律约束和个性张扬相结合、个性发展与全面发展相结合,创新学风建设新机制,建立全方位育人格局,形成全员育人意识,激励学生个性发展,积极培养学生勤奋自律、刻苦学习的学习态度,树立正确的学习目的,养成良好的学习风气,努力构建有利于学生成长成才,促进学生全面发展的优良学风,着力培养德、智、体、美全面发展的社会主义建设者和接班人。

二、学风建设的工作方针

2010 年,在总结办学近 60 年学风建设经验的基础上,结合当代高等教育的新形势和本校的实际情况,学校提出了新时期学风建设的工作方针:“育人为本、改革创新、联动促学、保证质量”。

“育人为本”是学风建设的根本要求。以学生为主体,以教师为主导,以政策为保障,以纪律为约束,充分发挥学生的主动性,把促进学生成长成才作为学风建设工作的出发点和落脚点。关心每个学生,促进学生主动、活泼、健康地发展。尊重教育规律和学生身心发展规律,为学生提供适宜的成长环境,培养体现学校特色、基础扎实、具有实践能力和创新精神的高素质应用型人才。

“改革创新”是学风建设的强大动力。建设优良学风,根本在于改革,关键在于创新。要以体制机制改革创新为重点,鼓励各院(系)不断创新和实践,将学生吸引到自觉培养学习能力、实践能力和创新能力上去,鼓励教师改革和创新教学内容、方法,将学生吸引到课堂上去。

“联动促学”是学风建设的基本机制。激发学生主动参与、提高学生自觉学习、促进学生自我管理是加强学风建设工作的重要基础。校、院相关职能部门共同联动、全体教职工共同参与、教学管三方面共同着力,建立联动促学机制,是保证学风建设顺利开展的基本保障。

“保证质量”是学风建设的根本目标。加强学风建设的根本目标是提高人才培养的质量,促进学生德、智、体、美全面发展。完善人才评价体系,树立科学的人才培养质量观,把促进学生的全面发展、适应经济社会需要作为衡量学风建设的根本标准。建立以提高和保证人才培养质量为导向的管理制度和工作制度。

三、学风建设的工作目标

2001 年以来,全校大力弘扬“勤奋、严谨、求实、创新”的优良校风,倡导“博学善思,知行统一”的优良学风,营造体现时代特征和学校特色的学习型校园文化,开展丰富多彩的教育教学活动和学生科技文化活动,培养学生自强不息、诚实守信、不畏艰难、勇于探索的科学精神。充分发挥教职工教书育人、管理育人、服务育人的作用,加强学生管理制度建设,严明学习纪律和考试纪律,形成师生互动、教学相长、校生互信的良好局面。坚持学生学习状态评价制度、学生信息员制度、学生评考制度,切实提高学风建设的针对性和实效性。通过努力,使学生学习状态明显转变,学习动力明显增强,学习积极性和主动性明显提高,学习能力、实践能力和创新能力明显加强,学生自我管理、自我教育、自我约束和自我服务的意识明显增强,学生违纪现象显著减少,校园文化生活进一步丰富,人才培养质量进一步提高,形成学校关怀学生、教师尊重善待学生、学生自觉维护学校声誉的良好氛围。

四、学风建设的基本路径

1. 开展行之有效的思想政治教育和专业思想教育,促进优良学风的形成。

学风建设,学生是主体。优良学风的

形成最终取决于学生在思想上对学风建设重要性的认识,取决于学生在行动上能否积极主动参与。因此,学风建设不仅要立足校情,更要针对学生特点,开展行之有效的思想政治教育和专业思想教育,切实解决学生深层次的思想困惑以及目标不明、方向不清、动力不足等实际问题。自2008年9月开始,实施"三认识、四阶段'教育,即从学生入校到毕业,对学生逐步开展"认识大学、认识自我、认识社会;明确目标、做好规划、掌握真知、提高能力"系列活动,引导学生奋发向上,形成正确的人生观、世界观、价值观和学习观。

2. 全面提高教育教学质量,使课堂教学成为建设优良学风的窗口。

学风建设,教师是主导。教师不仅要传授知识,更要注重学生德育教育,关注学生良好学风的养成。教师要不断丰富教学内容,改进教学方法和教学手段,加强教育教学研究,处理好教和学的关系,全面提高教育教学质量,以自己的渊博知识、敬业精神和良好教风调动学生学习的积极性和主动性,营造良好的课堂气氛,把学生吸引到课堂上去。

3. 搭建素质教育平台,积极推进素质教育,丰富校园文化生活,营造浓厚的学术氛围。

以提高学生综合素质能力、创新实践能力为核心,以社团文化建设和宿舍文化建设为基础,以社会实践、科技文化节为载体,以"磐石杯"基础学科竞赛、"创新杯"数学建模竞赛、"萌芽杯"和"挑战杯"综合科技竞赛活动为重点,大力实施素质拓展计划,引导学生在实践中长知识,在活动中受锻炼,在竞赛中练技能。鼓励各学院积极开展第二课堂活动,支持学生参加各级各类科技文化竞赛活动。学校自2008年开始,每学年开办"华水大讲堂"、"科学文化大讲堂"、"新生加油站"等高水平学术讲座,促进浓厚校园文化、学术风气的形成。

4. 加强辅导员、班主任和导师队伍建设,保证学风建设的质量。

学校贯彻落实教育部《普通高等学校辅导员队伍建设规定》,完善了专职辅导员、班主任工作规范,加大了辅导员、班主任培训研修的力度,建立健全考核工作机制,着力提高辅导员、班主任的工作素养和业务水平。从2005年至今,坚持辅导员入住学生公寓制度,切实做到辅导员与学生"同住、知情、关心、引导",努力发挥辅导员的学生日常教育管理工作的组织者、实施者和指导者作用,使辅导员真正成为学生的人生导师和健康成长的知心朋友。坚持班主任定期走访学生宿舍制度,切实发挥班主任的学生组织、教育、管理者作用,扎实推进班级建设,促进优良班风学风的形成,促进学生全面健康成长。自2006年至今,严格实施辅导员、班主任跟班听课制度、学生学习状态家长通报制度和学生约谈制度。

第五节　就业工作

毕业生的就业率,是衡量一所大学毕业生就业状况的基本指标。2001年以来,在招生规模持续扩大、专业数量不断增多、就业形势日趋严峻的情况下,学校调动一切积极因素,不断优化就业环境,积极开展毕业生就业创业教育,进一步拓展就业市场,做好就业服务工作,促进毕业生充分就业。学校本科毕业生就业率一直保持在95%以上,位居河南省高校前列。建校60年来,学校为全国水利电力建设事业和地方经济社会发展培养和输送了大批高素质毕业生。毕业生以"下得去、吃得苦、留得住、用得上”的鲜明特色，得到用人单位的好评；毕业生就业率高，就业质量好，得到毕业生及其家长的广泛认可，享有较高的社会声誉。10 年来，先后获得“河南省大中专就业工作先进单位”、“河南省就业信息服务和网络建设先进单位”、“河南考生心目中最理想高校”、2005—2010 学年就业政策落实工作评估先进学校等称号以及 2009 年“全国高校毕业生就业工作先进集体”荣誉称号。“河南省高校毕业生就业市场水利水电类分市场”、“全国高校毕业生就业市场河南分市场”和“河南省大中专毕业生就业创业服务基地”先后落户学校。

一、科学规划与制度建设

学校充分认识到做好毕业生就业工作对于促进学校的可持续发展有着十分重要的意义，将其纳入学校的发展战略规划之中。学校“十一五”、“十二五”发展规划和年度工作要点中明确将毕业生就业工作列为工作重点。建立了做好毕业生就业工作的长效机制，每年都要召开全校就业工作会议，安排部署就业工作，根据毕业生的就业情况和用人单位的信息反馈，定期对专业设置、招生计划等予以适当调整，将就业工作和就业率与各部门的年终考核、津贴分配等挂钩，确保了“以就业为导向”的政策得到落实。

为了保证了就业工作顺利有序的进行，成立了校、院两级毕业生就业工作领导机构，建立了一套完善的工作运行机制，岗位明确，职责清晰，责任到人。学校毕业生就业工作领导小组由校党委书记和校长任组长，分管招生就业工作的副校长和分管学生工作的副校长任副组长，成员包括学校相关职能部门和各学院、系的一把手。各学院的就业工作领导小组由各学院党政一把手任组长，成员有副书记、分团委书记、毕业班的辅导员和部分专业课老师。

2001 年以来，学校形成了一套较为完备的毕业生就业工作制度，完善了以“学校党政一把手负总责，招生就业处为主导，学院为主体，教职员工广泛参与”为主要内容的就业工作机制。学校先后出台了《毕业生就业工作暂行规定》、《毕业生招聘活动管理暂行规定》、《毕业生就业工作评估方案》、《毕业生就业工作先进个人评选暂行办法》等 7 个文件，从制度上进一步规范了就业工作，保证各项任务的落实。

学校还与各单位签订了就业工作目标责任书，把毕业生就业具体工作目标和实绩考核的重要内容分解到各学院，每年 12 月份进行量化考核，考核结果与学院年终考核、评优评先、津贴分配等挂钩。

此外，招生就业处为了加强内部管理，提高服务质量，制定了一系列规章制度。如《招生就业处工作人员岗位职责》、《招生就业处工作人员守则》、《毕业生日常就业咨询服务的管理办法》、《招生就业处信息上网与网站管理暂行办法》、《毕业生就业信息查询室管理规定》等。

由于学校就业工作领导重视、机构健全、制度完善、职责明确，做到了“四到位”（机构到位、场地到位、人员到位、经费到位）和“四化”（全员化、全程化、信息化、专业化），保障了就业工作的顺利开展。

二、机构建设与条件保障

2006 年以前，学校就业工作由学生处就业指导中心负责。2006 年学校进行机构改革，专门成立了招生就业处，强化毕业生就业工作。除招生外，招生就业处下设就业市场信息中心、就业管理服务中心、职业发展指导中心（就业指导教研室）。

招生就业处作为学校就业职能部门，

现有编制8人,就业专职工作人员数与毕业生数比例均符合相关规定。就业专职工作人员均具有本科以上学历和中级以上职称,全部参加了由教育部、河南省教育厅等部门举办的业务培训和实践锻炼,思想和业务素质得到显著提高。为了提高专兼职就业工作人员的业务水平和职业素养,学校每年举行4次以上校内培训,另外选派一些能力强的人员参加国家、省举办的各种研讨班,加大轮训力度。“十一五”期间,学校共选派31名就业专兼职教师参加了省级以上培训,提供日常咨询服务6 500人次,举办就业专题讲座和报告会100余场,毕业生共计约20 000人次以上,及时有效地解决了学生就业过程中出现的各种问题。

目前,学校拥有招聘大厅、就业信息查询室、职业咨询室、就业洽谈室和就业接待室等就业工作场所,为用人单位和毕业生提供场地服务。就业招聘专用大厅共3个,总面积近2 000平方米,分别可容纳3 000人、300人和100人,均配备有多媒体设备,能满足大、中、小型各种层次招聘会的需求。此外学校多个多媒体教室和校办公楼第四会议室也可供招聘使用;就业信息查询室有计算机30台、视频设备30套,设施齐全,常年开放,免费供毕业生求职使用;职业咨询室有经验丰富的专兼职指导教师轮流值班,及时为毕业生提供就业方面的指导;学校建有20个就业宣传栏,用于发布就业政策和招聘信息。

三、就业指导与市场开拓

(一)就业指导服务

2010年,学校就业领导小组经过广泛调研,紧密结合学校毕业生就业特点的基础上,提出了“四化”、“三结合”的就业指导方式,形成了一个全方位立体化的就业指导服务体系,扎实有效地开展就业指导服务。“四化”即就业指导课程体系化、就业服务日常化、市场开拓成效化、信息服务时效化;“三结合”即学生课内课外学习相结合、校内学习与校外实践相结合、就业和创业相结合。结合“四化”、“三结合”,学校就业指导主要做了以下工作:

1. 加大就业指导课程建设。

学校面向全校学生开设有大学生就业指导、职业生涯规划、创业学等一系列课程,每门课32学时,均为2个学分。对大学一年级学生,主要开设职业生涯规划类课程,引导学生树立职业意识和职业理想;对大二、大三学生,主要开设职业素养类课程,帮助学生养成良好的就业能力和职业素养;对大四毕业生,主要开设就业技巧类课程,帮助学生了解国家就业政策,掌握面试技巧等就业技能。一系列的就业指导课程,实现了大学四年就业指导不断线,使学校就业指导教育形成了从理论到实践、从就业思想教育到就业技巧等多层次、有重点的教育体系,初步实现了就业指导课程的体系化。

2. 加强就业思想教育。

学校在人才培养方面的特色之一就是始终坚持培养具有脚踏实地、艰苦奋斗、敬业奉献等优秀品质的水利水电建设人才。学校经常面向全体学生开展思想教育,重点是帮助毕业生树立正确的人生观、价值观、择业观、成才观,弘扬艰苦奋斗和无私奉献精神,鼓励他们选择适合自己的就业途径,走与实践相结合的成才之路。近几年,学校经常邀请杰出校友回母校,对大学生进行思想教育,校友们卓著的成绩和创业经历不仅深深激励着一批又一批华水学子投入到祖国艰苦的行业中,而且鼓励他们投身到基层一线去建功立业,寻找发展平台,实现人生价值。学校毕业生积极参与国家和地方基层项目。如我校毕业生参加大学生志愿服务西部计划、特岗教师计划、大学生村官计划、赴贵州扶贫支教活动、西部计划基层青年工作专项活动、大学生志愿服务贫困县活动、“三支一扶”计划等,都取得了较好的成绩。

3. 大力开展就业指导讲座活动。

按照教育部和省教育厅关于就业教育的指示和精神,学校加强就业指导教育,通过举办专题讲座、报告会等活动,让学生了解就业形势和就业政策,系统掌握就业知识,确定职业理想,掌握就业技巧,提高就业能力,满足就业的实际需求。“就业政策服务宣传月”是我校就业指导特色活动之一。学校就业工作人员以学院为单位,为所有毕业生深入解读国家和地方的就业政策,详细讲解就业协议书的签订和管理以及就业手续办理等相关知识。几年来,学校举办就业专题讲座和报告会100余场,参加毕业生共计约20 000人次以上,及时有效地解决了学生就业过程中出现的各种问题。我校还结合就业实际,编写出实用性、针对性和可操作性强的《大学生就业指导手册》,深受学生的欢迎。

4. 积极开展职业指导教研活动和日常咨询。

学校依托招生就业处专门设立的职业发展指导中心(就业指导教研室),除开展就业指导课程建设、师资队伍建设、教材建设、就业经验总结、就业理论研究、创业教育、职业生涯规划大赛等活动外,主要为毕业生提供日常咨询服务,及时解答毕业生遇到的各种就业创业问题。就业咨询室安排经验丰富的专兼职就业人员轮流值班,及时为广大毕业生服务。咨询服务内容广泛:从就业热点问题到就业技巧,从就业协议的签订到毕业生人事代理的有关政策,从当前的业形势到报考国家公务员的考前培训,从参军入伍到毕业生权益维护等,满足了毕业生的需求。

(二)就业市场开拓

在“供需见面、双向选择”的国家就业政策下,学校坚持“走出去,请进来”,遵循市场规律,整合各种资源,利用各种方式,与全国各地用人单位加强交流,及时了解市场需求状况,搜集招聘信息,不断开拓毕业生就业市场。

1. 积极开拓就业市场。

建校近60年来,我校在水利电力行业内有着较高的知名度,为毕业生就业奠定了坚实的基础。学校依托校友会,充分利用行业优势,加强与水利电力用人单位的联谊。每年由校领导带队对部分单位进行回访调研,同时,邀请知名校友回母校参观访问,不断加强感情交流,进一步巩固现有的就业市场。同时,对于来校招聘的用人单位,学校针对具体情况开展了相应的座谈会和联谊会,邀请校内相关职能部门参加,为学校的专业设置、教学改革和学科建设搜集第一手资料。

随着学校特色鲜明的高水平教学研究型大学建设的不断深入,学科建设不断加强,专业数量不断增加,就业市场不能再局限于水利电力等传统领域。面对这一变化,学校组织专家调研分析,确定重点行业和优势企业,有针对性地进行合作,积极开拓新的就业市场资源。主管领导每年多次走访用人单位,寻求合作。2006年以来,学校每年都参加长三角、珠三角等地举办的校企联合会,努力寻求专业对接,为毕业生寻求更多的就业机会。各学院也充分调动教职员工的积极性,努力开拓新的就业渠道。据统计,目前学校用人单位库中已有2 000余家单位信息,并且每年以200家左右的速度递增,为学生提供新增就业岗位1 500多个,使学校新开设专业的毕业生能得到丰富的就业资源,就业渠道进一步拓宽。

2. 认真做好就业推荐和双选活动。

每年9月份,学校都制定“华北水利水电学院毕业生就业工作方案”,做好毕业生就业推荐的各项准备工作。招生就业处整理毕业生生源信息,将生源简介、邀请函等材料主动寄送给各用人单位;指导毕业生规范填写毕业生就业推荐表,发放就业协议书;与学生处沟通,核对就业数据库,以便用人单位查询;协调教务处,为毕业生准备成绩单等一系列的就业资料;委派一批专业指导教师全程跟踪服务,扎扎实实地做好毕业生就业的准备工作。学校坚持校园招聘主阵地,本着“巩固老朋友,结交新朋友”的原则,走出去,请进来。充分利用“全国高校毕业生就业市场河南分市场”和“河南省高校毕业生就业市场水利水电类分市场”落户学校的有利条件,加强校内就业市场建设。

3. 加强就业见习基地建设。

为完善职业实践环节,不断加强与企业的联系,学校先后建立了长江三峡、小浪底、丹江口水利枢纽、郑州新大方重工科技有限公司、郑州水业科技发展股份有限公司等56家专业实习基地,采用专业实习和毕业实习相结合的方式,强化和突出了实践教学环节,加大与用人单位的联系,建立稳定的就业渠道。

4. 不断丰富就业信息。

学校通过多种渠道、多种形式,与全国多个就业中心、招聘网站建立合作关系,及时收集大量的招聘信息,经过审核整理,第一时间发布在学校就业信息网上。2008年,学校与中国移动河南分公司合作,为毕业生开通了“校信通”服务,通过“校信通”和QQ群、飞信等有效途径,使毕业生第一时间得到最新的招聘信息。这种立体化的信息系统,保证了招聘信息传递的时效性和便捷性。

5. 大力做好就业宣传工作。

加强学校与媒体的合作,利用各种方式,加大宣传力度。学校在中央电视台教育频道、河南电视台、郑州电视台和《中国水利报》、《中国教育报》、《光明日报》、《中国青年报》、《大河报》、《郑州晚报》、《河南日报》、《河南商报》等多家中央或省级媒体上,宣传学校就业特色、成就,产生了较大的影响和较好的宣传效果。

四、积极探索“招生、培养、就业”三者联动机制

为了更好地促进就业工作的进一步发展,近年来学校坚持“以招生、培养促就业,以就业带动招生、培养”,积极探索“招生、培养、就业”的联动机制。

学校充分利用办学历史较长、特色鲜明、社会声誉良好、毕业生就业率高的特点,吸纳优质生源,为人才培养、就业创造良好的前提条件,做到“入口旺”。在培养过程中强化思想政治教育,严格教学管理,优化培养模式,实行学分制和毕业生论文答辩2%的末位淘汰制等。这些培养措施保证了毕业生过硬的专业素质和较高的综合素质,为毕业生就业打下坚实的基础。

为了充分掌握学校学生就业后的情况,学校积极建立就业调查和反馈机制,每年都派专人到部分招聘单位调研,掌握用人单位对毕业生的综合评价情况,了解市场需求,把握发展趋势。根据调研反馈情况,适当调整招生专业和招生计划,保证培养的学生符合就业市场的需求;及时调整教学大纲、教学计划和教学内容,使培养的毕业生更加符合用人单位的招聘需求,具备更强的就业竞争力,达到“出口畅”。

10年来,优质的生源和全过程的教育

管理保证了过硬的人才培养质量，过硬的人才培养质量提升了毕业生就业率，较高的就业率反过来又提高了生源的质量，学校已经初步形成了“入口旺、出口畅”，“以招生、培养促就业，以就业带动招生、培养”的良性循环。

第六节 校友会工作

一、成立校友会并积极开展工作

校友会首届委员会于1993年10月6日在河南省郑州花园校区成立，并颁布《华北水利水电学院校友会章程》。赵中极任校友会会长，副会长程守福、傅有良、刘占周、张利、窦以松、陈自强、赵明华，秘书长吴本陵，副秘书长赵海虎、孙连贵。

校友会会成立后，多次召开校友工作会议，主要对校庆工作、校友会组织建设、联络各地校友、校友录的出版、活动经费和开展校友联谊活动等工作进行了研究，先后有18个省、市成立了校友分会，并编印出版了校友通讯录。

2001年3月，校友分会会长、秘书长会议在学校江河宾馆二楼会议室召开。院党委书记、院长林劲松等领导出席了会议，16个省、市地区的校友分会代表也参加了会议。校友会副会长、校庆办主任宋进章主持了会议。与会人员对学校50周年校庆工作表示极大关注和支持，并提出了许多建议。

2001年10月，建校50周年之际，校友会进行了改选。副院长赵中极再次被选举为校友会会长，名誉会长鄂竞平，副会长李兴洲、程守福、傅有良、刘占周、窦以松、张利、陈自强、赵明华、赵功佩、宋进章，秘书长吴本陵，副秘书长赵海虎、孙连贵、张道军、张玉祥、杨翠林、庞在忠。新一届校友会审议通过了新的《华北水利水电学院校友会章程》、《校友捐赠管理办法》。当年编辑出版了《华北水利水电学院院史》和《华北水利水电学院校友录》。

2003年10月，学校为加强校友会的工作，设立了校友会办公室，挂靠校工会合署办公，温广红为校友会专职秘书。2004年7月，创建了校友会网页，设立了校友情结、科技英才、校友撷英、校园风光、校友建议等栏目，为母校与校友间建立了密切联系的交流平台。2008年5月四川汶川发生大地震，校友会副会长宋进章在校友网上第一时间向灾区校友发出慰问信，传达了母校对校友深切的关怀与惦念之情。校友会网页设立校友会意见箱，收集校友意见，为学校的各项工作提供参考和建议。

2009年11月6日，在学校第三会议室召开会议，研究布署校友会有关工作。会议由校长、校友会会长严大考主持。校党委书记朱海风，正校级调研员、校友会常务副会长孙纯淇和部分离退休老同志、有关职能部门负责人及各学院院长参加了会议。会上，朱海风书记首先宣读了学校党委关于调整充实校友会组成人员的建议名单。会议明确提出了“为学校发展服务，为校友服务”的校友工作指导思想，并进一步明确了校友工作思路，即以感情为纽带，以沟通为基础，以活动为载体，以交流合作为渠道，以事业发展为目标，鼓励校友建功立业，支持校友关爱母校，营造学校关心校友，校友热爱母校，互相支持，共同发展的工作思路。进一步明确了校友工作的基本定位，校友工作要以四个方面为重点：一是提高认识，强化对校友在办学过程中重要作用的认识；二是明确职责，综合发挥校友会的工作职能；三是搭建平台，加强与校友的联系与沟通；四是关心支持校友事业，服务和帮助校友发展。为了加强对校友工作的领导,经党委研究决定,成立了校友工作办公室,加强对校友工作的组织、协调和指导。对校友会工作人员进行了充实和调整,增加了人员编制,增拨了活动经费,校友会办公地点设在校医院三楼。

2009年5月学校任命高文荣为校友会办公室主任。新组建的校友会在明确指导思想和理清工作思路的基础上,积极地开展工作。

二、加强与校友的沟通联络

(一)各地校友分会组织机构建设

为加强母校与校友的联络,凝聚校友感情,2004年2月学校冯跃志副院长、科研处解伟处长和校友会副会长宋进章赴昆明参加云南校友聚会。2006年11月,校友会副会长宋进章、组织部部长李俊杰赴成都参加四川校友分会第三次代表大会。2007年12月校友会副会长宋进章一行赴上海参加上海校友分会换届工作。在2009年11月至2011年6月期间,由学校正校级调研员、校友会常务副会长孙纯淇领队赴北京、云南、河北、河南、四川、黑龙江、辽宁、山东、安徽、甘肃、湖北、宁夏等地走访看望校友,相继召开了不同层面的校友座谈会,广泛征询校友意见,收集校友信息,同时对各地校友分会的换届、成立工作进行了指导,受到了校友们的积极响应和热情支持。先后完成了25个省市的校友分会换届、调整和成立工作。

(二)为校友服务

校友会工作人员在校友回母校考察访问、指导工作或作学术报告期间,都热情接待,周密安排校友活动。每逢节假日是校友聚会的高峰期,校友会向聚会的校友表示祝贺,并发去贺信。每到新年通过校友网页给常年辛勤工作在祖国各地的校友书写新年贺词,并寄贺年片给校友们带去新年的祝福。

2006年10月,全校师生和来自全国各地的校友代表汇聚一堂,在花园校区文体活动中心隆重庆贺建校55周年。历任校党委书记黄瑾、林劲松、冯国斌、朱清孟,副校长赵中极、程守福、任晓力,纪委书记孔留安等出席了会议。党委书记朱海风,校长严大考,党委副书记王保国、许琰,副校长曹兴霖、孙纯淇、刘汉东、李纪轩,纪委书记刘淑琴,以及各届校友代表、各院系负责人、在校大学生参加了庆祝大会。

学校广大校友具有饮水思源、爱国荣校的光荣传统,多年来他们情系母校,关爱母校,纷纷为母校办学献计献策、牵线搭桥、慷慨解囊,为母校教育事业的蓬勃发展做出了巨大贡献。2009年11月,水工1979级2班校友齐聚母校,并向新校区捐赠了题名为“思源”的景观石。2010年10月,水利1986级农水、水工专业校友相聚龙子湖校区,纪念毕业20周年。为表达对母校的深厚感情,向母校捐赠“感恩石”一块。

2010年6月4日,天津市政协副主席何荣林校友在河南省水利厅纪检组长郭永平陪同下回母校考察调研。座谈会上严大考校长介绍了学校60年来学科建设、人才培养、办学规模、基本建设等发展情况和校“十一五”期间学校办学的指导思想和发展规划。何副主席为母校充满活力、蒸蒸日上和快速发展的形势深感欣慰,希望母校继承优良传统,与时俱进,开拓创新,更上一层楼。

2010年8月31日,校友中国水电建设集团第一工程局茹彩江局长、第五工程局郑久存局长、水电基础局有限公司赵存厚总经理和刘建发副总经理、夹江水工机械有限公司雷建荣总经理、第十一工程局钟彦祥总工程师一行回到母校并考察了新校区。校党委书记朱海风、校长严大考、副校长刘汉东、副校长徐建新、正厅级巡视员孙纯淇、党办主任马英、校友会办公室主任高文荣参加了与校友的座谈。校友们为母校快速发展感到十分振奋,希望母校继续加强人才队伍建设,不断提高办学水平。

2011 年 4 月 15 日,国务院南水北调办公室党组书记、主任鄂竟平校友回到母校视察指导工作。鄂主任对龙子湖校区的环境和学校近年来的发展表示由衷的欣慰,同时对母校 60 周年校庆表示衷心祝贺,希望母校抓住机遇,把握水利建设的春天,早日建成特色鲜明的高水平教学研究型大学。

(三)搭建交流平台

校友会积极向河南省新闻出版局申请内部出版物刊号,2011 年 3 月校友会会刊《华水校友》创刊,党委书记朱海风为《华水校友》刊头题字。为充分发挥校友会网站桥梁和媒介作用,促进母校与校友之间、校友与校友之间的交流和互动,校友会于 2010 年 3 月对校友网站进行了改版。为保障母校和校友、校友间的信息畅通,校友会收集整理了校友信息并建立校友名录数据库,目前校友录已收集录入 3 万多名校友的准确信息。

三、校友会登记注册

为了加强校友会组织建设,学校向河南省民政厅、教育厅申请成立华北水利水电学院校友会。2010 年 12 月,河南省民政厅下发(豫民社)〔2010〕第 28 号文件,批准学校使用"华北水利水电学院(河南)校友会"名称进行校友会注册筹备工作。2011 年 6 月 23 日河南省民政厅下发〔2011〕104 号文件,批准学校正式成立华北水利水电学院(河南)校友会。

2011 年 4 月 23 日,登记注册后的学校校友会成立大会在花园校区讲堂三隆重召开。河南省民政厅民间事务管理局局长王明远、河南省教育厅厅长助理荣西海等领导出席了大会并讲话,学校全体校领导、校友会有关负责人、校友代表、各学院和职能部门负责人、师生代表近 300 人参加了成立大会。党委书记朱海风致欢迎辞,强调校友会的宗旨就在于本着"为学校服务、为校友服务"的工作理念,以感情为纽带,加强母校同校友之间的联系。并且要以沟通为基础,开展教育、科研、学术文化交流活动;以事业发展为目标,鼓励校友在各自的事业中开拓创新,支持校友建功立业,鼓励校友回报母校,形成学校关心校友、校友支持母校,相互支持、共同发展的氛围。校友代表李燕明发言,感谢母校的培养教育,将通过校友会这个桥梁,进一步加强与母校的沟通交流,关心、支持母校事业发展。校友会筹备组张殿玉作了成立校友会筹备工作报告,向各位校友介绍了校友会的筹备工作情况。大会审议通过了《华北水利水电学院校友会章程》、《校友捐赠管理办法》。大会选举产生了 232 位校友会理事和 72 位校友会常务理事,以及 41 位校友会负责人。大会选举学校党委副书记、校长严大考为校友会会长,陈自强为校友会名誉会长。名誉会长陈自强发表了热情洋溢的讲话,他强调,愿同广大校友一起,为校友会的发展,为实现母校的兴旺发达,为母校更大的、更远的梦贡献自己的力量。并赋诗"母校六十盛华诞,师生共墨谱新篇。校友学子添光彩,花甲老人尽开颜",表达了对母校的深厚情谊和诚挚祝愿。校长严大考向陈自强颁发了名誉会长证书并发表讲话。他说,成立校友会既是广大校友多年来的共同愿望,也是学校建设和发展的必然要求。校友强则母校强,支持校友的发展是母校发展的重要组成部分,支持和帮助校友的发展是母校义不容辞的责任。因此要通过校友会这个纽带和桥梁,形成母校和校友双向互动的机制,更好地服务于广大校友和学校的共同发展。校友会将要按照校友会章程和有关法律、法规的规定,认真履行职责,使校友会成为广大校友互相扶持、携手共进的平台,成为真正的校友之家。大会期间还举行了两场校友学术和励志教育报告会及校友座谈会等活动。

第八章　党的建设与思想政治工作

进入新世纪以来,学校党的建设紧紧围绕学校的发展目标,扎实开展各项工作,取得了显著成绩。党委领导下的校长负责制的整体效能得到充分体现;各党总支的政治核心和保证监督作用得到发挥;党支部的战斗堡垒作用和党员的先锋模范作用得到进一步彰显;"情系水利、自强不息"的办学精神得到升华,"内涵提升、协调发展"的办学理念付与实践,奋力推进特色鲜明的高水平教学研究型大学建设的发展态势已经形成。

第一节　组织建设

校党委狠抓校领导班子自身建设,坚持和完善党委领导下的校长负责制,不断提高领导班子谋划科学发展的能力,以改革创新的精神加强干部队伍建设,致力于建设一支高素质的干部队伍,重视基层党组织建设,善于发挥党总支的政治核心作用、党支部的战斗堡垒作用和党员的模范带头作用。

一、领导班子建设

(一)领导班子及成员的更迭

2003年2月,原郑州工业大学副校长曹兴霖调任学校副院长,原郑州大学商学院党总支书记刘淑琴任学校纪委书记,原纪委书记孔留安调任河南理工大学副校长。

2005年,省委根据工作需要,对学校领导班子进行调整。7月18日下午,省委组织部副部长臧安民、科教企业处副处长罗军到学校宣布了省委关于学校有关领导干部的任免决定:朱清孟书记调任河南科技大学党委书记,河南科技学院党委书记朱海风调任学校党委书记,冯跃志副院长调任商丘师范学院党委副书记,商丘师范学院副院长李纪轩调任学校副院长,高武胜副书记因年龄原因不再担任领导职务。12月,河南省旅游局办公室主任许琰任学校党委副书记,7日,许琰到任。

2008年,经过民主推荐、组织考查、公示等程序,学校行政领导班子换届工作顺利完成。新一届学校行政领导班子组成人员如下:严大考任院长;曹兴霖、刘汉东、徐建新任副院长;孙纯淇任调研员(正院级),免去其副院长职务;李纪轩任调研员(副院级),免去其副院长职务。同时,省委对学校领导班子作了部分调整:党委副书记许琰兼任工会主席;刘淑琴任党委副书记,免去其纪委书记职务;原中原工学院党委组织部长尚宝平任学校纪委书记;学校党委组织部部长李俊杰提任中原工学院纪委书记。7月,省委组织部决定原省教育厅学生工作处处长石品任学校副院长,党委副书记王保国调任河南省商业高等专科学校党委书记。8月1日,石品到任。11月,省委组织部决定原河南大学校长助理、数学与信息科学学院院长王天泽任学校副院长。11月21日,王天泽到任。

(二)班子建设

1."三讲"教育"回头看"。

根据省委高校"三讲"办公室的安排,学校党委自2001年5月21日起,历经3周时间,分三个阶段在全校处级以上领导班子和领导干部中开展这项活动。通过这项活动,领导班子及成员"讲学习、讲政治、讲正气"的自觉性得到进一步提高;政治意识、大局意识、宗旨意识得到进一步增强;领导班子成员的精神状态和工作作风得到进一步改进;解决自身问题的能力得到进一步锻炼;"三讲"教育阶段查摆出的突出问题得到进一步解决;学校的整体办学思路得到进一步理顺。

校党委在加强领导班子思想建设的同时,还注重加强制度建设,特别是重点建立完善了坚持和贯彻民主集中制原则的四项制度:《党委会会议制度》、《书记办公会会议制度》、《党政联席会会议制度》、《院长办公会会议制度》。这些制度对会议的召开、议事范围、议题的提出、会议的准备、会议的进行、会议的记录和保密要求、会议的落实等都作出了具体明确的规定,对进一步完善党委集体决策机制,更好地集中党委一班人的集体智慧,提高决策的民主化、科学化水平起到了促进作用。

2. 第八次党代会。

2002 年 10 月 26 日,学校隆重召开了第八次党代会,中共河南省委副书记王全书,省委常委、组织部长陈全国发来贺信,省委组织部副部长刘建基,水利部人教司副司长陈自强,中共河南省委高校工委副书记、教育厅副厅长訾新建等领导及兄弟院校的党委负责同志出席了大会。校党委书记朱清孟代表学校党委作了题为《与时俱进,开拓创新,为把我院建设成为具有鲜明特色的水利水电大学而奋斗》的工作报告。大会实事求是地总结了学校第七次党代会以来的工作成绩和不足,提出了今后几年学校工作的指导思想、发展目标和主要任务,为今后的改革与发展指明了方向。本次党代会选举产生了新一届党委,组成人员为,中共华北水利水电学院委员会书记:朱清孟,副书记:严大考、高武胜、王保国,委员:冯跃志、孙纯淇、刘汉东、孔留安、李俊杰;选举产生了新一届纪律检查委员会,组成人员为,中共华北水利水电学院纪律检查委员会书记:孔留安,副书记:唐振科,委员:宋进章、史进才、韩瑞光、程世同、曹玉贵。

3. 领导班子成员的学习及实践。

在副院长孙纯淇带领的实践"三个代表"驻村工作队载誉归来后,学校认真宣传动员,干部群众踊跃报名,迅速组成了第二批驻村工作队,由副院长冯跃志和纪委书记孔留安带队,于 2002 年 4 月 12 日赴河南省台前县,开始为期一年的既为农村服务又锻炼自身的艰苦工作。2003 年 4 月,党委副书记王保国带领第三批实践"三个代表"驻村工作队继续在河南省台前县农村工作一年。

2003 年 3 月,校党委书记朱清孟受省委选派赴中共中央党校进行为期 1 年的中青年领导干部培训班学习。2005 年 3 月,党委书记朱清孟和党委委员、组织部长李俊杰参加了省委组织部组织的高校领导干部培训班,赴加拿大进行 2 个月的学习培训。2007 年 3 月至 2008 年 1 月,党委书记朱海风在中共中央党校中青年领导干部培训班学习 1 年。2007 年 10 月,副院长刘汉东参加了省委组织部组织的高校领导干部培训班,赴加拿大参加 2 个月的学习培训。2008 年 12 月至 2010 年 12 月,刘汉东作为挂职干部担任河南省水利厅党组成员、副厅长。

2003 年,学校认真落实"三个代表"重要思想和党的十六大精神,广泛开展了争创"五好"基层党组织活动,把"有一个好的领导班子,有一支好的党员、干部队伍,有一套好的党建工作制度,有一个好的思想政治体系,有一支符合学校实际的改革与发展的好路子”作为党建工作的重点，切实加强了学校党建工作，使领导班子的领导核心作用进一步加强，基层党支部的战斗堡垒作用和党员的先锋模范作用进一步发挥，有力地促进了学校各项事业的发展。12月2日，在河南省人民会堂由中共河南省委组织召开的表彰大会上，学校党委被中共河南省委高校工委、省教育厅党组授予“河南省高等学校‘五好’党组织”荣誉称号并接受表彰。

为进一步加强党委领导班子的执政能力建设和先进性建设，把党委领导班子建设成为政治坚定、团结协作、开拓创新、求真务实、廉洁高效的坚强领导班子，2005年12月，校党委出台了《中共华北水利水电学院委员会委员守则》，《守则》从党性、学风、工作作风、工作方法、廉洁自律等七个方面规范了党委委员行为。

4.完善领导工作机制。

2006年以后，为深入贯彻落实党的十七大精神和科学发展观的要求，进一步加强党的先进性建设、执政能力建设和党风廉政建设，加强和改善党对高等学校的领导，坚持和完善党委领导下的校长负责制，学校党委根据高等教育的发展规律，分析近年来高校党建中存在的问题，结合学校具体情况，以提高决策能力为突破口，不断提高学校党政领导班子的执政水平，形成了党委领导、校长负责、教授治学、民主管理的和谐统一的政治局面，在重大决策科学化、民主化方面，积累了经验，取得了实效，形成了学校党建工作的鲜明特色。

2006年4月，为了进一步促进学校决策工作的规范化、制度化，根据《河南省高等学校坚持和完善党委领导下的校长负责制暂行规定》的要求，结合学校的实际，学校先后修订完善了《中共华北水利水电学院委员会会议议事规则》和《华北水利水电学院校长办公会会议规则》，使学校党委、行政的决策活动更趋规范。学校党委会议事规则中明确规定：“涉及学校改革发展稳定和教职工切身利益的重要问题，应征求教代会常设主席团、民主党派、离退休老同志代表等的意见和建议；涉及法律法规问题或对外签署协议的事项，应向纪委、监察处和有关法律机构进行必要的咨询；属于学校专门委员会职责范围内的，应先通过专门委员会讨论，专家提出明确意见后再提交会议讨论。”

学校高度重视学术委员会等学术组织在学术决策中作用。在2008年制定的《关于深化内部管理体制改革的实施意见》中，明确规定了学术委员会、教学指导委员会、学位委员会、职称评审委员会等组织机构的职责和权限，充分发挥教授治学的作用。在学习实践科学发展观活动中，校党委修订完善了学校《学术委员会章程》、《学位评定委员会章程》，进一步明确其地位和工作职责、工作规范等。学校的办学方向、总体发展规划，院、系、所的设置，学科建设、专业设置、课程设置、教学计划，科研发展规划、科研成果评定、师资队伍建设等学术事务，学术委员会可进行研究论证和审议，并向学校提供决策方案。凡未经学术组织研究、审议的学术事项，不列入党委会、校长办公会的决策议程。

学校坚持工会制度和教代会制度。凡是学校的基本管理制度和重要规章制度、重大改革方案与涉及群众切身利益的重大举措、教职工队伍建设等重大问题，均将方案提交教代会及其各专门委员会或其常务委员会讨论、审议或决定。2009年6月18日，第五届五次教职工代表大会审议，全票通过学校《校内津贴分配实施方案》。2011年1月8日上午，第六届二次教职工代表大会审议通过了学校《岗位设置与聘用管理实施办法》。2011年4月24日,第六届第三次教职工暨工会会员代表大会审议、通过了学校《"十二五"发展规划(讨论审议稿)》。

5.深入把握办学规律。

在2008年至2009年的学习实践科学发展观活动中,学校党政领导班子高度重视、真学真用科学发展观,把科学发展观转变成为办学思想的具体共识,奠定了决策的科学基础。学校党政领导班子通过对学校贯彻落实科学发展观正反两方面经验教训的反思和总结,就如何进一步推进学校又好又快发展达成了"十个深入把握,十个继续坚持"的办学思路,也称"十个共识"。

一要深入把握高等教育"培养人才、科学研究、社会服务"三大职能之间的关系,继续坚持"以培养人才和教学为中心,着力提高学校对经济社会发展的综合贡献率"而不犹疑。

二要深入把握学校、政府、市场之间的关系,继续坚持科学定位,建设优势突出、特色鲜明的高水平多科性教学研究型大学而不松劲。

三要深入把握规模、结构、质量、效益之间的关系,坚持走"内涵提升、协调发展"的道路而不停滞。

四要深入把握硬实力、软实力、核心竞争力的关系,继续坚持"质量立校、人才强校、特色兴校、文化优校"战略而不动摇。

五要深入把握学生发展、教师发展、学校发展之间的关系,继续坚持"办学以学生为本、治学以教师为本、兴校以贡献为本"而不变更。

六要深入把握新老校区资源扩增、配置、效用之间的关系,坚持"建一个、成一个、用一个、活一个",努力推进新区建设而不止步。

七要深入把握"党委领导、校长负责、教授治学、民主管理"之间的关系,坚持以创新精神构建现代大学管理制度而不偏向。

八要深入把握学校发展战略顶层设计、实施管理、责任操作之间的关系,继续坚持把实践发展战略规划作为新的高效的管理模式而不懈怠。

九要深入把握统筹处理改革发展稳定之间的关系,继续坚持构建和谐校园、文明校园和平安校园而不含糊。

十要深入把握学校发展的阶段性、连续性、创新性之间的关系,坚持"一任接着一任干、一张蓝图绘到底、一年要比一年强"而不折腾。

"十个共识"表明,学校党政领导班子在办学过程中的重大问题上思路一致,观念一致,目标一致,为领导班子科学决策奠定了坚实的思想基础。

二、干部队伍建设

校党委重视处、科级干部队伍建设,注意加强对干部的教育和管理,以改革创新的精神,不断探索建立科学的干部选拔任用机制,从而使那些政治上靠得住、工作上有本事、群众信得过的德才兼备的优秀人才及时进入领导管理队伍中来。

(一)2002年处级领导班子和处级干部换届

2002年5月16日学校召开了换届调整动员大会,严大考校长主持,朱清孟书记作重要讲话。他强调,一要坚持德才兼备的原则选拔干部,要把高素质的干部选拔到领导岗位上来;二要看政绩用干部,把政绩突出的干部选拔到领导岗位上来;三要坚持群众公认原则,把群众公认的优秀干部选拔到领导岗位上来;四要加大干部交流轮岗力度;五要加大优化领导班子结构力度。6月中旬，换届调整工作结束。6月13日召开了总结大会，朱清孟书记对新一届中层领导班子和领导干部提出了五点希望和要求：①认清形势，增强责任感和使命感。②加强理论学习，努力提高理论水平和领导水平。③坚持民主集中制原则，增强领导班子的团结。④理清发展思路，努力开创新局面。⑤努力转变作风，创造良好的干事创业环境。

2003年，学校完成了全校科级干部的任期届满聘任工作，建立了处级干部后备队伍。

（二）2006年处级领导班子和处级干部换届

在2006年的处级干部换届中，校党委结合学校实际，对7个正处级岗位面向全国进行公开招聘，对18个处级岗位在校内进行竞争上岗。省内外及学校共52人报名参加公开招聘，校内共有77人报名参加竞争上岗。经过资格审查，有30人参加公开招聘的笔试和面试，有71人参加竞争上岗的演讲答辩。通过公开招聘，引进了2名校外教授担任正处级职务，校内有3名副处级干部提拔担任正处级职务。通过竞争上岗，有2名副处级干部提拔担任正处级职务，有8名提拔担任副处级职务。通过公开招聘和竞争上岗提拔干部15人，占换届新提拔干部人数的31.91%。为进一步提高新一届处级干部的理论素养、领导能力和业务水平，处级领导班子换届工作刚刚结束，学校党委立即举办为期半个月的处级干部培训班。5月11日，举行处级干部培训班开班典礼，朱海风书记在开班典礼上作了题为“学好用好科学发展观，推动学校又快又好发展”的学习动员，对全体处级干部提出了三方面要求：第一，要以高度的紧迫感，充分认识加强理论学习的重要意义；第二，要以求真的态度，认真学习、牢固树立科学发展观；第三，要以务实的作风，集中精力认真搞好学习和培训。此后，每个校领导分别作了专题报告。

（三）2009年处级领导班子和处级干部换届

2009年2月15日，学校召开中层以上干部扩大会议，进行处级领导班子和处级干部换届工作动员。党委副书记、校长严大考传达了《关于处级领导班子和处级干部换届工作的实施意见》，对换届工作的指导思想、基本原则、基本条件和方法步骤进行了安排部署。党委书记朱海风对本届处级领导班子任期内工作情况进行了简要回顾，着重强调了做好换届工作的重要意义和这次换届工作要坚持的原则。他对换届工作提出了明确要求：一要加强领导，密切配合；二要端正态度，认真总结；三要精心组织，认真考察；四要严格要求，严肃纪律。随后，换届工作全面展开。在这次换届工作过程中，学校进一步探索干部选拔任用管理新模式，扩大民主，提高干部选任公开程度，坚持政策公开、程序公开、任职条件公开、岗位职数公开、报岗情况公开、所有现职干部基本信息公开、考试出题范围及原则要求公开等，有效避免了因不了解干部基本情况和个人意愿而导致民主推荐的盲目性。学校先后组织了3次大范围的民主测评和民主推荐，学校全体处级以上干部、正高级职称人员、“两代表、一委员”、民主党派基层负责人、教工党员代表300人齐聚一堂，隔位相坐，充分行使测评和推荐的民主权利。通过择岗选优和竞争上岗，学校新提拔任用了14名正处级干部和14名副处级干部。在本次换届过程中，教学院系干部和机关干部之间、党务和行政管理干部之间的岗位交流力度加大，共有25位干部实现了轮岗交流。4月17日下午，学校隆重召开处级领导班子换届总结大会。朱海风书记代表学校党委、行政对新一届处级领导班子和处级干部,提出了希望和要求。他希望大家要清醒认识当前形势和肩上重任,围绕"一任接着一任干、一张蓝图绘到底、一年更比一年强"的思想,围绕深刻把握岗位符合度、群众认可度、组织信任度的高度统一进行深入思考、自我总结、做出榜样,认真学习"讲树促"教育活动的六项目标要求并模范遵守。他还要求大家牢记学习也是硬任务的理念,进一步加强理论学习,提高自身素质;牢记发展是硬道理的理念,进一步增强责任意识,为学校发展贡献力量;牢记创新是学校灵魂的理念,进一步解放思想,加大工作创新;牢记团结就是方向的理念,坚持顾全大局、充分发扬民主;牢记管理就是服务的理念,努力摆正位置,切实搞好服务;牢记清廉也是政绩的理念,严格要求自己,做到廉洁从政。

(四)干部选任工作规范化

为了推进干部工作的民主化、制度化、规范化、科学化,进一步改善处级干部队伍的结构,提高干部素质,为学校的改革、发展和稳定提供坚强的组织保证,学校党委经过几年的努力探索,通过不断学习调研,对学校有关文件进行了修订,于2010年12月出台了《党政处级干部选拔任用管理条例(试行)》。该条例共分13章70条,涵盖了选拔任用条件、推荐与考察、酝酿讨论决定、任免、公开选拔与竞争上岗、干部的交流与回避、干部的降职辞职免职、干部的教育培养管理、后备干部及干部选任过程中的纪律检查等各个方面。同时,还出台了《科级干部选拔任用管理办法》。

三、基层党组织和党员队伍建设

学校党委紧紧围绕建设特色鲜明的高水平教学研究型大学这一目标,加强党建促进发展,不断强化和完善基层党组织功能,积极探索党建工作的新途径,全面加强基层党组织建设,充分发挥党员的先锋模范作用。

(一)争创"五好"党组织

2001年,学校认真开展了争创"五好"党组织活动。上半年对全校17个党总支、直属党支部,26个基层党支部进行了考核,以建党80周年为契机,表彰了一批在党建工作中成绩突出的党组织和个人。2001年10月下旬按时进行了党支部的换届选举工作,使那些热心党支部工作、熟悉党的基本知识、在党员中有一定威信的优秀党员被选到了党支部书记岗位上来,同时也提高了广大党员的党性意识和履行党员权利义务的自觉性,保证了学校各项工作的顺利开展。2001年10月成立了机关党总支和研究生工作党总支。两个总支成立后开展了一系列卓有成效的工作,有力推进了机关和研究生党的建设及思想政治工作。

2002年,继续开展争创"五好"基层党组织活动。根据省委高校工委《关于在河南省高等学校开展争创"五好"党组织活动的实施意见》要求,学校党委制订了《争创"五好"党组织活动的实施方案》和《"五好"党总支(直属党支部)、"五好"教工党支部、"五好"学生工作党支部评价指标体系实施细则》,在全校基层党组织中积极开展争创"五好"基层党组织的活动。党委明确强调,争创"五好"党组织活动重在平时的"创"和"建"上,要求各党总支、党支部按照"五好"的评价指标和标准,在认真对照的基础上找差距,制订达标措施和争创目标,使争创活动扎实深入地开展。

(二)党总支和党支部建设

2003年6月,学校出台了《关于进一步加强党的基层组织建设的意见》。为加强党的基层组织建设，充分发挥党总支和直属党支部的政治核心作用，2005 年 10 月，学校党委出台了《华北水利水电学院基层党组织工作细则》，该《细则》对基层党组织的设置、基层党组织的职责及工作制度等都做出了明确规定。同时，学校还出台了《基层党支部工作细则》。随后，为进一步发挥系、部党总支的政治核心作用，增强系、部领导班子的团结和活力，完善系部研究决策重大问题的规则和程序，保证决策的民主化、科学化、规范化，校党委出台了《系部党政联席会议议事规则》，该《规则》对议事范围、议题确定、会议召开、议事程序、决议执行等都做出了明确规定。2008 年，建立了党委成员联系总支制和总支、支部建设目标责任制及党建工作责任制 3 项党建制度，形成书记主抓、委员协助、齐抓共管、层层落实的工作体制。

（三）党员发展工作

学校高度重视党员发展工作，按照党章要求和"坚持标准、保证质量、改善结构、慎重发展"的工作方针，积极做好发展党员工作。学校党委在《组织发展工作制度》、《关于发展党员工作的程序及要求》等文件的基础上，于 2006 年出台了《关于对在校学生党员发展工作实行公示制和责任追究制的实施办法》等文件，健全了发展党员工作制度。制定党员年度发展计划，突出重点，积极吸收符合党员条件的大学生和青年教师特别是高层次人才和学术骨干入党，各基层党组织慎重选择培养对象，认真落实培养措施，持续加强培养教育，坚持做到成熟一个发展一个。

（四）党建评估

2009 年 10 月 23 日，学校召开河南省普通高校党建工作评估动员会，党委书记朱海风首先介绍了高校党建工作评估的背景和意义。他强调，要认真学习文件精神，联系实际、对照检查、勇于创新；要按照任务分解要求，对材料进行归档整理、查漏补缺，认真开展自评；要在学习十七届四中全会精神中开展党建评估工作，在党建评估工作中贯彻四中全会精神。他要求各单位，一要以积极主动、扎实认真、高度负责的态度迎接党建工作评估；二要全面贯彻"以评促建、以评促改、评建结合、重在建设"的方针，认真总结学校党建工作的经验，肯定成绩，弥补不足，进一步加强和改进新形势下学校党建工作，提高党建工作整体水平；三要加强领导，精心组织，周密部署，确保优秀，以党建评估工作为契机，推进学校党建工作的科学化、规范化、制度化，推动学校的改革发展和稳定。2009 年 12 月 28 日上午，学校党建工作评估开幕式暨汇报会在学校第四会议室举行。由吴宏亮、罗军、李世国、翟剑波、武京玉和陈从志等 6 位专家组成的省高等学校党建工作评估专家组听取了学校关于党建评估工作的汇报，并发放了《高等学校领导班子考核评价民意调查表》，对学校党建工作进行了测评。随后，评估工作全面展开。12 月 30 日下午，召开党建评估专家意见反馈会。专家组组长、郑州大学党委副书记吴宏亮代表专家组宣读了评估反馈意见。评估组认为，学校党委高度重视党建评估工作，以评促建、评建结合，抓党建，促发展，育人才，以改革创新的精神，不断加强和改进党建工作，为学校的建设和发展提供了坚强有力的政治、思想和组织保证，营造了风清气正、团结向上、干事创业的良好氛围。专家组认为，学校党建工作具有鲜明的特色。

（五）创先争优活动

2010 年以后，学校党委围绕创先争优

活动加强基层党组织建设。在活动中，学校涌现了一批先进基层党组织、优秀共产党员和优秀党务工作者。2011年6月22日，省委高校工委和省教育厅党组发文授予学校管理与经济学院党总支、外国语学院党总支、第三党总支基建党支部“先进基层党组织”荣誉称号；授予刘法贵、康长春、王为术、郭术义、宋孝忠“优秀共产党员”荣誉称号；授予李志国、赵娟、朱淑玲“优秀党务工作者”荣誉称号。2011年6月27日，中共河南省委发文授予学校环境与市政工程学院党总支教工党支部书记朱铁群“优秀党务工作者”荣誉称号。2011年6月30日，学校党委发文对第一党总支等4个党总支、第一党总支纪委监察处、统战部、招投标管理办公室等6个教工党支部、电力学院学生党支部等5个学生党支部、武玉敬等94名共产党员和李幸福等22名党务工作者予以表彰，并分别授予“先进党总支”、“先进教工党支部”、“先进学生党支部”、“优秀共产党员”、“优秀党务工作者”荣誉称号。2011年7月1日，在学校庆祝中国共产党成立90周年大会上，对以上单位和个人进行了颁奖。在这次大会上，学校近2000名师生党员在校党委书记朱海风的领誓下，面向党旗庄严宣誓，以铿锵誓言纪念建党90周年。朱海风在会上指出：学校正在加快推进特色鲜明的高水平教学研究型大学建设进程，希望全校各级党组织和全体党员充分发挥好基层党组织的政治核心作用，发挥好党员干部的先锋模范带头作用，牢记宗旨，进一步增强责任感和使命感，为开创学校各项事业科学发展新局面而努力奋斗。随后，全体党员共同收看了庆祝中国共产党成立90周年大会盛况，聆听了胡锦涛总书记的重要讲话。

第二节　思想建设

学校党委以邓小平理论和“三个代表”重要思想为指导，认真贯彻落实科学发展观，始终把思想建设放在党的建设的重要位置，认真遵守《中共华北水利水电学院委员会委员守则》，不断提高班子成员的思想政治素质。多年来，学校党委坚持用中国特色社会主义理论体系武装师生头脑，坚持理论学习和解决实际问题相结合，推动学校各项工作顺利开展，而且始终把加强和改进中心组学习作为党委思想理论建设的重要抓手，以党委中心组的学习带动院系中心组及全校党员干部和职工的学习。

一、大型理论学习活动

(一)“新解放、新跨越、新崛起”大讨论活动

为全面贯彻党的十七大精神和省委八届八次全会精神，深入贯彻落实科学发展观，在新的起点上继续解放思想、坚持改革开放、推进科学发展、促进社会和谐，为学校各项工作的顺利开展奠定坚实的思想基础，提供强大的精神动力，学校从2008年7月底开始，根据河南省委的统一部署，在全体科级以上干部中开展了“新解放、新跨越、新崛起”大讨论活动。2008年8月1日上午，学校召开“新解放、新跨越、新崛起”大讨论活动动员大会。严大考校长主持了大会。党委副书记许琰传达了学校开展“新解放、新跨越、新崛起”大讨论活动的实施方案。党委书记朱海风作了动员讲话。他要求全校上下要深刻领会大讨论活动的精神实质、时代背景和重大意义，把思想和言行统一到省委的决策部署上来、统一到省高工委、省教育厅的决策部署

上来、统一到学校党委的文件精神上来。该项活动历时3个多月,分学习动员、查摆问题、整改提高和巩固成果四个阶段进行。学校把理论学习贯穿于大讨论活动始终。通过大讨论,针对查摆阶段征集到的问题,形成了以解决问题的措施和发展思路为主要内容的整改报告,并切实在工作中进行整改,促进了学校各项事业的快速发展。

(二)深入学习实践科学发展观

2008年10月13日,学校深入学习实践科学发展观活动动员大会暨处级干部、正高级职称人员专题研讨班开班仪式隆重举行。校党委书记朱海风作深入学习实践科学发展观活动动员讲话。他阐述了深入学习实践科学发展观活动的重大理论意义、实践意义、战略意义和政治意义,重点论述了开展学习实践活动对高等教育发展的必要性、对学校事业发展的重要性和紧迫性。他说,开展深入学习实践科学发展观活动要和正在进行的"新解放、新跨越、新崛起"大讨论活动有机结合起来,把大讨论活动的成绩继续发扬好,把查摆出的问题继续整改好。他强调,要始终坚持高标准、严要求,以保证质量、取得实效为前提,决不能降低标准、走过场、搞形式主义。省委指导检查组组长顾志平作了重要讲话,他在讲话中重点讲了三点意见:第一,统一认识,明确方向。第二,履行职责,发挥作用。第三,严格要求,提高水平。会上,校党委副书记、校长严大考作了题为《深入贯彻落实科学发展观,推动我校各项工作又好又快发展》的专题报告。自此进入第一阶段即学习调研阶段。2008年12月15日,学校召开深入学习实践科学发展观转段动员会议,会议由党委副书记刘淑琴主持。大会首先进行了学习实践科学发展观第一阶段经验交流。土木与交通学院党总支书记边慧霞、机械学院党总支书记刘仕平、发展规划处处长张加民、科技处处长刘法贵分别作了典型发言,他们就本单位学习调研阶段的基本情况和取得的成绩向大会作了汇报。校党委副书记许琰传达了学校《在全校党员中开展深入学习实践科学发展观活动分析检查阶段工作方案》。朱海风书记就学校学习调研阶段的基本情况、取得的初步成效进行了总结,并对分析检查阶段的工作进行了部署、提出了要求。学习实践活动进入第二阶段。

2009年1月20日,学校召开深入学习实践科学发展观活动第二阶段转入第三阶段动员大会。校党委书记朱海风做动员讲话并对第二阶段的工作做小结,对第三阶段即整改落实阶段的工作进行了部署。他要求切实在"五个方面"狠下功夫,确保整改落实阶段取得实效。一是要在深化学习、提高认识上下功夫;二是要在解决问题、务求实效上下功夫;三是要在督促检查、加强指导上下功夫;四是要在认真总结、搞好测评上下功夫;五是要在结合实际、推动发展上下功夫。2009年2月26日,学校召开深入学习实践科学发展观活动总结大会,研究生处处长陈南祥、校团委书记费昕、管理与经济学院党总支书记程世同分别作了典型发言,就学习实践活动开展情况、取得的成绩等向大会作了汇报。学校学习实践活动领导小组组长、党委书记朱海风在会上作了题为《真学真用科学发展观,奋力推进高水平教学研究型大学建设》的总结报告,回顾总结了学校学习实践活动的开展情况和取得的成效,深入分析了学习实践活动的主要体会。朱书记最后强调,学习实践科学发展观是一项必须长期坚持的政治任务,永无止境。我们将继续保持高度的政治责任感、良好的精神状态和求真务实的作风,认真做好巩固和扩大学习实践活动成果的工作,确保活动中尚未解决的问题继续得到有效解决,努力把活动中取得的成功经验及时运用到推动学校今后科学发展的实践中去,把活动成果转化为促进科学发展的强大动力,不断深化改革,开拓进取,加快特色鲜明的高水平教学研究型大学建设,争取早日实现学校跨越式的发展。省委第21指导检查组组长顾志平在会上发表重要讲话,充分肯定了学校学习实践活动取得的明显成效,并对学习成果的巩固和扩大提出了要求。《河南教育》2009年第7期发表文章,报道了学校在深入学习实践科学发展观活动中"突出实践特色,促进高校科学发展"的特点和经验。

二、中心组学习

学校坚持党委中心组学习制度,把加强和改进党委中心组学习作为加强党委思想理论建设的重要途径,每半年都要制定党委中心组学习计划,对中心组学习的参加人员、时间、内容、方法、要求等提出明确要求,严格保证学习的时间、次数、质量和效果。学校党委不断创新党委中心组学习的内容和形式,经过探索,创造性地形成了"四个结合"的学习模式。

一是集中与分散相结合。学校对党委中心组的集中学习做出了详细的日程安排,要求每个成员在集中学习前作好准备。集中学习一般每两周进行一次,事先印发学习资料、要讨论修改的文件等,会上集中学习和研讨。在深入学习实践科学发展观活动中,学校作为试点单位参加了第一批活动。学校党委研究制定了《深入学习实践科学发展观活动第一阶段(学习调研阶段)集中学习日程安排》,认真组织了6次党委中心组集中理论学习。在集中学习的同时,党委中心组还安排布置了中心组成员的自学内容。为了做到分散而不松散,要求校领导在自学的基础上,每人每年自选一本专业书籍学习,并将学习情况以学习心得体会的形式向校党委备案。党委书记朱海风近几年来,先后在《人民日报》、《光明日报》、《河南日报》、《中国高等教育》、《高校理论战线》等省级以上报刊杂志上发表学术性论文100余篇,主持省级以上社科规划项目(课题)十余项,主撰和参编论著10余部。近3年来,他带头学习研究,先后发表了《在办学实践中把树立科学发展观同加强党的先进性建设紧密结合起来》(《华北水利水电学院学报》2007年第3期)、《应将华水精神融入新的办学实践中》(《华北水利水电学院学报》2007年第5期)、《高校重大决策应科学化、民主化》(2007年7月25日《中国教育报》)、《实事求是的"难"与"易"》(《红旗文稿》2007年第12期)、《内涵提升、协调发展:新时期高等教育发展的战略选择》(《华北水利水电学院学报》2008年第12期)、《深入贯彻科学发展观是高校党委的历史使命》(《学校党建与思想教育》2009年第11期)等20余篇党建、教育管理方面的论文。他主持的《河南省高校高层次人才的引进、培养和管理研究》项目,2007年11月获河南省科学技术进步二等奖,2007年8月获河南省教育厅科技成果一等奖。其他班子成员也积极开展党建研究,许琰副书记2007年9月6日应邀做客河南日报,畅谈大学生社会实践的意义和创新,发表《继续解放思想,推动科学发展》(《华北水利水电学院学报》2008年第5期),刘淑琴副书记主持的省教育厅重点调研课题《高校基建领域腐败问题的研究》,为省纪委、省教育厅等上级领导部门决策提供了重要依据。

二是上下结合,成果共享。党委中心组学习的一般形式是集中学习讨论,参加人员主要是校党委委员及党政群团有关部门负责人。学校积极拓宽参加人员的范围,形成了上下结合、成果共享的传统。具体形式有三:一是校领导经常到自己所联系和分管的部门中去讲党课、调研、指导学习。二是校领导参加中层干部的专题讨论。2008 年 3 ~4 月举办的处级干部和正高级职称人员理论学习与改革创新培训班,历时 2 个月,在学习过程中,学校领导亲自参加学习和讨论,带头发言。在每 2 年一次的改革发展研讨班上,校领导分头参加不同小组的研讨,直接听取意见、交流思想,形成共识。三是校领导亲自作报告。2008 年,校领导为处级干部和高级职称人员共作了 20 余次专题辅导报告。朱海风书记先后作过《中国特色社会主义理论体系的思考》、《真学真用科学发展观,求好求快办好华北水院》、《真学真信真用科学发展观,尽职尽责尽心提升执行力》、《关于教学研究型大学的若干思考和建议》等报告,严大考校长作了《深入贯彻落实科学发展观,促进学校各项事业又好又快发展》、《做好各项工作,应对金融危机》等报告,许琰副书记作了《继续解放思想,推动科学发展》等辅导报告。四是中层干部代表参加中心组学习。每次中心组集中学习,参加人员都要扩大到与学习研讨内容有关的部门负责人、专家等。上下结合的办法促进了上下共同提高。校领导参与各小组学习和讨论、到基层调研,了解了下情,进一步增强了党委中心组学习的效果和党委决策的针对性;校领导作辅导报告,既促进了领导理论学习的深入,又使中心组学习的成果惠及中层干部和正高级职称人员,受益面扩大,也加深了中层干部和专家学者对校情的整体把握能力和大局意识。

三是学习与调研相结合。校党委把开展调研作为深化学习效果的重要环节,突出重点,抓深抓实,努力使调研成为发现问题、解决问题、促进发展的有效途径,重视调研在学校已经形成传统。除了日常的走访调研、现场办公之外,还定期开展集中的调研。2008 年上半年校级领导班子换届后,朱海风书记和严大考校长分别带领党政领导班子成员分两组到基层院系集中调研、现场办公。集中调研发现的问题经归纳整理分为七大类 28 项,在随后召开的领导班子民主生活会上进行了初步分析,结合领导分工将整改责任落实到每位校领导和有关部门,限期整改。在学习实践活动中,校党委结合《实施方案》提出的 10 项任务,对调研工作进行了研究部署,结合“三新”大讨论查摆出的突出问题,结合各自分工,研究制定了校级党员领导干部深入学习实践科学发展观活动领题调研题目,并下发了《关于做好校级党员领导干部深入学习实践科学发展观活动领题调研工作的通知》。每位校领导都确定了调研题目,分别对“当前影响制约学校科学发展的因素及应对之策”、“如何推进和完善内部治理结构,深化校院两级管理体制改革”、“如何建设好多科性教学研究型大学,提高核心竞争力”、“学校更名大学和博士授予权单位申报工作”、“新老校区的功能发挥、科学定位、资源合理利用”等问题进行调研。校领导先后深入各院系、各职能部门广泛了解情况,认真完成调研报告。党委副书记刘淑琴、副校长石品还结合专题到省内部分高校和单位进行了调研。专题调研对领导干部提出了新的要求,对工作提出了新的期望,为解决学校发展中存在的问题提供了依据和动力。在学习实践活动中校领导共完成调研报告 17 篇,共 13 万字。

四是坚持学用结合,实现“四个一”。

"四个一"即"学习一个专题,研讨一个问题,讨论一个文件,推进一方面工作"。每次集中学习,都有联系实际的主题,最后都要落实到某一个文件或某一项工作上。每次学习都紧密结合学校发展的一、二个专题来深入学习政治理论,同时还补充中央和省委省政府重要文件、高等教育管理理论、有关法律法规等内容。在认真学习了必读篇目之后,讨论一个问题,修订一个文件。2008 年以来先后围绕加强和改进科研管理工作,加强科技创新能力建设、干部作风建设、进一步深化和完善二级管理体制改革、院系党政联席会议议事规则、基层党组织工作细则、学校新的津贴分配制度改革方案、申报博士点、新老校区资源的开发利用和提高办学效益、高层次人才队伍建设、进一步加强和改进教学工作等专题进行了深入的讨论,先后制定或修订了相关文件,最终实现了推动一方面工作的目的。深化二级管理体制和津贴分配制度改革,是学校扩大规模之后的必然,但是因为传统习惯思维方式的影响和现有办学资源的限制,阻力较大。通过积极准备,把它纳入中心组学习研讨的问题,经过几次中心组深入学习和研讨,逐步统一了思想,形成了共识。津贴分配制度改革的实施意见和有关配套文件几经修改,最终在学校第五届五次教代会上获得全票通过。高层次人才队伍建设问题是制约高校发展的瓶颈,经过积极准备,把它纳入到中心组学习研讨的内容。与会人员认真学习了《中共中央、国务院关于进一步加强人才工作的决定》、省委、省政府关于贯彻中央"决定"的实施意见、《省委办公厅、省政府办公厅关于引进海外高层次人才的意见》等有关文件,认真讨论了学校高层次人才队伍建设的实施意见,并形成了正式文件。根据文件精神,2008—2009 年,学校为高层次人才的引进开辟绿色通道,落实有关待遇,取得了明显的成效,仅 2009 年 11 月,就一次性引进 30 余名博士、教授等高层次人才。

三、学习型党组织的构建

2010 年,校党委以构建学习型党组织为目标,大力营造重视学习、崇尚学习、坚持学习的浓厚氛围,牢固确立党组织全员学习、党员终身学习的理念。3 月 11 日,校党委中心组召开专题会议,认真学习中共中央办公厅《关于推进学习型党组织建设的意见》。与会人员经过认真讨论,一致认为,建设学习型党组织是建设马克思主义学习型政党的基础工程,具有重大而深远的意义。现在学校正处于发展的关键时期,肩负着博士点单位建设、更名大学、建设高水平教学研究型大学的重任,作为思想文化传播的阵地,应该为学习型党组织建设构建平台和常态化的学习方式,推动学校更好地发展。随后,学校制订了《在全校开展争创学习型党组织,争当学习型党员活动的实施方案》。9 月 2 日上午,党委中心组集体学习全国教育工作会议精神,并就如何学习贯彻好会议精神作出总体部署。与会同志在讨论中认为,学校正处于内涵提升、协调发展,奋力推进特色鲜明的高水平教学研究型大学建设的关键时期,全国教育工作会议的召开和《国家中长期教育改革发展规划纲要》的出台,是我国教育史上的一件大事,是推动我国教育事业改革和发展的重大机遇,同时也为学校的改革和发展提出了新的任务、带来了新的机遇。会议要求,要对该项学习宣传工作做出周密安排,纳入党委中心组学习、全校群众性政治学习计划,结合学校实际,分专题深入学习,进一步增强学习的针对性和实效性。党的十七届五中全会召开后,10 月 28 日,校党委中心组集体学习十七届五中全会精神。朱海风书记指出,要把学习贯彻落实党的十七届五中全会精神作为当前和今后一个时期的重要政治任务抓紧抓好。要通过各种形式不断深化全会精神的学习,进一步领会全会精神,加深认识,吃透精神实质,同时认真研究校情,使学校各方面工作在现有基础上再提升、再创新,固本强基,特色发展,建设特色鲜明的高水平教学研究型大学。

2011 年 1 月 12 日,校党委中心组集体学习《中共中央、国务院关于加快水利改革发展的决定》。通过学习,大家一致认为,当前和今后一个时期,全校上下要将学习贯彻落实"中央一号文件"精神和全国水利工作会议精神作为一项重要的政治任务抓紧抓好。要组织专门力量、进行学习研究,采取分专题、分项目等方式予以贯彻落实。要切实抓住和利用好水利改革发展的战略机遇,采取有效措施促进省部共建工作向纵深发展,要借水利改革发展东风,开拓思路,拓宽视野,坚持服务水利事业发展、服务中原经济区建设,坚持以服务求支持、以贡献求发展、以共赢求合作的价值理念,加强联系,主动结合,实现学校事业大发展。3 月 7 日,校党委印发 2011 年上半年中心组学习计划,要求以邓小平理论和"三个代表"重要思想为指导,深入贯彻落实科学发展观,全面贯彻党的十七大和十七届四中、五中全会精神,建设学习型党组织和学习型领导班子,不断提高领导班子和领导干部理论素养和领导能力。3 月 18 日出版的《中国高等教育》刊发了学校党委书记朱海风的文章《论大学领导者"五气"品格的修炼》,文章指出,对于学校领导来说,需要通过修炼文气、正气、底气、大气、锐气,进一步提高思想修养水平,提升执政兴校能力。该文对加强领导班子的思想建设具有指导意义。

2011 年 3 月 09 日,学校创建学习型组织工作获河南省表彰,被评为"河南省学习型组织先进单位"。

第三节 作风建设和廉政建设

校党委始终把教育引导党员干部自觉加强党性修养,牢固树立正确的世界观、价值观、权力观、政绩观和群众观,作为加强作风建设的首要任务来抓,要求领导干部坚持"八个坚持,八个反对",在思想作风、学风、工作作风、领导作风和干部生活作风等方面率先垂范,在勤奋好学、学以致用,联系群众、服务人民,真抓实干、务求实效,艰苦奋斗、勤俭节约,顾全大局、令行禁止,发扬民主、团结共事,秉公用权、廉洁从政,生活正派、情趣健康等八个方面以身作则。

一、党风廉政制度建设

学校从构建长效机制出发,对作风和廉政建设工作加以规范,形成了一系列规章制度。2001 年,校党委制定了《领导班子成员党风廉政建设岗位职责》、《党风廉政建设责任制网络》等,对党风廉政建设工作任务进行了责任分解,学校纪委还制定了《党风廉政建设责任制报告制度》,建立了学校中层干部党风廉政档案。2003 年,学校先后出台了《党政监督工作暂行规定》、《关于加强纪检监察信访举报工作的实施意见》、《党风廉政建设责任制实施细则》、《党风廉政建设责任制报告制度》、《党风廉政建设责任制评议制度》、《党风廉政建设责任制谈话制度》、《党风廉政建设责任制考核制度》、《党风廉政建设责任制档案管理制度》。2004 年,学校出台了《处级领导干部任前廉政谈话实施办法(实行)》、《招生监察工作实施办法(暂行)》和《关于加强从源头上预防和治理腐败的实施意见》等规章制度。从2008年开始,为了提高反腐倡廉工作的科学性、针对性和有效性,推动学校党风廉政建设和反腐败工作深入开展,学校着手构建惩治和预防腐败体系建设,先后出台了《惩治和预防腐败体系建设2008—2012年实施意见》、《关于贯彻落实《建立健全教育、制度、监督并重的惩治和预防腐败体系实施纲要》的实施意见》等一系列文件,形成了覆盖校、处两级的党风廉政建设责任体系。2009年,学校还编印了《党风廉政建设工作制度汇编》,并向新提拔的处级干部发放了《领导干部廉洁从政手册》和《廉政工作手册》,进一步增强了广大干部的廉洁意识。

二、创新教育机制,构筑思想防线

做好反腐倡廉教育工作是筑牢拒腐防变的思想道德防线,是深入开展反腐倡廉的基础工程和治本之策。营造健康向上、生动活泼、政通人和、廉洁高效的和谐校园氛围,是学校开展党风廉政建设和反腐倡廉工作的首要任务。

突出特色,确保廉政教育入心入脑。学校把反腐倡廉教育和廉政文化建设纳入全校宣传思想工作的总体部署,找准定位,明确思路,结合实际,寓教育于教学、科研、德育等各项活动之中;融入保持共产党员先进性教育、"讲正气、树新风"教育、深入学习实践科学发展观活动、"讲、树、促"学习教育等主题教育之中。在教育内容上,纪委注重做到"四个突出",即突出从政道德教育,突出党纪法规教育,突出警示教育,突出廉政文化教育。

整合力量,发挥"大宣教"工作格局的作用。反腐倡廉宣传教育,必须综合各方面的力量,学校于2005年9月制定了《关于进一步加强党风廉政建设宣传教育的实施意见》,2007年6月制定了《党风廉政建设宣传教育联席会议制度》,由纪委牵头,整合教育资源,齐抓共管,构成了"大宣教"工作格局。在工作中,学校实施"五个结合"、"六个一"教育方法,即采取经常性教育与专题教育相结合,专题教育与系统教育相结合,廉洁自律教育与党性教育相结合,正面教育与反面教育相结合,灌输教育与谈话提醒教育相结合;坚持每年一次的党风廉政建设工作会议,一次廉政主题教育活动,一次党课,一次反腐倡廉形势讲座,一次学习优秀党员干部事迹报告会,一次警示教育大会。通过规范化、制度化、科学化的教育,在全校教职员工中筑起了拒腐防变的思想道德防线。

强化手段,增强廉政教育的实效性。强化载体的作用,充分利用校报、广播、有线电视、网络、简报等教育阵地,全方位、多角度、多样化地进行反腐倡廉教育。校纪委一直坚持在校报上安排廉政教育宣传栏目;利用校有线电视播放反腐倡廉影视片;举办反腐倡廉宣传教育图片展览;逢年过节或干部调整岗位时,都发送廉政温馨提醒短信;利用短信平台向全体中层以上领导发送《廉政准则》和《领导干部十不准》规定;编辑了《廉政经纬》、《领导干部廉洁从政手册》、《廉政工作手册》、廉政文化台历等等发给科级以上干部,引导大家学廉、思廉、为廉,强化各级党员干部廉洁从政意识,起到了很好的宣传教育作用。

三、专题教育活动

(一)保持共产党员先进性教育活动

按照省委的统一部署,学校于2005年7月开始集中开展了以实践"三个代表"重要思想为主要内容的保持共产党员先进性教育活动。7月7日,召开了动员大会,学校党委书记、党员先进性教育活动领导小组组长朱清孟代表学党委作了题为《扎实开展保持共产党员先进性教育活动，努力开创我院改革发展稳定工作的新局面》的动员报告。党委副书记、党员先进性教育活动领导小组副组长王保国在会上宣读了学校《保持共产党员先进性教育活动实施方案》，驻学校的省委先进性教育活动督导组组长、省科学院党委副书记薛歧庚作了重要讲话。在此后的活动过程中，学校注重三个结合，即理论教育与典型教育、“规定动作”与“特色动作”、进度与质量相结合；坚持把好“三道关口”，即征求意见、谈心活动关，撰写党性分析材料关和民主生活会质量关。学校党委紧紧围绕提高党员素质、加强基层组织、服务人民群众、促进各项工作的总体目标，依靠广大党员群众，精心组织、周密部署、严格把关、有序推进，圆满完成了各项任务。广大党员的政治、思想素质和工作、服务水平得到了全面提高，基层党组织的创造力、凝聚力和战斗力进一步增强，教风、学风、机关工作作风有了新的转变。学校党委牢牢抓住开展先进性教育活动这个契机，把开展先进性教育活动和促进学校改革发展、推动中心工作紧密结合起来，始终坚持学习、工作“两不误、两促进”，大力采取措施解决好影响学校改革发展的关键问题和教职工关心的热点问题，有力地推动了各项工作的顺利开展。并通过抓好整改和建章立制工作，巩固扩大整改成果，使先进性教育活动取得实效，真正成为了群众满意工程，进一步增强了全体党员的先进性，提高了领导干部和广大教师的办学治校能力。

（二）“讲正气、树新风”主题教育活动

2007 年，根据省委“讲正气、树新风”主题教育活动的总体要求，在省委主题教育活动领导小组正确领导和省委督导组的具体指导下，校党委高度重视，周密部署，成立领导小组，制定主题教育活动实施方案，有计划、有步骤地在全校范围内开展了主题教育活动。4 月 9 日，学校在第四会议室召开“讲正气、树新风”主题教育活动动员大会，严大考校长作了题为《扎实开展“讲正气、树新风”主题教育活动，大力推进我校领导干部作风建设》的讲话。他强调：一要统一思想，深刻认识开展主题教育活动的重要性和紧迫性；二要抓住重点，切实解决干部作风方面存在的突出问题，联系实际；三要扎实开展“讲正气、树新风”主题教育活动；四要真抓实干，确保主题教育活动取得实质性成果。党委副书记王保国传达了《关于组织开展“讲正气、树新风”主题教育活动的通知》精神，要求各党总支、直属党支部要把这项活动作为一项重要的政治任务来抓，要按照学校“讲正气、树新风”主题教育活动日程安排，结合本单位的工作实际情况，周密安排，精心组织，认真落实。主题教育活动经历 2 个月的时间，通过大力抓好学、摆、建、查、树五个环节和学习动员、查摆问题、整改提高三个阶段的工作，坚持理论联系实际，坚持分类指导，坚持走群众路线，坚持开展批评与自我批评，坚持教育、制度、监督并重，坚持把教育活动与当前工作紧密结合，使广大领导干部的素质有了提高、形象有了改变、工作有了新局面，取得了实实在在的效果。在活动中，学校出台了《进一步加强和改进领导干部作风建设的实施意见》、《行政责任追究办法》等文件，做到了认识到位，上下重视，工作扎实，措施得力，成效明显，形成了加强和改进领导干部作风建设的长效机制。

（三）“查找廉政风险，构筑拒腐防线”活动

2011 年，根据《中共河南省委高校工委、中共河南省教育厅党组关于开展“查

找廉政风险,构筑拒腐防线”活动的意见》要求,结合学校具体实际,校党委于5月17日印发了《关于开展“查找廉政风险,构筑拒腐防线”活动的实施方案》。5月18日下午,学校在花园校区讲堂三隆重召开了开展“查找廉政风险,构筑拒腐防线”活动动员大会。全体处级以上领导干部参加了会议,会议由党委副书记、校长严大考主持。纪委书记尚宝平作了动员讲话。党委书记朱海风就如何开展好“查找廉政风险,构筑拒腐防线”活动提出了意见和要求。? 一是要提高思想认识。开展这项活动,是在实践中逐步探索出来的预防腐败的新途径、新方法,是对科学发展观的学以致用、创新实践,是对管理科学的学以致用、创新实践,是对中医理论的学以致用、创新实践。二是必须抓住风险关键点。要知道什么是风险点、为什么要查找风险点、怎么样去查找,对于风险关键点,要如何防范、预防。三是必须切实加强领导,各单位、各部门要落实责任、营造氛围、稳步推进,要结合实际,有新思路、出新措施,一步一个脚印,把“查找廉政风险,构筑拒腐防线”活动引向深入。开展这项活动的方法步骤是:在进一步明确职责和权限的基础上,重点围绕查准找全风险点、确定风险等级、制定完善相关措施、实施有效监督、严格检查考核和建立健全预防腐败长效机制。这项活动的开展时间是2011年5~9月。

四、重点部位和关键环节监督

校纪委针对干部选任、基建、招生、招标、物资采购等重点部位和关键环节,加强重点监督,规范权力运行。

对领导班子和领导干部的监督。学校认真贯彻党内监督条例,强化对领导班子和领导干部的监督,特别是对“一把手”的监督。一是加强对贯彻落实科学发展观的监督。围绕学校改革发展、贯彻学校“十一五”发展规划和提高办学水平等一系列重大决策的实施情况,到基层单位进行专项监督检查。二是参加学校和中层领导班子民主生活会;抽查中层领导班子党政联席会议记录,发现问题及时指出;对个别不按制度办事的班子,在全校大会上点名批评,限期改正并进行再检查。三是加强对中层领导班子换届和处级干部调整的监督。在换届工作过程中,明确了工作纪律,实施全程监督,保证了换届工作顺利进行。四是坚持监督关口前移。加强事前、事中的监督,发现党员干部有错误的苗头,及时通过打招呼、提醒谈话、召开民主生活会等形式,及早提醒、责令改正,做到防患于未然。

对招投标工作的监督。2003年,学校新校区开始建设,为了加强管理,学校制定了《招投标管理办法》,推出了招投标统一平台建设的改革措施,把学校建设工程、物资采购和服务项目等概算或预算投资在3万元以上的项目均纳入学校招标范围之内,成立了校招标管理办公室,由招标办负责组织全校招投标。管理部门和项目单位只提需求和指标,不作标书,不知标底;建立了校招标专家库,随机抽取评标专家,避免了“暗箱操作”,起到了有效的预防和制约作用;为了避免大项目工程分包,在签订合同时注明不准分包并有处罚措施;工程设计变更须论证,并同时由学校主管领导、主管部门领导、技术人员、监审人员同时签字,避免了通过变更设计增加项目或提高价格等手段谋取不正当利益;重大项目招标前对投标单位进行现场考察。由于管理到位,学校在工程建设、大型设备、图书、修缮及大宗物资采购等招投标工作中,降低了项目投资,提高了经济效益,为学校节约了大量资金。

对新校区建设的监督。对新校区建设职工提出明确要求,并与施工方和监理方分别签订“工程建设廉政建设责任书”和“工程监理廉政建设责任书”,从各方面避免违规行为发生;监督施工单位和材料设备供应商的考察、筛选工作;监督土建工程建设项目质量抽验工作,为学校的工程质量严格把关,并为学校挽回和节约了大量资金。

对招生工作的监督。纪委、监察处每年都要进驻招生现场办公,及时处理反映招生问题的来访、举报,维护招生工作“公开、公平、公正”的原则。在新生复查中,纪委与校内外有关部门配合,坚持原则,对有问题的学生予以纠正,几年来共清退冒名顶替学生70余名。

信访监督。学校建立了多层次、立体信访监督网络体系,拓展信访监督的覆盖面,实行网上举报、电话举报、信访进基层、进师生生活区的方法,畅通信访渠道;聘请监督员和政风行风评议监督员进行巡察,拓宽监督渠道。定期组织信访排查,及时发现腐败的“苗头性问题”、“倾向性问题”和影响学校发展稳定的“潜在性问题”,充分发挥信访监督的职能。

五、查处违纪违法案件

学校制定了《关于加强纪检监察信访举报工作的实施意见》,对信访举报工作的指导思想、基本任务、工作原则、工作制度、组织协调、宣传教育、预测预防等都作了明确规定。纪委对群众每封来信和网上举报都认真分析,调查研究,根据不同情况作出处理;认真听取来访群众的意见和申诉,做到件件有落实、事事有回音。2001年以来,纪委共收到各类信访件以及上级批转件142件(次),全部按时进行了调查处理,查处了7名违纪人员,分别给予了处分,同时对个别人员作出行政撤职、降级处理。

学校在作风建设和廉政建设方面的工作得到了上级有关部门的充分肯定,获得了很多的荣誉。2004年,学校获得了河南省“全省反腐败抓源头工作先进集体”的称号。2006年,学校被授予“2001—2006年度河南省纪检监察系统先进集体”称号。2007年,学校纪委被授予“全国教育纪检监察先进集体”称号。2009年,学校获得“全省纪检监察调研工作先进单位”、全省高校民主评议学校行风建设中优秀单位。2010年,获得全省《廉政准则》知识竞赛优秀组织单位等荣誉称号

第四节　思想政治工作

2001年以来,是学校招生规模迅速扩大、学校事业快速发展的10年,也是各种内部矛盾、各种利益诉求集中凸显的10年,做好思想政治工作意义十分重大。10年来,学校通过各种形式开展思想政治工作,为激发广大教职工生的主人翁感、提高明辨是非能力、保持学校稳定、推动事业健康发展发挥了积极的作用。

一、教工政治学习和日常思想政治工作

学校高度重视教工的理论武装工作和思想政治教育工作,不断创新载体,丰富内容,通过集中政治学习、座谈、参观考察、网络交流等形式,不断增强思想政治教育的实效性,为确保教学科研管理服务等各项业务工作的顺利完成提供了坚强的思想保证。

在党委中心组学习的影响和带动下,学校各种学习研讨活动扎实开展。党委宣

传部每半年都要对群众性政治学习做出安排,对教工政治学习的内容、时间、方式方法、思考题、考核等提出具体要求。各党总支、直属党支部坚持每两周开展一次集中政治学习制度,按照"四个一"的模式认真开展群众政治学习活动。

就学习内容而言,紧紧围绕国际国内形势的变化和学校事业发展的需要,围绕学校的中心工作,深入学习邓小平理论、"三个代表"重要思想、科学发展观等党的重大理论创新成果,深入学习教育部、水利部、河南省有关高等教育改革发展的方针政策,学习贯彻校党委行政的重要决策和重要改革措施等,结合学校实际认真开展了学习讨论。

就学习形式而言,除了集中学习原著、文件之外,还有座谈、参观考察、主题教育等形式。如2001年11月30日,信息工程系党总支开展了以始终坚持马列主义、毛泽东思想、邓小平理论为指导,学习江泽民"三个代表"的思想,加强总支和基层支部建设,团结全系教职工,不断增强党组织的凝聚力,努力开创党建工作新局面的座谈会; 2005年7月17日,数学与信息科学系联系本系实际,在系全体党员中开展了"五个一"活动:读好一本书、做好一份笔记、撰写一篇好论文(实践报告)、提出一条好建议、为教学评估做一件实事。将活动开展情况作为评选学院"四比三争"(比学习、比教学、比科研、比贡献,争当好学生、争当好教工、争当好专家)活动的重要依据;2005年7月15日,土木工程系党总支组织2001、2003、2004级学生党支部20名预备党员和21名学生、教师党员聚集在郑州二七革命纪念馆,参观学习革命先烈光辉事迹,并举行了庄严的新党员入党宣誓、老党员重温誓词活动;2005年7月19日,机关一支部、图书馆支部、土木系党总支等分别组织党员来到学校新校区建设工地参观、学习,受到了一次深刻的教育;2005年7月20日,社科部、法学系召开了教育思想研讨会,30余名教师参加了研讨;2005年8月4日,境工程系党总支组织全体教职工党员和部分群众代表,到新乡的刘庄和京华村参观,学习当地人民艰苦奋斗的光辉事迹;这些经常性的学习活动,对于用中国特色社会主义理论体系武装头脑、统一思想、提高认识发挥了积极的作用,对于贯彻校党委行政的重大决策部署、顺利完成各项工作任务也发挥了积极作用。2007年上半年,机械学院、土木与交通学院等组织教工到红旗渠参观考察;2008年4月10日,管理与经济学院召开了由全体教师参加的"师德建设大家谈"主题研讨会,对什么是师德、建立什么样的师德、怎么建立良好的师德等问题展开深入讨论。2009年5月10日,机械学院组织教工到焦裕禄陵园学习考察等等。

此外,利用网络开展学习和思想政治工作正日益成为重要渠道。2009年,学校在校园网主页上设置了"重点推荐"栏目,不定期转载一些有学习价值的文章,截至2011年8月底已经转载了276篇文章,关注度不断提高。校园网上连接的中国共产党、人民网等重要网站的学习资料也为教工的政治学习提供了便利。利用网络互动平台开展思想政治工作的教工、管理人员不断增多。校园网建立之初上有白鹭论坛、QQ群等互动平台,近年来,利用微博进行思想教育者也正在不断增多。2011年,党委书记朱海风开始用微博与师生交流,受到好评。

二、围绕重大突发敏感事件和学校重大改革措施出台,积极做好思想政治工作

重大突发事件发生以及重大改革措

施出台前后，教工思想情绪容易波动，需要及时疏导教育，以有效地引导舆论，确保稳定。

2001年4月1日，美国军用侦察机在我国海南岛空域撞毁我军用飞机事件公布后，激起全校师生的极大愤怒。2001年4月7日，校党委副书记高武胜主持召开了“愤怒谴责美国霸权主义行径、坚决拥护我国政府的严正立场”的座谈会，对广大师生表达爱国情感、引导广大师生理性爱国、保持学校大局稳定发挥了积极的作用。

2003年上半年，全国上下防治“非典”疫情。学校在采取各项得力措施积极防治的同时，开展了大量宣传教育工作，印发各类宣传资料，组织小型室外活动，通过网络、广播等途径积极开展形式多样的宣传和教育活动，在校园网上发表抗击非典的系列活动报道，增加了师生对“非典”的正确认识，为解除学生家长的疑虑和担心，由党委宣传部组织，为每一位学生家长发了一封信，通报了学校的情况，受到了学生家长的好评。学校教育师生遵守有关检查、报告、出入管理规定，组织力量做好与被隔离师生的联系工作，帮助他们解决各种困难。学校还注意与离校的学生保持联系，把关爱、鼓励、理解和帮助传递给每位离校学生。在封闭管理期间，团委组织广大社团开展一些小型非聚集活动，丰富了同学们的课外生活。

2005年3月，十届全国人大三次会议高票通过了《反分裂国家法》，为使全校学生了解该法的内容、主旨及影响，进一步加强对学生的爱国主义教育，增强学生的民族责任感、法律意识和法治观念，法学系分团委、学生会于2005年3月20日举办了《反分裂国家法》宣传启动仪式暨签名活动。该项活动对于促进广大师生深化对依法维护国家统一重要性的认识产生了积极的作用。

2005年，全校上下集中精力迎接教育部本科教学工作水平评估，时间紧，任务重，涉及面广。在这一重大任务面前，各级党组织紧紧围绕评建中心工作做好深入细致的思想政治工作，为增强各级干部、广大师生的责任感、使命感发挥了积极的作用。学校多次召开会议进行动员部署，要求广大党员发挥先锋模范作用，尽职尽责地做好自己的本职工作，高标准地完成所承担的评估任务。围绕教育部本科教学工作水平评估工作，党委宣传部编印了《评估知识手册》，下发教职员工学习，在校内评估、预评估和正式评估期间进行全程跟踪宣传报道。在整个评估期间，全体教工表现出了难能可贵的大局意识和奉献精神，自觉克服困难，以工作为重，充分展现了华水人不怕困难、热爱集体、万众一心、敢为人先的优秀品质。评估获得优秀等级极大地提升了华水人的集体凝聚力和自信心、自豪感，广大师生表现出来的思想境界和感人事迹是华水人的宝贵精神财富，将永载华水史册。

2007年，学校围绕内涵提升、协调发展战略任务和“讲正气、树新风”主题教育活动等重大任务和重大活动，组织刊发了一系列评论员文章，以引导舆论，统一思想，鼓舞人心。根据校党委、行政不同阶段的工作中心，先后集中刊发了“艰苦奋斗、敬业奉献”大讨论、助学贷款、党风廉政知识、军训、人才特色、德育评估、“四风”文字表述及内涵阐释、学习十七大精神等不同内容的专版或集中报道，产生了较好的宣传学习效果。

2008年“3·14事件”及随后发生的我奥运火炬传递在法国受阻事件发生后，全球华人抗议法国浪潮一浪高过一浪，在国内各大城市出现了群众在家乐福商场门前围堵、静坐示威等事件,中央、省市领导高度重视。学校距离陈寨家乐福商场很近,不少学生参与了抗议、围观等活动。学校各级党组织迅速组织力量,做好深入细致的思想政治工作,教育和引导学生理性爱国,自觉维护校园稳定、社会稳定。经过大量艰苦细致的工作,学生情绪逐渐平息,恢复了正常的学习和生活秩序。

2008年"5·12"汶川大地震发生以后,广大师生在悲痛之余,纷纷伸出援助之手,积极捐款捐物,表达爱心。学校还组织了十余名师生奔赴灾区,对43座中小型病险水库进行了除险加固工作,对13座高危水库进行了技术处理,受到了灾区人民的好评和上级领导的嘉奖。广大师生亲眼目睹了这些感人事实,各级党组织及时组织捐献活动,校园网、校报等宣传阵地及时转载有关救援活动新闻,及时宣传各单位的先进事迹,组织召开援川归来教师座谈会,在校报上登在援川队员的体会文章等,收到了良好的思想教育效果。

2008年8~10月,国际奥运会、残奥会先后在北京顺利召开。围绕中华民族盼望已久的体育盛会,全国上下同心同德,爱国热情高涨,学校师生把巨大的爱国热情转化为勤奋工作的实际行动。2008年又适逢学校连创省级文明单位,各级党组织开展了丰富多彩的"迎奥运、讲文明、树新风"系列活动,极大地激发了广大师生的爱国、爱校热情,收到了较好的教育效果。

2009年上半年,在学校中层干部换届期间,校党委同时推出了"择岗选优"和"竞争上岗",分"两类"、"两轮"进行。干部选拔机制改革措施,对激发整个干部队伍的活力意义重大。但是它涉及到全体中层干部的进退去留和学校的用人导向,事关重大。为了引导干部师生理解党委的改革指导思想,贯彻落实党委的改革措施,顺利完成中层干部换届工作,校党委开展了一系列宣传思想工作。通过学校动员大会和各单位动员大会、党总支书记座谈会、个别谈话等,层层动员发动,使广大干部群众吃透干部选任改革措施的精神实质,积极参与。

三、思想政治工作研究

2001年以来,思想政治理论课教师和政工干部积极开展研究,出了一批成果,有的在公开报刊上发表,有的在定期举办的思政研讨会上交流,为提高这支队伍的思想政治理论水平发挥了积极的作用。

2003年3月20日,学校召开了学生思想政治教育工作理论研讨会暨宣传思想工作会议,校党委高武胜副书记、王保国副书记、纪委刘淑琴书记出席了会议,党务部门负责人、各党总支书记、副书记、学生辅导员以及人文社科部的部分教师参加了会议。研讨会上,李有华、边慧霞、乔敏、胡昊、赵书爱、田卫宾、李晓东、陈伟胜、秦雷雷等代表在大会上作了专题发言。

2005年1月15日上午,学校召开了2004年度思政研讨会,各系部党总支书记、副书记、团总支书记、辅导员、社科部全体教师以及宣传部、学生处、团委等相关职能部门全体人员参加会议,党委副书记高武胜传达了党中央十六号文件精神,并结合学校实际就加强学校大学生思想政治教育等方面工作作了重要讲话。社科部赵书爱、学生处田卫宾、机械系韩宝云、法学系梁丽丽、数学系刘法贵、团委司保江等6名代表宣读论文,交流思想政治教育的心得体会。此次共评出优秀论文一等奖6名,二等奖14名,三等奖15名。

2007年6月29日上午,学校召开宣传思想工作会议暨思政工作研讨会,校党委副书记许琰，原党委副书记、关工委常务副主任高武胜出席会议，部分党总支书记、副书记，机关党总支支部书记，院系分团委书记、辅导员，思想政治理论课教师及党委宣传部、学工部、校团委工作人员及论文作者参加了会议。在这次研讨会上，部分获奖论文作者及政工干部代表郭玉宾、张玉祥、刘术永、谢俊莹、付逸飞、边慧霞、朱贵良、乔敏、楚清河、王兰锋、鲁志勇、司保江等先后发言，研讨内容涉及思想政治工作的方法、思想政治理论课教学、政工干部队伍建设、大学生思想现状分析、学校办学特色、学生管理、党团活动、心理健康、机关作风建设等方面。研讨内容广泛而深入，取得了良好的效果。会议收到论文 50 余篇，经专家评审，评出一等奖 3 篇，二等奖 10 篇，3 等奖 20 篇。许琰副书记、高武胜副主任向获奖论文作者颁发了荣誉证书。校党委副书记许琰作了总结讲话。

2007 年底，学校开展了“学习贯彻党的十七大精神”征文评选活动。在历时 2 个多月的活动中，各部门积极组织教职工、学生踊跃参加，并提交了一批优秀论文。经过专家评审，数学与信息科学学院获得优秀组织奖，李彦等 4 人获一等奖，朱新增等 7 人获得二等奖，司保江等 8 人获三等奖。

2009 年 1 月 4 日，中国水利政研会秘书长工作会议暨水文化建设研讨会在福建泉州召开，会议对全国水利职工思想政治工作创新案例进行了表彰，学校共荣获三项奖励：由信息工程学院党总支报送的“走进学生心灵深处”（作者：张卫建）荣获二等奖；由资源与环境学院党总支报送的“增强党员意识、发挥模范作用——党员带动工程”（作者：乔敏）荣获三等奖；学校荣获优秀组织奖。

2010 年 4 月 21 日下午，学校在讲堂三隆重召开 2010 年度宣传思想工作会议暨思想政治教育研讨会，朱海风、严大考、许琰、徐建新、尚宝平等在校校领导出席了会议，省直文明办主任孙华斌、省教育厅社会科学与思想政治工作处处长王亚洲应邀出席会议并讲话。会议由党委书记朱海风主持。会议首先进行了思想政治教育研讨会论文交流，饶明奇、朱贵良、荣四海、潘建波、贾兵强、程霞、张兵建、霍朋等先后发言，分别就教工思想政治工作、专业课教师如何开展思想政治教育、思想政治理论课教学、共青团工作、辅导员队伍建设等方面进行了交流。

2010 年，学校首次采用项目管理的形式开展思想政治课题研究。研究制定了思政课题管理办法，下达了年度研究课题。各党总支、直属党支部、校属各单位广泛宣传，认真组织，广大教师积极参与，收到了较好的效果。经过专家组认真评审，共有 12 项课题获得立项，其中重点课题 6 项，一般课题 6 项。经过全体课题组成员的努力工作，2011 年上半年，全部完成了课题的研究工作，经专家评审，全部符合要求。

第五节　统战工作

近年来，在统战工作中，学校按照“长期共存、互相监督、肝胆相照、荣辱与共”的方针，积极支持民主党派自身建设，关心并发挥民主党派和无党派人士的作用，团结、调动一切力量和积极因素，学校的统战工作得到了快速的发展和提升。根据“围绕中心、服务大局、掌握政策、团结合作、举荐人才、不断创新”的工作要求，真诚服务、凝心聚力，各项工作不断深入。

一、成立统战部,加强自身建设

2008 年 3 月,经学校党委研究决定,单独设立统战部,下设民主党派工作办公室、无党派工作办公室(包括党外知识分子、海外归国留学人员、港澳台侨属等)。制定了相应的岗位职责和工作纪律。明确了“围绕中心、服务大局、掌握政策、团结合作、举荐人才、不断创新”的工作思路。建立了党委统一领导下的分管书记亲自抓、统战部具体抓、各部门配合的大工作体制。根据上级要求,在 1 名校党委副书记分管统战工作的基础上,又明确了一名副校长联系统战工作。院(系)党总支、直属各支部,统一设置了统战委员。

二、调查研究,建章立制

统战部对校内各民主党派和无党派人士进行摸底调研,对民主党派基层、人员情况进行了重新的登记整理,建立了比较完整的档案材料系统。收集整理了学校处级以上党外干部名单、各民主党派负责人名单、各民主党派成员名单、校领导重点联系党外人士名单、党外知识分子人员名单、出国、归国留学人员名单。

2009 年 2 月,校党委根据学校实际修订完善了《关于进一步加强统一战线工作的实施意见》、《关于进一步加强民主党派基层工作的意见》、《党委统战部工作职责》、《党委统战部工作制度》等。建立了统战工作汇报检查制度,党委要求党委统战部每年定期向党委会汇报统战工作,不定期及时传达上级精神;建立了交友联谊制度,校党委规定每位校领导与 1 至 2 名党外人士交朋友,并经常联系、看望,解决实际问题和困难;建立了情况通报制度,校党委每年定期向民主党派和无党派人士通报学校的教学、科研、管理、党建和党风廉政建设工作情况。凡属学校重大活动,以及与群众切身利益相关的重大事项,学校坚持邀请“两代表,一委员”和民主党派负责人参加,主动并广泛听取他们的意见和建议,自觉接受党外人士的监督。学校坚持在重大节日尤其是春节,走访和看望党外代表人士,为他们及时排忧解难,充分发挥他们工作中的积极性、主动性和创造性。

三、多措并举,支持各民主党派开展工作

支持和协助民主党派加强自身班子建设。学校支持并尊重各民主党派组织按照宪法和各自章程独立自主地开展活动;协助他们做好后备干部的选拔、培养工作;积极支持和帮助民主党派加强思想建设,进一步坚定民主党派接受中国共产党政治领导的信念;协助民主党派按照组织发展程序做好新成员的推荐、考察和协调工作;协助民主党派加强制度建设,协助各民主党派逐步建立和健全基层组织工作制度。重视对民主党派人士和无党派人士的学习培养。积极推荐优秀的无党派人士和民主党派人士到河南省社会主义学院、河南省委党校、河南大学、郑州大学等院校学习培训;努力争取机会,选派无党派、民主党派干部到地方进行挂职锻炼;结合自身专业特点,选派优秀的无党派教师和民主党派教师到国外考察学习。

近年来,学校各民主党派自身有了较大发展。截至 2011 年 6 月,学校有民进、民盟、民建、九三学社、民革等民主党派基层组织 5 个,总成员 90 人;无党派人士 45 人;党外知识分子副教授以上人员 128 人;出国和归国留学人员 29 人。

华北水利水电学院民主党派情况见表 8-1。

表 8-1　华北水利水电学院民主党派情况一览表

<table>
<tr><th colspan="2">组织名称</th><th>成立(换届)时间</th><th>负责人</th><th>2011 年成员人数</th></tr>
<tr><td rowspan="3">民盟省直华北水利水电学院支部</td><td>活动小组</td><td>1982 年 12 月成立</td><td>召集人:宋国光</td><td rowspan="3">16 人</td></tr>
<tr><td>支部(邯郸)</td><td>1984 年 6 月成立</td><td>主　委:金　乃
于　琳</td></tr>
<tr><td>支部(郑州)</td><td>1993 年 12 月成立</td><td>主　委:白弘韧
组　委:马耀琪</td></tr>
<tr><td rowspan="5">民进省直华北水利水电学院委员会</td><td>支部</td><td>1994 年 3 月成立</td><td>主　委:熊景铸
副主委:柳忠福</td><td rowspan="5">50 人</td></tr>
<tr><td rowspan="3">总支部</td><td>1997 年 5 月成立</td><td>主　委:刘东常
副主委:柳忠福</td></tr>
<tr><td>2001 年 12 月换届</td><td>主　委:郭雪莽
副主委:丁天彪</td></tr>
<tr><td>2005 年 1 月换届</td><td>主　委:丁天彪
副主委:白新理
緱元有</td></tr>
<tr><td>委员会</td><td>2006 年 12 月成立</td><td>主　委:丁天彪
副主委:白新理
緱元有
李宝萍</td></tr>
<tr><td rowspan="4">民建省直华北水利水电学院支部</td><td rowspan="4">支部</td><td>1995 年 5 月成立</td><td>主　委:于永萱</td><td rowspan="4">6 人</td></tr>
<tr><td>1997 年 5 月换届</td><td>主　委:白凤图</td></tr>
<tr><td>2005 年 5 月换届</td><td>主　委:傅博立
副主委:李桂芬</td></tr>
<tr><td>2011 年 6 月换届</td><td>主　委:杨　雪
副主委:傅博立</td></tr>
<tr><td rowspan="2">九三学社华北水利水电学院支社</td><td>活动小组</td><td>2003 年 6 月成立</td><td>召集人:孙东坡</td><td rowspan="2">11 人</td></tr>
<tr><td>支社</td><td>2009 年 8 月成立</td><td>主　委:孙东坡
副主委:邱道尹
陆　珊</td></tr>
<tr><td>民革省直华北水利水电学院支部</td><td>支部</td><td>2011 年 6 月成立</td><td>主　委:马　勇
副主委:张清年
王　晶</td><td>7 人</td></tr>
</table>

四、坚持以人为本,重视民族宗教工作

目前学校有少数民族学生 1 498 名。其中少数民族本科预科生 1 473 名,少数民族研究生 25 名。他们来自全国 10 多个民族,其中回族学生最多。学校党委高度重视他们的基本生活情况,充分考虑到他们的语言、饮食和宗教信仰等方面的特殊情况,专门组织教师对他们进行汉语言培训,专门设置了少数民族餐厅,充分尊重他们的宗教信仰自由。

五、创造条件、搭建平台,支持党外人士建功立业

学校涌现出一批优秀的党外代表人士。副校长、无党派人士王天泽教授是国家"新世纪百千万人才工程"人选对象,享受国务院特殊津贴,是河南省优秀专家,河南省第九、十届政协委员。无党派人士张新中教授是建筑学院院长,兼校勘察设计研究院院长,是河南省第十一届人大常委会委员。无党派人士邱林教授是环境与市政工程学院院长、中国水利学会水利资源专业委员会委员、教育部水利学科水文专业委员会委员,是河南省第九届、第十届政协委员。学校民进主委丁天彪教授是校长助理兼发展规划处处长,是民进河南省委常委。民进副主委缑元有教授是学校总务后勤处正处级调研员,又是河南省公安厅特邀监督员。学校九三学社主委孙东坡教授是校水利馆主任、水力学及河流研究所所长,是河南省科技厅学术技术带头人、郑州市优秀教师、河南省教育系统优秀教师、中国水利学会泥沙专业委员会理事、《水动力学研究与进展》杂志编委。他们为学校"内涵提升、协调发展"、为中原崛起乃至国家建设做出了突出贡献,为民主党派、无党派人士赢得了荣誉。

大胆培养和使用党外干部。学校党委高度重视党外干部的培养和使用,建立并不断完善学校党外知识分子代表人物人才库,通过学习培训、挂职锻炼、参加社会政治活动等具体措施,使一批优秀的党外代表人物脱颖而出。根据德才兼备的原则,大胆使用党外干部,且总量大、实职多。2011 年 7 月,学校党外处级以上干部 25 人,占处级干部总数的 15%。

六、协调关系,积极培养和举荐人才

针对学校在郑州办学时间短,在省、市两级政府、人大、政协社会任职少等特点,统战部主动对河南省 24 所高校进行了调查研究,撰写了《我省部分高校民主党派、无党派人士社会任职情况统计》报告。主动向河南省委统战部主要领导和职能部门领导汇报工作,举荐人才。通过各种渠道,进一步加强与郑州市委统战部、市政协之间的联系与沟通,积极向郑州政协领导推荐优秀干部,担任郑州市政协委员工作。加强与民主党派河南省委之间的沟通与联系,争取他们对学校民主党派基层组织工作的支持。

第四节　老干部工作

截至 2011 年 6 月,学校有离退休老干部 280 人,其中离休干部 11 人。学校认真贯彻落实"老有所养,老有所医,老有所教,老有所学,老有所乐,老有所为"的方针,始终围绕中心、服务大局、针对特点、做好工作,为老干部服务的责任心进一步增强,管理水平逐步提高,老干部的各项待遇得到了较好的落实,离退休老干部在学校发展、教书育人和创建和谐校园中的作用得到较好发挥。

一、学校重视离退休老干部管理工作

学校高度重视离退休老干部管理工作。2009 年 5 月,学校出台了《关于进一步加强离退休工作的意见》,成立了以书记、校长为组长的离退休工作领导小组。学校党委定期听取老干部工作汇报,向老同志通报学校改革、发展情况和重大事项,凡重大问题都要征求老同志代表的意见。老干部离退休时,都要召开交接座谈会,由

学校主管老干部工作的领导和主管人事工作的领导参加，人事处与离退休管理处进行交接，认真听取他们的意见和建议，充分肯定即将离退休老干部的工作，鼓励他们退休不退色，退休不退责，一如既往、力所能及地发挥作用，为学校做贡献。学校关心老干部的生活，节假日或家庭有重大变故，校领导都要登门慰问拜访。学校调整现岗职工津贴分配政策时，向离退休老干部倾斜，让老干部共享改革发展成果。

二、充分发挥老干部的作用

充分发挥老干部的"传、帮、带"作用。老干部对学校的发展很有感情，也希望退休后发挥余热、力所能及地为水利事业、为学校做些工作。学校于2002年10月制定了《关于聘请退休教师从事教学工作的暂行规定》，充分利用离退休老干部的政治优势、专业优势，鼓励他们在学生中进行爱国主义、集体主义、社会主义教育，提高学生的思想觉悟和道德修养；充分利用他们的教学、科研、管理经验，对青年教师进行教学技能、科研方法培训。各教学科研单位积极返聘身体健康、有专业特长的老同志，支持他们老有所学、老有所为，为他们发挥余热创造良好条件。

积极开展关心下一代工作。学校成立了关心下一代工作委员会，2007年4月制订了《关心下一代工作委员会工作条例》。关工委有成员20多人，校党委副书记任主任、两位退休干部任副主任。关工委以大学生为对象，以育人为中心，以"拾遗补缺、配合工作"为原则，针对大学生的特点进行思想政治教育：倡导并参与组织大学生MMD学习研究会，开展丰富多彩的马列主义、毛泽东思想、邓小平理论学习研究，引导和帮助学生树立正确的世界观、人生观、价值观，掌握马列主义的基本理论和基本方法；积极参与《形势与政策》课的讲授，加深大学生对党的方针政策和国际国内形势的理解，增强学生执行党的路线、方针、政策的自觉性；与学生开展忘年交活动，寓理想信念教育于朋友式的交往之中，言传身教、传道授业；对大学生进行科普知识和科学素质教育，促使学生开阔眼界、开阔思路、尊重科学、学以致用；参加校园文化建设，参与大学生戏曲社、文学社、话剧社、书画社、记者团、辩论协会等社团活动，帮助大学生提高文化素养，培养大学生广泛的兴趣和爱好，努力使学生成为德智体美全面发展的通用型人才。

聘请并支持老干部从事教学督导和学生思想政治工作。学校成立了校教学督导团，从2004年至今聘请了20多位离退休老教师做专职教学督导员，听新进教师试讲，指导青年教师备好课、上好课，促使年轻教师不断提高教学质量和授课水平。

三、认真落实离退休干部的各项待遇

（一）落实政治待遇

按照"基本政治待遇不变"的原则，从思想上、政治上关心爱护老干部，学校有重大政治活动，邀请老干部代表参加；坚持和完善老干部阅文制度，按照有关规定，离退休老干部应该知道的有关文件，一定及时通知阅读或组织传达；坚持向老干部通报情况制度，及时向他们传达重要会议精神，通报学校改革发展中的重要情况，虚心听取他们的建议和意见；邀请老干部参加校、院（系）一些重要的会议和重大活动；大力宣传老干部的历史功绩和奉献精神；树立"退职不退责、退岗不褪色"的先进典型，号召广大老干部和全校教职工向他们学习。

（二）落实组织待遇

加强离退休老干部的组织建设，成立

了离退休党总支。离退休党总支注意研究探索新形势下工作的新特点、新思路、新办法,采取多种形式组织老党员干部过好组织生活,引导老干部关心学校的建设与发展,通过正常渠道向学校反映合理的意见和要求;有针对性地开展一些寓教于乐的组织生活活动,提高凝聚力、向心力和党组织战斗力。

(三)落实生活待遇

认真落实离退休老干部的生活待遇,是离退休工作的一项重要任务,是做好离退休工作的基础。学校在制定校内津贴分配方案时,充分考虑离退休老干部的利益,积极主动地为老干部排忧解难,充分体现对老干部的照顾和倾斜;学校在新校区周转房分配中,老干部和在职职工享受同等待遇。学校定期看望易地安置的离休老干部,经常了解其生活情况,解决异地安置人员房子产权过户等问题,尽力为其排忧解难;学校下属各单位定期或不定期地联系看望本单位的离退休老干部,听取他们对单位发展的意见和建议;元旦或春节期间,对老干部进行走访、慰问,邀请他们参加本单位组织的有关座谈会、茶话会或文娱活动;主动慰问、探望患病住院的老干部,协助他们解决困难;学校组织体检,离退休老干部与在职人员同等对待;健全"两费"保障机制,保证离退休费按时足额发放和离退休人员医疗保险费按时交纳。

四、开展丰富多彩、寓教于乐有利于老干部身心的活动

学校倡导新型离退休管理服务模式,由过去的保姆型服务转变为政策服务型。转变养老观念,变消极养老为健康养生。学校已初步形成居家为基础、社区为依托、机构为补充的养老格局。

(一)加强离退休活动室的建设

规范和完善离退休活动室的使用管理制度,改善设施条件,丰富活动内容,充分发挥离退休活动室在丰富老干部精神文化生活方面的"阵地"作用。

(二)开展小型分散、形式多样的文化娱乐活动

在做好日常服务工作的同时,围绕学校的中心工作和重大节庆,组织开展健康有益、适合老干部特点的文化娱乐活动。如举办庆祝"三八"妇女节活动,开展"老年健康乐"活动。结合重阳节,组织好老干部的参观考察社会经济发展活动。同时,鼓励和支持老干部参加各类老年大学的学习。充分利用学校现有资源,为离退休老干部提供老有所为、老有所学、老有所乐的活动平台。

(三)组织健身活动

经常组织离退休老干部参加省、市老年健身操、舞蹈、门球等活动;在校内开展象棋、扑克、乒乓球、麻将等比赛活动,既锻炼身体,又丰富生活。

(四)完善服务网络,优化工作机制

建立老干部服务网页,为老干部上网配备计算机;建立老干部信息通报制,尽力做到信息灵、服务到位;充分发挥离退休党支部和党小组的核心和骨干作用,做好思想工作和党建工作,提高吸引力和向心力。

学校积极为老干部创造良好的学习、生活和工作条件,老干部也为学校的发展作出了贡献。关工委在6年间4次被评为全国教育系统、河南省及教育系统关心下一代工作先进集体称号;7人9次被评为水利部、教育部、河南省和教育系统关心下一代工作先进个人;学校老年门球队在省直机关比赛中多次获得第一名的优异成绩;老年健身操获得河南省第九届老年人运动会道德风尚奖和健身秧歌比赛全省唯

一的完成质量奖;80 岁高龄的张泽梅教师获得郑州市模特大奖赛老年组一等奖;退休日语教师张郁萍热爱民间艺术,其剪纸作品在国内外先后获奖 70 多次,并荣获中国剪纸艺术家的光荣称号。

第七节　工会工作

一、"双代会"工作

2001 年以来,校工会召开了第五届、第六届"双代会"。

2002 年 11 月 29 日至 12 月 1 日,学校第五届"双代会"第一次会议隆重召开。会议认真听取了严大考校长所作的题为《以发展为主题,以改革为动力,努力把学校建设成为具有鲜明特色的水利水电大学》工作报告,党委副书记、工会主席高武胜所作的题为《认真贯彻党的十六大精神,紧紧围绕学校中心工作,努力开创学校工会工作新局面》工作报告,以及校财务工作报告和工会财务工作报告。会议审议通过了学校《校内津贴分配办法》,校内分配制度改革取得实质性进展,在学校发展史上具有重要意义。

2004 年 9 月 11 ~ 12 日,学校召开了五届二次教代会,会议听取严大考校长所作的《华北水利水电学院发展战略规划》、刘汉东副校长所作的《华北水利水电学院学科建设和师资队伍建设规划》和孙纯淇副校长所作的《华北水利水电学院校园建设规划》报告,会上对中层以上领导进行了民主评议。大会在广泛征求意见的基础上,修改通过了上述三个方案。方案确定了一个时期内学校各项事业发展的方向,为学校稳步、快速发展提供了强大的制度保障和精神动力。

2005 年 8 月 23 日,学校隆重召开第五届教代会第三次(扩大)会议。教代会代表和全校教职工认真听取了严大考校长代表校行政做的工作报告,报告全面总结学校一年来教学、学科建设、科研、招生与就业等各项工作,重点向与会代表及全校教职工通报了评估和新校区建设进展情况,同时也给全校教职工提出了希望和要求。校党委书记朱海风在会上做了重要讲话。此次大会的胜利召开,使全校教职工进一步统一了思想、提高了认识、增强了信心,为学校本科教学评估取得优异成绩打下了坚实的基础。

2008 年 12 月、2009 年 6 月先后召开五届四次和五届五次教代会,专题讨论修改校内津贴分配办法,在广泛听取意见的基础上,五届五次教代会审议通过了新的《校内津贴办法》,为实现学校又好又快发展提供了有力的政策保证。

2010 年 9 月 16 ~ 17 日,学校隆重召开了第六届教职工暨工会会员代表大会。来自全校各分工会的 144 名教职工代表和大会主席团成员认真听取了严大考校长所作的题为《坚持改革创新,推动科学发展,为建设高水平教学研究型大学而努力奋斗》的工作报告,听取了校党委副书记、工会主席许琰所做的《围绕中心,服务大局,为实现学校又好又快发展而共同奋斗》的工会工作报告,审议了校财务工作报告和工会财务工作报告。在两天会议中,全体代表本着高度负责的精神,认真审议了校长工作报告和工会工作报告,对学校的建设和发展提出了许多有建设性的意见和建议。大会主席团在广泛听取意见的基础上,起草了校长工作报告决议和工会工作报告决议。大会强调,当前和今后一个时期,全校上下要深入贯彻落实科学发展观,更加重视提高教学质量、增强科技创新能力,加强师资队伍建设,提高管理水平,深化校内管理体制改革,不断探索教代会和工会工作的新思路、新方法,继续关注民生,维护广大教职工合法权益,不断加快特色鲜明的高水平教学研究型大学建设步伐,办人民满意的大学。大会以差额选举和无记名投票方式选举产生了新一届工会委员会委员,许琰当选第六届工会委员会主席,郭少龙、李明霞当选第六届工会委员会副主席。

在教代会闭会期间,校工会作为教代会的工作机构发挥了应有的作用。在历次教代会召开之前,对教代会主席团成员的组成,各专业委员会成员的组成,会议的各项议程等,都进行周密的布置和落实,并能广泛征求教职工意见。每次教代会召开之前的代表提案的征集、分类工作校工会亲自办理,教代会闭会后学校发文件到各有关单位,责成限期答复和整改,最后反馈到各代表团。教代会之后,下属的各委员会在各级分管的工作范围内做了大量工作,发挥了很好作用。生活福利委员会主要管理使用好福利费和补助困难职工及组织为灾区和贫困地区捐款捐物。住房委员会多次开会,研究房改政策,积极为职工集资建房、分调房,2009 年新校区周转房分配期间,在规模空前、参与人数众多,时间紧,任务重的情况下,在学校党委领导下,校工会充分调查研究,集思广益,科学组织,起草了周密、严谨、可行的周转房分配方案。在公开、公正、公平的原则下,高效、有序、平稳地完成了近千套周转房分配任务。对支付购房款有困难的教职工,校工会、财务处多方协调,及时为广大教职工办理住房公积金贷款、商业贷款和住房公积金支取手续。为使教职工及时入住周转房,校工会先后组织三次大型团购活动。的教职工思想政治建设上,依托工会组织优势,加强教职工政治学习,适时召开教师座谈会和教职工思想政治工作座谈会,了解广大教职工的思想状况,使政治理论学习更有针对性、时效性,教职工的思想政治素质得到明显提升。文体活动工作委员会以文体协会为平台,积极组织开展了丰富多彩的文体活动,活跃了教职工的业余文化生活,营造了和谐、健康、向上的校园文化氛围。

二、积极参与学校工作

多年来,学校党委和行政坚持全心全意依靠广大教职工办学的宗旨,工会同志参加了院内许多重要机构和组织,如党委中心学习组、校务公开领导小组、基建领导小组、利用信贷资金扩大办学规模领导小组和项目审定工作领导小组、“三讲”教育领导小组、年度考核委员会等。校工会作为联系党委和广大教职工的桥梁和纽带,及时向党委反映教职工关心的热点问题维护广大师生的切身利益,协助党委做好教职工的思想政治工作,为学校改革与发展大局服务。

三、教代会评估工作

2010 年 12 月 20 日,河南省教育工会教代会评估专家组莅临学校,检查评估学校教代会、建家回头看工作。党委副书记、工会主席许琰从党政领导高度重视教代会工作;执行教代会制度,实行规范化管理;发挥工会、教代会组织优势,履行教育职能,服从服务于学校工作大局;充分发挥“双代会”作用,积极参与民主管理、民主监督、民主决策;全心全意为教职工服务,切实维护教职工合法权益;开展丰富多彩的文体活动,促进校园精神文明建设;加强自身建设,增强工会活力和战斗力等方面向评估组做了全面汇报。

专家组成员现场查看了教代会评估材料和建家回头看材料,对学校教代会工作进行了全方位检查评估。评估专家组对学校教代会工作给予了高度评价,一致认为,学校教代会工作领导重视、定位准确、制度健全、操作规范、工作扎实,富有成效,在学校改革、建设和发展中真正起到了桥梁纽带作用,真正实现了依法治校、科学治校、民主治校。同时,对学校教代会工作也提出了宝贵建议。校党委朱海风书记代表学校向专家组的辛勤工作表示感谢,并表示学校将以此次评估为契机,发扬成绩,加强建设,不断改进。朱书记强调,"发展为第一要务,评建是发展机遇",本次评估,有利于我们进一步明确教职工在办学中的主体地位,进一步明确教职工参与学校管理的途径、事项等,充分调动教职工参与学校管理和监督的积极性,充分尊重教职工的首创精神,全面贯彻学校发展依靠教师的教育发展方针,以学生为本,以教师为本,固本强基,特色发展,为构建和谐校园群策群力,努力奋斗。

第九章 宣传、文化与文明单位创建

2001年以来,学校宣传、文化与文明单位创建工作,按照"围绕中心,服务大局,内聚人心,外树形象"的指导思想,牢牢把握正确的舆论导向,不断加强校报、校园网建设,积极开展学校形象宣传,大力加强大学文化建设,深入开展群众性精神文明创建活动,学校连续两届被评为省级文明单位,充分发挥了宣传政策、交流经验、引导舆论、树立典型、弘扬正气、凝聚人心、展示形象、推动工作等积极作用。

第一节 校报编辑出版

2001年以来,学校校报及时宣传校党委、行政重大决策部署,积极策划专题报道,主动为教学科研服务,广泛反映师生心声,为师生文艺创作提供平台,编校质量不断提高,共编辑出版发行了141期,发行覆盖面不断扩大,以创刊300期为起点,成功实现了由四开四版到对开四版的扩版,增加了信息量,提高了宣传效果,已经发展成为学校重要的宣传思想文化阵地。

2001年,全年共出版校报14期。围绕50周年校庆,4月15日出版的第172期刊登了一组学校在岳城时期办学的照片,4月20日出版的第173期刊登了一组邯郸校址照片;第172期配合大学生记者团开展的"饮食服务调查活动",策划了后勤伙食工作专版;5月25日出版的第174期推出了讲课大赛专版;9月12日出版的第177期编辑了社会实践专版;10月1日出版的第178期集中刊登了50周年校庆前夕的各项活动和领导题词;10月24日出版的第179期、10月25日出版的第180期和11月15日出版的第181期围绕50周年庆典,分别刊登了河南省、水利部和学校领导、兄弟院校领导、师生代表的讲话、贺信,各院系校庆分会场的座谈、学术报告等活动。11月30日出版的第183期开辟了理论学习专版,刊登了3篇"三个代表"学习的体会。

2002年,校报工作主要围绕顾金才院士加盟学校、汪胡桢事迹、汪胡桢塑像落成、"三个代表"学习实践活动、十六大精神的学习贯彻、校第八次党代会、第五届双代会、处级干部换届工作等内容展开。本年度校报出版了12期,发行报纸5万多份。4月22日出版的187期用2版的篇幅集中报道了学校第一批"三个代表"驻村工作队的工作情况总结、队员的体会,以及第二批驻村工作队的组建、新老队员座谈会等情况。6月25日出版的190期用2整版的篇幅刊登了校报编辑郭志芬采写长篇通讯《生命短暂,精神永存》,对英年早逝的我校青年教师黄和法的先进事迹进行了集中报道,产生了较好的宣传效果。10月26日,学校第八次党代会胜利召开,围绕第八次党代会,校报先后组织了新闻报道、评论等22篇。11月15日,我校举行了汪胡桢塑像落成典礼,校报先后在11月出版的194期的头版头条报道了落成典礼,还在第二版刊登了汪胡桢先生简介、塑像设计者马勇的体会,在195期上刊登了校报编辑郭志芬采写的长篇通讯《江河作歌颂人生》,报道了汪老先生的生平事迹的几个片段。

2003年,上半年围绕"非典"防治工作刊登了有关防非典科学知识、评论、工作动态等22篇。6月1日,《华北水电学院报》出版了第200期,该期校报在第一版刊登了祝贺创刊200期社论《服务中心工作,宣传社会主义文明》,还刊登了党委书记朱清孟、校长严大考、副书记高武胜等领导的祝贺题词以及兄弟院校的贺信、编辑部致读者的一封信等内容。第二版是第七届青年教师讲课大赛专版,集中报道了讲课大赛的活动开展情况、获奖名单、获奖者简介及有关图片。第三版、第四版是驻村工作专版《打虎地旁酬壮志,凤凰台前写青春》,集中刊登了第二批驻村工作队员的工作和生活情况,配发了一组照片,刊刊登了学校党委副书记王保国、副校长曹兴霖、党委宣传部长史进才为驻村队员创作的诗歌7首,使广大读者增进了对驻村工作的了解,发挥了较好的宣传作用。2003年上半年,学校启动了迎评促建工作,7月4日召开了迎评促建工作大会,7月10日出版的第201期全文刊登了严大考校长在迎评促建大会上的讲话,10月25日出版的第203期报道了迎评促建工作阶段总结会议。

2004年,共编审、出版了13期校报。组织发行到办公室、家属楼、学生宿舍共计近90 000余份。为了加强对纪检工作的宣传,校报在2004年3月1日第207期,4月30日第210期,5月28日第211期,6月12日第212期,6月30日第213期第二版连载了关于党内监督的纪检知识。2004年6月12日第212期第一版集中报道了新校区奠基典礼及多位领导的讲话。围绕已经启动的迎评促建工作,校报在2004年9月17日第214期,9月30日第215期,10月22日第216期,11月13日第217期,11月30日第218期,12月17日第219期连载了《本科教学工作水平评估知识问答》,对于广大师生进一步明确任务、积极开展迎评促建工作发挥了积极的作用。在当年河南省高校校报年会上,学校校报再次受到了河南省新闻出版局的通报表扬。

2005年,是我校发展史上具有重要意义的一年,围绕新校区建设和本科教学评估工作,校报开展了一系列专题报道。5月30日(第222期)校报公布了校徽、校训和校歌征集结果及寓意阐释;5月30日(第222期),校报发表了评论员文章《评估工作责任大于泰山》;6月24日(第223期)、9月9日(第226期)、10月20日(第228期)、12月25日(第230期)分别对新校区建设作了跟踪报道;围绕保持共产党员先进性教育活动,校报在7月15日(第224期)、9月9日(第226期)、10月1日(第227期)对该项主题活动进行了连续的集中报道;10月1日(第227期)第三版对大学生社会实践进行了专题报道;10月20日(第228期)刊登了学校纪念汪胡桢逝世六十周年座谈会的新闻报道,并从本期起连续刊登了一组纪念文章:王延荣的《让华北水院人永远记住他——汪胡桢先生》、杨乔的《沿着汪胡桢老院长走过的道路奋进》、贾本琪的《现代水利技术的开拓者——汪胡桢》,进一步增强了校史校情教育;11月20日(第229期)对教育部专家在校期间的活动进行了集中报道。这些重点报道均发挥了积极的舆论引导作用。

为深入贯彻落实全国、全省科技大会精神、积极推动科技创新,学校于2006年9月21~22日隆重举行科技工作大会。2006年10月15日(第235期)对此作了重点报道和介绍,同时充分展示了我校"十五"期间的科技工作成就与对未来工作的信心;围绕建校55周年,校报10月31日(第236期)用两版的篇幅对庆典大会、校友活动等情况进行专题报道;随着高校毕业生数量的逐年增加,大学生就业问题越来越成为社会各界关注的焦点,对此,校报于2006年先后刊登专题评论及相关文章8篇,对大学生求职心态需要注意的问题、我校学生就业形势等作了分析。

2007年校报内容上具有以下三个特点:一是增加了对先进教工事迹的报道。先后推出了郝仕龙、朱贵良、郭朝彬、孟祥敏、孙保沭、史秀玉、乔敏、朱铁群、高传昌、杨振中、梁松等一系列先进教工的典型事迹,较好地发挥了榜样的带动作用。二是围绕内涵提升、协调发展战略任务和"讲正气、树新风"主题教育活动等重大任务和重大活动,组织刊发了一系列评论员文章,以引导舆论,统一思想,鼓舞人心。校报4月7日(第241期)专门刊发《抓住机遇 提升内涵 促进我校又好又快发展》的评论员文章,分析了学校在发展过程中加强内涵建设的必然性与对学校师生的要求;4月初,学校召开"讲正气、树新风"主题教育活动动员大会。围绕这一活动,校报于4月22日(第242期)、5月15日(第244期)、5月30日(第245期)先后刊发三篇评论员文章,促进了"讲正气、树新风"主题教育活动不断深入。三是根据校党委、行政不同阶段的工作中心,先后集中刊发了"艰苦奋斗、敬业奉献"大讨论、助学贷款、党风廉政知识、军训、人才特色、德育评估、"四风"文字表述及内涵阐释、学习十七大精神等不同内容的专版或集中报道。党的十七大召开后,我校师生积极收听、收看胡锦涛同志的报告,并结合学校实际组织学习讨论。校报10月20日(第251期)、10月31日(第252期)、11月15日(第253期)、11月30日(第254期)、12月15日(第255期)、12月30日(第256期)对学校学习贯彻落实十七大精神相关活动作了连续报道。

2008年,校报工作围绕处级干部和正高级职称人员"理论学习与改革创新"研讨班、创建省级文明单位、"新解放、新跨越、新崛起"大讨论活动、学习实践科学发展观活动、抗震救灾等重大活动以及好人好事等,组织新闻稿件。从2008年3月31日出版的第259期头版头条《我校召开创建省级文明单位工作会议》开始,至11月30日出版的第270期头版头条《我校再度荣获省级文明单位称号》止,在这期间,校报开辟"文明单位创建知识问答"系列版块、"本报评论员论创建文明单位"系列版块,在4月15日出版的第260期、4月30日出版的第261期、5月15日出版的第262期、5月30日出版的第263期、6月15日出版的第264期、6月30日出版的第265期连续刊登了6篇文明单位创建知识问答,对文明创建过程中的一些问题进行解答。在第260期、261期、263期、264期连续发表了《认清形势,扎实工作》、《高质量完成创建档案建设工作》、《行动起来,净化、美化我们的校园》、《学习精神文明知识,争做文明创建标兵》等评论员文章。围绕抗震救灾工作,校报主要刊登了我校师生、校友以实际行动帮助受灾群众的事迹。2008年5月30日出版的第263期的头版头条报道了学校校领导对我校家庭受灾的学生进行慰问。本期的第三版还报道了我校优秀校友陈雷、刘松林等亲赴一线、指挥抗震救灾的事迹。在9月16日出版的第266期、10月16日出版的第267期,对学校师生担负社会责任、亲身参与到灾区水利设施除险加固工作进行了报道。10月31日出版的第268期,学校援建队员郭振胜、王新建、赵巍栋应校报之约,撰文对他们那段难忘的生活、工作进行了回顾。从3月31日出版的第259期开始,在第三版新增了“杰出校友”版块，分别在第259期、260期、261期、262期、263期、265期、266期介绍了我校杰出校友陈雷、刘文朝、何荣林、梁贞堂、沈志刚、娇勇、刘松林等的先进事迹。

2009年，校报工作围绕学习实践科学发展观活动、中层干部换届、新班子上任后的新气象、落实省部共建协议精神、党建评估、精神文明建设、教学工作等重大活动、中心工作以及基层工作动态、好人好事等，组织新闻稿件，共编辑出版发行了14期校报。围绕中层干部换届工作，3月31日出版的校报发表了评论员文章《以改革创新精神推进我校干部选任方式改革》。中层干部换届以后，又在第276~279期开辟了“转变作风、促发展”系列报道，对校园网先期刊登的13个单位新班子的新作风、新措施、新发展进行了连载，发挥了较好的舆论引导作用。围绕“讲、树、促”教育活动专题，从4月30日起，在275~279期，集中报道了有关学习活动和学习焦裕禄精神的学习体会。围绕党建评估工作，第285、287期集中报道了我校党建工作的工作成绩。

2010年，校报以创刊300期为起点，成功实现了由四开四版到对开四版的扩版，增加了信息量，提高了宣传效果。11月23日上午，举办了《华北水利水电学院报》创刊300期座谈会，副校长石品参加座谈会并致欢迎辞，河南省新闻出版局报刊管理处处长张新、中国青年报河南记者站副站长潘志贤以及兄弟院校校报编辑部的同仁、曾经在校报编辑部工作过的同志以及读者代表参加了座谈。党委宣传部部长、校报主编饶明奇围绕校报的办报宗旨、发展历史、报纸扩版情况以及今后的发展方向作了主旨发言。从2010年起，校报按照出版日期在河南省高校校报联合平台、中国高校校报展示平台进行展示，校报还在新浪网建立了自己的博客，在党委宣传部网站建立了电子版栏目供读者浏览。为全面总结“十一五”以来学校的主要办学成绩和经验，进一步增强信心、凝聚力量，科学谋划学校“十二五”期间的工作，推动学校又好又快发展，从2010年12月5日(第302期)至2011年1月7日(第304期)，校报连续转载了先期在校园网刊登的“十一五”成就展，分别就教学工作、基建工作、党建工作、人才队伍建设、反腐倡廉工作、学生工作、宣传思想文化工作、学科建设工作、工会工作、招生就业工作、共青团工作等12个方面进行了报道。

2011年上半年，校报紧紧围绕重点工作策划系列报道、重点报道。围绕中央一号文件的学习，在1月7日出版的第304期全文刊登了水利部部长陈雷在全国水利工作会议上的讲话，在3月7日出版的第305期开辟了学习中央一号文件专版，刊登了几位著名专家学者和学校党委书记朱海风学习中央一号文件的体会。在4月7日出版的第307期刊登了党委书记朱海风学习中央一号文件的文章《深邃高远，坚实给力》；围绕教师发展问题，从3月7日出版的第305期起，刊登了学校教师发展大会综合报道、朱海风书记和严大考校长在教师发展大会上的讲话、教师发展征文9篇、各单位落实大会精神的活动等；围绕第14届青年教师讲课比赛，5月23日出版的第310期对讲课比赛决赛和广大教师的反映进行了报道。在311期和312期连续整版刊登了讲课大赛优胜者的体会文章，并配发了照片。围绕创建全国文明单位工作，校报连续刊登了多篇创建活动报道，开辟了创建知识问答专栏，从4月7日出版的第307期起，连续刊登了2010年学校文明教工、文明家庭的先进事迹；围绕

60周年校庆活动,连续刊登校庆筹备活动新闻稿件、书画作品等10余篇。从5月9日出版的第309期开始,连续刊登学校不同时期的主要办学成就。这些专题报道为教育引导广大师生积极投身全国文明创建活动,以优异成绩迎接建校六十周年发挥了积极的舆论引导作用。

第二节 校园网新闻宣传

网络在新闻宣传工作中的作用日益重要,2003年,学校正式建立了校园网,设有新闻、通知、学校概况、机构设置、人才培养、教师队伍、科研、校办产业、招生就业、办公系统、数字资源、华水校友、思政之窗等一级站点。在机构设置站点建立了各单位、各院系的二级网站。校园网与各大网站链接,可以很方便地浏览互联网上的信息。另外根据不同阶段学校中心工作设置各种专题性、阶段性网站,初步建立了网络宣传阵地。2009年,又对校园网进行了全新改版,新版校园网主页的一级站点主要有学校概况、教育教学、科学研究、学科建设、师资队伍、招生就业、合作办学、办公系统、学生工作、图书档案、管理服务、学院设置、博士单位建设、教务系统、视频新闻、重点推荐、人才招聘、网络服务、华水校友、校内门户、畅民意促发展等。各单位对网络宣传的重视程度日益提高,信息更新速度不断加快。主页新闻栏目内容更新速度不断加快,新闻编辑水平不断提高,关注度不断提高。校园网逐渐成为学校最重要的信息平台和最重要的宣传阵地。

2003年,各部门在校园网站发表新闻87篇,其中回顾2002年大事记1篇,关于政治学习的报道5篇,关于学校党风党纪整顿、反腐倡廉的报道4篇,校园精神文明建设及思想政治工作的相关报道6篇,关于学校处级以上领导干部学习十六大精神2篇,2003年毕业生相关信息4篇,招生录取信息2篇,教学科研等方面6篇,抗击非典的系列活动报道16篇,学校对外交流学习的信息15篇,所获荣誉的报道6篇,迎评促建工作6篇,庆祝建党82周年的活动2篇,有关校园活动及对学校扶贫济困的报道9篇。

2004年,及时更新校园网新闻,全年共发表新闻稿91篇。其中综合类18篇,党务党建类9篇,人事类1篇,学生工作16篇,教学类11篇,科研类16篇,迎评促建类4篇,工会1篇,审计1篇,学科建设1篇,招生就业7篇,纪检工作4篇,教工文体活动3篇。

2005年,校园网共编发新闻249篇。其中围绕保持共产党员先进性教育活动,对学校的有关会议和各党总支的学习活动进行了较为集中的报道,共发表新闻稿件57篇。围绕教育部本科教学工作水平评估工作,对模拟评估、预评估以及教育部专家正式评估等活动进行了集中的报道,共发表新闻稿件37篇。另外,教育教学方面16篇,科研活动32篇,学生活动47篇,其他内容60篇。

2006年,校园网主页新闻栏目共发布新闻272篇。其中学生管理、共青团工作63篇,科研、学术活动38篇,教育教学活动18篇,其他153篇。5月15日,中层干部培训班开班,每位校领导结合分管工作实际和理论思考,为中层干部培训班做一场辅导报告,校园网对培训内容进行了连续报道,取得了较好的宣传效果。从本年开始,校外媒体对学校的重要报道也在校园网上转载。

2007年,校园网共发表新闻稿件350篇,数十万字,同时加强对视频新闻、各二级网站等内容的监控工作。围绕上半年的

"讲正气、树新风"主题活动和后半年党的十七大精神的学习,校园网共发表党建类稿件 62 篇。另外,科研获奖、学术活动类 45 篇,教育教学类 22 篇,学生活动、就业类 82 篇,其他 139 篇。校园网新闻编辑质量不断提高,更新速度不断加快,点击率不断上升,已逐渐成为学校最重要的宣传舆论工具,在学校思想政治工作乃至教学、科研、管理等各项工作大局中的作用日益增强。

2008 年,在校园网上编发新闻稿件 354 篇,约 50 余万字。其中党务党建类 87 篇,学生活动类 70 篇,教学、学科建设、师资队伍 34 篇,科研 42 篇,招生就业 9 篇,其他 55 篇。上半年,围绕"3 · 14"事件,集中报道了各单位开展的主题活动,转载了 2 篇评论。围绕抗震救灾活动,发表了 14 篇有关活动报道。围绕创建文明单位,转载了 6 篇校报评论员文章。开设了精神文明建设专题网站,将文明创建的有关文件、学习资料、领导讲话、活动动态等放在网上供学习浏览。围绕"新解放、新跨越、新崛起"大讨论,刊登了活动报道、评论等 9 篇。围绕后半年的学习实践科学发展观活动,建立了主题网站,共编发了活动报道、评论等 32 篇。这些专题宣传工作,为完成不同阶段的重点工作发挥了积极的作用。

2009 年,在校园网上编发新闻稿件 400 篇,约 50 余万字,编辑修改图片 100 余幅。上半年,围绕处级干部换届,做好宣传引导工作。校园网新闻栏目 2 月 28 日报道了换届动员会;2 月 25 日报道了民主测评、民主推荐会议;2 月 26 日发表了评论员文章《以改革创新精神推进我校干部选任方式改革》,对换届实施方案的五大特点进行了概括,号召广大干部积极参与改革;3 月 3 日对竞争上岗人员笔试考试进行了报道;3 月 4 日转载了《人民日报》仲祖文的文章《名利上要有满足感,能力上要有危机感》;4 月 8 日连续转载了 2 篇《人民日报》的评论《现在的官不好当了》、《现在的官为什么不好当了》;4 月 10 日连续转载了 2 篇《人民日报》评论《领导干部要做到一面旗、一团火、一盘棋》和通讯《中央启动新一轮年轻干部选拔工作》;4 月 20 日报道了中层干部换届总结大会。为了鼓励中层干部换届以后转变作风、促进发展,从 5 月 11 日至 7 月 10 日,在校园网新闻栏目开辟了"转变作风促发展"系列报道,先后对电力学院、总务后勤处、基建处、工会、法学院、计财处、机械学院、离退休处、水利学院、现代教育中心、团委、土木学院、管理与经济学院等 13 个单位新班子的新作风、新措施、新成效进行了报道。这些宣传工作,为深入贯彻落实中央和省委干部选任制度改革精神、顺利完成学校中层干部换届、确保学校大局稳定、推动学校事业发展发挥了积极的作用。

2010 年,校园网新闻更新速度加快,全年在校园网上编发新闻稿件 429 篇,约 50 余万字,编辑修改图片 200 余幅。其中学校重大活动 94 篇,招生就业 20 篇,教学科研 33 篇,工会活动 19 篇,学生活动 51 篇,其他工作 212 篇。2010 年 12 月 14 日至 2011 年 1 月 13 日,在校园网连续推出了"十一五"成就 12 篇系列报道,分别就重大问题决策机制、教学、学科建设、纪检监察、工会、团学、宣传、党的组织建设、总务后勤、基本建设、招生就业、师资队伍建设等 12 个方面的重要工作进行了全面报道,对于各单位系统总结"十一五"经验、做好"十二五"规划发挥了积极的作用。

2011 年上半年,校园网新闻宣传工作紧紧围绕创建全国文明单位、60 周年校庆、博士点建设等重点工作,策划系列报道、重点报道,截止8月底在校园网推出了校史与校友校庆系列报道30篇;开辟了创建活动系列报道,刊登相关稿件20余篇;刊登庆祝建党90周年活动10余篇。共刊登稿件332篇,为教育引导广大师生积极投身创建活动,以优异成绩迎接建校60周年、建党90周年发挥了积极的舆论引导作用。

2003—2011年各单位校园网新闻稿采用情况见表9-1。

表9-1 2003—2011年各单位校园网新闻稿采用情况一览表

序号	学校部门	采用篇数	序号	学校部门	采用篇数
党群组织			28	校友会	34
1	党委办公室	34	29	外事办	12
2	党委组织部	110	教辅单位		
3	党委宣传部	1150	30	图书馆	78
4	党委统战部	29	31	现代教育技术中心	37
5	纪委、监察处	17	32	学报编辑部	16
6	校工会	80	校办企业		
7	团委	382	33	监管中心	8
8	第一党总支	5	34	勘察设计院	19
行政部门			教学单位		
9	校长办公室	38	35	水利学院	271
10	档案馆	8	36	资源与环境学院	267
11	教务处	168	37	机械学院	158
12	研究生处	194	38	电力学院	271
13	科技处	153	39	土木与交通学院	212
14	人事处	62	40	环境与市政工程学院	106
15	计划财务处	17	41	信息工程学院	657
16	学生处	217	42	数学与信息科学学院	184
17	招生就业处	272	43	管理与经济学院	371
18	资产与设备管理处	33	44	外国语学院	101
19	审计处	13	45	法学院	66
20	发展规划处	3	46	建筑学院	207
21	基建处	57	47	人文艺术教育中心	56
22	总务后勤处	117	48	继续教育学院	309
23	校办产业管理处	33	49	电大试点办	3
24	保卫处、武装部	52	50	国际教育学院	229
25	离退休人员管理处	21	51	软件学院	83
26	招投标管理办公室	6	52	思政学院	60
27	新区综合办	11	53	体育教学部	42

第三节　学校形象宣传

开展校外媒体新闻宣传工作，对于增进外界对学校的了解，树立学校的良好形象，提升学校的社会声誉具有非常重要的意义。2001 年以来，学校不断加大工作力度，校外新闻媒体对我校的报道不断增多。

2002 年，在《中国水利报》、《郑州日报》、《决策》、《中国高等学校大全》等报刊上发表宣传学校工作的稿件 40 余篇。其中，2002 年 11 月，由中央电视台科教频道“异想天开”栏目对我校代表队提出的环保、全方位、多角度、且具有经济开发价值的黄河生物清沙方案夺得冠军的报道，影响较大。

2003 年，学校加强对外联系，各类新闻媒体对我校的报道有 50 余次。

2004 年，重点组织了新校区奠基、科研工作、毕业生文明离校、暑期大学生社会实践等活动的宣传报道。其中暑期大学生社会实践活动在中央电视台新闻联播播出，产生了较大影响；6 月 11 日，《科技日报》报道了由学校渡槽研究室刘东常教授、孟闻远博士承担的水利部科技创新基金项目“大型预应力 U 型薄壳渡槽施工技术及设计理论研究”的研究水平和经济社会效益；7 月以后，学校招生工作受到多家媒体的关注。其中，央视“当代教育”节目对学校刘汉东副院长作了长达 30 分钟的专题采访；河南人民广播电台“特色学校”专栏专访了副院长刘汉东教授和招生就业指导中心段虹主任；《中国水利报》分别在 5 月 29 日、6 月 5 日两次多个版面大篇幅对学校的招生情况进行了专题报道；《河南日报》5 月 27 日在“热门高校展示专栏”以《中原大地的明珠，水利人才的摇篮》和《注重内涵发展，追求就业品质》为题对学校进行了综合报道。10 月 21 日，《科学时报》以《河南制成大型害虫实时检测装置》为题报道了学校邱道尹副教授的最新科研成果。11 月 16 日，中央电视台 7 套“星火科技”栏目也报道了邱道尹副教授的这一最新科研成果；12 月 4 ~ 5 日，“2005 年河南省普通高等学校‘水利电力暨工科类专业’毕业生双向选择洽谈会”在学校举行，河南新闻联播 4 日晚报道了本次洽谈会的情况和学校毕业生的就业情况，河南电视台 2 套、3 套，《河南日报》、《大河报》、《教育时报》、《东方今报》也陆续报道了本次会议情况。

2005 年 2 月 1 日下午，共青团河南省委书记李亚、副书记王丽等到学生宿舍慰问看望留校困难学生。校长严大考、校党委副书记高武胜等同志陪同，团省委为 40 名困难学生送来了慰问金、棉衣被和春节期间的一些生活用品 8 000 余元，河南新闻联播当晚报道了此次慰问活动的情况；2 月 3 日，广东省东莞市举行“庆祝广东省东深供水改造工程荣获‘鲁班奖’暨省科技特等奖颁奖大会”。在大会上，学校作为科研合作单位，获得“国家优质工程奖（鲁班奖）”和“广东省科技进步特等奖”的奖牌和证书。学校监理中心作为工程监理单位，获得“国家优质工程奖（鲁班奖）”和“广东省科技进步特等奖”的奖牌和证书。中央电视台“新闻调查”栏目、“焦点访谈”栏目以“廉洁工程”报道该工程的业绩，学校汪伦焰接受了上述两个栏目的采访；围绕本科教学工作水平评估工作，学校组织撰写了《培养具有创新精神和实践能力的应用型人才》一文，5 月 2 日在《中国教育报》上发表。2005 年，围绕教育部本科教学工作水平评估，党委宣传部精心设计编印了 反映学校历史和办学成就的画册，策划制作了 2 个版本的校情专题片，一版片长近40分钟,另一版片长约20分钟,成为我校形象宣传的重要宣传品。

2006年,学校积极与各大新闻媒体联系,加大校外新闻宣传工作力度。①组织策划采访活动。撰写稿件,在《人民日报》、《中国青年报》、《光明日报》、《中国水利报》、《科学时报》、河南电视台、《河南日报》、《大河报》、《河南商报》、《东方今报》、河南人民广播电台等主流媒体发表新闻稿件70余篇。另外,中央电视台、人民网、新华网、搜狐网、新浪网等各大门户网站对学校的办学成绩从不同角度给予了关注、报道、专访或转载,其中关于就业招聘会的报道引发了社会的强烈反响和热烈讨论。《河南日报》对朱海风书记的长篇采访,关于学校德育工作的整版报道,《华北水院毕业生走俏全国》等报道均产生了较大的影响。②加强队伍建设。建立学生通讯员队伍和教工通讯员队伍,邀请《人民日报》、《光明日报》、《中国教育报》、《中国青年报》、《河南日报》、《大河报》等媒体资深记者开展培训,提高了各单位的新闻意识和稿件质量。③开展专题报道。搜集整理了学校"十五"成就展专题材料约15个方面6余万字,在河南教育网展出;搜集整理了20年来学校历任领导、正高职称人员、享受政府特殊津贴人员、汪胡桢传记等材料入选《河南省志·人物志》。④搜集整理学校优秀毕业生吴新芬在校期间的先进事迹,组织了吴新芬回访母校座谈会,配合河南电视台、潇湘电影集团做好以吴新芬为原型的电影《加油,新芬》在学校的拍摄工作。以上宣传内容涉及教学、科研、专业建设、德育、招生就业、学生活动等方面,为外树形象、内聚人心、鼓舞正气发挥了积极的作用。2006年,围绕更名大学工作,对专题片进行了修订。

2007年,围绕党委加强内涵建设的总体战略部署,学校加大了对教学、科研、人才特色、招生就业、精神文明建设等工作的宣传力度。加强与媒体的联系,积极组织稿件,在《中国教育报》、《中国青年报》、新华网、光明网、河南电视台、《河南日报》等主流媒体上共发表反映学校办学成绩的新闻稿件129篇。在继续加强与传统媒体联系的同时,2007年进一步加大了在网络媒体上的宣传力度,新华网、光明网、中国新闻网、大河网等权威网站共发表学校新闻52篇,电视新闻19条,报纸新闻47篇,广播新闻4篇,其他8篇。其中光明网、中国教育报等媒体关于学校人才特色和招生就业成绩的报道,新华网、光明网等媒体关于学校青年教师讲课大赛的报道,《河南日报》、中国新闻网等媒体关于学校三维可视化仿真实验水平的报道,光明网、《大河报》等媒体关于学校毕业生文明离校的报道,《中国青年报》、河南电视台、新华网等媒体对学校社会实践活动的报道以及中央电视台"金苹果"栏目对学校专场竞赛活动的报道,均产生了较大的社会影响。

2008年,继续加大媒体新闻宣传工作力度,不断提升学校社会声誉和知名度。围绕党委加强内涵建设的总体战略部署,加强与媒体的联系,积极组织稿件,在《中国教育报》、《中国青年报》、《新华网》、光明网、河南电视台、《河南日报》等主流媒体上共发表反映学校办学成绩的新闻稿件60余篇(不含招生专项宣传)。其中《中国青年报》、《河南日报》、河南电视台、河南广播电台等关于学校双选会的报道,《人民日报》、《光明日报》、《中国教育报》等对学校人才特色的报道,光明网、大河网等关于学校学习实践科学发展观活动的报道,均产生了较好的宣传效果。

2009年,根据工作需要,围绕党政中心工作努力开展对外宣传工作。加强与媒体的联系，积极组织稿件，在《中国教育报》、新华网、光明网、河南电视台、《河南日报》、《中国水利报》、《高校党建与思想教育》等主流媒体上共发表反映学校办学成绩的新闻稿件40余篇（不含招生专项宣传）。其中《中国教育报》、光明网、《河南日报》、《大河报》、《中国水利报》、河南电视台、河南广播电台、《河南教育》等关于学校省部共建的报道，《高校党建与思想教育》对学校党建工作的报道效果良好。2009年，围绕更名大学工作，与影视制作公司合作完成了校情片《情系水利、自强不息》的策划制作工作，片长18分钟，形象而凝练地反映了学校的历史与办学成绩。在上级领导来校检查工作、兄弟单位来校考察交流、或者外出联系校友、联系工作等场合，均播放或赠送校情片，均产生了较好的形象宣传作用。

2010年，宣传部补充了几名新同志，力量有所增强。在积极完成日常工作的基础上，加强与媒体的联系，积极组织稿件，在《中国教育报》、新华网、光明网、河南电视台、《河南日报》、《中国水利报》等主流媒体上共发表反映学校办学成绩的新闻稿件100余篇。其中《河南日报》对学校党委书记朱海风的访谈、《中国电力教育》对学校人才特色的专题报道，光明网、大河报、中原网等多家媒体对学校就业双选会的报道以及中央文明网等多家媒体对学校承办的全国首届水文化培训班的报道等均取得了较大的社会影响和较好的宣传效果。

2011年，中央一号文件首次聚焦水利，水利事业和水利高等教育迎来了新的发展机遇，社会各界包括新闻媒体高度关注水利。学校抓住机遇，扩大宣传力度，校外媒体采访报道我校不断增多。如1月19日，河南党建网：华北水利水电学院：以实际行动迎接水利事业的又一个春天；1月30日，河南电视台河南卫视“午间新闻”，就中央一号文件，采访刘汉东教授；2月11日，河南新闻广播采访周振民教授，谈中央一号文件和河南省抗旱形势；2月23日，河南电视台“中原视点”栏目就河道治理问题采访学校副校长徐建新教授；2月26日，河南电视台“中原视点”栏目就水利高等教育问题采访学校副校长刘汉东教授；2月27日，河南电视台“中原视点”栏目就小流域治理问题采访学校副校长刘汉东教授；3月27日，河南电视台“午间新闻”栏目，采访学校“地球一小时”活动等。我校大学生对暑假郑州地区大学生打工状况进行调查，调研报告内容被《河南商报》等媒体披露后，几十家网站纷纷转载，引发了舆论对大学生打工问题的关注。此外，各大媒体对我校校友会成立、大学生社会实践活动、建党90周年庆祝活动及办学成绩的报道不断增多。截至8月底，校外媒体对我校采访报道共70余篇。

第四节　文明单位创建

2010年以来，学校把精神文明建设工作放在突出位置，不断强化领导，健全机制，加大投入和创建力度。学校按照领导班子坚强有力、业务工作成绩显著、创建活动扎实有效、管理规章制度健全、环境面貌整洁优美、治安秩序状况良好等创建省级文明单位考核六大标准的要求，深入开展精神文明创建活动，连续两届被评为省级文明单位。

一、河南省文明单位创建

按照省委的部署，学校于2001年3月派5名同志奔赴河南省郏县参加农村“三个代表”学教工作。5位同志克服了工作、生活上的重重困难,帮助当地党组织加强党的建设,理清发展思路,推广科技知识,筹集发展资金,为当地贫困农户解决生产、生活上的困难等,为学校争得了荣誉。

2002 年,深入贯彻落实《公民道德建设实施纲要》,以学术、科技、文体活动为载体,开展了丰富多彩的校园文化活动,同时加强了校园规划和建设,校园环境得到进一步的美化。学校教职工参加省“体育进社区”健身秧歌大赛获最佳奖,并代表河南省参加全国中老年社区比赛获得二等奖,为学校争得了荣誉。2002 年,按照省委要求,学校又抽调12 名干部组成第二批驻村工作队赴濮阳市台前县参加驻村工作。工作队员们积极帮助当地党组织加强党的建设,理清发展思路,推广科技知识,筹集发展资金,为当地贫困农户解决生产、生活上的困难等等,为农村的党建工作做出了贡献。

2003 年 3 月 5 日,学校被命名为“2002 年度省级文明单位”。这一荣誉称号是对学校精神文明建设工作的肯定,同时也是学校精神文明建设工作新的起点。2003 年,围绕《公民道德建设实施纲要》,积极开展多种志愿者活动。其中包括义务植树和其它义务劳动及为残疾人、灾区、希望小学的献爱心捐助活动等。结合“非典”防治工作,认真开展了“三讲一树”活动,通过报纸、板报、墙报、网络及广播等阵地,在全校师生中开展自觉遵守“三管六不”等市民基本行为规范,倡导“革除十大陋习,提高生活质量”等活动,营造了良好的讲文明、讲卫生、讲科学、树新风的氛围。2003 年 6 月 16 日,学校在 2003 届毕业生中开展了“把文明留给母校,让希望伴我出发”主题活动,倡议全体毕业生:在学习上要倍加珍惜临近离校阶段的大学生活,认真完成毕业设计和论文答辩,给自己在大学阶段的学习画上一个圆满的句号;在纪律上要倍加自觉遵守校纪校规,为维护一个整洁文明的校园环境尽一份力;在生活上要倍加自尊自重,积极参加文明离校活动,争当文明楷模,积极开展“为母校做一件好事,为母校提一条好建议,向老师说一声感谢,向同窗道一句珍重”的“四个一”活动。2003 年 9 月至 10 月,学校开展整顿校风校纪“三文明”主题活动月活动。为了广大师生的身心健康,组织开展了丰富多彩的文体活动,积极参加省文明办等单位组织的各类比赛,共获一等奖 4 个,校内各类比赛接连不断,年底还成功举办了元旦晚会。由于明确了指导思想、工作目标、主要工作任务和活动措施,分工详细,落实有力,使得学校在获得“省级文明单位”的基础上,还被中共金水区委、金水区人民政府命名为“金水区 2002 年度创建文明城市先进单位”,又顺利通过了省直文明办对学校精神文明创建工作的复查。

2004 年,精神文明建设工作扎实开展。3 月 2 日,河南省高校工委、教育厅发文表彰在全省开展的“创建文明学校、创建文明班级、争当文明教师、争当文明学生”活动中涌现出的先进集体和个人,2001 级 17 班被评为文明班级,郭雪莽被评为文明教师,王志昊、曹玉升、肖恒、常培、李祥俊被评为文明学生;活跃广大师生的业余生活,开展了丰富多彩的文娱活动;积极参加省文明办、省总工会等六单位组织的活动,并获得了较好成绩。

2005 年,精神文明建设工作扎实进行。开展了丰富多彩的文化、健身、娱乐活动,活跃广大师生的业余生活;通过了省直文明委对学校省级文明单位的年度复查。

2006 年,组织了海燕出版社向学校大学生赠送《河南学子洪战辉》一书的赠书仪式;组织“践行荣辱观,青春闪光彩”河南省优秀大学生群体的报告；组织学生观看了河南省高校“追赶长征”文艺晚会；组织“感动中原十大人物”助学模范赵俊方来学校作报告；组织高雅艺术进校园“科学与祖国”诗歌朗诵会在学校演出；还选派三位教师参加河南省“科学理论进基层”集中宣讲活动；组织了汪胡桢教育思想座谈会、德育工作座谈会等活动；组织学校教工参加了省直文明单位“迎奥运、讲文明、树新风”系列文体活动。本次活动前后延续7个月，在校文明办的周密组织、联络、后勤服务和全体运动员、教练员的努力拼搏下，学校取得了羽毛球、双升、乒乓球、篮球等比赛的优异成绩，并获得系列活动优秀组织奖；组织申报了“两争两创”进集体、先进个人，开展八荣八耻和现代文明礼仪等专题图片展，还直接参与河南省精神文明结对帮扶活动，和河南商业高等专科学校一起与南阳市南召县皇后乡辛庄村结成精神文明帮扶对子，帮助建设了文化大院，开展了丰富的创建活动。

2007年，加强对校内各项文明创建活动的督导。做好“两争两创”先进个人的推荐工作；组织广大师生观看以学校校友吴新芬为原型的现代豫剧《大爱无言》和电影《加油，新芬》首映式的活动；配合河南电视台组织了学校学生“讲诚信故事”活动，获奖故事在河南电视台连续播出；设立校园电子显示屏，充满人生哲理的名人名言及学校教育理念、办学精神等标语滚动播出，吸引着广大师生驻足观看；30台印有精神文明标语的擦鞋机安装到位，成为校园环境和人文景观的一大新亮点；开通了“讲正气、树新风”主题教育活动专题网站、精神文明建设专题网站、行风评议专题网站等；认真组织学校教工参加了河南省“迎奥运、讲文明、树新风”系列文体活动，在几十家省直单位强手如林的情况下，羽毛球代表队获得了女单亚军的优异成绩，并获得了体育道德风尚奖。乒乓球代表队取得了女子团体第三、男单第五、男子团体第五的好成绩，并获得了优秀组织奖；积极准备有关档案资料，做好省级精神文明单位年度复查工作；根据省级精神文明单位考核指标体系的要求，积极开展自查自纠和各项创建活动，做好2008年重新申报省级文明单位的各项准备工作。12月学校制定了《创建省级文明单位实施方案》，修订了教师文明行为规范、学生文明行为规范、管理人员文明行为规范、文明单位创建办法、文明教师评选奖励办法、文明宿舍评选奖励办法、文明家庭评选奖励办法和文明创建奖惩制度，决定每年评选表彰一批精神文明建设先进集体和先进个人。

二、文明创建活动

2008年以连创省级文明单位为载体，全面加强文明创建工作。一是抓舆论。筹备召开了多次专题干部会议和全体教职工大会；党委行政联合发文对2007年度校内文明单位、文明教工、文明家庭、文明学生、文明班级、文明宿舍首次进行了表彰；在校报和校园网上连续发表评论员文章，分析形势、明确任务、鼓舞士气；编印《精神文明建设简报》，全年共编发40期，分送省文明委、省委办公厅等10多个上级单位及校内各单位；设计制作布置内容丰富的创建标语、标牌、知识问答等，营造浓厚的创建氛围。通过舆论引导，使创建形势、任务等人人皆知。二是抓督导。各项创建任务分解到有关部门和院系，校文明办做了大量督导工作，比如校园卫生综合治理工作，任务分解到有关部门以后，文明办经常深入实地检查，通过口头或书面形式督促问题的解决，发挥了重要的督导作用。三是抓协调。文明创建活动涉及面宽,需要改进的地方多,工作难度较大。正因为涉及面宽,责任常常不能清楚地归到某一个部门,作为文明创建的总协调部门,文明办花了较大的精力来协调有关方面的关系。如家属院的综合治理,就涉及到全体教工及家属、北林路办事处、华北社区居委会、金水区文明办、校属有关单位、承包车棚的商户、校外的租房户等多方面的关系,而家属院又是创建检查的重点部位,在有关校领导的大力支持和有关部门的配合下,妥善解决了问题。学校被河南省省直机关精神文明建设指导委员会评为改善人居环境工作先进单位。四是抓活动。2008 年 1 月学校结对帮扶的南召县皇后乡辛庄村被授予“全省农村精神文明建设先进村镇”的称号。组织参与了河南省“2008 读者最满意的十佳院校大型调查评选”活动,并荣获“河南公众最满意的十佳本科院校”称号;组织参加了省直文明办组织的“迎奥运、讲文明、树新风”系列文体活动,在迎奥运大型系列公益活动“共植奥林匹克林”活动中被评为“优秀组织奖”,在“河南记录王”大型民间体育竞技活动中取得良好成绩;组织参与了河南省“创建文明学校、创建文明班级、争当文明教师、争当文明学生”为载体的群众性精神文明创建活动。信息工程学院朱贵良教授荣获“河南省文明教师”荣誉称号,数学与信息科学学院 2005091 班李娟娟同学荣获“河南省文明学生”荣誉称号;开展校内文明单位、文明家庭、文明教工、文明班级、文明学生、文明宿舍创建活动,评选出了党委办公室等 5 个文明单位,王玲花等 16 个文明教工,王峰等 10 个文明家庭, 2006010 班等 15 个文明班级, 5311 宿舍等 61 个文明宿舍,王瑞娟等 84 名文明学生,由校党委进行了表彰;和学工部、校团委联合开展了创建文明单位系列活动;五是抓档案。创建档案建设是文明创建检查的重要内容。2008 年文明办搜集、补充、整理、完善了学校近三年来的文明创建工作文字和照片档案资料,按评估指标体系共编印了 90 余册;还设计编印了学校《文明成果巡礼》画册;搜集、登记、展示了学校近年的的荣誉证书、匾牌等。这些档案资料从不同方面充分展示了学校近年来的创建成果,受到了评估专家的一致好评。六是抓培训。文明办举办了精神文明创建知识、政治理论、时事政治、省情等知识的学习培训班。该培训班的学员由各部门、院系的干部、教师代表共 60 余人组成,从开始的每周一次、两次集中学习到暑假中每天集中学习,共进行了 53 次模拟考试,历时四个月。在文明办的得力组织下,全体学员牺牲了休息时间,付出了艰苦劳动,最终取得了优异的成绩。七是抓联络。文明办利用各种机会和条件,与省直文明办、省委文明办以及省直各组长单位及时沟通,保持密切联系,一方面宣传了学校的创建成绩,另一方面也加深了了解,增进了友谊,赢得了支持。2008 年,在校党政领导班子的坚强领导下,在有关部门的支持与配合下,在全体教职员工的共同努力下,学校再次荣获了省级文明单位的荣誉称号。党委即提出了创建全国精神文明建设先进单位的奋斗目标,并从各个方面巩固创建成果,坚持高标准开展创建工作,不断提升创建水平。

三、国家级文明单位创建

2009 年,校党政工作要点提出,要以成功创建省级文明单位为契机,形成创建工作的长效机制,“为创建国家级文明单位打下坚实基础”。根据这一要求,按照年初制定的《精神文明建设目标任务分解》和文明单位年度复查工作要求,开展了系列创建活动。整理编印了2008—2009年度文明创建工作档案资料40余册;开展校园环境综合治理、宿舍文化建设、校规校纪知识竞赛、毕业生文明离校等系列动;围绕新中国成立六十周年开展爱国歌曲歌咏比赛、新中国水利成就展等系列活动;利用各种机会和条件,与省直文明办、省委文明办以及省直各组长单位及时沟通,保持密切联系;做好省级文明单位年度复查的各项准备工作,精神文明建设工作和创建档案整理工作获得了评估专家的一致好评,在各项指标综合评定中,学校和省委办公厅、省政府办公厅等省直单位一并被列入96~99分的最好成绩。

2010年,校党政工作要点提出,“把巩固省级文明单位创建成果、争创全国精神文明建设先进单位作为加强学校内涵建设、提升综合实力的重要契机,为创建国家级文明单位打下坚实基础”。按照年初制定的《精神文明建设目标任务分解》和文明单位年度复查工作要求,开展了扎实的创建工作。整理编印了2009—2010年度文明创建工作档案资料24余卷;组织有关部门和院系开展了大量群众性精神文明创建活动;与省直文明办、省委文明办以及省直各组长单位及时沟通,保持密切联系;做好与灵宝市西阎乡西阎村文明结对帮扶工作;11月9~10日,校党委副书记许琰、纪委书记尚宝平率领由部分机关职能部门负责人和部分党总支书记等组成的代表团一行32人,赴信阳师范学院、南阳师范学院就精神文明建设及思想政治工作进行学习调研,创建思路更加清晰,创建任务更加明确;做好省级文明单位年度复查的各项工作,获得优秀等次。为创建全国精神文明建设先进单位打下了坚实的基础。

2011年,学校以党委、行政一号文件的规格下发了《创建全国文明单位实施方案》,就创建工作进行了全面部署。随后校文明办又下发了关于创建工作任务分解的通知,进一步明确了各项工作任务的具体要求及责任单位。2011年校党政工作要点明确提出,“把创建全国精神文明建设先进单位工作作为加强学校内涵建设、提升综合实力的重要载体,做好各项创建工作,努力使学校成为全国、全省社会主义精神文明建设的示范窗口”;学校还决定将创建全国文明单位列入学校事业发展的“十二五”规划,坚持不懈地抓下去。

根据中央文明办以前工作要求,连续获得两届省级文明单位才有资格申报全国精神文明建设先进单位,全国精神文明建设先进单位三年届满才有资格申报全国文明单位。2011年上半年,中央文明办下发了《关于做好第三批全国文明城市、文明村镇、文明单位等推荐工作的通知》,将全国精神文明建设先进单位和全国文明单位合二为一。学校即将争创全国精神文明建设先进单位的目标调整为争创全国文明单位。新学期开学以后,学校召开了多次干部、职工大会进行广泛动员部署。党委行政多次召开专题会议研究创建工作,解决问题,提供支持。校属各单位积极行动起来,对照创建标准,认真找差距、抓整改、抓落实,创建工作如火如荼地深入开展。一是按照要求系统整理三年来创建档案资料及系列特色创建材料;二是扎实开展校园环境综合治理,加强两校区文化设施建设;三是加强政治理论、精神文明、省情、文明礼仪等知识的学习;四是围绕建党90周年和建校60周年开展了丰富多彩的文明创建活动;五是加强对灵宝市西阎乡西阎村的帮扶力度,组织文明办、学生处、团委、设备处等部门的负责同志赴该村开展了座谈活动,为该村购买了农业科技图书、捐赠了30台旧电脑,帮助该村修筑村内出行道路,派遣管理与经济学院暑期社会实践小分队到该村进行普法、环保知识宣传、电子商务知识培训等活动。六是加强与各级文明办的联系,加强与省直有关单位的学习与交流,宣传学校创建工作成绩,争取各方支持。学校最终作为四家推荐单位之一上报省文明办。7 月 3 日,学校认真组织了迎接考评组来校现场考察工作。因竞争激烈,学校最终未能获得全国文明单位推荐资格,但学校改善了校园环境,完善了文化设施,加强了对外联络,提高了创建水平,扩大了社会影响,提高了认识,积累了经验。为今后文明单位创建工作打下了坚实的基础。

第五节　学校文化建设

建设立意高远、特色鲜明、格调高雅的校园文化,是现代大学内涵建设的重要内容,是学校品质与核心竞争力的外在体现。近十年来,学校始终坚持以人为本、宽松、宽容的人文环境营造原则,从理念、制度、物质等层面积极积极推进学校文化建设。

一、学校核心价值体系的凝炼

2001 年以来,学校对办学传统、校风校训的认识不断深化。2004 年,在全校及广大校友中广泛征求意见,完成了校训、校歌、校徽的修改、征集工作。2005 年在迎接本科教学工作水平评估期间,提出了"情系水利、自强不息"的办学精神。这是学校近 60 年办学历程的真实写照,是学校核心价值体系的重要组成部分。2006—2007 年间,在全校范围内征集校风、学风、教风、政风文字表述及内涵阐述活动,最终确定了"情系水利、自强不息"的办学精神,"勤奋、严谨、求实、创新"的校训和校风,"身正、学高、严谨、善教"的教风,"博学善思、知行统一"的学风,"民主、开放、廉洁、高效"的政风,对"四风"的内涵进行阐述,并加以宣传贯彻。在 2008 年底学习实践科学发展观活动中,深入分析了 从严治校、从严执教"两严"方针的提出、内涵、创新等问题。这些工作,为广大师生深化对校史、校情和高等教育规律的认识,自觉以优良校风、学风、教风、政风严格要求自己,发挥了潜移默化的教育作用。

二、凝聚力量,不断完善学校核心价值体系

2011 年 6 月,为了进一步推进文化传承创新工作,在认真回顾总结 60 年办学经验的基础上,全面总结近年来学校文化建设成果,学校研究制定了《文化建设规划纲要(2011—2020)》。纲要着眼于建设特色鲜明的高水平教学研究型大学的奋斗目标,贯彻了胡锦涛总书记在清华大学百年校庆讲话的精神,全面规划了未来十年学校的文化建设的任务和措施。这个规划纲要全面系统地梳理了学校的文化发展脉络和文化特色,对"情系水利、自强不息"的办学精神,"育人为本、学以致用"的教育理念,"从严治校、从严治教"的管理特色,"忠诚、坚毅、务实、奉献"的精神品格,"严谨认真、求实创新"的科学精神等文化特质进行了全面总结。学校党委会议认为,这个规划纲要对于进一步明确当前和未来十年学校文化建设的形势和任务,动员广大师生投身文化建设,凝聚全校力量建设文化强校,具有重要的指导意义。会议指出,学校文化建设要坚持以邓小平理论和"三个代表"重要思想为指导,深入贯彻科学发展观,牢牢把握社会主义先进文化前进方向,认真总结学校的传统、精神和办学特色,提炼、培育和弘扬学校文化个性和特质,认清使命,科学规划,不断开创文化建

设新局面，为加快建设特色鲜明的高水平教学研究型大学提供强大精神动力、思想保证和文化条件。

2011 年 7 月 11 ~ 12 日，学校上下认真总结 60 年的办学经验和办学传统，召开了全体中层干部参加的办学理念、办学经验与文化建设研讨会，每位正处级干部提交一篇论文。校党委书记朱海风作了《“传承、培育、创新”，不断开创文化建设新局面》的主题报告。朱书记在报告中重点论述了“情系水利、自强不息”的华水精神和“育人为本，学以致用”的教育理念等问题。

学校重视以人文景观为重点的校园物质文化建设。10 年来，校园文化设施和人文景观不断增多。2002 年 11 月 15 日，学校老院长汪胡桢先生的塑像落成；2005 年，在花园校区下沉广场周围建设了系列宣传橱窗，此后，宣传橱窗、板报、展板等内容定期更换；2005 年建设规划设计了校史馆；2008 年在文体活动中心正面设立了以教风和学风为内容的巨幅标语；2008 年对各条主干道路分别命名，并设立了道路标牌；龙子湖校区从无到有，建立了宣传橱窗、名人名言标牌和各种警示牌，设立了国旗杆，图书馆走廊和阅览室内悬挂系列水利活动图片；2010 年下半年至 2011 年上半年，对龙子湖校区建筑物、道路名字等进行公开征集，并最终予以讨论确定。2011 年，集中设立了一批雕刻园区名字的文化石，接受了一批校友捐赠的文化石，在两校区设立了电子显示屏，开展楼道文化建设等。

在各种校园文化活动中突出水文化特色。近年来，我校开展了丰富多彩的以水文化为主题的社会实践活动和校园文化活动，比如，土木与交通学院近年来开展的“三水行”社会实践活动，水利学院等每年开展的世界水日、中国水周公益宣传活动，在小浪底建立了水文化社会实践基地等等，还积极参加了水利系统水诗歌、水歌曲比赛等活动，举办水文化讲座等，在水利系统纪念 2011 年“世界水日”“中国水周”主题活动暨水利法制宣传文艺汇演中，荣获优秀组织奖。

2009 年水利部中国水利文协中华水文化教育基地落户学校，2010 年成立了学校水文化研究会，制定了水文化研究会章程。2010 年 10 月 17 ~ 23 日，成功举办全国首期水文化培训班，邀请全国一流水文化专家对来自水利部机关和全国水利系统的 140 余名干部职工进行了培训，对发挥高校教育培训优势，辐射全国水利系统、夯实新时期水文化建设基层工作发挥了积极作用，对于如何实现文化共建搭建了平台、积累了经验。培训活动受到了水利部文明办、中国水利文协领导的充分肯定和学员的高度评价，受到了媒体的高度关注。

第十章 内部管理体制改革

伴随高等学校的快速扩招,学校整体规模和师生数量有了跨越式发展。截至2011年6月,学校教职工总数达1559人,全日制在校学生总数达21 408人,师生人数分别是2001年的2.5倍和3倍。深化校内管理体制改革,建立符合学校发展的现代大学管理体制已经成为改革发展的必然要求。2001年以来,学校围绕建设特色鲜明的高水平教学研究型大学目标,解放思想、转变观念,树立竞争、效益和质量意识,增强改革的紧迫感和和责任感,积极推动校内管理体制改革,努力构建符合自身发展的现代大学框架。学校内部管理体制改革,主要包括:精简机构、理顺职能;科学设岗、精减编制;推行后勤管理体制改革;建立自我激励和自我约束机制;改革校内人事制度;深化分配制度改革。学校坚持从实际出发,认真处理好"改革、发展、稳定"的关系,注重改革方案的可行性和实际效果,注重改革的整体性和系统性,将长期目标、中短期目标和当前目标紧密结合,将管理体制、运行机制、人事制度、分配制度等各方面改革紧密结合,统筹规划、整体设计、配套实施、分步推进。

第一节 校内津贴分配制度改革

津贴分配制度改革是高等学校内部管理体制改革的重要组成部分。分配制度改革对高等学校内部管理体制改革的成功与否起着至关重要的作用。它直接关系到教职工切身利益,可以通过经济杠杆建立引导机制,让广大教职工的思想、行动与目标,统一到学校的中心工作上来。学校统筹大局,围绕中心工作和根本任务,通过分配制度改革,调动广大职工的积极性。每次分配制度改革,尽管只在津贴的范围之内进行改革,但分配制度改革对促进学校内部管理体制改革具有重要意义,每次改革都在一定程度上刺激了内部管理体制上的改变与之相适应。学校高度重视分配制度改革,每次改革都投入大量精力进行筹划、组织精干人力调研,结合国家政策和学校实际严谨制定方案,广泛征询意见,并提交教代会通过。每次改革都有新的突破,每次改革都有力推动了学校的发展与进步。

一、扩招起步阶段津贴改革尝试

1999年,国家颁布了教育部提出的《面向21世纪教育振兴行动计划》,促使一些高校都在合并或自身强化建设加快发展,然而我校却在2000年一分为三,在这个重要的发展机遇期,学校与众多高校有着截然不同的发展基础,面临先天性的困难。教学、管理、工勤各类人员一时大量缺失,对学校办学的各方面尤其是师资力量形成了较大的冲击,教学工作异常困难。扩招的直接结果是学校面临成倍增长的教学任务,这对我校表现的尤其突出。学校由原来每年招生不足1 000人,一下扩招到2 000余人,教学资源从人力、物力到财力对办学形成巨大的缺失。尤其是师资力量严重不足,郑、邯两地分开后,全校上课教师人数锐减,不足300人,教学工作任务极其繁重。首当其冲集中在基础课教师和专业课教师。别的院校一方面扩招，一方面在原有基础上增加师资和其他教学资源。而我校一方面扩招，一方面师资力量和教学资源反而锐减。为了适应这一局势，学校第一轮分配制度改革亟待进行。当时面临的情况是：解决教学问题是最急需、最直接的问题。其他院校在这一方面采取的措施是加大课时费投入，而我校原有教学工作量计算办法已不适应当时情况，如果只是增加课时费，投入分配后将会形成更大的分配不公局面。于是，学校从2000年10月启动了教学工作量计算分配办法的修订工作。之前，这项工作曾试图进行过两次，但因矛盾多，情况复杂而搁置。但此时，必须重新启动这项修订工作，因为这是进行津贴分配改革的基础。在教务处、人事处等部门共同努力下，通过广泛调研与征询意见，新的教学工作量计算办法于2001年9月出台。学校利用新的、比较合理的教学工作量计算办法，为学校加大单位课时费投入提供了保障，广大教师承担教学工作量的积极性和主动性大大提高，有效缓解了教学工作的巨大压力。虽然在当时条件下，教室、实验室等教学硬件不足，但广大教师齐心协力，勇于承担高强度的教学任务，教学安排也不同于平时。通过教职工辛勤的努力，保证了学校教学工作的正常进行，使学校平稳度过了最困难的时期。

这次分配制度改革，仅在课时费津贴分配上进行了改革，对“三定”虽然做了些工作，但由于学生数量急剧增加，专业教师的严重匮乏，加上学校又陆续上了许多新专业，各学科发展也极度不平衡，学校建设工作任务太重，“三定”工作方案仍未能得到落实。这次分配制度改革产生的激励作用，只是临时解决了当时学校面临的现实困难。随着学校的快速发，办学规模进一步增大，专业布局不断扩展，与之相适应的分配制度改革亟待进行。

二、第二轮分配制度改革

随着学生数量的快速增加，扩招的“冲击波”影响不断深入，师资紧缺的压力越来越大。当时全国高校都面临着相似的问题，对优质教师资源的竞争，成了各高校共同关注的问题。因此，学校面临的困难更加艰巨。有些高校，特别是沿海等经济发达地区的高校，观念转变较快，发展方式灵活，经济基础较厚，所以大多以优厚的待遇引进内地教师到那里工作。高校教师队伍稳定问题成了经济欠发达地区或待遇较低地区高校的头等大事。我校同样面临着较大压力，一些高学历、高水平教师频频流失。在这样的情况下，稳定现有人才，引进高层次人才的新一轮分配制度改革方案顺势出台。2002年8月，学校成立了校内津贴分配制度改革领导小组。2002年9月，学校派人专程到西安、南京等地进行调研，学习兄弟高校比较完善的津贴分配机制。学校经过多次研究讨论，于2003年5月出台了新的校内津贴分配办法，该办法不同于前面仅在工作量计算及课时费上进行改革，其特点是：明确了比较系统的分配原则、指导思想；对不同课程类别的教师，规定了额定教学工作量和科研工作量，有了岗位职责的概念；教学工作量要求与科研工作量要求可以互相充抵；对超额教学工作量进行奖励。科研工作量超过不同的标准，津贴可以相应浮动；离退休教职工享受一定的津贴补助。

这次校内津贴分配办法改革，在2003年到2006年间，产生了较好的效果，因为该办法体现了国家的基本分配原则，体现了优劳优酬、多劳多得，实现了向高层次人才倾斜，对稳定教师队伍起到了积极的作用,教学工作得到了保障,优质教师流失现象一定程度上得到了缓解,对引进人才工作有了很大的帮助。

校内分配制度改革与“三定”工作密切联系,而此次津贴分配改革仍然没对教师队伍进行“三定”,因为学校的特殊发展经历,划归河南省后上级没对学校进行宏观上的编制控制,加上教师队伍的数量和结构都在快速变化,“三定”工作难以有参考的依据。但学校在当时情况下对行政、教辅单位及岗位进行了定岗定编,这是一个有益的岗位管理尝试。

学校为了更有效的改变师资紧缺现状,大力引进优秀人才,稳定现有高层次人才,积极应对扩招后教育部对本科院校进行的教学水平评估,2004 年 12 月出台了《高层次人才引进办法(试行)》和《高层次人才稳定办法》。引进的高层次人才主要包括硕士以上学历或正高级职称人员。对硕士以上学历人员采取补助安家费、提供一定面积房源;对博士学历人员、正高级人员补助安家费,提供较大面积房源,同时可解决家属或子女就业;对硕士、博士来校后即可享受讲师、副教授级别津贴。根据当时情况,稳定办法仅对校内博士学历人员采取了稳定措施,使其与引进人员同等待遇。但副高级等以上人员没有待遇,这部分教师对学校的措施给予了充分的理解与支持。2005 年 2 月,学校制定了《高层次人才引进办法(试行)的补充规定》,对在职攻读学位人员的相关待遇做了规定,为稳定现有的在编人员,提高教师的教学、科研积极性起到了促进作用。2006 年 11 月,为进一步贯彻实施人才强校战略,加大引进高层次人才力度,实现学校师资建设发展规划,依据国家及河南省有关政策规定,结合学校情况,对以前的办法进行了调整,正式颁布了学校《高层次人才引进办法》,为学校实现跨越式发展提供了强有力的人才支撑。这些引进办法的优惠待遇与津贴分配措施相协调,在引进、稳定、师资培养方面发挥了重要的杠杆效应,对学校师资队伍的建设与发展,起到了较大促进作用。

以上津贴分配制度改革,是在扩招节奏越来越快的情况下进行的,所以重心是解决教学工作问题。从学校划转河南省后师资锐减情况来看,与其他高校扩招相比,面临的问题更多、困难更大,但由于及时出台了新的津贴分配办法,激发了广大教职工的积极性,尽管到 2005 年本科教学水平评估时师资队伍建设仍然是学校各项指标的“木桶短板”,但经过全校上下的共同努力,使得学校教学工作顺利进行,并在 2005 年教育部本科教学工作水平评估中获得了“优秀”的骄人成绩。本次校内津贴分配制度改革在 2004 年之后,对学校发展与稳定起到了较大的作用:一是津贴分配政策对人才引进与稳定有明显成效,使教师队伍的质量与规模持续提升,为学提供了发展后劲。二是教学质量得到了有力保证,给学校带来了良好的社会声誉。三是为学校科研水平的提高奠定了人力基础和政策保障。四是为学校专业及学科建设提供了有力的支持。

但这次分配制度改革受到当时的客观局限。一是学校投入有限。二是办学规模持续扩大,教学工作是考虑的主要问题,形成了以保证教学为主要内容的分配机制。但是教师数量不足,使在岗教师承担了较大的教学工作量。教学工作量不封顶,超过额定工作量进行奖励,还有教学工作量可以充抵科研工作量等规定,使科研工作等受到主、客观上的限制。这些规定在实施初期发挥了重要作用,但到 2006 年后,教师紧缺的状况得到初步缓解,教学任务的压力相对减少，就产生了新的问题。如出于经济利益的考虑，许多教师仍希望承担过多的超额教学工作量，后果是影响了教学和科研水平的提高。众多教师投入繁重的教学工作，没有富裕精力从事科研和教研、教改，无法使教师的教学与科研互相促进，无法做到全面发展。另外，部分单位和人员为了追求教学工作量最大化，使引进人才的积极性也受到一定制约。

2005 年后，随着学校本科教学水平评估取得“优秀”，学校更名大学、博士点建设提上了正式日程，同时学校逐步明确了建设特色鲜明的高水平教学研究型大学的发展目标。更名大学是学校发展的需要，博士点建设是几代华水人的梦想，建设特色鲜明的高水平教学研究型大学是学校发展到一定阶段的必然选择，是学校综合实力已经达到一个新阶段的具体体现。更名大学、博士点建设的指标要求涉及到各个方面，除了对教学工作、师资队伍学历、职称结构有严格要求外，对科研水平和学科建设提出了更高的标准。学校更名大学、博士点建设、学校办学定位由教学型大学向教学研究型大学的转变等一系列发展问题，促使制定与学校发展建设相适宜新的校内津贴分配制度成为必然。

三、第三次分配制度改革

2006 年暑期，学校在小浪底召开了中层干部研讨会，会议的核心内容就是如何推进二级分配制度改革。研讨会上，形成了以津贴二级分配为突破口，逐步推进二级管理体制改革的工作思路。会议结束后，人事处等单位立即在暑期投入到这项改革进程中。2008 年 9 月，学校派有关人员先后到河南大学、郑州大学、河南农业大学等省内院校以及全国在津贴分配做的比较好的院校进行调研。在深入调研的基础上，学校结合现状提出了以教学、科研、资产利用率、学生管理等为主要分配要素的改革框架。此次改革是“切块方式”的二级分配体制，突出了院（系）在津贴分配中的重要作用。改革在津贴分配水平不降低的前提下，充分保证教学的中心地位。把科研工作的重要性提到了前所未有的高度，进一步明确了单位和个人的科研工作任务和具体要求，旨在全面提升学校整体科研水平，兼顾对资产利用率与学生管理工作的激励作用。其中资产利用率因素主要是针对部分院（系）资产利用率低而采取的激励措施。学生管理因素是在学生人数增多、学生管理难度不断加大的情况下，刺激院（系）更加重视学生工作，为学风建设、学生日常管理、毕业生就业等方面提供动力。分配办法还专门设置了以职称和学历为指标的“结构津贴”因素，主要是促进高职称人员给本科生授课，同时鼓励高层次人才引进工作。该办法还对教辅、行政人员实行了考核奖励浮动机制，并参照公务员的薪酬“双梯制”进行资历认可。同时，提高了离退休职工的待遇，让老同志共同享受学校改革与发展的成果。本次改革另一个重要特点是：实行教学工作量封顶，旨在把教师从以前繁重的讲堂上解放出来，让教师有足够的时间与精力从事科研与教研、教改，教学与科研互相促进，保证教师队伍全面、健康、可持续发展。

由于该办法采用了二级分配，且以量化或积分为特征，牵涉因素多，积分办法不易协调。所以后期教务、科研、资产管理、学生管理等部门也都陆续参与了文件制定工作，前后经过学校领导小组的 3 次更替，历经 2 年多时间，2008 年 12 月教代会通过框架方案。经过精心起草修订，学校于 2009 年 7 月正式颁布了《校内津贴分配实施方案（试行）》。该校内津贴分配办法在当时省内高校处于领先水平,实行后,十几所兄弟院校来校学习考察。

该实施方案体现了责、权、利的统一,充分调动了各学院和广大教职工的积极性。一是学校的工作要求更加明确,分配要素让学院更加清楚自己的责任与任务,能够清醒认识到自己的优势与不足,加压驱动,查漏补缺,加快发展。二是实现了权利下放,学院有了一定的独立分配权,有了自主决策与发展的空间,对调动本单位教职工的积极性提供了有力保障,工作安排与协调更加方便有效。三是保证了学校各方面工作统筹兼顾、协调发展,逐步适应了建设特色鲜明高水平教学研究型大学的发展需要。《校内津贴分配实施方案(试行)》关于科研及学科建设的特殊奖励措施和教师教学工作量额定的要求,使广大教职工从事科研的积极性空前高涨,国家级项目与奖励逐步增多,科研成果数量与质量逐年提高;学科建设成效明显,硕士点数量迅速增加,研究生招收门类别增多,为博士点建设奠定了坚实基础。人才引进工作关于高学历与高职称结构的激励,有力促进了师资队伍的优化,全校每年平均引进具有博士学历或高级职称的人员100余人,有时达200余人,高层次人才数量和质量显著提高,教学团队、科研团队、学科梯队逐步形成规模。学生工作得到进一步加强与重视,学生的学习兴趣和学习能力有了很大提高,综合素质不断提升。不足的是:各单位资产利用率方面,仅涉及到仪器设备,房产与其他公共资源没有引入分配机制,也没有配套管理机制;相对兄弟院校,总投入相对不足,所以激励效果有限;科研奖励重复现象存在;行政及教辅单位的分配,缺乏二级分配的效果,有待进一步加强。

这次津贴分配制度改革,为学校的改革与发展做出了积极的贡献。同时经过2009—2010年的试运行,也发现个别内容存在一些不完善、不适应的地方。2011年6月,学校进行了适当的修订,并由第六届教代会主席团扩大会议通过,2011年8月《校内津贴分配实施方案》正式颁布,文件整体结构不变,核心因素不变。修订后,整个实施方案更加完善。

第二节　校院二级管理体制改革

校内管理体制改革的核心内容是建立充满活力的运行机制和科学合理、符合高校发展需求的管理体制,从而推动学校各项事业健康快速发展。自身状况和发展环境决定管理模式,管理模式的适时改革,又会促进快速发展。在2001—2010年的10年间,正是高等学校高速发展的大好机遇,但在这一时期,由于学校整体规模不大、师资队伍偏小、专业学科发展不快。所以,学校一直采用了较为集中的管理模式,在这样的框架下,学校重点进行了以收入分配制度改革为重点的激励机制建设。10年间3轮次的校内津贴分配制度改革,促使学校在教学、科研、学科专业建设等重大事项中取得了显著成果。但随着建设特色鲜明高水平教学研究型大学目标的确立,学校各项事业不断发展,专业学科建设初具规模,教学、科研任务日益繁重,师资队伍不断壮大,构建现代大学框架,逐步建立校院二级管理体制已成必然。学校从2005年开始就开展了以二级管理体制改革为主要内容的深入调研,并开始了一些有益的探索和尝试。在2006年4月学校中层干部换届中,学校适时将规模较大的系更名为学院。截至2009年4月,学校所有教学单位都由系更名为学院。学校在2009年7月《校内津贴分配实施方案(试行)》实施后，随之相应的二级分配模式出台，成为积极推动校院二级管理体制改革的一个重要标志。通过津贴分配的示范，促使学校逐步在教学、科研、学科建设等各方面重心下移，给学院充分的人、财、物支配权，强化学院的责任、权力与义务，最大可能的调动学院的办学主动性、积极性。逐步建立以学院为主要办学实体和管理重心的高效管理模式，这是学校改革与发展到特定阶段，建设特色鲜明高水平教学研究型大学的必由之路。

按照国家事业单位管理体制改革的要求，学校从2010年开始进行以岗位设置岗位管理体制改革为核心内容的人事管理体制改革。国家启动这次改革，目的在于使高校明确定位，清晰职能，理顺体制，盘活机制，逐步使高校建立“由身份管理向岗位管理，岗变薪变，能上能下”的新机制。经教职工代表会议审议后，2011年1月，学校《岗位设置与聘用管理实施办法(试行)》正式颁布。文件紧紧结合这次事业单位管理体制改革的精神内核，坚持开拓创新，鼓励进行各种形式的探索和实施。文件要求各学院根据本单位岗位设置状况，按照职责要求，通过竞聘方式择优聘用，不受身份、资历限制，岗变薪变，能上能下。专业技术六级以下岗位交由学院来设置，五级以上岗位，由于人员及比例的限制，学院只予以推荐，学校统一确定。

随着建设高水平教学研究型大学的不断深入，学校将逐步给各学院更多、更大的管理权限，充分调动学院的责任意识、主体意识，让学院针对自己的实际和特点，灵活高效管理，形成责、权、利相协调的二级管理新模式。目前，这些改革只是初步将人、财、物等办学要素的管理支配权交与学院，让学院在人、财、物上拥有相当的自主权，学校只做监管、宏观管理与指导。而随着改革的深入，职称评定、工资、考核等重要人事管理因素也将放到学院，教学、科研、学科建设、研究生管理等方面的管理也会逐步下放。通过重心下移，学院作为相对独立的管理主体，以更加精简、高效的管理模式管理教学、科研等各项事宜，让所有学院的潜能得到最大释放。管理重心的下移势必将学校层面从各项繁重的管理事务中解放出来，以利学校对各方面工作进行更加宏观、更加前瞻性的科学规划与设计。通过管理模式及分配制度改革，更加有效地激发学院和广大教职工干事创业的积极性和创造性，让学校各项事业充满生机和活力，进一步促进学校健康、快速、协调发展。

第三节　后勤管理体制改革

高等学校快速扩招后，由于学校办学规模和学生人数急剧增加，给后勤管理服务工作带来了新的机遇和挑战。学校坚持把建设特色鲜明的高水平教学研究型大学目标作为后勤工作的一条主线，以深化管理体制和运行机制改革为突破，主动适应形势，及时转变观念，努力提高服务质量，提升管理水平，逐步建立了适合自身特点的新型后勤保障体系。在具体工作中，后勤工作始终坚持“三服务、两育人”为宗旨，以“师生为本、服务至上”为理念，以精细化管理为导向，努力为学校的改革与发展提供可靠保障。

一、理顺关系，建立科学高效的后勤管理体制和运行机制

2000年12月，为顺应高校后勤社会化改革的形势和要求，学校后勤改革模式按照“小机关、大实体”模式进行了重新设计。原总务处拆分为总务基建处和后勤服

务总公司,总务基建处(甲方)代表学校对后勤服务总司(乙方)行使监管职能,后勤服务总公司按照现代企业制度运作方式为学校提供服务。2002 年 1 月,学校制定了《后勤规范分离实施方案》、《后勤规范分离后运行管理模式》,对分离范围、劳动人事制度、财务制度、产权管理、启动资金和后勤规范分离后运行管理模式等进行了界定。甲乙双方每年都要签署委托管理协议,明确双方的责任和义务。

后勤总公司成立后,采取了一系列管理措施:一是狠抓制度建设,建立了一套比较完整的规章制度,其中包括《后勤服务总公司人事管理办法》、《后勤服务总公司财务管理办法》、《后勤服务总公司分配办法》、《后勤服务总公司临时用工管理办法》等;二是狠抓机构建设,按照市场需求和经济规律,结合学校后勤特点,设立了结算中心、饮食中心、动力中心、学寓中心、交通中心、物业中心、建安中心、幼教中心等工作运行机构,制定了各服务中心的目标责任书,促使各中心本着经营思想去求生存、求发展;三是狠抓对外经营,努力发挥资源优势和市场优势,积极拓宽创收渠道,到 2002 年,总公司自筹资金 100 万元,建设了商业网点、改造了食堂硬件、创办了教育超市,同时动力中心的供暖及幼教、医院、交通等中心的对外服务等项目都开始运作;四是狠抓队伍建设,2002 年 7 月,后勤服务总公司实行全员竞聘上岗,47 名员工参与竞聘 20 个副经理以上管理岗位;43 名员工参与竞聘 46 个普通岗位,其中有 39 名员工竞聘上岗。2004 年开办了首届厨师资格认证培训班,参加培训人数达 79 人,同时对物业中心、饮食中心等部门从业人员进行了有关法律考试。

但经过多年的运行实践,这种甲乙双方分离体制的弊端凸显:增加了管理环节、甲乙双方协调困难、服务功能弱化、重经济效益、轻社会效益。2009 年 3 月,学校在充分调研、论证的基础上,将原总务处与原后勤服务总公司合并成立总务后勤处。合并后的总务后勤处是一个集管理、服务为一体的具有经营性质的行政职能部门,它不简单是两个部门的合并,是在原有体制基础上"管理与服务、服务与经营"的整合,努力实现"管理更科学,运转更顺畅,服务更便捷,保障更有力,监督更到位"。

2010 年 5 月,总务后勤处对内部机构设置进行了调整,共设办公室、质量监督科、房产管理科、物业管理科、计生办、校医院、学寓中心、水电维修中心、热力中心、物资采购中心、饮食中心、车队、市场开发部、幼儿园等 14 个科级单位。总务后勤处共有正式职工 81 人,其中处级干部 5 人,其他人员 76 人。同时通过竞争上岗的方式选聘管理干部,经过个人选岗申报、竞聘演说、民主测评、综合评价、组织考察等过程,23 名后勤科级干部走上了管理岗位,并通过目标管理真正使其在岗位上得到锻炼和成长。总务后勤处还调入和引进了部分硕士研究生,有效改善了后勤管理队伍的学历和知识层次。

二、不断探索,积极引进社会力量参与后勤服务与管理

学校采取多种途径,积极引进社会力量参与后勤管理与服务,不断推动后勤社会化向纵深发展。一是引进专业物业公司对新老校区校园物业进行管理。通过公开招标的方式,将学校的保洁及绿化工作承包给物业公司,由总务后勤处对物业公司的工作进行指导与监督。二是采用社会招标的方式,将新老校区学生浴池进行改造及对外承包。浴池对外承包后,每年回收的管理费及水电费约百余万元,创造了良

好的经济效益。同时,通过对外承包,引进社会力量,实现公司化运作,并将原有集体浴室改造为单人单间,在保持洗浴费用稳定的前提下,为学生提供了良好的洗浴环境和优质服务。三是尝试引进专业的餐饮公司经营学生食堂。学校将龙子湖校区食堂三层承包给专业的餐饮公司,利用餐饮公司在管理、经营及服务方面的优势,不断提高餐饮服务质量和水平,为学生提供良好的就餐条件。四是对两校区职工家属区物业实行社会化管理。五是对学生公寓进行社会化管理。六是所有校内大项基础设施改造和维修对社会公开招标。通过引进专业公司和社会力量参与学校后勤服务,学校在未增加开支的前提下,后勤服务师生的质量得到了显著提高,管理效果得到了明显改善。

学校严格实施后勤大宗物品采购招标制度。2003 年,后勤服务总公司成立了招标与合同管理领导小组,对学生公寓用品、用煤、生活垃圾外运、设备采购等组织开展招标工作,使大宗物资采购和合同管理工作进一步透明化和规范化,取得了良好的社会效益和经济效益。2005 年 4 月,总公司开始对学生食堂大宗食品实行招标采购,确保学生食堂食品的卫生、安全。近年来,总务后勤处根据学校的统一要求,对涉及金额比较大的项目,交由学校招标办组织招标,对涉及金额比较小的项目由总务后勤处组织有关部门进行议标。

三、加强软硬件建设,不断改善师生学习、工作、生活条件

2005 年 10 月,2005 级 3 000 多名新生顺利入驻龙子湖校区,至此形成了两校区办学的新格局。目前,学校在花园校区、龙子湖校区已建学生宿舍建筑面积 19 万 m^2,其中龙子湖校区在建学生宿舍 3 万 m^2;已建学生食堂建筑面积 2.2 万 m^2,其中龙子湖校区在建学生食堂建筑面积 1 万 m^2,较好地满足了学校在校生的住宿和饮食需要。后勤服务部门围绕学校中心工作,努力提供各项后勤保障与服务。一是认真完成各项维修改造工程项目,不断改善校园环境。10 年来共完成维修改造项目数百项,仅 2009 年和 2010 年就完成了维修改造项目 200 余项。二是认真做好车辆交通服务工作。及时为各单位提供车辆服务,较好地满足了各单位的公务用车需求。不断加强班车运行管理,加大发车密度,提高服务质量,保证车辆运行安全,为教师上下班提供交通服务。三是整合调配现有房产资源,不断提高资源使用效率。摸清房产资源家底,及时回收挤占的公有房屋,对现有房产进行合理配置,挖掘资源潜力,提高资源利用率。2009 年,通过清理整合,腾出了 4 号学生宿舍楼作为临时行政办公用房,缓解了学校行政楼的办公压力,解决了有关职能部门和学院办公用房紧张问题。2010 年 12 月,学校研究出台房屋管理办法,顺利完成了龙子湖校区文科教学楼的分配及搬迁工作,重新调整了花园校区有关学院办公及教学用房。四是积极做好水电气暖供应工作,及时回收水电气暖费。五是认真做好计划生育及幼儿保育工作,计划生育工作连年受到郑州市金水区的表彰。

学校积极开展节约校园建设、平安校园建设、环境优美校园建设、和谐校园建设。2010 年以来,总务后勤处坚持以标准化食堂和标准化宿舍建设为抓手,不断加强饮食和学寓管理工作。一是加强饮食管理工作。统一管理,统一采购,统一招标,严把采购、验收、加工制作和售前检验“四关”,确保食堂饭菜质量;严禁腐烂变质食品和“三无”食品进入食堂,确保食品安全卫生,有效预防食品安全事件的发生。二是加强学寓管理工作。建立健全并严格执行宿舍管理各项规章制度,做到有章可依,违章必究;对学生宿舍楼的安全标志、消防设施、应急设备、应急出入口等经常进行排查,确保安全设施正常运转;开展丰富多彩的学生宿舍文化活动,积极构建和谐公寓文化。2010 年 12 月,学校申报的学生食堂和学生宿舍顺利通过了标准化评估。

后勤管理体制改革的不断深化,有力提高了后勤工作的服务质量和管理水平。2001 年,学校被河南省人事厅、教育厅联合命名为“河南省高校后勤社会化改革工作先进单位”;2002 年,学校被河南省人事厅、河南省省直机关事务管理局评为“省直机关后勤保障先进集体”; 2005 年至 2007 年,学校连续三年被郑州市疾病预防控制中心命名为“传染病防治工作先进单位”;2007 年,学校被评为“河南省高等学校餐饮服务行业先进集体”;2009 年,学校荣获“河南省节能减排工作先进单位”、“郑州市绿化模范单位”称号;2010 年,学校荣获“河南省高校后勤工作先进单位”称号。后勤工作为学校又好又快发展提供了可靠保障,为建设特色鲜明的高水平教学研究型大学做出了积极贡献。

第十一章　龙子湖校区建设与两校区管理

为更好地适应全国高等教育快速发展的需要，满足河南地方经济建设和全国水利电力事业对人才的需求，2003 年 2 月，学校决定在郑东新区龙子湖高校园区征地建设新校区，进一步扩大办学空间，扩大办学规模。到 2011 年 8 月，学校已完成和在建的各类建筑面积近 50 万 m^2。

第一节　龙子湖校区规划设计

2003 年 3 月 3 日，学校《关于征地建设新校区的请示》（华水文〔2003〕14 号文）报河南省教育厅。主要内容：在郑东新区龙子湖高校园区征地 1800 亩建设新校区。

2003 年 3 月 17 日，河南省教育厅《关于华北水利水电学院新校区建设有关问题的意见》（教法规〔2003〕121 号文）报省计委。主要内容：同意华北水利水电学院在郑东新区龙子湖高校园区征地建设新校区，征地 1 600 亩，建设资金自筹。

2003 年 3 月 24 日，河南省计委《关于华北水利水电学院新校区建设项目建议书的批复》（豫计社会〔2003〕378 号文）。主要内容：华北水利水电学院全日制普通本专科在校生远期规模将达到 15 000 人，同意华北水利水电学院在郑东新区征地 1 600亩建设新校区，作为承担本科、研究生教育的主校区，老校区用于举办二级学院、成人教育等。

2003 年 3 月 28 日，郑州市规划局《对华北水院建设项目选址意见书批复》（郑城规址第〔2003〕0026 号文）。

2003 年 5 月 8 日，学校党委发文《关于成立新校区建设工作机构等有关事宜的通知》（华水党〔2003〕26 号文）。

2003 年 5 月 16 日，郑州市国地资源局到龙子湖校区埋设地界桩，附放线地界桩图。

2003 年 6 月 7 日，河南省计委张伟处长传达省长办公会议纪要，主要内容：华北水利水电学院等三所院校不到郑东新区龙子湖高校园区建校新校区。

2003 年 9 月 22 日，省长常务会议听取并研究了华北水利水电学院在郑东新区龙子湖高校园区建设新校区问题，会议同意我校继续在龙子湖高校园区征地建设新校区。

2003 年 11 月 3 日，学校公开发布龙子湖校区总体规划招标公告。天津大学建筑设计研究院、华南理工大学建筑设计研究院、同济大学建筑设计研究院、东南大学建筑设计研究院等 4 家设计单位参加了投标。

2004 年 2 月 11 日，学校邀请省内外 9 名规划设计专家对龙子湖校区总体规划方案进行了评审：推荐天津大学建筑设计研究院、东南大学建筑设计研究院方案为“优秀方案”。

2004 年 3 月 29 日，校党委研究决定东南大学建筑设计研究院方案为中标方案。4 月 20 日龙子湖校区总规方案修改调整完成，并上报河南省教育厅、发改委审批。

2004 年 4 月 15 日，龙子湖校区建设指挥部正式进驻工地现场办公，开始了轰轰烈烈地建设前期工作。回填土方、修建围墙、架设施工用电、修建施工道路等工作全面展开。

2004 年 5 月 12 日,河南省发改委发文《关于华北水利水电学院新校区总体规划设计的批复》(豫发改办〔2004〕865 号文)。

2004 年 6 月 2 日上午,龙子湖校区奠基典礼在郑东新区举行。陈雷、贾连朝、张洪华、李国英、陈自强、庞鸿宾、曹敦瑞、肖新生、朱清孟、严大考等领导同志为龙子湖校区挥锹奠基。学校 800 多名师生代表和部分施工单位参加了奠基仪式。

2005 年学校制订了《校园建设总体发展规划》,作为全面指导龙子湖校区建设工作的依据。

2004 年 9 月 15 日,省发改委发文《关于华北水利水电学院新校区首期建设工程可行性研究报告的批复》(豫发改社会〔2004〕1702 号文)。同意首期工程总建筑面积 258 000 m^2,其中:公共教学楼36 000 m^2,公共实验楼 36 500 m^2,经济管理与信息工程楼 13 800 万 m^2,外语与人文社科楼 13 800 m^2,土木工程楼 30 000 m^2,图书馆 30 000 m^2,行政管理中心 14 000 m^2,游泳馆 2 400 m^2,学生活动中心 3 000 m^2,学生宿舍 61 000 m^2(含留学生公寓 3 000 m^2),学生食堂 10 200 m^2 等。

2004 年 9 月 20 日,一期工程设计方案开标,东南大学建筑设计研究院、北京工业大学建筑设计院、华北水电学院勘察设计院等单位中标。

2005 年 2 月 26 日,一期主体工程及室外配套工程开标,河南水利建筑工程有限公司、河南省中原建筑有限公司、郑州市正岩建筑有限公司、新蒲建筑安装有限公司、北京城建集团有限公司等单位中标,标志着龙子湖校区主体工程正式进入全面建设实施阶段。

2005 年 3 月,国土资源部对郑东新区龙子湖高校园区用地情况进行了首次检查,龙子湖高校园区用地被定性为违法用地。2006 年 5 月,中央电视台“新闻联播”节目报道了全国包括郑州市龙子湖高校园区在内的 5 个违法占地事件。随后,国土资源部、监察部成立联合调查组,对龙子湖高校园区土地问题进行了全面调查,并对郑州市相关责任领导进行了责任追究。

2007 年 1 月 8 日,国土资源部下达了《关于郑州市龙子湖高校园区非法用地依法补办报批手续的函》(国土资厅函〔2007〕9 号),同意华北水利水电学院等 7 所高校依法补办土地手续。

2009 年 12 月 18 日,郑州市人民政府正式为学校颁发了龙子湖校区国有土地使用证。土地证号是郑国用〔2009〕第 0886 号,土地使用权人是华北水利水电学院,用途为科教用地,使用权类型为划拨用地,座落金水东路北、博学路西,地号 ZD1 - 100 - 420,图号郑东土测字 2009 - 159 号,使用权面积 998 000 m^2。龙子湖校区土地证的成功办理,标志着龙子湖校区土地完全合法化。

第二节　龙子湖校区建设

学校提出“一流的规划,一流的设计,一流的管理,建设一流的新校区”的要求,经过几年的艰苦努力,一所建筑造型新颖别致、建筑风格独特的现代化大学矗立在郑东新区龙子湖高校园区内。学校的建筑风格、建筑造型得到了社会各界的高度评价和赞许,成为郑东新区一道靓丽的风景线。

一、新校区建设组织机构的确立

为了做好龙子湖新校区基建工作，2003年5月8日，学校党委发文《关于成立新校区建设工作机构等有关事宜》。成立华北水利水电学院新校区建设领导小组和华北水利水电学院新校区建设指挥部，名单如下：

领导小组组长：朱清孟、严大考；副组长：孙纯淇、刘汉东。

领导小组成员：校领导，校长办公室、教务处、计划财务处、基建处、监察处、学生处、实验室与设备管理处负责人。

建设指挥部指挥长：孙纯淇；副指挥长：万林海、唐振科（兼）；总工：刘广惠。

综合办公室主任：李荣喜；规划发展部主任：万林海；规划发展部副主任：王学军（兼）；计划财务部主任：杜凤英；工程技术管理部主任：黄立新；工程技术管理部副主任：张长兴

2004年12月16日，校党委会议研究，调整新校区建设指挥部领导成员，名单如下：

指挥长：严大考；常务副指挥长：孙纯淇；副指挥长：刘淑琴（兼）。

办公室主任：郭少龙；工程部主任：万林海；工程部副主任：王学军；监审部主任：唐振科；监审部副主任：肖大强；财务部主任：杜凤英；保卫部主任：徐震。

办公室负责指挥部的日常行政管理、内外关系协调、人事管理、宣传报道、各种资料档案整理归档等工作。

工程部负责工程项目报建、工程勘察设计管理、工程施工进度和工程质量管理、审核工程量及预决算工作、工程信息管理、协调工程招标、施工合同签订及管理工作。

监审部负责龙子湖校区建设全过程的监察、审计、监督和党风廉政建设工作。

财务部负责财务核算与结算及统计工作，参与工程项目、材料设备采购等招标工作，配合监审部做好审计工作。

保卫部负责施工现场日常安全、处理工地突发事件以及保安制度制定、执行等工作。

2006年2月，校党委任命周锦安为新校区建设指挥部工程部主任，免去万林海工程部主任职务。

2006年4月，校党委任命黄立新、方林牧为工程部副主任，免去王学军工程部副主任职务。

2007年2月13日，校党委会研究决定，撤销新校区建设指挥部，恢复基建处建制。周锦安任基建处处长，黄立新、方林牧任基建处副处长。

2009年5月，处级干部换届，田林钢任基建处副处长。

二、科学管理，确保质量

按照学校党委提出的“科学运作、规范管理、确保质量”的建校指导思想，在主体工程正式开工前，有关人员认真总结过去的建校经验，借鉴兄弟院校的规章制度，制定了《华北水利水电学院龙子湖校区建设指挥规章制度汇编》，该制度涵盖了龙子湖校区建设工作的各个方面。在学校党委和指挥部领导的正确领导下，指挥部各部门严格按照规章制度办事，各司其责，既互相监督，又密切配合。学校龙子湖校区一期工程2005年3月初主体开工建设，用了短短6个月时间完成了8.5万m^2建筑物及室外道路管网施工任务，保证了3 000多名2005级新生10月中旬顺利入住龙子湖校区。经过6年多的连续建设，到2011年8月已完成和在建各类建筑面积近50万m^2，完成了25万m^2的绿化面积和部分景观工程建设。

为了进一步提高工程质量,学校组织有关专业人员编制了《华北水利水电学院工程管理与评优办法》,并在工程招标和签订合同时进行了约定,对保证工程质量起到了良好的效果。自2005年以来,学校连续3次被省教育厅评为"河南省高校基本建设管理先进单位",龙子湖校区公共教学楼、公共实验楼先后被评为河南省高校"优秀工程"。

龙子湖校区建筑物一览表见表11-1。

表11-1　龙子湖校区建筑物一览表

序号	建筑名称	建筑面积(m^2)	建成时间	备注
1	公共教学楼1#~3#	27 836	2005年	优秀工程
2	4#、5#学生宿舍	32 939	2005年	
3	学生食堂	14 759	2005年	
4	学生浴室	8 492	2005年	
5	公共教学楼4区	9 550	2006年	
6	1#、2#、3#学生宿舍	39 539	2006年	
7	商业等生活服务用房	2 973	2006年	
8	公共实验楼B区	19 040	2007年	优秀工程
9	一期周转公寓房	146 451	2009年	
10	二期周转公寓房	35 197	2011年	
11	节水灌溉试验场	2 340	2009年	
12	专业教学楼	27 750	2010年	
13	8#、10#学生宿舍楼	25 490	2010年	
14	高层次人才公寓	20 593	2011年	
15	9#、11#学生宿舍楼	31 096	2011年	
16	第二学生食堂	10 565	2011年	
17	公共实验楼A区	19 138	2011年	
18	水工实验厅	5 000	2011年	
	合计	478 748		

三、新校区建设历经艰辛

龙子湖校区是在500多个鱼塘上开始建设的,场区无路、无水、无电,加上民扰,工作环境十分恶劣。建设人员排除各种干扰,苦干、实干,马不停蹄地抓土方回填工程,围墙建筑工程,地质、文物勘探工程,临时道路工程,桩基工程,临时用电工程及各种测量放线工作。

经过近半年的积极准备工作,2005年1月14日,第一根工程管桩顺利压入教学楼基础的设计深度。当时正值春节寒假期间,指挥部全体人员放弃休息时间,经过2个多月冰天雪地的苦战,克服了寒冷、雨雪等诸多困难,2 000 余根管桩施工顺利完成,为3月份主体工程开工奠定了基础。

为了保证2005级新生10月份按时进校,指挥部一方面抓8万多 m^2 11个单体建筑物施工,另一方面组织好道路、上下水、雨水、热力、燃气、强电、弱电、运动场等多项配套工程的施工,工程部制定了详细的施工计划。在施工中,坚持以下三项工作常抓不懈:

第一,坚持工地例会制度和现场调度会制度,做到经常性工作常抓不懈,突击性工作全力以赴,做到有布置、有检查,督促每一关键性工作不掉链、不拖后。

第二,认真抓好工程技术管理,做好图纸审核和技术变更论证工作,不断优化施工方案,选择合理的施工技术,以确保工程质量和降低工程造价。

第三,严格工程施工、设计变更、工程签证管理,协调好监理、设计、施工、材料、设备供应、质检、安控等单位的工作,保质、保量、保安全地完成各项建设任务。

学校严抓工程、材料招标和工程决算工作,通过公开招标和实行决算严格审计制度,节约经费10%~15%。龙子湖校区已建成工程框架结构平均造价1 500元/m^2左右、砖混结构平均造价1 000元/m^2左右。到2011年6月止,龙子湖校区共投入建设资金6亿元,是同类高校投资少、投资效益较好的学校。

四、加强监督,保证建设工作健康运行

在龙子湖校区建设之初,学校党委就提出要求:“不能工程建起来了,干部职工倒下了,要通过组织措施、制度保障来保证这种情况在我校不要发生。”指挥部领导也提出:“建造一流的校区,培养一支优秀的队伍”,“水能载舟,亦能覆舟”,“建设龙子湖校区可以成为功臣,也有可能成为罪人”。学校在龙子湖校区建设中注重抓好防腐倡廉工作。

一是做好权利的分配、权利的制约、权利的监督工作。建设部门(指挥部)不负责工程招标,工程管理部门(工程部)不负责工程造价最终决算,同时监审部门对工程建设活动实行全过程监督。形成了基建、监审、财务、招标等部门既密切配合,又相互监督制约的良好工作局面,保证龙子湖校区各项建设工作顺利进行。

二是制度建设、思想政治工作两手抓。学校成立了指挥部党支部,监审部主任担任支部书记。通过保持共产党员先进性教育活动,进一步提高干部职工政治素质,树立吃苦耐劳、廉洁奉公的思想。指挥部多次组织干部职工观看反腐录像片、到监狱、到红旗渠、到兰考县等地接受教育,用大量生动的事实教育干部职工珍惜自己生命和政治前途,始终做到了警钟长鸣,监督关口前移。为了规范工程程序,建立健全了多项制度:如工程预决算审计制度;工程款支付审批制度;报销审批制度;工程变更程序制度;党员干部廉洁自律制度等。

同时,指挥部与施工单位、监理单位签订“廉政责任书”,明确规定甲乙双方的责任和权利。给指挥部人员规定四不该:不该去的地方坚决不去,不该吃的饭坚决不吃,不该拿的东西坚决不拿,不该说的话坚决不说。

五、周转房建设艰难推进

2003年初,河南省委、省政府决定在郑州市郑东新区建设龙子湖高校园区,为了方便各高校老师在龙子湖校区工作,郑州市政府承诺,在高校学生入住龙子湖校区的同时,南北两个教师公寓园区也同期建成投入使用。由于土地性质问题,2005年、2006年,国土资源部、监察部联合对龙

子湖高校园区土地违法问题进行了查处。教师公寓园区、河南财经学院等单位用地全部停止供应,建设教师公寓园区短时期内已不可能。

2006年7月19日,东区管委会土地规划局召开华北水利水电学院等5所高校基建部门负责人会议,原则同意第一批进驻龙子湖高校园区的5所高校在校内集资建设职工住房。

2006年7月20日下午,党委召开扩大会议,听取龙子湖校区建设指挥部关于郑东新区管委会土地规划局同意各高校在校内集资建房会议精神汇报,并研究了学校集资建房原则、用地规模、户型面积、结构形式等事宜。

2006年7月21日上午,学校召开全体处级干部会议,传达郑东新区管委会土地规划局会议精神,并结合学校设计院提出的三套建设方案,就户型面积、结构形式、装修标准等问题进行了分组讨论。

2006年7月21日下午,学校党委召开扩大会议,听取各组讨论汇报。会议决定在龙子湖校区集资建设职工住房,并成立集资建房领导小组。组长:朱海风,副组长:严大考,成员:王保国、许琰、曹兴霖、孙纯淇、刘汉东、李纪轩、刘淑琴及有关部门负责人。领导小组下设综合组和建设组:综合组由许琰副书记负责,主要负责职工集资建房方案制定、集资户型统计、规划设计方案意见的征集、集资款的收缴、集资户型的分配等工作;建设组由孙纯琪副校长负责,主要负责规划的调整、公寓楼设计和建设等工作。

2007年9月26日,基建处长周锦安主持公寓楼桩基工程开工仪式,标志着公寓楼建设正式启动。

2008年2月27日,龙子湖校区公寓楼主体工程4个标段同时开工建设。4家施工单位是:河南水利建筑工程有限公司、中国建筑第七工程局有限公司、河南省第六建筑工程公司、福建省闽南建筑工程有限公司。

2008年10月16日,河南省教育厅向省政府上报“关于尽快解决郑东新区龙子湖高校教职工住房问题的意见”。12月5日省教育厅、省国土资源厅、郑州市政府召开协调会议,形成以下一致意见:①同意各高校在已批准土地上,按城市详规和相关标准自建部分教职工周转房,用地性质不变;②原规划建设的两个经济适用房小区的用地问题,待国务院对我省新一轮土地利用总体规划修编批复后,尽快做好批后土地调整供应工作;③届时可以根据不同需求建设经济适用房、限价房和廉租房,所建住房应符合郑东新区总体规划,严格控制套型面积,坚持集约节约用地。孔玉芳副省长、李克常务副省长、郭庚茂省长都有明确批示。至此,“教师公寓”等名称正式改称为“教职工周转房”。

2009年7月,966套教职工周转房房建成投入使用,第一批教师顺利入住,教师安居乐业。

2010年9月17日,郑州新区工委、郑东新区管委会联席会议精神(郑新管委会纪〔2010〕13号):龙子湖高校园区各高校所建教职工周转房不改变土地性质,不办理房屋产权,仅供各高校教师周转使用。至此,龙子湖校区一期教职工周转房建设工作画上了圆满的句号。

六、生态园林校园的形成

龙子湖校区原场地为500多个鱼塘,场区平均垫土达2 m深,由于回填土质量参差不齐,加上地下水位高,土壤盐碱度大,给龙子湖校区绿化建设带来了很大的困难。针对龙子湖校区土质环境现状,按照党委“先绿起来,再美起来”的环境建设要求,学校采取了分步建设,逐步完善,逐步到位的实施办法。

(一)基础绿化阶段(2005—2007 年)

配合龙子湖校区基本建设,校园绿化建设工程以覆盖为主,大量种植树木。针对龙子湖校区面积大,风沙大的情况,成片栽植法桐林、大叶女贞林、毛白杨林等。这些生态林树的栽植,一方面起到了防风固沙、净化空气和美化环境的作用,特别是沿墙毛白杨林带,形成了一道绿色的帷帐,充分发挥了防风林的作用;另一方面可作为我校今后绿化的备用苗木。在已修建的内环道,栽植分车带,植物以常绿小灌木为主色调组成规则图案,配以桂花、紫薇和火棘球形成带状的景观。

(二)景观绿化阶段(2008—2010 年)

随着第一学生生活区、教学区、实验区和教师公寓区整体建成投入使用,绿化建设进入了一个快速发展的时期:①景观树木、花卉、草坪的栽植。栽植各类景观树木 5 000 多株,草坪 20 万 m^2,绿化带9 000 m^2,月季 8 万株。②景观湖的开挖和景观山的建设。景观湖和景观山是学校景观环境的核心,为校园环境建设上台阶奠定了基础。③景观园路的修建。景观园路起到联系和分割空间环境和方便行人的作用,路面选用了鹅卵石、花岗岩和荷兰砖等多种材质,为景观环境增添了色彩。

龙子湖校区园林绿化工作自 2005 年底开始起步,根据武汉园林建筑设计院景观设计方案提出的“生态、交流、共生”的设计理念,结合龙子湖校区地形地貌实际情况,开展植树、种草、挖湖、修山、造景等工作。经过几年的连续建设,到 2011 年,完成绿化面积 25 万 m^2,植物种类 70 多种,各种树木 3 万株。龙子湖校区从水坑遍布、杂草没膝的荒野之地变为“春有花、夏有荫、秋有果、冬有姿”的生态人文校园,得到了全校师生和社会各界的高度评价和认可。一个交通便捷、曲径通幽、绿树成荫、环境优美的绿色生态校园已经建成,成为郑东新区一道靓丽的风景线。2009 年学校龙子湖校区被郑州市评为“郑州市园林单位”,2010 年学校龙子湖校区教职工周转房区被郑东新区管委会评为“最佳园林小区”。

第三节　两校区运行管理

随着龙子湖校区建设初具规模,学校两校区办学运行管理模式初步形成。

一、龙子湖校区运行管理模式的确定与运行

为了确保 2005 级学生能够按期入住龙子湖校区,保证 2005 年 11 月份教育部对学校本科教学评估工作顺利进行,学校组织有关人员到兄弟院校学习调研,并结合学校两校区实际,2005 年 8 月 16 日学校党委研究决定成立龙子湖校区综合管理办公室。在龙子湖校区实行“条块结合、以条为主、强化管理、综合协调”的管理模式,要求校内有关职能部门及各教学院系分别选派相关人员到龙子湖校区工作。龙子湖校区综合管理办公室成立教学管理部、学生管理部和安全保卫部,负责龙子湖校区的各项管理工作。

在龙子湖校区综合管理工作中,教学管理由教务处制订教学计划,各系部负责落实,综合管理办公室督促协调,教师上课由总务后勤处(原后勤服务总公司)安排校车定时定点接送,在龙子湖校区设立教师临时休息室。学生管理工作在各系管理的基础上,由综合管理办公室统一进行协调。安全保卫工作在条块结合的基础上,

由综合管理办公室负责。后勤保障工作(包括校医院等)由总务后勤处(原后勤服务总公司)组织管理和经营,综合管理办公室负责对后勤的各项服务工作进行监管。图书资料、网络管理、计算机室及各系的实验室、语音室等实行以条为主的管理模式,其人员的调配及时间的安排由各单位负责,但必须保证教学工作的需要。龙子湖校区邮政、银行、电讯、超市等商业用房的租赁由总务后勤处(原后勤服务总公司)负责,收入上缴学校。龙子湖校区的国有资产管理由资产与实验室管理处负责。龙子湖校区内的环境卫生及日常维修由总务后勤处(原后勤服务总公司)负责。龙子湖校区各单位工作人员的办公地点、休息场所及教师临时休息室等由龙子湖校区综合管理办公室负责。为加强对学生的教育和管理,龙子湖校区学生辅导员全部进住学生公寓楼,辅导员零距离接触学生,方便辅导员和学生之间的沟通和联系。

二、两校区办学格局的形成

2005 年 10 月 14 日,3 000 多名 2005 级新生入住龙子湖校区,学校两校区办学格局初步形成。

随着学校办学规模的逐步扩大,龙子湖校区建设的稳步推进,如何更好地利用和发挥两校区资源优势,合理布局,既能加快学校事业发展,又尽可能地节约建设资金,减少浪费,同时又方便教职员工的工作和生活,已成为学校面临的一个迫切问题。2007 年 5 月,为了整合两校区资源,提高办学效率,学校党委决定,除管理与经济学院、数学与信息科学学院、法学院、外国语学院等学院外所有在龙子湖校区的 2005 级学生搬回花园校区学习。至此,学校形成了学校管理机关和各教学单位管理机关在花园校区,学生分布在两个校区学习的办学局面。

2010 年 12 月,学校对两校区办学格局作出重大调整,管理与经济学院、数学与信息科学学院、建筑学院、法学院、外国语学院等文科和轻型理科学院及思想政治教育学院、体育教学部等单位办公地点实现整体搬迁到龙子湖校区。

2011 年 6 月,学校研究决定,管理与经济学院、法学院、数学与信息科学学院、外国语学院、建筑学院等教学单位的学生全部稳定在龙子湖校区。至此,学校形成了新的两校区办学格局。

第四节　安全保卫工作

学校安全保卫工作以服务师生、服务大局为宗旨,以“政治稳定、治安良好、机制健全、校园和谐、师生满意”为目标,紧紧围绕学校改革发展各阶段战略目标和工作任务,坚持“稳定压到一切”和“安全第一、预防为主”的方针,深入推进校园治安综合治理和平安校园建设,为学校又好又快发展构筑了坚实的安全稳定保障。

一、规范工作制度,增强队伍战斗力

加强制度建设、机制创新。2001 年以来,学校相继出台了《校园安全管理规定》、《计算机网络安全管理规定》、《校园治安综合治理责任制度》、《学生集体外出活动安全管理规定》、《内部治安管理规定》、《暂住人口安全管理规定》、《消防安全管理规定》、《关于加强安全管理构建平安校园的若干意见》、《公共财物被盗遗失经济责任赔偿规定》、《关于治理校内盗窃案件的工作意见》、《进一步做好安全保卫工作的通知》、《关于切实做好学校稳定工作的意见》、《关于进一步加强消防安全工作的意见》和《校园治安综合治理工作责

任追究制度》、《突发事件应急处置预案》等15项学校文件，建立健全校园安全管理制度24项，每年都印发《校园治安综合治理工作年度要点》、《校园治安综合治理目标责任考核细则》，落实综治工作三级责任，形成了较为系统、全面、科学又具有我校特色的安全稳定工作制度体系，为维护学校平安稳定奠定了坚实的制度保证。

保卫机构和保卫队伍建设。从2001年开始，学校成立了"校园治安综合治理委员会"、"消防安全委员会"、"民事调解委员会"、"青年帮教领导小组"、"普法领导小组"、"信访领导小组"、"依法治校领导小组"、"流动人口管理工作领导小组"等8个治安综合治理工作机构，校园治安综合治理办公室和普法办公室两个常设机构均设在保卫处，学校又于2002年6月增设了保卫部，与保卫处合署办公，保卫处内设机构增加到政保科、治安科、消防科和校卫队4个科级编制，保卫干部、校卫队员从2001年的12人、18人增加到现在的19人、124人，配备了对讲机、计算机、照相机、巡逻灯等安保专用装备和轿车1部。随着学校的快速发展和办学规模的扩大，学校对保卫工作投入逐步加大，保卫力量得到了不断增强，保卫处的办公条件、硬件建设有了明显改善，保卫队伍的综合素质和战斗力得以显著提升。通过多年的加强管理、优化形象、强化培训，保卫队伍已成为一支政治素质强、业务技能高、工作作风硬、服务质量优、精神面貌好和能吃苦、能战斗、能奉献的生力军，为学校各个时期的建设、发展和保护师生人身财产安全做出了积极贡献。

二、安全防范，确保学校持续稳定

正确认识和处理改革发展稳定的关系，加强安全防范，全力维护学校稳定。针对重大事件、社会热点、敏感节点和校园舆情，学校多渠道、全方位收集预警性、倾向性、苗头性信息201期1311条，对学校存在或可能发生的不稳定因素进行研判预警，努力从源头上预防和减少影响学校稳定的问题发生，信息上报量和采用率具全省高校前列。围绕新形势下影响学校稳定的新情况、新问题，加强了不稳定因素排查、化解和矛盾疏导处置工作，积极向学校和有关部门反映师生密切关注、反应强烈的各种问题和利益诉求，稳妥处置化解了突发事件29起，避免了矛盾激化、事态扩大，使学校平稳渡过了各个政治敏感期和不稳定事件节点。针对各种邪教和敌对势力向高校渗透的严峻形势，夯实基础工作，加大防范力度，多次对"法轮功"、"呼喊派"、"东突"、"民运"、新疆"三股势力"、"境外基督教会"、"大学生团契"等组织进行排查摸底，配合公安机关查获了大型非法宗教聚集活动，严密防范了邪教、敌对势力、民族分裂分子和非法宗教组织的渗透活动。2001年以来，排查不稳定因素234次，清除校内非法张贴物、大小字报和"法轮功"宣传品5 000余份。

牢固树立"安全发展"理念。学校落实了治安、消防安全责任制和各项防范措施，校园110报警室和重点敏感时期实行24小时值班备勤，保卫干部坚持带班昼夜治安巡逻，积极受理师生报警求助，及时处置校内各种案事件，开展了安全文明校园创建、校园安全年、平安校园建设、安全生产年和消防"三会一标"、"两会四知"、"四个能力"建设等系列活动，在校园和家属院安装了减速带、交通标志和电子视频监控系统，重点要害部位均安装了"三铁一器"和防盗报警设备，积极构建现代化的校园治安防控体系建设。每月和重大节日假期对全校特别重点要害部位进行安全检查,排查安全隐患。加强校园网信息安全管理,教育引导学生文明上网,不浏览、传播、制造非法信息,防止不法分子利用校园网从事非法活动。通过积极努力和扎实工作,学校治安环境得到不断优化,校园发案率逐年降低,师生安全感持续提升。

查处案件。2001 年以来,共查处校内各种案事件 590 余起,抓获现行作案 100 余人,查收管制刀具、淫秽物品、学生宿舍违规大功率电器 3 000 多件,处理阻挠新校区建设施工事件 60 多起,累计检修灭火器 25 136 具、更换消防器材 4 347 个、安装消防标识牌 2 779 项,开展安全检查 300 多次,排查安全隐患 140 多处,发出整改通知 100 余份,维护了学校正常的教学、科研、工作和师生生活秩序,促进了校园平安和谐。积极为师生提供服务,办理师生户籍迁移 23 500 多人次,开具证明材料6 000 余份,采集流动人口信息 3 万多人,组织招聘会、评估检查、演出、考试等校内大型活动保卫值勤 100 余场,配合完成了"非典"、"甲流感"等非常时期校园管理和防控工作。

三、广泛开展普法宣传和安全教育

以"法律六进"为依托,不断优化普法工作的内容、形式、载体、机制和效果。利用"3·15"消费者权益保护日、"4·26"世界知识产权日、"11·9"消防日、"12·4"法制宣传日以及重要法律法规颁实施纪念日等,开展了《宪法》、《教师法》、《高等教育法》、《婚姻法》、《劳动法》、《劳动合同法》、《物权法》、《消防法》等贴近师生的法律宣传和法制征文活动,组织全校师生 3 万多人次参加了普法知识测试,发放普法学习材料 2 万多份,普及率达到 100%,大力营造了学法、知法、守法、用法的良好氛围,提高了广大师生法制意识和依法维护合法权益的能力,圆满完成了"四五"、"五五"普法工作任务。按照贴近实际、贴近生活、贴近师生的要求,有针对性地开展了防火、防盗、防诈骗、防传销、防中毒、防交通事故、防人身伤害、防恐怖袭击、防自然灾害、防拥挤踩踏和应急避险、逃生自救自护系列宣传教育活动,特别是每年毕业生离校和迎新期间,集中开展大型宣教活动 50 余次、印制安全知识宣传展板 600 多块、海报 2 000 多张、资料 3 万余份,为学生上安全教育课 80 余场,组织灭火应急演练 20 次,分期分批对师生进行安全培训近 3 万人次,创建了平安校园网站,大力宣传安全法律知识和典型案例,提高了学生的安全意识和自我救护能力。

2001 年来,学校安全保卫工作多次受到上级的充分肯定和表彰。2001 年,被河南省公安厅评为全省内部治安保卫工作先进单位、被郑州市人民政府评为治安模范单位;2002 年,被河南省委高校工委、河南省教育厅评为全省校园治安综合治理先进高校;2006 年,被河南省教育厅、河南省公安厅评为全省高校安全保卫工作先进单位;2007 年,河南省委《每日汇报》(专报)第 190 期和《工作情况交流》第 272 期相继刊登了介绍我校抓安全促稳定工作的信息;2008 年,被河南省国家安全厅评为省直国家安全工作先进集体;连续 3 年被金水区委、区政府评为平安建设先进单位;保卫处连续 10 年被郑州市公安局评为内部治安保卫工作先进集体、国内安全保卫工作先进集体、情报信息工作先进集体,保卫干部先后 40 多人次受到省、市表彰。

部门发展简史

水利学院

一、概况

1951年9月，北京水利学校成立，当年招收水工建筑专业两个班。

1958年10月6日，北京水利水电学院成立，建院初期设立了水利工程建筑系（简称水工系），设河川枢纽及水电站建筑专业，水文地质与工程地质专业。

1974年底，水工系分成水工、农水两个系。

1988年9月24日，水利、土木分系。水利系仅保留水工、水电站、水力学、农田水利及机电排灌等5个教研室和水利馆、水工及农水三个实验室，教职工人数67人。

1993年初，监理中心从水利系分离。1993年7月，学校系所合并，水利水电科学研究所并入水利系。

2006年4月，学校进行机构调整，水利系更名水利学院。

二、师资队伍建设与教学工作

20世纪90年代后期，随着市场经济的不断发展，水利系部分教师出国学习未归、外出学习学成调离，加之校内人员流动，虽然不断有青年教师调入，但总的教师人数不断减少，到1999年底全系在册人数仅有38人。

2000年后，引进教师力度加大，水利系教师队伍“止跌回升”，年底在册人数达43人。

2002年之后，水利系教师队伍不断得到加强，2002年底在册教职工人数达到53人。2002年水利系增设了水文与水资源工程专业。教研室也作了调整，原技术经济教研室分为水文学及水资源和工程管理两个，孙保沭任水文学及水资源教研室主任，胡宝柱任工程管理教研室主任。孟祥敏任水工结构教研室主任，刘增进任农水教研室主任，李国庆任水力学教研室主任，2002年6月胡宝柱任系副主任，肖大强接任工程管理教研室主任。

2003年，水利系增设港口航道与海岸工程专业。至此水利系一直保持了水利水电工程、农业水利工程、工程管理、水文与水资源工程、港口航道与海岸工程5个本科专业。年底在册教职工人数达到61人。

2005年教育部对我校进行本科教学工作水平评估。在评估过程中，专家组共抽查了水利系13门课程390余份试卷，218份毕业设计（论文），检查课堂教学8人次，学生进行技能测试20人次，实地考察了我系的水力学、水利馆以及农水等实验室。水利系全体师生以认真的工作态度和饱满的热情积极参与，在评估的各个环节表现优秀，为全校取得较好的评估成绩做出了自己的一份贡献。为了弥补年轻教师和新进教师教学经验不足、课堂教学效果不够好的问题，水利系充分发挥老教师的传帮带作用，利用示范讲课、指定指导教师，名师示范、检查、督促等形式，加强了对青年教师的培养，取得了明显的成效，大大提高了水利系教师本科教学的质量水平。在学校第一届教学质量优秀奖和教学名师评选活动中，水利系教师孟祥敏等2人荣获优秀教学质量一等奖，胡宝柱等3人获二等奖,李国庆教授获省教学名师称号。孟祥敏老师被评选为河南省文明教师和省级优秀共产党员。

2006年4月,水利工程系更名为水利学院。教研室进行了调整,田林刚任水工结构教研室主任,刘增进任农水教研室主任,孙东坡任水力学教研室主任,赵晓慎任水文学及水资源教研室主任,肖大强任工程管理教研室主任(2006年至2009年期间,马建琴、刘玉杰曾短期负责教研室工作)。2006年,水利学院以提高教育教学水平和巩固教育部高校教学水平评估成果为目标,以学校教学工作会议为动力,进一步加强了教学工作。水利水电工程专业被河南省教育厅确定为河南省高等学校名牌专业建设点。年内先后有3名青年教师出国进修和国内攻读博士学位,引进硕士、博士和高级职称人才9名,对提高学院师资水平起到了重要作用,年底在岗教师人数达到60人。

2007年,水利学院首次制定了《科研管理办法实施细则》,并以水利学院2007年1号文的形式下发到各教研室和相关单位。该文件首次把水利学院以外的高层次专业技术人员纳入到水利学院的科研团队统一管理,拉近了学科带头人与学科梯队人员的关系,充分发挥学科带头人对学科建设的领导作用,强化了学科带头人在科研课题的承接和组织中的"老板"意识。当年科研经费突破500万元。

2007年成人教育下放院系管理,水利学院对此高度重视,组建了专门的管理机构,得到了全体教师的大力支持,克服了很多困难,圆满地完成了历届函授学生的管理和教学工作。

2008年水利水电工程和农业水利工程两个专业被确定为省级特色专业,水利实验中心为省实验教学示范中心,水力学教研室为校级教学团队。《节水灌溉理论与技术》和《水电站》被评为省级精品课程,《工程水文学》和《水利水电工程施工》被评为校级精品课程。同年,孙东坡教授被河南省教育工会、郑州市人事局、郑州市教育局授予郑州市优秀教师称号。

2009年8月,首届全国水利系统青年教师讲课大赛在南京河海大学举行,水利学院认真组织、精心安排,经过教研室选拔、学院试讲、专家辅导等环节,最终4位教师作为我校代表参加了在南京河海大学的决赛。在以"211"、"985"等一批重点大学为主参加的情况下,我院教师薛海荣获特等奖,韩宇平获一等奖,汪顺生获二等奖,于国辉获优秀奖。在2010年8月举办的第二届全国水利系统青年教师讲课大赛中,我院教师成绩依然突出,张晓雷获特等奖,赵基花、徐冬梅、李道西获得一等奖。在全国性的大赛中取得如此好的成绩,展现了水利学院青年教师的风采,印证了华北水利水电学院本科教学水平,既为学校争得了荣誉,同时也进一步提高了学校的社会知名度。2009年,水利水电工程专业获批为国家级特色专业,水资源开发利用、治河及泥沙工程、水环境评价与保护、现代环境水利等4部规划教材立项,水文学及水资源专业本科教育课程体系与教学内容改革研究与实践等8项教改项目立项,水力学教研室被评为校级优秀教研室,孙少楠老师获得校教学质量优秀奖。康迎宾被民进河南省委和民进中央分别命名为民进河南省抗震救灾优秀会员和民进全国抗震救灾优秀会员。

2009年5月,刘尚蔚任水工结构教研室主任,刘增进任农水教研室主任,王二平任水力学教研室主任,王文川任水文学及水资源教研室主任,孙少楠任工程管理教研室主任。年底,刘桂梅退休,徐红松接任办公室主任,在册教职工75人。

2010年水利学院工程管理专业被河南省教育厅确定为省级特色专业。到2011年6月底,水利学院在册教职工89人,加上系外聘任教师,实际在岗任课教师115人。其中教授23人,副教授33人,博士46人,硕士57人。学院建有2个河南省院士工作站,聘请中国工程院院士王浩、王光谦为学院特聘教授进站工作。刘尚蔚任水工教研室主任,刘增进任农水教研室主任,王二平任水力学教研室主任,王文川任水文教研室主任,孙少楠任工程管理教研室主任。水利实验中心主任杨宝中、副主任孙东坡,李志红为水力学实验室主任。

三、学生培养

2000年以来招生规模不断扩大,水利学院在校生人数从2000年的1 008人增加到2010年的2 352人。

水利学院在学生培养方面非常重视与生产实践相结合。首先在教学方面积极探索本科生培养新方式,2003年首次进行了学校与生产单位联合指导毕业设计的试验,选送了40名毕业生到郑州、天津、石家庄等地的六个设计、施工单位。2004年扩大规模到230名学生,分布在26个设计院、研究院和施工单位。由于组织严密、要求具体、目标明确,指导教师联系密切,收到了良好的社会效果,生产单位也给予了高度评价。其次高度重视组织大学生暑期社会实践工作,每年组织若干个暑期社会实践分队,奔赴基层农村和水利工地,连续6年获得暑期社会实践先进单位荣誉称号。

2002年,水利学院孙东坡等教师指导学生曹振等参加中央电视台科教频道《异想天开》栏目组织的"全国高校黄河清沙"竞赛,获得冠军。2009年在首届全国水利系统大学生科技创新竞赛中,港航专业屈文等同学以"基于全站仪的水下三维地形精细测量与成图系统"的科技作品荣获首届全国水利院校大学生科技创新竞赛一等奖。

水利学院学生管理工作强调了组织优先的原则,通过对辅导员、班主任、本科生导师以及团委、学生会等所有学生管理体系的不断完善,逐步建立、健全了制度,同时强化了与教学及行政管理部门的联系,显著提高了工作效率,获得了显著成效。

2002年到2008年连续6年被评为"五四红旗团委",学生党支部多次被评为优秀基层党组织;到2006年,连续四年获得校运动会总分第一,2010年学校恢复举办全校运动会后,2010年、2011年又连续两年获得总分第一和优秀组织奖,同时在全校组织的篮球赛、足球赛、太极拳比赛、乒乓球比赛中多次获得冠军;每年积极组织开展丰富多彩的校园文化活动,包括"五四之声"系列活动、大学生思想政治教育大型系列活动,以及"求是杯"MMD知识竞赛、"清明节祭扫革命英灵"、"灵韵之声"颁奖晚会、迎新文娱晚会等大型活动。这些活动极大地丰富了学生的课余文化生活,尤其对新校区低年级新生影响很大,收到了良好的效果。

2007年,由清华大学设立的"张光斗奖学基金"首次向全国重点大学的水利水电专业在校生颁发张光斗奖学金,全国共计奖励35名学生,每位奖学金6 000元,水利学院获得每年3个奖励名额,该基金委托水利学院负责评审工作,与水利学院签订了合作协议。水利学院高度重视此项工作,与研究生处一起组建了评委会,圆满完成了该项活动,对我校水利专业学生起到了极大的激励作用,在全校师生中也产生了很大的影响。

四、学科建设

1978 年,经国务院批准,学校开始招收研究生。水利系设有水工结构工程、水力学及河流动力学、农田水利工程 3 个硕士点。水利系于 1978 年开始招收研究生 4 人。

2003 年管理科学与工程获得硕士学位授权。管理科学与工程分为管理和工学两个方向,管理科学与工程(工学)由水利系负责建设。水利工程一级学科点获准招收专业硕士。

2005 年水利工程一级学科、水文学及水资源、水力学及河流动力学被评为河南省重点学科,农业水土工程、管理科学与工程被评为校级重点学科;同年港口航道与海岸工程获得硕士学位授权点。2009 年农业工程、2010 年项目管理三个一级学科点获准招收专业硕士。

2010 年,水利学院试点负责所属学科硕士研究生教学管理,当年就组织了各类硕士研究生毕业答辩,年底水利学院各类在校研究生 363 人。

五、实验室建设

2000 年底,为提高设备利用率,加强实验室的综合能力,水工结构、水利馆、水力学、农田水利实验室合并为水利实验中心,直属水利工程系,实验设备、技术人员统一管理,实验室统一建设。2002 年,由于基础实验室评估,水力学实验室单独设置。

为适应教学评估的需要,在实验中心的基础上,2005 年增设了工程管理实验室和水文水资源实验室,并争取到设备经费 335 万元,有效弥补了实验教学环节的不足,极大地促进了水利系实验室建设。2008 年,学院水利实验中心申报了实验示范教学中心,2009 年,被批准为第四批河南省高等学校实验教学示范中心建设单位。同年,农业高效用水实验场动工建设,占地 40 亩,实验楼建筑面积 2 400 m^2。

水利实验中心 2009 年还成功申报了中央与地方共建特色优势学科实验室建设项目,获得建设经费 1 500 万元,这为学院实验室建设提供了强大的资金支持,使得学院实验设备总值达到了 2 000 万元以上,实验室设备达到国内先进水平。

目前,水利学院下设水力学基础实验室和水利实验中心,水利实验中心拥有水工结构、农业高效用水、水利水运及治河、水文水资源和工程管理,以及水利馆等 6 个实验室。2011 年,学校决定建设水利水运及治河实验场,规划建筑面积 5 200 m^2。

六、科研与生产技术服务

2001—2004 年,水利学院先后完成各类科研与生产项目 127 项,科研生产经费逐年增加,2004 年科研生产到款金额达到 238.8 万元,年均科研与生产技术服务经费到款 210 万元。

为了进一步加强学科建设,2005 年明确全系 5 个教研室负责 5 个硕士点的建设任务,为学科建设提供了坚实的基础。5 个学科被确定为重点学科,其中水工结构、水力学与河流动力学、水文及水资源为省级重点,农业水土、工程管理为院级重点。2005 年水利水电工程申报河南省品牌专业获得成功,水利工程申报一级学科硕士授予权点以 94.43 的高分获得通过。

2006 年,学校召开了科技大会,水利系被评选为“十五”科研先进单位。之后水利学院各学科教师先后成立了水利工程设计、水资源、工程环境与移民、生态水文、生态水利、水力学与河流、城市水务、工程管理等 8 个研究所和商品价格研究中心,对学院的科研和技术服务起到了极大的促进作用。2008 年,水利学院科研与科技服务工作取得重大突破,首次获得国家自然科学基金项目 2 项,分别是薛海博士的"黄河中游区重力侵蚀计算模型及其观测技术研究"和刘增进教授的"不同污水灌溉制度下土壤—冬小麦系统重金属运移与积累机理研究",同时还相继承担了"948"项目和水利部重大公益基金项目 4 项。

2006—2010 年,水利学院共承担各类科研项目 212 项,完成科研与技术服务合同金额 5 492.46 万元,发表学术论文 590 篇,其中核心期刊 308 篇,三大检索 100 篇,出版专著、教材 59 部,科研项目获奖 65 项,其中省级一等奖 2 项,二等奖 7 项,厅局级一等奖 19 项。

近五年科研成果统计见表 1。

表 1　近五年科研成果统计表

年份	各类项目（项）	合同金额（万元）	项目获奖（项）	专著、教材（部）	学术论文(篇)		
					总数	核心	检索
2006	41	885.66	11	15	93	62	21
2007	23	886.25	2	15	75	44	7
2008	31	1 156.45	14	13	132	86	12
2009	61	1 134.1	6	7	108	60	20
2010	56	1 430	32	9	182	56	40
合计	212	5 492.46	65	59	590	308	100

2008 年,"5·12"汶川大地震震惊了全世界,地震发生后的第一时间,水利学院就有 30 余名专家教授报名请战。7 月份水利学院接受了河南省援建江油水利工作中的水库除险加固设计任务,学院领导高度重视,组织了以康迎宾副院长为领队的援建工作组,两天内赶往灾区。在 50 天时间内,经历了六级以上的强烈余震三次,中震、小震无数,在工作和生活条件非常恶劣的情况下,圆满完成了 43 座水库的除险加固设计任务,为我校争得了荣誉,同时也展示了水利学院在水利工程设计方面的实力。工作组成员田林刚、和吉、孙少楠、赵继伟等参与援建设计工作的同志在年终考核中均被评为优秀。援建江油志愿服务队被河南省志愿者联合会评选为河南省优秀志愿服务集体。

历任系(院)领导,教研室变迁等见表 2 ~ 表 5。

表 2　历任系(院)领导一览表

时间	系主任(院长)	党总支书记	班子成员
1999.12—2002.5	孙明权	孙明权	副主任:鲁志勇、徐建新、康迎宾 副书记:李有华(2000.9)
2002.6—2003.8	孙明权	周振民	副主任:胡宝柱、康迎宾 副书记:李有华
2003.9—2004.3	孙明权	周振民	副主任:胡宝柱、康迎宾、张丽 副书记:张丽

续表 2

时间	系主任(院长)	党总支书记	班子成员
2004.4—2004.12	孙明权	孙明权	副主任:胡宝柱、康迎宾、张丽 副书记:张淙皎
2005.1—2006.3	孙明权	胡宝柱	副主任:胡宝柱、康迎宾、张丽 副书记:张淙皎
2006.4—2009.3	孙明权 (院长)	胡宝柱	副院长:康迎宾、张丽、田林刚(2008.8) 副书记:张淙皎
2009.4至今	聂相田(院长) (监理中心主任)	胡宝柱 (岩土水工所书记)	副主任:康迎宾、韩宇平、李彦彬、肖大强 副书记:张淙皎

表 3　教研室变迁及历任负责人一览表

时间	教研室名称	主任	备注
1997.2—2002.3	水工结构	孟祥敏	水工、水电站、施工合并,康迎宾任副主任
	农水	徐建新	农水、机电排灌合并,温随群任副主任
	水力学	李国庆	陈书香任副主任
	技术经济	孙保沭	
2002.4—2006.3	水工结构	孟祥敏	
	农水	刘增进	
	水力学	李国庆	
	水文及水资源	孙保沭	
	工程管理	胡宝柱	肖大强、刘玉杰曾短期负责教研室工作
2006.4—2010.1	水工结构	田林刚	
	农水	刘增进	
	水力学	孙东坡	
	水文及水资源	赵晓慎	马建琴任副主任
	工程管理	胡宝柱(兼)	孙少楠任副主任
2010.2至今	水工结构	刘尚蔚	
	农水	刘增进	
	水力学	王二平	
	水文及水资源	王文川	
	工程管理	孙少楠	

表4　实验室变迁及历任负责人一览表

时间	实验室	主任	副主任
2001.1—2001.8	水利实验中心	徐建新(兼)	
2001.9—2002.3	辖:水工结构	高传昌	彭成山、孙东坡
2002.4—2004.8	水利馆	彭成山	孙东坡
2004.9—2006.8	农田水利	杨保中	孙东坡、李志红
	水力学	李志红	
2006.9至今	水利实验中心	杨保中	孙东坡、李志红
	辖:水力学	李志红(兼)	
	水利馆	孙东坡(兼)	
	水工结构	刘尚蔚(代管)	由历任教研室主任代管
	农业高效用水	杨保中(兼)	
	水利水运及治河	孙东坡(兼)	
	水文水资源	王文川(代管)	由历任教研室主任代管
	工程管理	孙少楠(代管)	由历任教研室主任代管

表5　水利学院下属科研所一览表

名称	所属学科	负责人	成立时间
水利工程设计研究所	水工结构	孙明权	2006.10
水资源研究所	水文水资源	邱林	2006.10
工程环境与移民研究所	管理科学与工程	胡宝柱	2006.10
工程管理研究所	管理科学与工程	聂相田	2006.5
生态水文研究中心	水文水资源	韩宇平	2009.11
生态水利研究中心	农业水土	李彦彬	2010.1
水利学与河流研究所	水力学与河流动力	孙东坡	2007.11
城市水务研究所	水文水资源	周振民	2006.3
商品(工程材料)价格研究中心	管理科学与工程	肖大强	2010.3

（胡宝柱、聂相田执笔）

资源与环境学院

一、概况

在建校初期,即1958年,学校根据国家建设需要开始招收"水文地质与工程地质"专业本科生,学制5年,隶属水利工程建筑系。1962年该专业停止招生。

1977年国家实行新的高考制度后,学校于1978年恢复并招收"水文地质与工程地质"专业本科生41人,学制4年,并与农田水利工程合并,成立农田水利工程系。1983年成立水文地质与工程地质系(简称地质系)。

1995年12月,经水利部批准将地质系改为岩土工程系。2006年4月,学校将岩土工程系更名为资源与环境学院。

二、教学科研队伍建设

进入新世纪以来,随着教学、科研的发展需要,学院(系)加大了教师队伍的引进和培养力度,提高引进人才的质量,继续加强现有团队成员的对外交流与培训;坚定"引进来、走出去"的支持政策,积极鼓励和支持教学研究人员在知识结构、学历层次上进一步提高,教师队伍的整体教学科研实力得以大幅提升。特别是刘汉东教授任系主任以来,以全面提升师资队伍整体素质为核心,以专业梯队建设为重点,以高层次创新型高技能人才队伍建设为突破口,积极拓宽师资队伍的来源渠道,优化教师队伍,实行激励与制约相结合,健全管理机制,致力于建设一支适应高等教育改革与发展需要,结构合理、素质优良的教学科研团队。截止到2011年5月,学院有教职工133名,其中中国工程院院士1名,教授15名,副教授42名,具有博士学位人员72名,研究生学历占到90%以上,形成了一支年富力强、勇于创新进取、学历职称结构合理的师资科研队伍。

在教学科研工作中,全系教职工争做教书育人的模范,把思想政治教育工作与教育、科研等业务工作结合起来,教师事业发展取得突出成绩。刘汉东教授1997年被授予河南省高校优秀中青年骨干教师、水利部青年学科带头人称号,2000年被命名为河南省新长征突击手标兵,2008年享受国务院颁发的政府特殊津贴。陈南祥教授1999年、2004年分别获得河南省教委优秀教师、河南省优秀教育工作者称号。黄志全教授2006年被评为河南省教学名师、河南省优秀青年科技专家。孙文怀教授2007年被授予河南省文明教师称号。近年来,多名教师获得教育厅学术技术带头人、郑州市文明教师、青年骨干教师等荣誉。

三、专业学科建设与人才培养

学院始终坚持学校的办学方针,紧密结合国家经济社会发展需要,根据社会人才需求开办本科专业,经历多年发展,专业建设成果日益突出,特色专业越加显现。在做强地质工程、土木工程(岩土与地下建筑方向)两个工科专业的同时,2003年增设招收资源环境与城乡规划管理专业本科生,授理学学士学位,每年招收2个班;2004年增设招收地理信息系统专业本科生,授理学学士学位,每年招收2个班;

2006年增设招收测绘工程专业本科生，授工学学士学位，每年招收2～3个班。通过拓宽专业方向，进一步发挥地质工程和岩土工程学科优势，使得优势更优。2005年，地质工程专业被评为首批“河南省名牌专业”，2008年被教育部批准为第三批“国家级高等学校特色专业”建设点，学院专业建设取得突破性进展。

在专业建设的基础上，学院学科建设不断上台阶。1999年，地质工程和岩土工程学科被列为校重点学科。2005年，水土保持与荒漠化防治学科被列为校重点学科。地质工程学科于2002年被列为河南省省级重点学科，2008年被列为河南省第一层次省级重点学科。在地质工程学科建设发展的同时，其他学科建设也取得重要进展，2008年，岩土工程、水土保持与荒漠化防治学科被列为河南省省级重点学科。至今，学院建设了3个省级重点学科。

学院在硕士授权学科建设方面成绩突出。1992年获水文地质与工程地质学科硕士学位授予权，2003年获岩土工程学科硕士学位授予权。2004年获地质工程领域工程硕士授予权。2005年地质资源与地质工程学科取得一级学科硕士学位授予权，其下设的地质工程、地球探测与信息技术、矿产普查与勘探成为二级学科硕士学位授权点；水土保持与荒漠化防治同年获硕士学位授予权。目前，学院承担1个一级硕士学位授权学科、共计5个二级硕士学位授权点的建设任务。

2009年，地质资源与地质工程学科被教育部列为博士授权建设学科，是学校3个博士授权学科之一。同时与其他高校联合培养博士研究生，顾金才院士、刘汉东教授、陈南祥教授、黄志全教授等为兼职博士生导师，分别在武汉理工大学、北京科技大学、河海大学、西安理工大学等高等学校担任博士生导师。

建院（系）以来，共计培养6个专业本、专科学生4 555人，培养函授生500余人，培养研究生200余人，联合培养博士研究生6人。目前在院本科生1 500余人，在校研究生人数已达100人，在读博士研究生9人。毕业生广泛地参与水利水电、电力、交通、能源、城市建设、国防等领域的科研与工程建设。

四、实验室与教学基地建设

在1958年建立水文地质与工程地质专业之初，实验室分归教研室管理。1990年学校搬迁郑州，系领导根据教学需要，同时考虑科研与科技服务发展需求，对实验室进行了整合和资源优化，经过几年的建设，建设基础地质、土力学、岩石力学、水文地质、工程检测、物理勘探等6个实验室，这6个实验室在2002年统一在行政上合并为地质及岩土力学实验室，林庚轩任主任。实验室面积近1 000 m^2，设备总值达300多万元。2000年岩石力学实验室和土力学实验室通过国家质量技术监督局的计量认证，是具有第三方公正地位的检测机构。

根据新办专业建设的需要，2003年建立了地理信息系统（GIS）实验室，建设水平在河南省领先。2005年12月，测量实验室划归学院管理，王铁生任主任。截止到2005年12月，系实验室共计8个，使用面积为1 700多 m^2，设备总值850万元。实验设备齐全，设备运行状态良好，其中土力学实验室科研条件较好，在全国高校中处于先进水平。在2005年，以土力学、岩石力学、水文地质、工程检测等实验室为基础组建的岩土力学与结构工程实验室获批为河南省重点实验室，成为学校第一个河南省重点实验室。

结合学科建设需要,学院近年不断加大实验室建设力度,重点提升实验室的科研实力,加强对外科研与服务合作,特别是在2009年“地质资源与地质工程”被教育部列为博士授权建设学科,学院在实验设备配置上更加向学科倾斜,特别是重点购置科研所需的设备,进一步优化实验室资源配置,完善实验室管理制度。学院现有3个以教学、科研为主的实验室:①地质及岩土力学实验室,下设基础地质实验室、岩石矿物标本实验室、环境与规划实验室、勘探实验室;②测绘与空间信息实验中心,下设测量实验室和地理信息系统(GIS)实验室;③地质工程实验研究中心,是博士点建设的专门实验室,下设岩石力学实验室、土力学实验室、水文地质实验室、工程物探实验室、工程监测实验室。实验室总面积为2 300 m^2,其中:地质及岩土力学实验室现有面积500 m^2,地质工程实验研究中心现有面积800 m^2,测绘与空间信息实验中心现有面积1 000 m^2。各类仪器设备价值为2 300余万元。

建立了相对稳定的教学实习基地。迁郑后把郑州登封嵩山作为野外实习基地。进入21世纪,根据人才培养需要,学院为加强实践性教学,更加重视教学实习基地建设,积极拓宽校内外的实习基地,有针对性地与相关单位签订教学实习协议,建立了长期稳定的合作,有力保障了学生校外实习教学环节的顺利进行。目前,学院已经与黄河设计公司岩土工程与建材研究院、原化工部地质工程勘察院、小浪底建设管理局、河南地矿集团、许昌地矿岩土工程公司、河南水利勘测设计公司、嵩山国家地质公园、河南省测绘研究院等单位建立了11个教学实习基地。

五、教学管理与改革

加强制度建设。根据学校的相关制度,结合实际情况制定了一系列的教学质量管理文件,如:《岩土工程系关于教学质量考核中一票否决制的规定》、《岩土工程系教师教学质量评价办法》等,所有被聘人员对所聘岗位的教育教学质量负责,按年度进行岗位职责考核,这些都从制度方面有力地保障了教学质量的提高。

注重青年教师培养。学院按照教学管理科学化、制度化和规范化的要求,从2008年开始开展了“博士科研报告”活动,每位博士将自己的最新科研成果和教学体会通过报告的形式展现给大家,加强了各教师之间的交流,也加强了各学科之间的沟通,达到以科研促教学的目的。从2009年3月开始启动了院内的“教学质量工程”,成立了教学质量评价小组,成员由学院领导干部、教研室主任和教学经验丰富的教师组成。对35周岁以下或2005年以后引进的教师列入质量工程的评价对象,对他们的教学方法、授课内容、教学水平等方面进行全面评价,并对青年教师提出了“双十”要求,即每位新进教师需在本学期内认真听“十位优秀教师的十节课”,并完成听课记录及心得体会。同时,对每位新进的教师,都安排教学经验丰富的、具有副教授以上职称的教师作为新进人员的导师,对新进教师教学方面进行了全面深入的培训和指导。通过这些措施,丰富了新进教师的教学方法,拓展了教学思路,提高了教学水平,使其在实践中不断进步。

适时调整培养体系。学院在2004年对地质工程、土木工程(岩土及地下建筑方向)、资源环境与城乡规划管理、地理信息系统等专业的本科教学培养体系进行了大规模调整。在2009年,又对本院所有的本科教学培养体系进行了适当调整。教学改革成果突出,刘汉东教授主持的河南省教育厅教改项目“普通高等学校教学质量监控与评价体系的研究及实践”于2004年获得河南省教学成果二等奖，主持的河南省教育厅教改项目“普通高等学校教学质量文化及其构建问题研究”于2009年获得河南省教学成果一等奖；李永乐教授主持的“土木工程（岩土与地下建筑方向）专业实践环节的教学改革研究”于2009年获得河南省教学成果二等奖。

大力推进课程建设。在教学改革中，学院一直十分重视课程建设，取得了很多改革成果。1999年，“岩石力学”和“地下水动力学”被评为校优秀课程，其中“岩石力学”被再次评为省优秀课程。“岩石力学”、“土力学”、“地下水动力学”等3门课程相继于2003年、2005年、2007年被评为河南省省级精品课程；2007年，“工程地质学”、“地理信息系统”两门课程被列为校级精品课程。2009年黄志全教授主持的“基于教、学、用三位一体的土力学课程教学模式创新与课件开发”被列为河南高等教育教学改革研究项目，于2010年5月通过验收。

积极开展教材建设。教材建设是教学质量与人才培养中重要的环节，教师在教学的同时积极参加教材编写工作，教材建设不断取得新成果。1996年刘汉东教授主编了《岩土工程数值法》，成为本科生、研究生的必备教材，2011年对该书进行了修订。1998年李华晔教授主编了《地下洞室围岩稳定分析》，由中国水利水电出版社出版。2003年刘汉东主编了水利水电工程专业系列教材《岩土力学》。2004年李永乐、李日运等主编了《岩土工程勘察》。杨晓明主编的《数字测图（内外业一体化）》于2005年获国家测绘局全国测绘系统优秀教材三等奖。2006年王铁生主编的《测量学教程》由测绘出版社出版。2007年陈南祥、李志萍主编了“十一五”规划教材《工程地质及水文地质》，由中国水利水电出版社出版。2008年陈南祥主编的《水文地质学》由中国水利水电出版社出版。2008年高辉巧主编的《土壤侵蚀原理》由中国林业出版社出版。2011年，由刘汉东主编出版了统编教材《岩石力学》，由黄志全主编出版了统编教材《土力学》。

六、科学研究与科技服务

近年来，在地质工程、岩土工程、3S技术开发与应用、水土保持及荒漠化防治等领域共承担了国家“十五”科技攻关项目、国家“十一五”支撑计划重点项目、国家自然科学基金项目、“863”项目、国家重点实验室项目等国家课题以及地方政府、企事业单位等各类科研项目300余项，研究经费达到3500余万元；获得河南省科技进步奖、河南省自然科学优秀论文奖等省部级科技奖励30多项；在国内外重要学术期刊上共计发表学术论文500余篇，被SCI、EI、ISTP收录100余篇；出版《岩体力学参数优选理论及应用》、《水资源系统动力学特征及合理配置的理论与实践》、《边坡工程非线性分析理论及应用》等专著16部，编写了《岩土力学》、《岩土工程勘察》等教材20部。

在此期间，学科已经形成了人员稳定、成果突出、实力雄厚、特色鲜明的4个研究方向：①边坡稳定性及失稳定时预报。代表性成果有刘汉东教授的著作《边坡失稳定时预报理论与方法》（2002年获河南省科技进步二等奖）、《岩体工程学科性质透视》及承担的国家“十一五”重点支撑计划科技攻关项目《土遗址保护关键技术研究》、长江三峡工程永久船闸高边坡中隔墩裂缝范围及其危害性评价（2002年获河南省科技进步三等奖），黄志全教授的著作《边坡工程非线性分析理论及应用》等。②工程岩土体结构稳定性。代表性成果有刘汉东主持的项目“西线超长隧洞TBM施工关键技术问题研究”、“深部高地应力区巷道大变形规律及支护技术研究”、“高速公路路基非开挖快速技术研究”(2008 年获河南省科技进步二等奖),黄志全教授主持的河南省高等学校创新人才培养工程和河南省高校杰出科研人才基金“边坡演化的非线性机制研究”,孙文怀教授主持的“静压挤密工法研究”,王安明博士主持的国家自然科学青年基金项目“层状盐岩体蠕变损伤演化机理及其宏细观复合模型研究”,杨永香等博士主持的国家自然科学青年基金项目“沉积成层饱和粉土质砂土液化后变形与强度特性宏细观研究”等。③地下水开发利用及环境水文地质研究。主要成果是陈南祥教授主持的国家“863”项目“集雨、多水源优化配置与节灌综合技术研究及示范”获得2006 年河南省科技进步二等奖,国家“863”项目“河南丘陵旱地农业土壤水分布变化规律及综合节水技术研究与应用”获得2007 年河南省科技进步二等奖,主持的国家“十一五”科技支撑计划项目“灌区地下水承载力评价指标体系和方法”;李志萍教授主持的国家自然科学基金项目“河流渗滤系统中 BTEX 污染去除机理研究”等。④地质工程勘探新技术及其应用。完成的代表性成果有李永乐教授主持的“河南省洛阳市吉利—白鹤地区供水水文地质勘察”(获地质矿产部找矿三等奖),“安阳电厂丰安桥贮灰场灰坝动静力分析”(2003 年获河南省科技进步二等奖)等。

在技术咨询与服务、成果转化等方面,学院科研人员紧密结合国家交通、水利、电力等各类工程建设,广泛开展技术服务,把取得的研究成果应用到工程建设中,取得了丰硕的成果。如水利水电工程方面,参加了长江三峡工程、黄河小浪底水利枢纽、西霞院水利工程、宝泉抽水蓄能电站、南阳回龙抽水蓄能电站、信阳南湾水库、南水北调中线等工程建设;电力工程方面,积极参加了开封电厂、三门峡电厂、郑州—南阳高压输电线路工程的建设;在交通工程研究与应用方面,参加了洛阳—三门峡高速公路、焦作—晋城高速公路、平顶山—洛阳 207 国道、京珠高速黄河新桥等工程;城市建设方面,如郑东新区龙子湖工程、郑州市四桥一路紫荆山桥、高层建筑深基坑支护与优化设计等。

七、对外交流与合作

学院专门针对学科建设制定了多项鼓励、促进学术交流政策,采取“走出去、引进来”的措施,鼓励研究人员积极参加学术会议、出国进修访问,特别是对年轻的教师,鼓励他们攻读学位以提高其学术修养;同时,邀请国内外学术造诣高的同行来校讲学。

为了进一步开展学术交流与合作,与国内相关大学、研究机构、企事业单位建立了有良好、稳定的合作关系,如中国科学院地质与地球物理研究所、中国科学院武汉岩土力学研究所、中国科学院成都山地灾害与环境研究所、香港大学、中国地质大学、北京科技大学、河海大学、西安理工大学、黄河设计公司、黄委会水科院、原化工部地质工程勘察院、辽河油田勘察设计院、中国水电顾问集团北京勘察设计研究院、长江三峡开发总公司、小浪底建设管理局等。1999 年春季刘汉东教授到香港大学进行学术访问,同年 8 月,香港大学土木工程系主任一行来院进行学术交流。在双方互访基础上,于 1999 年 8 月,签订了“华北水利水电学院岩土工程系与香港大学土木系科学研究项目合作意向书”,并定于 2001 年 3 月派黄志全博士到香港大学进行短期学术交流。2005 年,刘汉东教授成功主持举办了“第一届全国水工岩石力学学术会议”。

积极开展国际学术交流，与美国University of California、University of Stanford、加拿大Carleton University、加拿大University of Ryerson等建立长期合作与交流关系，在项目研究、人才培养、技术合作等方面开展多种形式的合作，特别是近几年，国际交流规模日益扩大。2006年7月，特邀加拿大Carleton大学K. T. Law教授来学校讲学。刘汉东教授、孙文怀教授于2004年2～4月在意大利Rome大学进修和学术交流3个月，于2006年5月赴印度进行地基处理学术会议，2007年10～12月在加拿大University of Toronto、University of York进修学习。在2007年10月，学科带头人刘汉东教授、黄志全教授参加了在加拿大Ottawa举行的“The 60th Canadian Geotechnical Conference and the 8th Joint CGS/IAH – CNC Groundwater Conference”国际学术会议，并做专题发言。2007年黄志全在加拿大Carleton University做访问学者，并与Carleton University、University of Ryerson分别开展了“南阳盆地弱膨胀土特性综合试验研究”、“岩土结构稳定性试验与模拟”两项国际项目合作研究。2008年李志萍博士赴荷兰代尔夫特理工大学做访问学者，并开展了国际合作项目“地下水除砷技术在偏远农村地区的小规模应用”。2010年姜彤博士在加拿大University of Ryerson做访问学者，同年11月，刘娉慧赴加拿大西安大略大学做访问学者。

八、学生工作

学院对学生工作非常重视，多年来一直坚持定期召开学生工作领导小组会议，研究学生思想状况，在学习过程中注重理论与实践紧密结合，积极开展形式多样的学习活动，举办理论知识讲座和知识竞赛，加强时事政治理论学习，组织学生赴河南南街村、刘庄等地参观学习。从2002年开始学生党支部开展“党员带动工程”。2006年成立了学生第一党支部和第二党支部，毕业班学生党员发展比例已达到60%左右。2009年学院共有学生党员385名，占学生总人数的25.99%；2010年共有学生党员211名，占学生总人数的15.1%左右。

学生积极参加社会实践活动，每年派出不同专业的学生组成多个社会实践小组，赴全国各地开展独具特色的社会实践活动。2004年，李永乐教授带领15名学生，组成“豫北干旱地区水资源调查队”，赴河南浚县开展为期两周的实地考察，走遍调查区的每一个地方，收集了大量数据资料，编写出高水平的实践报告，为当地成功定位了10口井，受到团省委的表彰。2006年，王铁生博士带领10名学生，组成“新农村规划实践测绘队”，赴河南淇县杨庄开展为期两周的现场规划与测量，为新农村建设提供了重要的测绘成果。2009年、2010年，学院组织5个社会实践队奔赴全国各地进行社会实践活动。学院学生社会实践活动多次受到社会、学校、团省委的表彰，河南教育网、《河南教育时报》、《河南商报》、《河南科技报》、《大河报》、郑州电视台等多家媒体给予了报道。

从建系起，学院（系）学生积极组织或参加各类科技、文体活动。从1983年的“地质之声”一直延续到现在的“岩土之春”已成功举办23届（从2001年开始每两年举办一次），该项活动已成为学院一大特色，也是全校师生的一套文化大餐。至今已成功举办10届“登峰杯”辩论赛。在全国大学生“挑战杯”活动、“磐石杯”竞赛、“萌芽杯”知识竞赛等活动中都取得了较好的成绩。从2010年开始，各团支部建立自己的支部博客。学院学生在各种比赛和竞赛中取得了优异成绩，学生的综合能力也得到大大提高。

在学生管理工作上,坚持以人为本的教育理念,创新工作思路方法,积极为学生成长、成才搭建锻炼平台。加强学风建设,制定“两高一低”的战略目标即:“考研率高,就业率高,考试不及格率低”,并开创具有学院特色的“导生制”、“党员带动工程”等。学院非常注重学生管理队伍建设,从2010级开始,每个班级配一名博士教师当班主任。院团委2004年荣获学校五四红旗团委,2004年、2005年、2006年连续三年荣获郑州市先进团委。

学生就业工作扎实有效。2003年院里提出了就业“四到位”的原则,即“组织到位、管理到位、指导到位、服务到位”,积极、有效采取措施,指导学生就业。近年来,学院学生就业率在省内工科院校中名列前茅,应届毕业生研究生考取率居全校之首。2003届本科毕业生考研率20.7%,就业率达98.8%,国家英语四级通过率为55.0%,国家英语六级通过率为10.5%,国家计算机等级通过率为51.0%。2009届毕业生一次就业率为99.64%,考研率平均为39.85%。2010届毕业生一次就业率为95.29%,考研率平均为29.86%,其中地质工程专业为29.07%、土木工程专业(岩土工程方向)为30.51%、资源环境与城乡规划管理专业为35.19%,地理信息系统专业为31.91%、测绘工程专业为22.64%。学院就业工作2007年、2008年、2009年获学校就业先进单位。

有关情况见表1~表6。

表1　资源与环境学院历年领导干部变化情况一览表

(2001—2011)

年　份	职　务	姓　名	备　注
1999—2002	系主任	刘汉东	2001年3月,陈南祥接刘汉东任主任
	副主任	陈南祥、霍润科	2000年10月,石林珂接霍润科任副主任
	党总支书记	张殿玉	
2002—2006	系主任(院长)	陈南祥	
	副主任(副院长)	黄志全、石林珂	2006年6月换届,黄志全任岩土工程与水工结构研究所所长;石林珂任物探研究所副所长
	党总支书记	张殿玉	
	党总支副书记	乔敏	
2006—2009	院长	陈南祥	2008年6月,黄志全任院长,陈南祥调研究生处任处长
	副院长	李日运、姜彤	2008年6月,姜彤调岩土工程与水工结构研究所任副所长
	党总支书记	王兰翔	
	党总支副书记	乔敏	
2009—2011	院长	黄志全	
	副院长	李日运、李志萍	
	党总支书记	李虎	2010年6月,李虎任党总支书记
	党总支副书记	乔敏	2010年6月,乔敏调任招收就业处

表2　资源与环境学院教研室变化一览表

（2001—2011）

年份	教研室、实验室	主任	副主任	备注
1999—2002	地质工程教研室	李日运		1998 地质工程和基础地质教研室合并
	岩土工程教研室	孙文怀		
	水文地质教研室	杨素珍		
2002—2006	地质工程教研室	李日运		
	岩土工程教研室	孙文怀		2002 年 6 月接黄志全任主任
	资源环境教研室	杨素珍 李志萍		水文地质教研室 2003 年更名为现名，2004 年李志萍接任
	地理信息系统教研室	姜彤		2004 年 10 月徐晨光接任
	测绘工程教研室	杨晓明		
2006—2009	地质工程	王新建 崔江利	董金玉	2007 年王新建任主任 2008 年崔江利任主任
	岩土工程	孙文怀	余建民	
	资源环境	李志萍	曹连海	2009 年徐晨光调任主任
	地理信息系统	徐晨光 李小根	宋玮	2009 年李小根任主任
	测绘工程	杨晓明	宋玮	宋玮 2009 年调任副主任
2009—2011	地质工程	崔江利	董金玉	
	岩土工程	孙文怀	余建民	
	资源环境	徐晨光	曹连海	
	地理信息系统	李小根		
	测绘工程	杨晓明	宋玮	

表3　资源与环境学院师资队伍情况一览表

年份	教职工总人数（人）	教授	副教授	讲师	博士	硕士	引进	晋升
2001	27	3	4	8	3	5	硕士 3 人	
2002	28	2	5	7	4	5		晋升副教授 2 人
2003	28	3	4	8	4	8	硕士 5 人	晋升教授 1 人、副教授 1 人
2004	33	4	4	10	8	19	博士 1 人、硕士 11 人	晋升教授 1 人、副教授 1 人、讲师 2 人

续表3

年份	教职工总人数(人)	教授	副教授	讲师	博士	硕士	引进	晋升
2005	43	5	6	15	12	23	博士4人、硕士15人	晋升教授1人、副教授3人、讲师1人
2006	60	6	9	17	16	25	博士4人、硕士2人	晋升教授1人、副教授3人、讲师5人
2007	69	6	11	23	17	30	博士1人、硕士5人	副教授2人、讲师6人
2008	75	6	13	28	20	33	博士3人、硕士3人	副教授2人、讲师4人
2009	83	6	21	28	29	33	博士9人	副教授8人、讲师8人
2010	101	10	30	29	41	37	教授级高工1人、博士12人、硕士4人	晋升教授4人、副教授13人、讲师14人
2011	104	10	30	31	56	38	博士13人、硕士1人	

表4　资源与环境学院代表性科研成果获奖情况

序号	项目主持人	项目名称	奖项类型	获奖时间
1	刘汉东	边坡失稳定时预报理论与方法	河南省科技进步三等奖	2002
2	刘汉东	高速公路路基非开挖快速技术研究	河南省科技进步二等奖	2008
3	刘汉东	长江三峡工程永久船闸中隔墩岩体裂缝影响及其危害性研究	河南省科技进步三等奖	2002
4	刘汉东	吉家河滑坡研究	河南省科技进步三等奖	2005
5	刘汉东	CGMT桩质量检测与勘测技术研究	河南省科技进步三等奖	2009
6	刘汉东	黄河小浪底水利枢纽工程东苗家滑坡体工程地质勘察	水利部优质工程勘察铜质奖	2002
7	李永乐	安阳电厂丰安桥贮灰场灰坝动静力分析研究	河南省科技进步二等奖	2002
8	刘汉东	高速公路路基非开挖快速加固技术研究	河南省科技进步二等奖	2008
9	陈南祥	集雨、多水源优化配置与节灌综合技术研究及示范	河南省科技进步二等奖	2006
10	陈南祥	河南丘陵旱地农田土壤水分动态变化规律及综合节水技术研究与应用	河南省科技进步二等奖	2007
11	李志萍	农村饮水安全工程地下水源污染防治及可持续利用研究	河南省科技进步二等奖	2010.12
12	孙文怀	BSP高速夯实机在郑少高速公路高填方及台背填土施工中的应用技术研究	河南省科技进步三等奖	2006.12

续表 4

序号	项目主持人	项目名称	奖项类型	获奖时间
13	陈南祥	河南丘陵旱地农田土壤水分动态变化规律及综合节水技术研究与应用	河南省科技进步二等奖	2007.11
14	陈南祥	林州市水资源合理利用状况及综合评价及综合节水技术应用研究与示范	河南省科技进步三等奖	2002.12
15	陈南祥	南水北调工程河南段水资源优化利用与管理决策软件研制	河南省科技进步三等奖	2009.11
16	陈南祥	农村饮水安全工程地下水资源污染防治及可持续利用研究	河南省科技进步二等奖	2010.12
17	陈南祥	区域水资源规划及灌区节水增产灌溉专家系统研制	河南省科技进步二等奖	2002.5
18	李永乐	土木工程(岩土与地下建筑方向)专业实践环节的教学改革研究	河南省高等教育省级教学成果奖	2009.11
19	刘汉东	普通高等学校教育质量文化及其构建问题研究	河南省教学成果一等奖	2009

表 5　资源与环境学院代表性教材

序号	作者	教材(教学用书)名称	出版单位	年份
1	刘汉东	岩土力学	中央广播电视大学出版社	2003
2	石林珂	岩土工程原位测试	郑州大学出版社	2003
3	李永乐	岩土工程勘察	黄河水利出版社	2004
4	陈南祥	地下水利用	中央广播电视大学出版社	2004
5	王铁生	测量学教程	测绘出版社	2006
6	陈南祥	工程地质及水文地质	中国水利水电出版社	2007
7	李春静	GIS 技术在农田防护林优化配置中的应用	黄河水利出版社	2007
8	王铁生	测绘学基础	黄河水利出版社	2008
9	陈南祥	水文地质学	中国水利水电出版社	2008
10	刘汉东	ENGLISH FOR GEOLOGICAL AND GEOTECHNICAL ENGINEERING	黄河水利出版社	2008
11	高辉巧	土壤侵蚀原理	中国林业出版社	2008
12	杨晓明	数字测图	测绘出版社	2009
13	徐艳杰	地理信息系统教程	国防工业出版社	2010
14	刘汉东	岩石力学	黄河水利出版社	2011
15	黄志全	土力学	黄河水利出版社	2011

表6　资源与环境学院出版的代表性专著

序号	著作名称	作者	出版单位	时间
1	边坡失稳定时预报理论与方法	刘汉东	黄河水利出版社	1996
2	地球物理遗传反演方法	石林珂	地震出版社	2000
3	区域水资源可持续利用管理理论与应用	陈南祥	黄河水利出版社	2004
4	边坡工程非线性分析理论及应用	黄志全	黄河水利出版社	2005
5	岩体力学参数优选理论及应用	刘汉东	黄河水利出版社	2006
6	长期排污河对地下水影响的实验研究	李志萍	黄河水利出版社	2006
7	城市生态水利规划	高辉巧	黄河水利出版社	2006
8	水资源系统动力学特征及合理配置的理论与实践	陈南祥	黄河水利出版社	2007
9	鹤壁市鹤山区鹤壁集小城镇概念规划	郝仕龙	西安地图出版社	2007
10	基于GIS技术的农田防护林空间配置研究	李春静 徐晨光	黄河水利出版社	2007
11	时空数据模型及其在土地管理中的应用研究	宋玮	黄河水利出版社	2007
12	结构性淤泥土固结机理及模型研究	刘娉慧	黄河水利出版社	2008
13	高分辨率层序地层学与河流相储层流动单元研究	唐民安	地质出版社	2008
14	深基坑支护工程可靠度分析与数值模拟	黄志全	黄河水利出版社	2009
15	水土保持生态建设监测技术	吴卿	黄河水利出版社	2009
16	东北半干旱区节水农业应用基础与节水技术	魏义长	科学出版社	2009
17	地电成像及其在地学领域中的应用研究	潘纪顺	地震出版社	2010
18	雅鲁藏布江大拐弯北部川藏公路地质灾害发育与分布研究	袁广祥	中国铁道出版社	2010
19	地下洞室围岩稳定非线性理论和方法	马莎	中国水利水电出版社	2011
20	南水北调西线工程地质灾害研究	黄志全	地质出版社	2011

（黄志全、李虎执笔）

土木与交通学院

一、概况

1. 学院的成立与发展

土木与交通学院原名土木工程系，成立于1988年8月，2006年2月更名为土木与交通学院。

2000年土木工程系有土木工程和建筑学2个本科专业，2001年新增城市规划专业，2002年新增交通工程、工程力学两个专业，2003年增加艺术设计专业。到2003年底，土木工程系有6个专业。

2006年2月，根据学校整体规划，建筑学、城市规划和艺术设计3个专业整体划出组建建筑学院。土木工程系更名为土木与交通学院，设有土木工程、工程力学、交通工程3个专业。2007年新增无机非金属材料专业，2011年新增再生资源科学与技术、建筑节能技术与工程2个本科专业；2009年新增土木工程（专升本）专业。2006年学校与澳大利亚斯威本科技大学合作，开设建筑工程技术专业（专科）。至2011年，土木与交通学院已拥有7个本科专业，1个专科专业。

2007年，学校将成人教育逐步下放至各学院管理，成人继续教育工作不断发展壮大。2010年，学院积极组织申报并获得“交通土建工程”专业本科自学助考办学资格，拓宽了办学途径。

2. 集体荣誉

2000年以来，土木与交通学院领导班子和全院教职工生紧密团结，努力拼搏，在教学、科研、学科建设、质量工程建设、学生管理、党群团工作等各方面都取得了良好的成绩。

2007年9月，土木与交通学院被河南省人事厅、教育厅授予河南省教育系统先进集体称号。2010年，土木与交通学院党总支被评为河南省高校先进基层党组织。2004年、2008年，赵顺波教授、邢振贤教授先后被评为河南省高等学校优秀共产党员。

学院在2000—2010年11次学校年终考核中10次获得优秀单位；2010年学校首次将党总支和行政分开考核，土木与交通学院获得党总支和学院工作双优秀；土木与交通学院2007—2010年连续4年被评为学校文明单位；土木与交通学院分工会教工之家2004年被评为学校首批先进教工之家，2007年被评为首批模范教工之家；2006年9月，土木与交通学院被评为学校“十五”科技工作先进单位；2001—2011年学校组织的6次青年教师讲课大赛中，土木与交通学院4次获得优秀组织单位。

二、组织机构及教师队伍

1. 领导班子成员及管理队伍

历届领导班子成员及其任职时间见表1。

学院设有办公室、分团委，各年级有学生辅导员。学院办公室设行政秘书、教学秘书、科研秘书等职位。先后担任行政秘书的有陈淑慧、刘敏、李长永，先后担任教学秘书的有陈爱玖、尤琪、张多新、尹春娥、梁娜、赵山，科研秘书仝玉萍。先后担任分团委书记的有王笃波、李尚可、夏军、康长春、张龙真。

表1　历届领导班子成员及其任职时间表

<table>
<tr><th>职务</th><th>姓名</th><th>任职时间</th><th>职务</th><th>姓名</th><th>任职时间</th></tr>
<tr><td rowspan="5">院长
(主任)</td><td>李树瑶</td><td>1988.8—1992.4</td><td rowspan="6">党总
支书记</td><td>宋进章</td><td>1992.5—1996.7</td></tr>
<tr><td>赵中极</td><td>1992.5—1993.4</td><td>韩瑞光</td><td>1996.5—1999.5</td></tr>
<tr><td>孙大风</td><td>1993.5—1999.5</td><td>张占庞</td><td>1999.6—2002.4</td></tr>
<tr><td>解伟</td><td>1999.6—2002.6</td><td>孟闻远</td><td>2002.4—2004.3</td></tr>
<tr><td>赵顺波</td><td>2002.6 至今</td><td>赵顺波</td><td>2004.3—2006.4</td></tr>
<tr><td rowspan="8">副院长
(副主任)</td><td>孙大风</td><td>1988.8—1993.4</td><td>边慧霞</td><td>2006.4 至今</td></tr>
<tr><td>靳彩</td><td>1988.8—2006.4</td><td rowspan="7">党总
支副书记</td><td>宋进章</td><td>1988.8—1992.4</td></tr>
<tr><td>陈文义</td><td>1993.5—1999.5</td><td>冯田华</td><td>1992.6—1993.9</td></tr>
<tr><td>赵顺波</td><td>1999.9—2002.5</td><td>边慧霞</td><td>2000.9—2006.3</td></tr>
<tr><td>白新理</td><td>2002.6 至今</td><td>夏　军</td><td>2008.6—2009.3</td></tr>
<tr><td>张少伟</td><td>2005.5—2006.4</td><td rowspan="3">潘建波</td><td rowspan="3">2009.4 至今</td></tr>
<tr><td>邢振贤</td><td>2006.4 至今</td></tr>
<tr><td>李晓克</td><td>2008.9 至今</td></tr>
</table>

学生辅导员设置情况见表2。

2. 教研室建设

2000年土木工程系有8个教研室,分别是工程结构教研室、工程力学教研室、材料工程教研室、施工管理教研室、建筑学教研室、城市规划教研室、艺术设计教研室、工程测量教研室。2005年底测量教研室划归岩土工程系,施工管理教研室与材料教研室重组为材料工程教研室和交通工程教研室。2006年建筑学教研室、城市规划教研室和艺术设计教研室划归建筑学院。

学院教研室主任、副主任任职情况如下:

工程结构教研室:历任教研室主任、副主任的有邢振贤、赵瑜、李晓克,现任教研室主任程远兵、副主任曹琳。

工程力学教研室:历任教研室主任、副主任有刘东常、白新理、赵平,现任教研室主任杨开云、副主任何伟。

表2　学生辅导员设置情况

年级	学生辅导员
2000	王笃波　王桂秀
2001	王丽梅　李超
2002	王志国
2003	刘延琪(兼职) 梁娜(兼职) 马文亮(兼职)
2004	魏东(兼) 王丽梅
2005	康长春 韩江峰
2006	张龙真 刘云(兼职)
2007	董菈(兼职) 聂旭(兼职) 公静利
2008	任智霞　刘云(兼职)
2009	韩江峰　刘焕强(兼职) 董行 刘洋
2010	郑荣军　李欣南

材料工程教研室:曾任教研室主任有邢振贤,现任教研室主任霍洪媛、副主任杨中正。

交通工程教研室:历任教研室主任、副主任的有邢振贤、霍洪媛,现任教研室主任赵顺波(兼)、副主任刘明辉。

施工与管理教研室:曾任教研室主任冯晓峰。

3. 实验室建设

2001 年,学院有 5 个实验室,分别是工程结构实验室、建筑材料实验室、力学实验室、工程测量实验室、艺术设计实验室。2005 年工程测量实验室划归岩土工程系,2006 年艺术设计实验室划归建筑学院。土木与交通学院现有 3 个实验室。

4. 师资队伍

2000 年底,土木工程系有教职工 49 人;2005 年底,测量教研室 10 人转入岩土工程系,土木工程系有教职工 75 人;2006 年 4 月,25 名教职工随专业划归建筑学院,土木与交通学院有教职工 56 人;到 2011 年 6 月,土木与交通学院有教职工 113 人。

2000 年底土木工程系 49 名教职工中:教授 5 人,副教授及高级工程师 14 人,讲师(包括相当于讲师职称者)26 人;具有博士、硕士学位的 20 人。

到 2011 年 6 月,113 名教职工中:教授 19 人,副教授及高级工程师 23 人,讲师 58 人;博士 33 人,硕士 43 人。高学历人员大幅度增加,为学院的发展奠定了扎实的基础。

三、教学工作与专业建设

1. 教学业绩

学院注重青年教师教学技能的培养提高,为每位新进教师安排导师进行教学工作指导,指导教师在备课、授课、作业批改等各个环节进行指导。通过对新进教师进行老教师观摩教学示范、随堂听课观摩、青年教师相互观摩、新进教师试讲等多种形式,提高教师的教学水平和课堂教学质量。近 10 年来在教学质量评价和讲课大赛中取得了可喜的成绩。

2001 年以来,多名教师取得突出的教学成绩并获得荣誉。2003 年赵顺波教授被评为河南省教学名师,2007 年白新理教授被评为河南省优秀教师,2009 年邢振贤教授被评为河南省优秀教师;2000 年白新理教授被评为郑州市优秀教师,2004 年李凤兰教授被评为郑州市优秀教师,2011 年霍洪媛教授被评为郑州市优秀教师;2005 白新理教授被评为学校教学名师,2009 年邢振贤教授、李凤兰教授、唐克东教授被评为学校教学名师;2005 年李凤兰和唐克东获得校教学质量优秀一等奖,张伟及杨开云获得二等奖,2009 年陈爱玖和谢巍获得教学质量优秀一等奖,王清云、李晓克和周娟获得教学质量优秀二等奖。

在两年一度的学校青年教师讲课大赛中屡获佳绩。2001 年第六届,尤琪荣获一等奖,黄和法获得二等奖;2003 年第七届,李红光、宋岭获三等奖;2005 年第八届,周建业获三等奖,梁娜、何伟获优秀奖;2007 年第九届,周娟获三等奖,尹春娥、王慧获优秀奖;2009 年第十届,谢巍获二等奖,张晓燕、尹春娥获三等奖;2011 年第十一届,王慧、张晓燕、刘焕强获二等奖。

2. 教学成果

学院坚持以提高教学质量为中心,积极推进教学改革,教育教学质量进一步提升。2006—2010 年间,教学研究成果获得河南省高等教育教学成果一等奖 3 项,二等奖 1 项;学校教育改革项目成果 13 项。在历届全国周培源大学生力学竞赛 、河南省大学生英语演讲比赛、学校数学建模比赛中取得良好成绩;2008年学生代表队获得河南省首届"高教杯"大学生先进图形技能与创新大赛团体二等奖,赵艳霞、曹琳获优秀指导教师奖,学生获得7项个人单项三等奖;学生代表队获得第三届全国大学生结构设计竞赛三等奖;2004年在中国建筑与室内设计河南年度展活动中,31名同学的作品获得一等奖;在全国青少年书画展活动中,5名同学的作品获得优胜奖;2011年学生代表队获得河南省挑战杯设计竞赛一等奖。

3.质量工程建设

学院十分重视"质量工程"建设。2002年"理论力学"被评为河南省省级优秀课程。2007年"土木工程"被评为河南省特色专业,2009年"交通工程"、"工程力学"被评为河南省特色专业;2008年"混凝土结构"被评为河南省精品课程,2009年"建筑材料"被评为河南省精品课程;2008年"土木工程综合训练实验教学中心"被评为河南省高等学校实验教学示范中心;2009年"土木工程专业结构类课程教学团队"被评为河南省高等学校教学优秀团队。

4.土木工程专业评估

2007年5月,在学校党委的直接关怀和全校机关各单位及兄弟院系大力支持帮助下,全院教师以高昂的工作热情、优秀的工作质量、积极的工作态度,迎接了建设部对土木工程专业的评估。评估组专家对学校土木工程专业评估的重视以及对学校土木工程专业的建设状况给予高度的评价。土木工程专业全票通过了建设部高等教育质量评估,使学校进入到全国通过专业评估的45所高校行列,是河南省内近30所设置土木工程专业高校中,继郑州大学之后第2所通过国家专业评估的高校,进一步巩固了学校在全国286所设置该专业高校中位列A类专业的地位。

5.教材建设

2001年以来,学院在教材建设方面取得了较大的成绩,出版主编和参编教材达60余部。学院代表性教材有:2004年赵顺波主编的《混凝土结构设计原理》(同济大学出版社),2009年何伟参编的《有限元法基础》(科学出版社),2010年杨开云、韩立新参编的《理论力学》(中国水利水电出版社),2010年白新理等编写的《工程力学专业英语》(中国电力出版社),2010年曾桂香、陈爱玖等编写的《房屋建筑学》(复旦大学出版社)。

四、学科建设与研究生教育

1.学科建设

2003年学院获得结构工程硕士学位授予权,2005年桥梁与隧道工程、防灾减灾与防护工程、市政工程、工程力学4个学科获得硕士学位授予权。其中结构工程、桥梁与隧道工程、防灾减灾与防护工程3个学科被评为校级一级重点学科,工程力学、市政工程2个学科被评为校级二级重点学科。2008年土木工程被评为省级重点学科。2009年结构工程被确定为博士授权建设支撑学科。2010年获得"土木工程一级学科"硕士学位授予权,2010年获得"建筑与土木工程"专业硕士学位授予权。

2.研究生教育

硕士研究生招生规模不断扩大,先后培养硕士研究生近300名,其中2008级35人,2009级39人,2010级40人,2011级41人。3名硕士生导师(赵顺波、李风兰、李晓克)获得河南省优秀硕士学位论文指导教师荣誉称号。

五、科研工作

学院一贯重视科研工作,2000年以来

科研工作取得较大成绩。

1. 论文

2001 年以来,学院共发表学术论文 686 篇,其中被 SCI · EI 或 ISTP 三大检索收录的有 185 篇,核心论文 279 篇,发表在国际、国内重要学术刊物上,如:Key Engineering Materials、Journal of Alloys and Compounds、Materials Characterization、土木工程学报、工程力学、水利学报、水力发电学报等。

2. 项目

2001 年以来,学院承担国家级、省部级科研项目 137 项,年均到账科研经费超过 120 万。参与完成了南水北调中线工程、东江—深圳供水改造工程、辽宁省大伙房水库供水工程(二期)等国家重大水利工程以及郑州—焦作高速公路、连霍高速郑州段改扩建、京珠高速安新段改扩建、郑州市污水处理厂建设等省级重点科研与技术咨询工作,科研水平及社会影响力显著提高。

3. 成果奖励

2001 年以来,学院科研成果共获奖 147 项,其中赵顺波教授等参与完成的项目成果于 2010 年获得国家科技进步二等奖;省部级以上奖励 103 项,其中省部级科技奖一等奖 1 项、二等奖 9 项、三等奖 13 项,河南省自然科学优秀论文一等奖 8 项、二等奖 15 项。

省级以上成果奖励统计见表 3。

表 3　省级以上成果奖励统计表

本院获奖人	成果名称	获奖等级	获奖年度
赵顺波　李凤兰	钢纤维混凝土特定结构计算理论和关键技术的研究与应用	国家科技进步二等奖	2010
陈文义　胡志远	南水北调中线工程预应力混凝土渡槽结构分析与试验研究	河南省科技进步一等奖	2003
盖占方　胡志远 李晓克　温中华 赵　洋	大吨位低吨锚比预应力闸墩结构试验研究	河南省科技进步二等奖	2010
李凤兰　李晓克 赵顺波　潘丽云 李长永　胡志远	钢纤维高强混凝土材料与结构性能研究	河南省科技进步二等奖	2006
孟闻远	逻辑产品模型及 CIS2CAD 的自主研发	河南省科技进步二等奖	2006
杨开云	基于三维随机有限元的可靠度评价及其工程应用研究	河南省科技进步二等奖	2005
李晓克　胡志远	南水北调中线工程钢筋混凝土多纵梁渡槽结构分析与试验研究	河南省科技进步二等奖	2003
兰文改	水电站引水钢管外压屈曲破坏机理分析及稳定性设计	河南省科技成果二等奖	2004

续表3

本院获奖人	成果名称	获奖等级	获奖年度
赵顺波　靳　彩 赵　瑜　胡志远	洛郑500 kV线路工程湿陷性黄土地区掏挖式基础实验研究	河南省科技进步二等奖	2003
靳　彩　赵顺波 赵　瑜　胡志远 盖占方　李凤兰	南郑线500 kV送电线路复合式斜桩基础试验研究	河南省科技进步二等奖	2003
杨开云　白新理	非常溢洪道引冲式自溃坝冲刷模拟及稳定分析	河南科技成果奖二等奖	2001
赵顺波　李凤兰 李晓克	离心成型钢纤维混凝土技术及工程应用研究	河南省科技进步三等奖	2010
陈爱玖　霍洪媛 盖占方　王　静 潘丽云	再生混凝土损伤的细观分析及耐久性研究	河南省科技进步三等奖	2010
何　伟　曹　琳	高性能钢纤维陶粒混凝土在空心板旧桥面铺装层改建中的应用研究	河南省科技进步三等奖	2010
赵顺波　李长永 李志成	机制砂粉煤灰混凝土及其在结构工程中的应用研究	河南省科技进步三等奖	2010
赵顺波　李凤兰 李晓克　潘丽云 裴松伟　张晓燕 李长永　钱晓军 胡志远	大型无拉线离心成型预应力钢纤维混凝土杆塔	第三届欧维姆预应力技术三等奖	2010
唐克东　严晓新 张宗敏	建筑物整体移位及其隔震加固技术	河南省科技进步三等奖	2007
赵顺波　李晓克 唐克东　张晓燕	环形高效预应力混凝土新技术关键理论的研究	河南省科技进步三等奖	2006
孟闻远　杨开云 白新理	压力钢管受随机外压屈曲的机理分析及稳定性理论研究	河南省科技进步三等奖	2006
邢振贤	超贫胶结材料坝研究	河南省科技进步三等奖	2006
赵顺波　李晓克	东深供水改造工程现浇后张无黏结预应力混凝土压力涵管设计研究	河南省科技进步三等奖	2006
白新理　张多新 杨开云	大型预应力U形薄壳渡槽施工技术及设计理论研究	河南省科技进步三等奖	2005
赵顺波　李凤兰 靳　彩	高性能预应力混凝土空心板梁桥研究与工程应用	河南省科技进步三等奖	2005
赵顺波	高效预应力高强混凝土在桥梁工程中的应用	河南省科技进步三等奖	2000

4. 专著与国家行业标准

2001 年以来,学院共出版专著 24 部,国家行业标准 2 部。

学院代表性著作统计见表 4。

表 4 学院代表性著作统计表

学院作者	著作名称	出版社	出版年度
解 伟	预应力闸墩结构试验及理论	中国水利水电出版社	2010
唐克东	DESIGN ANALYSIS OF PRESTRESSED PIER OF HYDROPOWER	中国水利水电出版社	2010
霍洪媛 仝玉萍 李玉河	纳米材料	中国水利水电出版社	2010
赵顺波 李凤兰	离心成型钢纤维混凝土及工程应用	科学出版社	2009
王 慧	水闸安全鉴定技术指南	黄河水利出版社	2009
杨中正	无机胶凝材料	郑州大学出版社	2008
赵顺波 李晓克	环形高效应力混凝土技术与工程应用	科学出版社	2008
杨中正	矾土基均质料的制备研究	西北大学出版社	2008
白新理	结构优化设计	黄河水利出版社	2008
严晓新	建筑工程质量检测与司法鉴定实务	黄河水利出版社	2005
赵顺波 张新中	混凝土叠合结构设计原理与应用	中国水利水电出版社	2001
赵顺波	纤维混凝土试验方法标准(CECS13:2009)	中国计划出版社	2009
赵顺波	纤维混凝土结构技术规程(CECS38:2004)	中国计划出版社	2004

5. 学术荣誉

2001 年以来,多名教师取得突出的科研成绩并获得荣誉。赵顺波教授于 2001 年被评为河南省高校青年骨干教师,2002 年被评选为河南省优秀专家,2004 年获得河南省杰出青年基金并被评选为河南省高校创新人才培养工程培养对象,2005 年被评为河南省优秀青年科技专家,2008 年受聘为河南省高校特聘教授,2009 年被评选为郑州市科技领军人才;2007 年李晓克副教授、陈爱玖教授被评选为河南省优秀青年科技专家,2008 年李晓克副教授被评为郑州市青年科技专家;2002 年以来,李晓克、何伟副教授被评为河南省高校青年骨干教师,杨开云、杨中正、陈爱玖、李晓克、李凤兰、白新理、陈文义、赵瑜等,被评为河南省教育厅学术带头人。

六、实验室建设

2009 年以来,学院结构和材料实验室投资 890 万元购置了 X 射线衍射仪、60 t 和 200 t 微机电液伺服压力试验机、超高温加热炉、微波真空烧结设备、混凝土热物理参数测定仪、同步热分析、扫描电镜、X 射线能谱仪、激光粒度分析仪、全自动高温抗折试验机、恒温恒湿控制系统、墙体稳态热传递试验机等一大批先进设备;力学实验室投资 125 万元购置了动态力学实验采集与分析系统、动态力学实验激振与传感系统、结构动态力学实验装置,ADINA 有限元分析系统,构建了先进的有限元数值分析软硬件科研平台;2011 年学校为结构实验室进一步投入 603.5 万元完成了 MTS 三维拟动力设备的购置工作,居河南省及周边省市相关大学领先水平。

2009 年,以材料实验室为基础组建的“生态高性能建筑材料实验室”被评为河南省高校重点实验室建设基地,以结构实验室为基础组建的“水工结构与材料工程实验室”被评为河南省重点学科开放实验室,并于 2010 年被评定为校级重点实验室。

2010 年,工程材料实验室被评为校级优秀,胡志远、盖占方被评为实验室工作先进个人。

七、团学工作

2001 年以来,学院学生人数逐年增加,2010 年底土木与交通学院在校学生达到 2 152 人。学校为每个学院配备一名副书记负责学生教育和管理工作,学生管理实行辅导员、班主任加导师制。学院在完成责任目标,做好学生思想政治工作,严肃校风校纪等方面取得良好成绩,多次获得学生管理工作先进单位、毕业生就业工作先进单位、五四红旗团委、社会实践先进单位、学生资助考核优秀等荣誉。

在校内外举办的各类比赛中取得良好成绩,获得学校男子篮球赛六年五次冠军、“成才之路”辩论赛五年四次冠军、男子排球比赛冠军、校“黄河杯”足球赛冠军、象棋比赛冠军,多次获得“磐石杯”知识竞赛优秀组织奖及个人奖励;2009 年举行的中国大学生就业模拟大赛中,代表学校参加大赛,荣获优秀团队,2010 年获得优秀组织单位。

学院分团委和学生会举办丰富多彩的各类活动,丰富学生的业余生活,增强素质,锻炼能力。土木与交通学院传统活动项目有:大型文艺晚会“跳跃的冬季”、新生“我的大学”活动、磐博杯辩论赛、各类球赛等。从 2010 年开始,每年开展为期一个月的“大学生科技文化艺术节”。

学生暑期社会实践及科技竞赛成绩突出。自 2001 年以来,学院积极组织学生参加每年的暑期大学生“三下乡”社会实践,实践采取分散组队和集中组队,参与人数达学生总人数的 90% 以上。2009 年荣获“社会实践优秀组织单位”,“建国 60 周年水利建设成就宣讲服务团”获得河南省社会实践活动优秀服务团队,在黄委会黄河博物馆建立“华北水利水电学院爱国主义教育基地”和“土木与交通学院暑期社会实践基地”。2010 年荣获“社会实践优秀组织单位”,在小浪底水利枢纽建立“华北水利水电学院爱国主义教育基地”和“华北水利水电学院水文化研究基地”。

2000 年以来,组织学生积极参与科技竞赛,先后参加了全国大学生数学建模大赛、全国大学生英语竞赛、全国大学生基础力学实验竞赛、“磐石杯”基础学科知识竞赛、全国大学生周培源力学竞赛、全国大学生结构设计大赛、河南省大学生先进图形技能与创新大赛等国家、省市等各项竞赛,成绩优异。

毕业生就业及考研情况良好。自 2001 年以来,毕业生就业率一直保持在 97% 以上的水平。学院积极开展就业指导与培训活动,多渠道、多方位开展毕业生就业指导与教育。

八、对外交流与合作

学院越来越重视对外的交流与合作工作,不断加强与国内外高校的联系和合作。

多次派教师出席国际学术会议或出国培训,经常派教师参加国内学术会议和短期培训学习。学院经常邀请知名专家教授来校讲座。

2001 年以来,学院有百余人次参加国内国际学术交流活动。成功协办河南省 2009 年桥梁结构学术交流会、河南省建筑教育协会建设类高校专业委员会和职业教育专业委员会 2009 年年会,赵顺波教授当选为河南省土木建筑学会理事、河南省建设教育协会建设类高校专业委员会副主任。2010 年协办中国力学学会北方七省力学学术会议。1999 年至今邢振贤教授担任全国高等学校建筑材料学科研究会理事;2010 年白新理教授当选为中国力学学会理事,赵顺波教授当选为河南省土木建筑学会常务理事、河南省高等学校土木水利建筑测绘类教学指导委员会委员,李晓克副教授当选为中国土木工程学会纤维混凝土委员会委员、河南省土木建筑学会桥梁与结构委员会委员。

赵顺波教授、杨中正教授、李晓克副教授分别获得国家留学基金委员会的访问学者留学基金。2008—2010 年,学院共选派 6 名教师赴澳大利亚斯威本科技大学进行教学与科研交流。

2008 年聘任中国工程院院士周丰峻教授为学校双聘院士、工程力学学科顾问、硕士生导师。2010 年获批设立“河南省结构防减灾院士工作站”。

九、服务社会

2007 年,学院成功建设河南省中等职业学校骨干教师工业与民用建筑专业师资培训基地,至今已圆满完成 156 名中职学校师资培训任务,培训工作受到省教育厅高度评价。

2009 年,学院接管“华北水利水电学院工程检测中心”(河南华水工程质量检测有限公司),同年取得水利部混凝土工程甲级资质和岩土工程乙级资质,2010 年通过水利部计量认证验收。检测中心在南水北调潮河工程等检测项目中提供技术服务,发挥重要作用。

2009 年与河南省建设监理协会合作,组织开展了河南省国家注册监理工程师继续教育培训工作,培训人员达 2 106 人。协助河南省建筑教育协会培训监理员 2 000 余人,培训河南省专业监理工程师 1 200余人。

(赵顺波、边慧霞执笔)

电力学院

一、概况

电力学院的前身创建于1958年,当时名为水电站机电安装专业,隶属机电系。自1958年之后曾先后改名为水电站动力装置专业和水电站动力设备专业。1975年机电系分为水电站动力设备和工程机械两个系。1984年,水电站动力设备系改名为水利水电动力工程系。2006年水利水电动力工程系更名为电力学院。

领导班子成员及任职时间见表1。

表1　领导班子成员及其任职时间表

姓名	任职时间	职务
侯战海	2000.6—2006.4	党总支副书记
	2009.4 至今	党总支书记
高传昌	2004.4—2006.4	副院长
	2006.4—2009.4	党总支书记
	2009.4 至今	院长
邱道尹	2006—2007.6	副院长(主持学院工作)
张小桃	2007.6—2008	副院长(主持学院工作)
王玲花	2004 至今	副院长
楚清河	2006.4 至今	党总支副书记
苏海滨	2008.7 至今	副院长

二、人才培养和师资队伍建设

1. 专业设置

1958年建院初,机电系只有一个水电站机电安装专业。随着经济的不断发展和社会建设的需要,1988年,水利水电动力工程系除水动专业外,又申办了计算机应用专业(专科)。1989年又增设了热能动力工程专业(专科)。此时,水利水电动力工程系发展到了3个专业,达到了一定的规模。1998年暑假后,校内体制改革,计算机应用专业单独成立信息工程系。1993年水利水电动力工程系经过人才市场预测和实际调查,根据在河南办学的优势和特点,又开始办电力系统自动化专业和电大专科班(这是与河南省电大和省电业局合作招生)。1999年国家专业合并与调整中,水动专业和热动专业合并为热能与动力工程专业。2001年,增设电气工程及其自动化专业。2002年设置自动化专业。2006年开设电子科学与技术专业。2011年,经教育部批准增设了核工程与核技术专业。

经过几十年的不断努力奋斗,现在电力学院已经开设5个本科专业,在校本科生2 650人,硕士生100余人。其中热能与动力工程专业为河南省特色专业。

2. 人才培养

热能与动力工程专业。该专业包括电厂热能动力工程与水利水电动力工程两个方向,主要研究热力发电厂与水力发电厂的设备、电气设备及控制系统的基本工作原理,培养从事运行维护、管理与设计、研究的高级专业技术人才。本专业具有硕士学位授予权。

电气工程及其自动化专业。该专业主要培养从事电气工程及其自动化方面研究、设计、运行、试验、管理、开发以及电子与计算机等领域工作的高等工程技术人才。

自动化专业。该专业培养适应社会主义建设和经济发展需要、德智体美全面发展、具备扎实的自动检测与控制基础理论和工程技术知识，能在信息处理、自动控制、网络化测控技术、计算机与应用等较广阔领域从事系统分析、设计、运行、科学研究及技术开发等方面工作的高级工程技术人才，也可以从事现代化信息处理、现代化生产控制与管理、办公自动化、教学等方面工作。

电子科学与技术专业。该专业主要培养从事面向电气工程的电子科学与技术专业领域工作的高级技术人才。

核工程与核技术专业。本专业培养具备核工程技术与核技术基本知识和基础理论，掌握现代大型核电工程核心技术与基本技能的人才。

培养各类人才情况见表2。

表2　培养各类人才情况统计表

专业与人数 \ 层次 \ 年段	硕士生	本科生					
	热能动力工程	水动	热动	电气工程及其自动化	自动化	电子科学与技术	电气专升本
2001—2002	10	181		161	95		
2002—2003	15	184		124	89		
2004—2005	15	165		125	91		43
2005—2006	20	136		113	60		60
2006—2007	22	136		113	60	62	122
2007—2008	22	170		188	97	69	121
2008—2009	24	222		234	91	50	62
2009—2010	33	278		249	106	76	62
2010—2011	39	129	95	217	97	119	61

3. 师资队伍建设

1990年邯郸本部迁至郑州后，多年两地办学，师资队伍又出现了严重短缺。电力学院党政领导充分认识到，只有加强师资队伍建设，才能做好人才培养、科学研究、学科建设、科技服务。经十几年努力，目前全院有教工85人，其中教授13人，副教授18人，讲师与工程师38人，其他15人，教师中有博士学位26人。

教学人员情况见表3。

表3　教学人员情况一览表

教研室名称	总人数	学历				职称				年龄			
		博士	硕士	本科	大专	教授	副教授	讲师	助教	35岁以下	35至45岁	46至55岁	55岁以上
水动教研室	14	6	8			3	4	5	1	7	2	5	0
电工电子教研室	19	5	6	7	1	1	5	11	2	7	8	3	1
自动化教研室	14	5	6	3		4	3	6	1	5	6	2	1
热动教研室	14	7	7			1	4	9		6	7	1	
电气专业教研室	14	3	7	4		4	2	7	2	8	2	2	2
总计	75	26	34	14	1	13	18	38	6	33	25	13	4

三、教学工作

1. 教学制度建设

(1)组织成立了电力学院专业教学指导委员会,进一步完善了学院教学管理规章制度;每年都认真审核和排查核对各年级的教学计划,并已逐步实施。

(2)近年来,以学校青年教师讲课大赛为契机,制定了青年教师讲课大赛的程序和要求,开展教学方法的研讨,使青年教师的教学水平得到了提高。在学校讲课大赛中,学院有多名优秀青年教师获得了讲课大赛一、二、三等奖的好成绩。

(3)学院对各专业都认真开展了教学质量评价活动,坚持处级领导和教研室听课制度,认真做好教学检查工作,使各专业教学水平都得到了提升。

(4)进一步推进了本科生导师制的实施,全院本科班全部配备了导师,导师工作逐步规范化。

2. 教材建设

近年来,学院在教材建设上已取得了一系列成果,先后出版的教材有30余部(见表4)。

表4　2001—2010年编著教材统计表

序号	著作名称	编著人	出版社	出版时间
1	水轮机、水泵及辅助设备	陈德新等	中央广播电视大学出版社	2001
2	用电安全基础	侯战海等	黄河水利出版社	2001
3	水电站电气工程	许强等	中央广播电视大学出版社	2001
4	简明电工学教程	侯树文	中国水利水电出版社	2002
5	发电厂电气部分	王士政、冯金光	中国水利水电出版社	2002
6	自动控制基础	白家驄	中央广播电视大学出版社	2003
7	传感器仪表与发电厂监测技术	陈德新	黄河水利出版社	2004
8	水电站经济运行	陈德新	中央广播电视大学出版社	2004
9	数字逻辑与VHDL设计	侯树文	中国水利水电出版社	2004

续表 4

序号	著作名称	编著人	出版社	出版时间
10	电工实用电子线路与电气线路 360 例	陈建明	河南科技出版社	2005
11	灌溉工程节水理论与技术	高传昌	黄河水利出版社	2005
12	电力电子技术	苏海滨等	高等教育出版社	2005
13	建筑电气与安全技术	高庆敏等	黄河水利出版社	2006
14	电气控制与 PLC 应用	陈建明等	电子工业出版社	2006
15	发电厂计算机监控	陈德新、李延频	黄河水利出版社	2007
16	自动控制原理 （国家“十一五”规划教材）	孙美凤、王玲花 楚清河、高胜建	中国水利水电出版社	2007
17	电路	张长富等	中国电力出版社	2008
18	电气控制与 PLC 应用练习与实践	陈建明等	电子工业出版社	2008
19	结构优化设计	白新理、张利平	黄河水利出版社	2008
20	信号与系统	王玲花、孙美凤	机械工业出版社	2008
21	S7－300/400PLC 入门和应用分析	邱道尹、刘新宇	中国电力出版社	2008
22	自动控制理论	陈建明	电子工业出版社	2009
23	电力系统继电保护原理	朱雪凌等	中国电力出版社	2009
24	高效换热器及其节能应用	王秋红等	化学工业出版社	2009
25	脉冲液体射流泵技术理论与试验	高传昌	中国水利水电出版社	2009
26	现场总线技术基础及应用	张红涛等	中国电力出版社	2009
27	建筑电气设计与施工	高庆敏	西安地图出版社	2009
28	电气控制与 PLC 应用	陈建明、王亭岭	电子工业出版社	2010
29	电工电子技术	侯树文	中国水利水电出版社	2010
30	电气控制技术基础及应用	刘新宇	中国电力出版社	2010
31	水电厂计算机监控系统	李延频等	中国水利水电出版社	2010
32	西门子 S7－200PLC 入门和应用分析	梁德成等	中国电力出版社	2010
33	工程热力学（高等学校“十一五”精品规划教材）	董英斌等	中国水利水电出版社	2010
34	电力系统继电保护整定计算原理与算例	鲁改凤等	化学工业出版社	2010
35	电路与电工实验教程	曹文思等	中国电力出版社	2010
36	单片机技术基础及应用	顾波等	中国电力出版社	2010

3. 教学计划和课程设置改革

拓宽了专业面,优化了课程结构,调整了教学内容,教学方法也有相应的改革,从而有利于办学质量的进一步提高。经过调整,学院的办学宗旨和教学计划更加独具特色,更加体现了加强"三基"的训练和以培养学生实际技能为根本目标。目前,在校学生分别开设了计算机原理、计算机辅助设计、计算机控制技术,坚持四年中计算机学习不断线。开设了专业外语、电力经济管理、水利水电工程概算等课程。

四、实验室建设

学院实验室有动力与自动化实验中心和电工电子实验室,其中,动力与自动化实验中心下设5个教学实验室,即水动实验室、热动实验室、电气工程实验室、自动化实验室、电子与科学技术实验室;电工电子实验室下设2个教学实验室,即电工实验室、电子技术实验室。

近10年来,实验室先后投入单价在800元及以上的仪器设备总计1 200多万元,实验室新购置了电力系统综合自动化实验台、汽轮机振动分析仪、图像工作台、单体式精密量测仪、电机及电气技术实验装置、电工技术实验装置、电子技术综合实验装置、电力自动化及继电保护实验装置、微机调速器、自动控制技术试验台、微机接口技术综合实验台、过程控制系统实验装置等实验设备。目前,实验室使用面积3 300 m^2,仪器设备900多台套,其中单价在10万元以上的仪器设备超过11台。

实验室现有专兼职实验教师17人,其中正高级职称4人、占22%,副高级职称4人、占22 %,中级职称10人、占56%。具有博士学历的教师3人、占17 %,具有硕士学历的教师6人、占33 %,具有大学学历的教师6人、占33 %,具有大专学历的教师2人、占11.7 %。

五、学科建设

学院现有动力工程及工程热物理和控制科学与工程2个一级学科点,13个二级硕士点;拥有水利水电工程和流体机械及工程2个河南省重点学科,模式识别与智能系统1个校级重点学科。2010年电力学院又取得动力工程和控制工程硕士专业学位授权点。

动力工程及工程热物理学科依托热能与动力工程专业(河南省特色专业),现有流体机械及工程(2003年批复)、热能工程(2010年批复)、动力机械及工程(2010年批复)和动力工程(2010年专业型)等4个二级硕士点,其中流体机械及工程和水利水电工程等相关学科为河南省重点学科,学科师资雄厚,有教授及副教授22名,省级学术带头人5人。近5年,本学科承担国家自然科学基金、国家科技支撑和国家"863"等项目12项,省部级项目15项,部分成果达国际先进水平;已获省部科技进步一等奖2项,省部级二、三等奖12项,发表学术论文318篇,出版专著6部,获专利4项。

控制科学与工程学科成立于2001年,具有硕士学位一级授予权及"控制工程"专业学位研究生招生权,其中模式识别与智能系统为校重点学科。学科目前已培养80多名硕士毕业生和700多名本科毕业生。

六、科研工作

近10年来,在华北、西北、西南、中南等地区多座水电厂承担过水电站过渡过程计算机仿真技术和甩负荷实验、水轮机设计强度校核、水轮机效率原型试验(超声波测流)、水轮发电机组振动试验、水电厂增容的研究和试验、水轮机空化试验研究、水电厂电气设备改造等，大型科研科目达20多项，在水利水电行业具有较高的知名度。共发表论文115篇，其中国内外核心刊物发表40余篇。有2项成果获水利部一等奖，有12项荣获省部级二、三等奖和优秀奖。

自2001年以来，学院共承担了国家科技计划项目4项，国家自然科学基金项目1项，省部级科技攻关项目5项；鉴定科研成果23项；获省部级科技进步一等奖1项、二等奖5项、三等奖4项；在国内外学术期刊上发表科技论文500余篇，出版专著和教材40余部。近十年获得的省部级以上科研项目和省部级以上科研奖励情况见表5。

表5　2001—2010年获得的省部级以上科研项目和科研奖励情况统计表

省部级以上科研项目立项

序号	项目负责人	项目名称	项目类别	时间
1	高传昌	脉冲液体射流泵及其装置的基本理论与试验研究	国家自然科学基金资助项目	2003年
2	邱道尹	黑光灯下农业田间害虫的实时识别研究	中科院自动化研究所国家重点实验室项目	2003年
3	陈德新	黄河干流水轮机磨蚀与防护技术	948项目子项目	2004年
4	张小桃	河南省新世纪优秀人才支持计划	河南省新世纪优秀人才支持计划	2007年
5	高传昌	河南半干旱区粮食作物综合节水技术研究与示范	国家科技支撑计划课题	2008年
6	高传昌	脉冲射流水下高效清淤冲沙关键技术研究	水利部公益性行业项目	2008年
7	陈建明	生命体征无线监视网络管理研究	河南省攻关项目	2008年
8	陈建明	基于ZigBee技术的变电站接地状态检测系统的研制	河南省科技攻关项目	2009年
9	鲁改凤	10 kV配电线路旁路应急作业系统	河南省科技计划项目	2010年
10	孙美凤	引水式水电站机组间水力干扰对其运行稳定性的影响研究	河南省科技计划项目	2010年

获省部级以上科研奖励

序号	项目负责人	项目名称	项目类别	时间
1	张长富等	桃林口水电站采用111 kV GIS全封闭组合电器防雾化研究及应用	河北省科技进步三等奖	2002年
2	高传昌等	深部矿井大型抢险救灾联合排水系统的开发与应用研究	河南省科技进步二等奖	2004年
3	邱道尹	储粮害虫机器视觉实时检测装置	河南省科技进步三等奖	2005年

续表 5

获省部级以上科研奖励				
序号	项目负责人	项目名称	项目类别	时间
4	高传昌	基于矿山抢险救灾的超高扬程悬挂式排水系统的研究	河南省科技进步二等奖	2005 年
5	张小桃	电厂运行经济性实时监测系统研究	河南省科技进步三等奖	2006 年
6	苏海滨	GTS/GSM/110/Internet 四网合一移动目标卫星定位监控通讯系统的研究	河南省科技进步三等奖	2006 年
7	高传昌	煤矿重大水灾害抢救技术研究	河南省科技进步一等奖	2007 年
8	鲁改凤	电厂电能计量管理系统	河南省科技进步二等奖	2007 年
9	王爱军	电厂蒸汽循环理论广义化研究	河南省科技进步二等奖	2007 年
10	陈德新	黄河干流水轮机磨蚀与防护技术	大禹水利科学技术二等奖	2008 年

七、学生工作

1. 注重特色文化建设

秉承学院优良传统,做好具有学院特色的“两节、两月、两会”活动,即上半年的宿舍文化节和科技文化节,下半年的健康活动月和理论学习月,学院春季运动会和大型迎新文艺晚会。目前,学院的六项品牌活动,已经具有电力学院的鲜明特色,在学校也产生一定影响,具有强烈的群众性、娱乐性,受到电力学院全体师生的一致好评。目前努力的方向就是把这六项具有特色的校园文化活动继续推广,扩大校园影响力和社会影响力。

2. 开展丰富多采的活动

积极组织开展各类主题鲜明、内容丰富、形式多样的校园文化活动,重视为广大学生健康成才提供充足的舞台和有力的载体。如每年的 3 月份举行“学雷锋活动月”青年志愿者活动,4 月份组织了以“创造良好环境 丰富校园生活”为主题的宿舍文化节活动和“纪念五四运动朗诵比赛”;9 月份组织迎新系列活动;10 月份大型迎新晚会活动;11 月组织“学习经验交流”和“英语竞赛”等活动;12 月份组织“感恩于心,感恩于行”、“纪念 12 · 9 运动”等活动都深受学生欢迎和好评,并办成精品活动。

3. 充分发挥和调动团支部在校园文化建设中的积极作用

为进一步发挥基层团支部在校园文化活动中的主体作用,贯彻中央十六号文件中“以活动为依托开展大学生思想政治工作”的有关精神,学院团委鼓励各团支部结合自身实际开展小型多样的团支部活动。

青年志愿者活动是培养团员青年社会责任感和服务社会意识的重要途径。学院分团委确立注重建设、丰富活动、强化教育的指导思想,开展系列志愿服务活动。学院历年来对社会实践活动都非常重视,连续五年被评为优秀组织单位,受到团省委、团市委和学校表扬。

为了进一步推进素质教育,更好地配合学校教学和科学工作,活跃校园科技文化气氛，推动学生课外科技活动蓬勃发展，培养学生科技创新能力，锻炼和造就一批具有科技创新精神的优秀人才。学院完善了“电力学院创新工作机制和电力学院科技创新奖励办法”。目前，电力学院有演讲与辩论协会、自动化协会、电子协会，各个协会分别开展了系列活动，营造了学生的科技学习创新氛围和开拓学生专业视野。多年来学院在学校组织的“磐石杯”基础竞赛、“大学生英语竞赛”、“数学建模比赛”、“大学生职业规划设计大赛”、“大学生科技文化艺术节”等活动中被评为“优秀组织单位”。

在工作中，注意了解特困生、家庭不健全学生、违纪生、降级试读学生等特殊学生的基本情况。在学生中进行心理健康状况调查。确定心里健康重点帮扶对象。通过心理健康调查，发现在心理上存在一定问题的学生，根据这些学生的不同情况，有针对性地进行了指导和帮助。全力以赴做好助学贷款、定期困难补助、临时困难补助。在日常管理中给予特殊学生特殊关注，不让一个学生掉队，不让一个学生因为困难完不成学业。

学院毕业生就业工作成绩显著，成立了电力学院毕业生工作领导小组，并向用人单位推荐毕业生，积极提供用人信息。要求负责毕业生就业的老师认真负责，积极多方搜集用人信息。多年来学院学生就业一直在学校各专业就业排名位居前列，在学校就业评估中，电力学院由于组织得当，制度健全，学生就业率高，历年被评为优秀。

（高传昌、侯战海执笔）

机械学院

一、概况

机械学院的前身是于1956年开始招生的北京水利学校水利施工机械化专业,主要培养水利施工机械使用方面的专科人才。

1958年,北京水利水电学院成立,设水利机电、水利工程建筑2个系,水利机电系下设水利施工机械和水电站动力装置两个4年制本科专业。水利施工机械专业为当时国内少数几所高校所设置拥有的本科专业,培养目标以使用维修为主。水利施工机械专业经历建筑机械、起重运输与工程机械等名称的变迁,并于1985年设置的机械制造工艺与设备专业(1994年升格为本科专业)在1998年合并成为机械设计制造及其自动化专业。

2001年,新增材料成型及控制工程4年制本科专业。

2003年,在全国第九次硕士学位授权学科增列工作中,机械设计及理论学科硕士学科点成功获批,成为机械系的首个硕士学科点。机械设计及理论学科列入学校首批重点学科建设行列。

2005年,新增测控技术与仪器、交通运输两个4年制本科专业。在全国第十次硕士学位授权学科增列工作中,车辆工程硕士学科点在国务院学位办组织的评审中以高分顺利通过。同年,机械设计及理论学科继续列入学校重点学科建设行列。

2006年,机械工程系更名为机械学院。

2007年,机械设计制造及其自动化专业获批为河南省名牌(特色)专业。机械设计及理论学科列入学校第一层次重点学科建设行列。

2008年,机械设计及理论学科获批为第七批河南省重点学科,实现了省级重点学科的突破。

2009年,机械设计及理论学科继续列入学校第一层次重点学科建设行列,车辆工程学科列入学校第二层次重点学科建设行列。

2010年,在全国第十一次硕士学位授权学科增列工作中,机械工程增列为一级学科硕士点。“机械工程”工程硕士点和“农业机械化”农业推广类硕士点获得批准。参与申报“农业工程”一级学科硕士点,并获得“农业机械化工程”二级学科硕士点。

截止到2010年,机械学院有机械设计制造及其自动化、材料成型及控制工程、交通运输和测控技术与仪器4个本科专业,铲土运输机械、起重机、机械制造、机械电子工程、车辆工程、模具设计、焊接、测量与控制、自动化仪表与装置、汽车运用、汽车营销11个专业方向。机械学院有机械工程一级学科硕士点;机械设计及理论、车辆工程、机械电子工程、机械制造及其自动化4个硕士学位授权二级学科,其中机械设计及理论为省级重点学科,车辆工程为校级重点学科。另外,还拥有机械工程和农业机械化2个专业硕士学位类别授权学科点。

二、组织构架及师资队伍建设

1. 教研室建设

2000年,机械系下设内燃机、工程机

械、工艺、机械设计4个教研室,1个机械队。2001年,成立材料成型及控制工程教研室。2005年,成立测控技术与仪器、交通运输教研室2个教研室。2005年,原属数学与信息科学系的制图教研室被分成两部分,其中一部分归机械系,成立机械制图教研室。

到2011年,机械学院有工程机械、内燃机、机械设计、机械制造、材料成型及控制工程、交通运输、测控技术与仪器、机械制图8个教研室。其中机械制造教研室、测控技术与仪器教研室先后于2005年和2009年获校级优秀教研室称号。

2. 实验室建设

学院非常重视教学实验与实验室建设。2000年,在郑州校区新建的3 000 m^2的实习工厂投入使用。2002年,成立了机械基础实验室、机械工程与自动化实验室、材料成型与控制工程实验室、工程实训中心等实验教学机构。

机械学院目前拥有3 000 m^2 的金工实习工厂和3 500 m^2 的综合实验中心,实验中心拥有工程机械与车辆、内燃机、液压、公差、金相、电测、自动化、CAD、材控、微机原理、流体传动、测试技术与控制、机械基础、精密传动等10余个实验室。实验室800元以上的教学实验设备(含实习工厂)近300台(件),实习工厂有冷、热加工设备34台套,有较先进的机加工设备,如立式、卧式加工中心、电火花加工机床和数控机床等,设备总价值近1 200多万元。

3. 师资队伍建设

2001年,机械系有教师35人。为加强师资的培养与师资队伍建设,机械学院制订了切实可行的培养计划与进人计划,近几年师资队伍数量不断壮大,年龄、职称、学历、学缘结构逐步改善。截止到2011年7月底,机械学院拥有教职工80余人(包括学校管理部门师资近90人),其中教授9名,副教授(高级工程师)20余名。博士23名,在读博士8名。大部分教师具有硕士学位。教师的主要学术兼职有:中国能源学会常务理事、中国可再生能源学会氢能专业委员会理事、中国能源研究会热力学及工程应用专业委员会委员、中国水利教育协会高等教育分会副理事长、中国工程机械学会理事、铲土运输机械分会常务理事、中国机械工程学会高级会员、中国水利学会理事等。还有教师兼任国家自然科学基金评议专家、国家科技奖励评审专家、入选“863”计划专家库先进能源技术领域专家等。

10年来,教师获得各级各类表彰奖励20余人次,见表1。

表1 学院教师获得各级各类表彰奖励一览表

姓名	表彰奖励或荣誉称号	时间
韩瑞光	河南省优秀党务工作者	2004年
郝用兴	河南省教育厅学术技术带头人	2005年
杨振中	学校首届教学名师奖	2005年
王丽君　师素娟	学校首届教师教学质量优秀奖一等奖	2005年
韩林山	河南省高校中青年骨干教师	2005年
杨振中　郝用兴	学校“十五”优秀科研工作者	2006年

续表1

姓名	表彰奖励或荣誉称号	时间
王丽君	河南省教育厅学术技术带头人	2005 年
杨振中	全国模范教师	2007 年
严大考	河南省优秀专家	2007 年
杨振中	河南省教育厅学术技术带头人	2007 年
王丽君	河南省高校中青年骨干教师	2007 年
杨振中	河南省高等学校教学名师	2008 年
韩林山　张瑞珠	河南省教育厅学术技术带头人	2008 年
王丽君　郭术义　韩素兰	学校第二届教师教学质量优秀奖一等奖	2009 年
郭术义	河南省高校优秀共产党员	2011 年

注:表中教学科研奖励为校级及以上,其余为省、厅级及以上。

此外,学院注重对青年教师的培养,鼓励青年教师参加讲课竞赛。推荐到学校参加讲课大赛的青年教师中,2 人获得二等奖,6 人获得三等奖。机械学院在 2011 年获第 11 届青年教师课堂讲课大赛优秀组织单位第一名。

三、教学工作、教学研究与教材建设

1. 修订培养方案

为了适应社会对人才的需要,学院数次修改培养方案、教学计划与教学大纲。1998 年,教育部颁布了新的专业目录,将机械设计及制造等 9 个专业合并为机械设计制造及其自动化专业,为了适应这一变化,重新修订了教学计划。1999 年,再次重新修订机械设计制造及其自动化专业所开课程的教学大纲。2000 年,机械系申报材料成型与控制工程专业成功,并于 2001 年开始招生。2004 年,学校通过项目立项形式进行课程体系调整和修订指导性教学计划。全面修订了“机械设计制造及其自动化专业”与“材料成型与控制工程专业”指导性教学计划与各门课程教学大纲;2005 年,申报交通运输专业和测控技术与仪器专业成功。同年,制订了这 2 个专业的培养方案、教学计划与教学大纲。整个课程体系调整通过平台加模块实现,整个课程体系分为 5 级平台,即公共基础课、专业基础课平台(含力学类、电类。机械学类、自动控制类和计算机类基础,全院统一)、专业基础选修课平台(体现设计、制造、自动控制 3 条主线)、专业方向选修课平台(实现模块化,体现专业特色、学科广度和前沿)。2010 年,再次对“机械设计制造及其造化”、“材料成型及控制工程”、“交通运输”、“测控技术与仪器”4 个专业的教学计划进行修订。

2. 教学研究

机械学院教师积极开展教学研究,积极参与教学质量工程项目。内容涉及专业建设、人才培养模式、课程体系、教学方法、教学手段、教学内容研究与改革等。2001 年以来,承担省级教学改革项目 2 项,校级教学改革项目 10 项。获得校级教学成果特等奖 1 项,一、二等奖 3 项。2009 年杨振中等完成的“机械大类专业设置及人才培养模式改革与综合发展研究”获得河南省省级教学成果一等奖。获得省级质量工程项目5项、校级质量工程项目1项。“机械控制理论”、“机械设计”、“液压与气压传动”分别在2006年、2007年、2010年获得河南省精品课程。2010年,“机械类专业基础课程教学团队”获得河南省高等学校教学团队。同年,“工程机械与车辆实验教学中心”获得河南省高等学校实验教学示范中心。

3. 教材建设

2000年以后,学院教材建设进入一个稳步发展的阶段,且教材建设呈现体系化、系列化趋势。如2004年学校与武汉理工大学等12所院校共同编写了教育部普通高等教育面向21世纪课程教材机械工程类专业双语系列教材,学院有7位教师编写其中的7部双语教材。2007年,学院与全国百余所高校共同编写了21世纪全国应用型本科大机械实用规划教材,学院有6位教师参加编写工作。2008年学院与重庆科技学院等20余所院校共同编写普通高等学校“十一五”规划教材暨普通高等院校机械类精品教材,共有6位老师参加了编写工作。

四、科研工作

具有鲜明特色并在国内外处于前沿位置的氢燃料发动机研究团队,在国内率先开展氢燃料发动机的研究。对燃烧理论、计算机模拟技术、电子控制技术、氢能利用技术、先进控制理论及信号分析与处理技术等开展研究工作。承担国家自然科学基金、国家“863”重点项目子题、清华大学汽车安全与节能国家重点实验室开放基金、河南省重点科技攻关计划、河南省自然科学基金、郑州市科技创新人才专项等多项纵向课题。在该领域的研究一直追踪国际最新研究动向,并保持了和国内外先进研究的同步性,在该领域形成了自己的独特优势。在国际氢能学会(International Association for Hydrogen Energy)主办会刊、国际学术期刊《Int. J. Hydrogen Energy》(该期刊为工程技术大类SCI一区期刊)发表系列论文(6篇),国家一级学术期刊发表论文20余篇,被SCI. EI收录30余篇。研究论文被国际研究同行SCI他引,也被包括“973”首席科学家、长江学者等在内的国内同行引用。2010年获埃尼奖(Ini-Award)(埃尼奖是能源与环境研究领域最权威奖项之一)提名。研究成果获河南省教育厅科技进步一等奖2项,河南省科技进步三等奖2项。河南省自然科学优秀论文一、二等奖7项。

工程机械与现代设计理论及新技术是较为稳定的研究方向,围绕水利水电建设工程需求,承担了水利部“948”、河南省科技攻关项目等多项纵向课题。2003年获河南省科技进步二等奖,并与企业联合攻关,在重型成套桥梁施工装备、重型桥梁运输车辆(运梁车)和重型桥梁安装与架设机械(架桥机)等方面进行了深入的研究,在虚拟样机设计及优化设计方面形成了自己的特色。与企业合作取得了一系列成果,获中国机械科学技术进步一等奖、河南省科技进步一等奖、大禹水利科技进步一等奖各1项,河南省科技进步二等奖3项。

材料学领域的某些方向(如材料表面加工技术、腐蚀防护技术、自蔓延高温合成技术等)正在显现出良好发展的势头。获得水利部“948”项目、河南省高校科技创新人才支持计划等资助。发表学术论文30余篇,被SCI、EI收录20余篇。

学校近10年代表性纵向科研课题见表2。

表2　学院近10年代表性纵向科研课题

项目来源	时间	项目参加人员	项目名称
国家自然科学基金(项目编号:5107604640)	2011.1—2013.12	杨振中、王丽君、高玉国、司爱国、段俊法、焦劲光、刘海朝、孙永生、秦朝举	氢空气混合气异常燃烧特征分析与燃烧性能优化研究
国家自然科学基金(项目编号:50322262)	2004.1—2006.12	杨振中、王丽君、刘海朝、焦劲光、孙永生、郭飞等	车用直喷式氢燃料发动机的高效、低 NOx 燃烧及电控技术研究
国家"863"计划重点项目"经济型轿车高性能汽油机技术开发"子题(项目编号:2006AA110108)	2011.1—2011.12	杨振中、郑俊强、曹永娣、段俊法、焦劲光、孙永生、李权才等	缸内直喷汽油机气缸盖水流模拟试验、流场测试及分析
水利部"948"项目(项目编号:201048)	2010.1—2012.12	严大考、张瑞珠等	硬面涂层技术在水利过流部件中的应用
水利部"948"项目(项目编号:200828)	2008.5—2010.12	严大考、韩林山等	重型起吊与搬运机械新技术在水利工程及南水北调工程中的应用
清华大学汽车安全与节能国家重点实验室开放基金(项目编号:KF2006-01)	2006.01—2007.12	杨振中、王丽君、祁丽霞等	氢燃料车用发动机燃烧优化控制建模与实现
郑州市科技创新人才专项(项目编号:096SYJH25086)	2009.7—2011.12	杨振中、严大考、王丽君、祁儒明、郑俊强、司爱国、段俊法、焦劲光、张瑞珠、郭术义、师素娟、高玉国、郭朋彦、刘海朝、孙永生、杨杰等	氢汽油双模式车用发动机研究与开发
河南省重点科技攻关计划(项目编号:072102210089)	2007.1—2009.7	王丽君、运红丽、邰金华、孙永生等	多通道振动数据采集及分析系统的研制
河南省重点科技攻关计划(项目编号:102102210034)	2010.7—2012.12	王丽君、杨振中、刘海朝等	氢汽油双模式车用发动机异常燃烧检测分析系统的研究
河南省高校科技创新人才支持计划(项目编号:2008HASTIT015)	2008.1—2010.12	张瑞珠等	利用 SHS 技术处理有毒、有害废物
河南省基础与前沿技术研究计划(项目编号:092300410070)	2009.5—2011.12	孙志强、祁丽霞等	煤基二甲醚发动机清洁高效燃烧关键技术研究

续表 2

项目来源	时间	项目参加人员	项目名称
河南省科技攻关计划(项目编号:0624260064)	2006.7—2008.7	王丽君、杨振中等	森吉米尔冷轧机辊系的研究
河南省科技攻关计划(项目编号:0624260038)	2006.1—2008.12	刘仕平等	导轮调节反转液力变矩器的研究
河南省科技攻关计划(项目编号:0524260028)	2005.7—2009.12	杨振中、尚宝平、司爱国、段俊法等	车用电控氢燃料发动机燃烧技术研究
河南省科技攻关计划(项目编号:0524260040)	2005.1—2007.12	郝用兴等	汽车发电机磁极精密成型技术研究
河南省科技攻关计划(项目编号:0524260028)	2005.1—2007.12	姚林晓、刘仕平等	柔性多体智能结构滑模控制研究
河南省科技攻关计划(项目编号:0524260038)	2005.1—2007.12	韩林山、上官林建等	2K－V型精密减速机传动系统的运动精度研究
河南省科技攻关计划(项目编号:0424440049)	2004.7—2008.12	杨振中、严大考、王丽君、司爱国、郭术义等	氢燃料发动机高效低排污燃烧技术研究
河南省自然科学基金(项目编号:0424440049)	2004.1—2006.12	姚林晓、韩林山等	基于辛几何学的大型柔性空间结构动力特性研究
河南省科技攻关计划(项目编号:0424260038)	2004.1—2005.12	刘仕平等	自动脱挂梁的性能研究与自动化设计
河南省自然科学基金(项目编号:0311050900)	2003.7—2007.9	杨振中、王丽君、司爱国、祁丽霞等	氢燃料车用发动机低NOx燃烧及回火控制技术研究
河南省科技攻关计划(项目编号:0224370084)	2002.1—2004.12	唐振科、韩林山等	便携式大扭矩液压扳手的研究
河南省科技攻关计划(项目编号:0124260018)	2001.1—2003.12	韩林山、严大考、唐振科等	大型牵引式抛石机的研制
河南省科技攻关计划(项目编号:0124260023)	2001.1—2003.12	严大考、韩林山、唐振科等	轻型多功能液压打桩机

表3　学院获得代表性科研、教研奖励一览表

年份	获奖人员及排名	颁奖单位/奖励名称	项目名称
2010	严大考(与企业合作完成,3/15)、武兰英、王利英、韩林山、上官林建等	河南省人民政府/河南省科技进步一等奖	重型成套桥梁施工装备关键技术、产品开发及工程应用
2010	王丽君、杨振中等	河南省人民政府/河南省科技进步三等奖	氢发动机异常燃烧信号分析及先进控制技术研究
2010	严大考、武兰英、上官林建、韩林山、王利英等	河南省教育厅/河南省教育系统科技成果一等奖	虚拟技术在DF900架桥机和DPG500铺轨机上的应用研究
2010	王丽君、司爱国、刘海朝、杨振中等	河南省人事厅、科技厅、省科学技术学会/河南省第七届自然科学优秀论文一等奖	氢燃料发动机点火正时优化控制
2010	杨振中、王丽君等	河南省人事厅、科技厅、省科学技术学会/河南省第七届自然科学优秀论文二等奖	Research on the optimizing control technology based on fuzzy - neural network for hydrogen - fueled engines, International Journal of Hydrogen Energy
2010	杨振中、王丽君等	河南省人事厅、科技厅、省科学技术学会/河南省第七届自然科学优秀论文二等奖	基于遗传算法的氢发动机优化控制研究
2010	杨振中、孙永生	河南省人事厅、科技厅、省科学技术学会/河南省第七届自然科学优秀论文二等奖	最佳过量空气系数优化控制氢发动机性能的建模实现
2010	张瑞珠	河南省人事厅、科技厅、省科学技术学会/河南省第七届自然科学优秀论文二等奖	Combustion Synthesis of Radioactive Waste Immobilization
2010	张瑞珠	河南省人事厅、科技厅、省科学技术学会/河南省第七届自然科学优秀论文二等奖	Synthesis of $SrTiO_3$ for immobiliza - tion of simulated HLW by SHS
2010	韩林山	河南省人事厅、科技厅、省科学技术学会/河南省第七届自然科学优秀论文二等奖	2K - V型传动装置动态传动精度理论研究
2010	吴林峰	河南省人事厅、科技厅、省科学技术学会/河南省第七届自然科学优秀论文二等奖	割台支架数值模拟优化与分析

续表3

年份	获奖人员及排名	颁奖单位/奖励名称	项目名称
2010	姚林晓	河南省人事厅、科技厅、省科学技术学会/河南省第七届自然科学优秀论文二等奖	隔震结构的地震响应时程分析
2010	杨振中、王丽君、司爱国、郭术义、师素娟、段俊法、孙永生、谭群燕、吴林峰、韩素兰、郭飞	河南省教育厅/省级高等学校教学团队	机械类专业基础课程教学团队
2010	刘仕平、姚林晓、韩清水、郑淑娟、贾建涛	河南省教育厅/省级精品课程	“液压与气压传动”课程
2010	杨振中、张瑞珠、韩林山、段俊法、孙国元、韩清水、严大考、刘仕平、郝用兴、王丽君、司爱国、焦劲光、郭术义等	河南省教育厅/省高等学校实验教学示范中心	工程机械与车辆实验教学中心
2009	杨振中、严大考、王丽君、谭群燕、祁丽霞	河南省教育厅/河南省教育教学成果一等奖	机械大类专业设置及人才培养模式改革与综合发展研究
2009	严大考(3/7)	河南省人民政府/河南省科技进步三等奖	南水北调工程河南段水资源优化利用与管理(研究及)决策软件研究
2009	杨振中、严大考、王丽君、司爱国等	河南省教育厅/河南省教育系统科技成果一等奖	氢燃料发动机高效低排污燃烧技术研究
2007	严大考(合作完成,6/10)	中国机械工业协会/中国机械工业科学技术奖一等奖	重型起吊与搬运机械关键技术研究及装备开发和典型工程应用
2007	韩林山(合作完成,10/15)	中国水利学会/大禹水利科技进步一等奖	HL420－2S6000L超大型预冷强制式混凝土搅拌楼研制
2007	张瑞珠(合作完成,14/15)	中华人民共和国教育部/教育部科学技术进步二等奖	自蔓延高温合成新技术及应用
2007	杨振中、刘仕平、韩林山、郝用兴、师素娟、王丽君、谭群燕、祁丽霞、郭术义、靳长权、上官林建、韩清水、司爱国、运红丽等	河南省教育厅/省级名牌专业建设点	机械设计制造及其自动化专业
2007	严大考、师素娟、刘仕平、武兰英等	河南省教育厅/省级精品课程	“机械设计”课程

续表3

年份	获奖人员及排名	颁奖单位/奖励名称	项目名称
2006	严大考(5/10)	河南省人民政府/河南省科技进步二等奖	集雨、多水源优化配置与节灌综合技术研究及示范
2006	严大考(合作完成,4/10)	河南省人民政府/河南省科技进步二等奖	DCY900 型轮胎式动力平板运输车
2006	杨振中等	河南省人事厅、科技厅、省科学技术学会/河南省第九届自然科学优秀论文二等奖	氢燃料发动机建模及控制方式研究
200	杨振中、王丽君、郝用兴、上官林建、祁丽霞、孟先新、宋小娜、运红丽、郜金华等	河南省教育厅/省级精品课程	“机械控制理论”课程
2005	严大考(1/10)	河南省人民政府/河南省科技进步二等奖	彭楼灌区水资源合理配置与可持续利用研究
2003	周林森、韩林山、唐振科等	河南省人民政府/河南省科技进步二等奖	DZF－120 型便携式防汛抢险打桩机新产品开发研制
2002	杨振中、唐振科、张彦平等	河南省人民政府/河南省科技进步三等奖	氢燃料发动机应用技术研究
2002	郝用兴、袁维宝、张存禄、王洪海等	河南省人民政府/河南省科技进步三等奖	TDK－A 型提升电控系统微机化改造研究
2001	杨振中等	河南省人事厅、科技厅、省科学技术学会/河南省第七届自然科学优秀论文二等奖	红外光谱技术诊断火焰温度和组分浓度的研究
2001	杨振中等	河南省人事厅、科技厅、省科学技术学会/河南省第七届自然科学优秀论文二等奖	小型振动冲击式打桩机动力学性能研究

五、招生就业与学生管理工作

2001 年前,学院只有“机械设计及其自动化”(以下简称“机自”)一个专业,当年,新增“材料成型及控制工程”(以下简称“材控”)专业,共招生 394 人。2002—2004 年,招生规模在 300～400 人。2005 年,在原来 2 个专业基础上,又增加“测控技术与仪器”(以下简称“测控”)专业和“交通运输”(以下简称“交运”)专业,当年全系共招生 355 人。2006—2009 年,招生规模在 400～500 人。2010 年,招生规模进一步扩大,由原来 15 个班扩招到 19 个班,共招生 554 人。

学院毕业生就业形势一直很好，就业率在学校名列前茅。他们遍布祖国各地，受到社会普遍欢迎，特别是在国家的水利电力工程建设行业口碑较好。多数已成为部门行政、技术负责人和业务骨干。在水电行业与机械行业中发挥着重要作用。即使近年就业形势日趋严峻，就业率仍然保持很好状态。2006 年，"机自"就业率达 94.49%，"材控"就业率达 88.89%。2007 年，"机自"就业率达 95.52%，"材控"达 98.15%。2007 年，学校首次对各学院就业工作进行考核，学院就业考核结果名列全校第一。2008 年，"机自"就业率达 92.14%，"材控"就业率达 89.72%。2009 年，"机自"就业率达 100%，"材控"就业率达 100%，"测控"就业率达 100%，"交运"就业率达 100%，学院考核结果又一次名列全校第一。2010 年，"机自"就业率达 99.6%，"材控"就业率达 100%，"测控"就业率达 100%，"交运"就业率达 100%，学院考核结果继 2007 年和 2009 年第三次名列全校第一。

学院学生管理工作始终坚持"以学习为中心，以活动为载体，以管理为手段，以成才为目标"的工作原则，紧紧围绕学校和学院的中心工作，积极开展丰富多彩的活动，强化学生管理，全面推进素质教育，努力抓好学生的学风建设和思想政治教育工作，注重学生创新意识和个性素质的培养。

2000 年以前，学生管理工作主要依靠教师兼职完成。为了加强学院学生管理队伍，学校于2000 年 9 月配备了专职党总支副书记加强学生管理工作。同时，配备了专职辅导员。学生管理人员逐年增加。到 2011 年，学院有专职学生管理人员 8 人。

院（系）历任领导见表 4，教研室、实验室、实习工厂见表 5。

表 4　机械学院（系）历任领导一览表

姓名	担任职务	任职年限	备注
唐振科	系主任	1999.6—2002.6	1989.7—1992.1 任系副主任，1996.6—1999.6 任系党总支书记
韩瑞光	党总支书记	1999.6—2006.4	
张彦平	副系主任	1993.6—2002.6	
刘仕平	系副主任 党总支书记	2002.6—2006.4 2006.4—2009.5	1993.6—1996.6 任系副主任
董贵恒	党总支副书记	2000.6—2006.4	
韩林山	系副主任（副院长） 党总支书记	2001.9—2009.5 2009.5 至今	
杨振中	系主任（院长）	2002.6 至今	2006.5 起任院长
郝用兴	副院长	2006.5 至今	
李权才	党总支副书记	2008.6 至今	
张瑞珠	副院长	2008.9 至今	
王丽君	副院长	2010.4 至今	

表5　机械学院教研室、实验室、实习工厂一览表

教研室名称	成立时间	现任主任
机械设计教研室	1965 年	师素娟
机械制图教研室	1965 年	韩素兰
内燃机教研室	1965 年	司爱国
工程机械教研室	1965 年	靳长泉
机械制造教研室	1979 年	吴林峰
材料成型及控制工程教研室	2001 年	张瑞珠(兼)
测控技术与仪器教研室	2005 年	王丽君(兼)
交通运输教研室	2005 年	孙志强
机械基础实验室	2009 年	段俊法
机械工程及自动化实验室	2002 年	韩清水
材料成型及控制工程实验室	2009 年	孙国元
实习工厂	2000 年	郭术义

(杨振中、韩林山执笔)

环境与市政工程学院

一、概况

环境与市政工程学院的前身是环境工程系,始建于1993年,2006年更名为环境与市政工程学院。学院下设给水排水工程教研室、建筑环境与设备工程教研室、环境工程教研室、消防工程教研室、化学教研室、环境工程实验中心、分团委和办公室。

学院现有教职工79人,其中高级职称人员26人,博士(含在读)28人。学院现有给水排水工程专业、建筑环境与设备工程专业、环境工程专业、消防工程专业和应用化学专业。在校本科生约2 000名,硕士研究生50余名。

学院坚持"学生第一,教师为本,狠抓质量,办出特色"的理念,高度重视和充分发挥人的主体性作用,努力营造饱含人文关怀的氛围,最广泛、最充分地调动一切积极因素,最大限度地发挥人的聪明才智。学院教职工爱岗敬业,积极进取,展现出良好的精神风貌,2010年获得学校运动会第二名,2011年获得学校运动会第一名。全院上下一条心,不断地提高办学水平和办学层次,实现学院全面、协调、可持续发展。

二、加强专业建设,实现规模发展

学院全面贯彻党的教育方针,坚持发展是硬道理,正确处理规模、结构、质量、效益的关系,专业建设有了很大的发展。在2000年之前,学院仅有给水排水工程、建筑环境与设备工程2个专业,在校本科生约400人。自2001年以来,学院增设了环境工程专业(2001年)、消防工程专业(2003年)和应用化学专业(2009年)。至此,学院形成了5个本科专业,在校本科生约2 000人,实现了规模发展。

学院积极引进各种专业人才,全面提高学院办学实力。自2001年以来,共计引进各类专业技术人员约50人,其中高级职称5人、博士20余人、硕士20余人,形成了一支年富力强、奋发向上、治学严谨的教学与科研队伍。2002年,全院有教职工20人,其中硕士学历13人、正高职称2人;2005年,全院有教职工30人,其中博士学历3人,正高职称3人;2008年,全院有教职工60人,其中博士学历20人(含在读)、高级职称18人(含正高3人);2011年,全院教职工达79人,其中博士学历28人(含在读)、高级职称26人(含正高5人)。

三、加强内涵建设,提高教学质量

2005年进行的教育部本科教学工作水平评估对学院的专业课程建设起到了极大的促进作用。全院师生在长达2年的准备工作中,认真修订专业培养方案,全面提高教学质量,加强专业办学条件。在这期间,每个专业分别建立了10余个市内、省内和省外教育教学实习基地,强化了实践教学环节。教育部评估专家对学院的教学质量给予了赞誉和好评。

学院高度重视提高教学质量,狠抓教学管理,设有教学督导组,实行领导班子成员听课制度,认真组织教学竞赛活动。2001—2010年,有多项教学改革项目获得学校教学成果奖,连续3届(2005—2009年)获学校青年教师讲课大赛优秀组织奖。2001 年,鲁智礼在学校青年教师讲课大赛中获得二等奖;2003 年,陆建红、何强勇在学校青年教师讲课大赛中分别获得二等奖和三等奖,学院获得优秀组织一等奖;2004 年,邵坚获得河南省优秀教师称号;2005 年,李海华、刘慧卿在学校青年教师讲课大赛中分别获得二等奖和优秀奖,学院获得优秀组织奖;2007 年,李满峰、郑志宏在学校青年教师讲课大赛中分别获得二等奖和优秀奖,学院获得优秀组织奖;2009 年,王海荣、帖靖玺在学校青年教师讲课大赛中分别获得二等奖和优秀奖,学院获得优秀组织奖,朱铁群获得河南省优秀教师称号;2010 年,刘秉涛在河南省教育系统教学技能竞赛(高校化学教学比赛)中获得一等奖,王海荣、杨光瑞获得二等奖,李国亭获得三等奖;2011 年,应一梅、杨光瑞在学校青年教师讲课大赛中获得三等奖。

四、加强实验室建设,提高实验教学质量

在 2005 年教育部本科教学工作水平评估过程中,学院的实验室建设得到了长足的发展。环境工程实验中心由 2001 年的面积不足 800 m^2、仪器设备总值不足 20 万元、服务专业 2 个,发展为面积 2 200 m^2、仪器设备总值近 1 000 万元、服务专业 5 个。经过不懈的努力,环境工程实验中心的专职技术人员已经由 2001 年的 4 人发展为现在的 11 人,其中硕士以上学历 7 人,副高以上职称 5 人;承担各专业实验课程近 20 门,总自然学时近 300 个,每年完成教学实验任务 30 000 人时数,开设实验项目近 100 个。

学院为了教学和科研的需要,不断提高实验室的规模与水平,以高水平的实验室支撑科学研究和学科建设。10 年来,实验中心增添大型精密仪器设备 20 多台套,总值 300 多万元,改善了科研条件。10 年间,经实验中心培养的硕士研究生达 100 多名,完成各类科研项目 30 多项,具有 50 多项环境参数检测的能力。实验中心以完善和健全的规章制度、对校内外科研全面开放的运行机制,充分发挥了在高层次人才培养中的作用。10 余年间实验中心主要发展工作见表 1。

表 1　学院实验中心发展历程

时间	发展历程
1995—2001 年	实验室创建时期。刘秉涛任化学实验室主任,专职实验人员 1 人,仪器设备总值约 5 万元;朱铁群任专业实验室主任,专职实验人员 1 人,仪器设备总值约 10 万元。2001 年化学实验室通过河南省高校基础课教学实验室评估
2002—2003 年	实验室稳定发展时期。仪器设备总值约 60 万元,专职实验人员 4 人,基本满足 2 个专业的实验教学;2003 年室内环境监测实验室通过水利部计量认证,朱铁群、雷庆铎、胡习英、李凯慧、王海荣、李海华等人参加了计量认证工作
2004—2006 年	实验室快速发展时期。教育部教学质量评估促进了实验室的快速发展,仪器设备总值以每年 300 万元的速度递增,2006 年达到约 1 000 万元;专职实验人员 7 人,可以满足 4 个专业的教学实验;雷庆铎任实验中心主任
2007—2011 年	实验室内涵建设时期。专职实验人员 11 人,副高以上职称 5 人,承担 5 个专业的实验教学任务,开设实验项目约 100 个。制定和完善了实验室管理制度,对校内外全面开放,充分发挥了在教学和科研中的作用;雷庆铎任实验中心主任

五、加强学科建设，打造科研实力

2006年学院设立环境工程学科，并成为学校重点学科；2009年环境工程学科提升为省级一级重点学科。学科的发展促进了师资队伍建设，环境工程学科吸纳具有博士学历的教师18名，为人才施展才华提供了用武之地。学科的建设与发展也促进了研究生教育规模扩大，2001年学院在校硕士研究生仅5名，2010年达到50余名，10年增长了10倍。

学科发展促使科研工作迈上新台阶。2008—2010年，学院承担国家级科研项目3项、省部级科研项目40项、厅级科研项目11项；获得省部级和厅级奖项43项；在国内外重要学术刊物上发表论文350篇，其中，EI收录38篇、SCI收录7篇、核心期刊260篇；完成各类科研项目资金170万元。与10年前相比，学院承担的科研项目数量、完成的项目资金数额和发表的论文数量增长了十几倍至数十倍，科研成果从落后进入到学校的前列，学院的科研实力得到了极大的提升。近10余年学院取得的主要科研成绩见表2。

表2　学院取得的主要科研成绩

时间	科研成绩
2000年	王季震、杨崇豪主持的“城市污水回用技术中气水反冲洗滤池布水均匀性研究”科研项目获得河南省教育厅科技成果一等奖
2002年	刘秉涛主持的“多功能净水剂MAP的制备与应用”科研项目获河南省科技厅科技成果三等奖
2007年	李国亭申请的“可见光响应涂层电极的制备及光电催化性能研究”国家自然科学基金青年科学基金项目获批立项
2008年	邱林主持的“滦河流域水库群联合调度及三维仿真”科研项目获得河南省教育厅科技成果一等奖，水利部水力发电科技成果三等奖
2010年	全年发表论文约180篇，其中核心期刊论文150余篇，SCI和EI收录论文30余篇

六、加强团学工作，提高学生综合素质

学院十分重视团学工作，充分认识到团学工作在加强大学生思想政治教育和提高大学生综合素质中的重要作用。10年来，从宋刚福（2001—2003年）开始，经历刘勇（2003—2006年）、谭志光（2006—2010年）和王志斌（2010—）四任分团委书记。分团委在党总支的指导下，准确把握团学活动的舆论导向，引导大学生深刻领会党的大政方针，明确社会主义建设的人才需求方向，使大学生在人生价值观和综合素质方面得到全面提高。

学院于1995年成立MMD（马列主义、毛泽东思想、邓小平理论）研究分会，充分利用MMD平台对广大学生进行马列主义、毛泽东思想、邓小平理论、“三个代表”重要思想和科学发展观的教育。从2001年至2010年，共举办思想政治培训班50余期，注册培训MMD会员3 000多人；举办团课60余次，培训团员学生6 000多人次；向党组织推荐1 800多名优秀团员，有400多名发展为中共党员。举办主题团日活动，如建党、建国、学雷锋、“一二·九”运动、“五四”运动、辛亥革命等纪念日开展活动100余次。

学院组织学生参加了2009年、2010

年全国大学生节能减排社会实践和科技竞赛,2010年荣获校“节能减排”大赛冠军;参加了学校5次挑战杯竞赛、5次萌芽杯比赛,有100多名学生递交了参赛作品;2011年王志斌指导的科技作品获得河南省挑战杯三等奖和第二届全国水利创新大赛特等奖;学院参加了10次“碧天杯”辩论赛,取得冠军3次,亚军2次;组织参加了10次“青春季风”演讲比赛,取得冠军1次,亚军2次;在每年学校的五四青年节合唱大赛中,学院获得亚军2次。

2001年以来,学院先后组织志愿者800余人次参加了如上海世博会、郑州绿博会、郑开国际马拉松大赛等各项大型活动及赛事;以及如迎新志愿者服务、敬老院慰问、贫困地区支教和服务、绿色环保等日常志愿活动。通过这些志愿活动,提高了广大学生的奉献精神和综合素质。2010年,学院郑东新区消防志愿者服务大队成立,建立了河南省第一个以消防专业大学生为基础的志愿组织。2011年,学院分团委申报了共青团中央发布的2001年暑期大学生三下乡重点项目,并顺利中标。

七、加强组织建设,创建四好班子

学院一贯坚持党的领导,经常征求群众对党员、党员干部和党的工作的意见,维护群众的正当权利和利益。学院教工党员占教职工人数半数以上,在教学和科研工作中起着骨干作用。学院党总支不断加强对教工党员的学习教育,要求党员在工作岗位发挥先锋模范作用。学院党总支不断吸纳优秀中青年教师入党,在“坚持标准、保证质量、改善结构、慎重发展”方针的指导下进行,做好经常性的党员发展工作。

学院发展依靠学院教职工的努力工作,也依靠历届领导班子的领导。学院领导班子成员变动情况见表3。

表3 学院领导班子成员变动情况

时间	班子成员
2000—2001年	王季震任系主任,杨崇豪任党总支副书记兼副主任,鲁智礼任副主任;1999年赵春景调出
2002—2005年	金栋任党总支书记,王季震任系主任,邵坚任副主任,鲁智礼任副主任;2002年杨崇豪调出
2006年	金栋任党总支书记,朱灵峰任副院长(主持学院行政工作),鲁智礼任副院长,郑志宏任副书记;王季震退休,邵坚调出
2007年	金栋任党总支书记,邱林任院长,朱灵峰任副院长,郑志宏任副书记;鲁智礼调出
2008年	金栋任党总支书记,邱林任院长,朱灵峰任副院长,郑志宏任副院长,王笃波任副书记
2009—2011年	金栋任党总支书记,邱林任院长,朱灵峰任副院长,郑志宏任副院长,宋刚福任副书记;2009年王笃波调出

学院不断加强对专业教学工作的组织和领导,形成了以蒋蒙宾(给水排水工程教研室主任)、刘秉涛(化学教研室主任)、周国峰(建筑环境与设备工程教研室主任)、刘玉忠(环境工程教研室主任)、朱铁群(消防工程教研室主任)、雷庆铎(环境

工程实验中心主任）为核心的专业教学骨干。

环境与市政工程学院的领导班子努力打造思想好、业绩好、团结好、作风好的四好班子，形成一个讲原则、重感情，团结和谐、有凝聚力和战斗力的坚强领导集体，带领环境与市政工程学院教职员工紧跟学校的建设发展步伐，坚持“以质量求生存，以特色求发展”的办学理念，以求学院的发展再上一个新台阶。

（邱林、金栋执笔）

管理与经济学院

一、概况

管理与经济学院的前身——经济管理系,是学校创建最早的文科系,它的创建改变了学校单纯工科院校的面貌。

1994 年 9 月,水利部批准建立经济管理系,与社会科学部合署办公。1999 年 6 月,经济管理系与社会科学部分立,成为独立办学机构。2006 年 2 月,经济管理系更名为管理与经济学院。

历经 17 年的发展,学院已成为一个拥有教职工 80 人、在校学生 2 000 余人、7 个本科专业、1 个博士学位授权立项建设学科、2 个一级学科硕士学位授权学科、6 个二级学科硕士学位授权点、3 个工程硕士学位授权领域、1 个工商管理硕士(MBA)专业学位授权点、3 个省校级重点学科的教学科研机构。历任领导班子成员见表 1。

表 1　历任领导班子成员

姓名	任职时间	职务	备注
李创	1994.9—2002.6	系主任	
程世同	1999.6 至今	党总支书记	
王延荣	2000.6—2004.4 2004.4 至今	系副主任 系主任、院长	2002.6—2004.4 任系副主任,主持工作
孔庆钧	2001.6—2004.9	党总支副书记	
饶明奇	2002.6—2004.6	系副主任	
苏喜军	2004.9—2006.4	党总支副书记	
罗党	2004.9—2009.4	副主任、副院长	
司保江	2008.5—2010.3	党总支副书记	
何楠	2008.7 至今	副院长	
宋冬凌	2008.7—2010.4	副院长	
马歆	2009.6 至今	副院长	
范功伟	2010.5 至今	党总支副书记	

二、本科教学工作和实验室建设

1. 本科专业设置

学院创建之初,1993 年,经水利部科教司批准设立贸易经济本科专业;1994 年,与河南广播电视大学合作招收市场营销专科专业学生,并承担工业企业管理专科专业成教日校班的教学任务。1995 年,经报送水利部科教司批准,增设财务会计专科专业,1999 年,经水利部、国家教委批准,财务会计专科专业自2000年起升为会计学本科专业。

2002年,根据加入WTO后社会对市场营销人才和国际经济与贸易人才的需要,国际经济与贸易专业获得河南省教育厅批准,从2003年开始招生。

2003年,组织进行了信息管理与信息系统、工业工程2个本科专业的申报,经过学校和省专家评审,均获得批准,从2004年开始招生。

2005年,成功申报了市场营销本科专业,从2006年开始招生。2006年,积极承办了会计学和市场营销两个专升本专业以及与澳大利亚斯威本科技大学合作申办了会计电算化中外合作办学专科专业。

2008年,申报了物流管理本科专业,从2009年开始招生。

至此,学院普通本科专业达到7个,经济学门类2个,管理学门类5个,1个会计电算化中外合作办学专科专业。从总体上看,基本实现了学院专业布局由以经济学为主到以管理学为主的转变,初步完成了学院本科专业的布点工作,为学院的专业整合以及教学资源的充分利用奠定了基础。

2. 本科教学工作

建院初期就充分认识到教师以及教学质量在学生培养中的重要性,提出了"以教师为中心,以本科教学为主,努力提高教学效果"的办学指导思想。在10余年的办学实践中,始终将专业建设、教学质量作为学院发展的中心工作来抓,逐步充实师资力量,严格各个教学环节的管理,努力提高教学质量。

2002年,以国家随机性本科教学评估为契机,认真组织教师学习了《普通高等学校本科教学工作评价方案》的基本内容和指标体系,加强了教学管理工作,修订、充实教学文件,对照本科评估标准,找出薄弱环节,创造条件,予以加强。严格按照院教研室工作规范,加强教研室建设,制订了教研室工作规范,认真开展教研活动,充分发挥教研室在教学、科研工作中的作用;2005年,加强教研室管理队伍建设,学院为每个教研室设置了教研室副主任。不断完善了教研室管理工作,各项教学工作安排有序,做到了教研室活动有计划、有记录。同时将教研活动与教学评估、教师的日常教学和科研结合起来,逐步形成了相对稳定的科研方向和科研团队,活跃了教研室的教学与研究氛围,充分发挥了教研室在教学评估、日常教学管理以及科研工作中的作用。2006年,根据学校管理体制和专业发展的趋势,经学院党政领导研究决定,开始对教学任务安排方式进行调整,下发了"管理与经济学院关于调整教学任务安排方式的通知"。通知要求,学院按专业分教研室下达教学任务。经济学教研室负责经济学、国际贸易专业;会计学教研室负责会计学专业;管理学教研室负责市场营销、工业工程及信息管理与信息系统专业。同时教研室课程的安排方式由教师填报改为各教研室主任根据教师个人所填报的"管理与经济学院教师信息表"来安排教学任务。这一改革或调整,恢复和强化了教研室教学研究和专业建设的实体功能,有利于教研室主任根据专业建设的需要合理地调配教师资源,特别是在课程安排上有主动性,为逐步实现学院和教研室的二级管理进行了初步的尝试。2007年,经学院党政领导研究决定,对专业教研室进行调整,由原来的经济学教研室、会计学教研室、管理学教研室3个教研室调整为经济贸易教研室、会计学教研室、工商管理教研室和管理工程教研室4个教研室。

学院注意从严管理,强化质量意识,树立"细节决定成败"的观念,全面提高教学质量和教学管理水平,经常开展对教学各环节的督促检查,并在工作中注意引导教师加强对教学的投入,除掌握课程的基本教学内容外,更注意吸收本学科最新的研究成果,并在教学方法、教学手段、教学内容、课程体系等方面有所创新,不断提高教学质量。2005 年认真学习和贯彻教育部《关于进一步加强高等学校本科教学工作的若干意见》,全面落实学校加强本科教学工作的有关规定,从教师和教学管理人员入手,从教学和管理的每一个细节做起,注重过程控制与目标控制的结合,全面提高教学质量和教学管理水平。在学校进行的各种教学检查中,学院所做的工作均以扎实、规范、准时、有特色、保质保量受到了学校有关领导的充分肯定。

为了进一步加强教学工作,转变教育思想、观念,加强素质教育和创新教育,提高教学质量,实现办学目标,经系领导班子研究决定,召开 2004 年教学工作会议暨教学研究与教学改革研讨会。经过积极的筹备,2004 年 12 月 11 日,系教学工作会议暨教学研究与教学改革研讨会在校第三会议室召开。会上,党总支书记程世同致大会开幕词,系副主任罗党作了题为"以人为本、注重内涵、突出特色、努力提高经济管理系教学质量与教学管理水平"的教学工作报告,系主任王延荣介绍"三个规划"以及教学、教研和科研专项奖励办法。教师们以高度负责的态度对提交会议的文件进行了认真的讨论,对教学改革、学科和专业建设进行了深入的探讨,提出了许多好的建议和意见。最后,李创教授等 7 位教师各自就教学改革与教学研究论文进行了宣讲。这次教学工作会议是系里主持召开的规模比较大、层次比较高、内容比较丰富的一次专题会议,对于迎评促建工作和系今后的发展都具有十分重要的意义。会后出台"三个规划"和"教学与教研专项奖励办法"、"科研专项奖励办法",反映了系教学、教研、科研导向,并且将教师个人发展、学科发展以及系发展结合了起来。

2004 年,结合学校本科专业教学内容和课程体系改革项目,学院在了解国内相关本科专业定位和教学计划的基础上,多次组织教研室主任和教师讨论本科专业人才培养的目标和规格问题,确定学院本科各专业的定位,制定了新的本科教学计划。加强学科基础,构建经济管理专业平台和管理工程专业平台,通过设立专业方向,增强教学计划的柔性。加强了学生实践能力的培养,大量增加了课程实验、课程设计等实践性教学环节,突出高素质、应用型人才培养。

学院注重青年教师培养,注重从过程控制上严格把关。具体措施有:安排教学效果好、经验丰富特别是责任心强的教师结对子加强对新上课教师尤其是年轻教师进行指导;在教学任务安排时,尽量安排新上课教师与老教师共同上课,新老教师共同备课、相互交流;组织青年教师讲课比赛,通过比赛达到了相互交流、示范整改、共同提高的目的。2003 年,在学校组织的第七届青年教师讲课大赛中,学院推荐的周培红、梁松两名青年教师获得二等奖和三等奖,并获得优秀组织二等奖的好成绩。2005 年,学院荣获学校第八届青年教师讲课比赛优秀组织一等奖。2007 年,在学校第九届青年教师课堂讲课大赛中,张华平、梁松老师获得了一等奖和二等奖的好成绩,学院荣获学校第九届青年教师讲课比赛优秀组织二等奖。2009 年,在学校第十届青年教师课堂讲课大赛中,张华平再获一等奖的好成绩,学院荣获学校第十届青年教师讲课比赛优秀组织一等奖,这也是学院连续三届在学校青年教师讲课比赛中获得优秀组织最高奖励。2011 年,在学校第十一届青年教师课堂讲课大赛中,徐澈获三等奖、李娟娟获得优秀奖,学院荣获学校第十一届青年教师讲课比赛优秀组织奖。

为了加强学生导师的管理工作,结合学生特点,2002 年,经济管理系制订了"导师工作规范",要求每个导师每年指导学生完成一篇论文。导师除指导学生选课以外,还要指导学生报考执业资格证书,指导学生报考研究生,指导学生选择研究或发展方向,切实做好学生导师工作。2007 年,为了进一步规范落实学生导师管理制度,除要求导师结合专业对学科发展的现状以及未来趋势、就业形势等进行介绍外,每位导师发放一个工作笔记本,要求对所带班级的学生学习情况、与学生的接触情况,特别是会议情况进行记录,作为对导师进行学年考核的主要依据。实施以来,绝大多数导师工作尽心尽责,深入学生班级解决学生在选课、专业指导等方面的问题,收到了较好的效果。

3. 实验室建设

在加强理论教学的同时,学院也十分重视学生实践性环节的教学工作,除联系外出实习外,积极筹建实验室。1999 年 6 月,在花园校区建成财会模拟实验室。2000 年 11 月,学校批准建立投资实验室,总投资 23 万元,主要用于证券、期货、外汇投资模拟实验。经过建设,到 2005 年学院实验中心由财会模拟实验室和投资决策实验室两个分室组成,开设有会计手工模拟实验、会计电算化模拟实验、证券投资模拟实验和计量经济学模拟实验等实验课程,共开设综合性实验 4 个,实验项目 13 个。总面积为 152 m^2,拥有仪器设备 245 台(套),设备总价 292 381 元,以计算机等设备为主要资产,配备有多套相应的模拟操作软件,成为进行专业教学的重要实践性环节和开展教学科研的基地。

2009 年,管理科学与工程学科经国务院学位委员会批准成为河南省博士学位授权立项建设学科,学院实验室建设迎来了快速发展的良好机遇。根据管理科学与工程博士授权学科建设规划安排,拟投资 700 万元建立复杂系统与决策科学重点实验室,2010 年,该实验室列入学校第一层次重点实验室进行重点建设。首批用于实验室基础条件建设的资金 170 万元已经到位,基础条件建设和设备招标已经完成,正在安装调试。后期建设的工业工程与物流综合实验系统、集群服务器、科研软件以及实验室家具等论证已经完成。实验室建成后,将进一步改善教师、研究生的科研条件,为博士授权学科建设提供重要的基础条件。

三、师资队伍建设

建系初期,由于与社会科学部合署办公,教师的主体仍为思想政治理论课教师,经济学和管理学专业师资较少,专业课师资紧张成为教学工作的一个突出矛盾,经常出现一个教师在一个学期内同时承担 3 ~ 4门课程教学任务的情况。到 2004 年底(参加教育部本科教学评估之前),系在编教师达到 37 人,其中,教授 1 人,副教授 10 人,讲师 11 人,具有硕士学位以上的教师 18 人。教研室建设不断得到加强,教研室已能独立承担起课程建设、学科建设和教学管理工作。

2005 年之后,随着学院本科专业、招生数量的逐步增多以及学科建设任务的增大,学校陆续出台了一些引进人才的优惠政策,学院引进人才的规模和层次进一步提升,一批博士、教授等高层次人才陆续加盟学院,成为学院教学科研的重要力量。到 2011 年 5 月,学院在编教师已达到 80 人,其中,教授 6 人,副教授 26 人,具有博士学位以上的教师30人。教师的学历结构、职称结构、年龄结构、学缘结构日趋合理,已经基本满足学院教学、科研和学科建设的需要,为学院内涵提升和可持续发展奠定了基础。

四、科研与学科建设工作

1. 科研工作

在建系之初,由于专业教师队伍规模小、教学及管理任务重,科研和学科建设工作艰难起步。据不完全统计,到2001年,系教师主持和参与完成的科研项目9项,出版教材、著作6部,发表科研论文25余篇。其中2项为省级科研项目,研究成果均达到国内领先或先进水平。随着教师队伍的壮大和科研实力的提升,科研成果的数量和层次有了不同程度的提高。2003年,发表科研论文18篇,参编教材2部;2004年,共发表论文76篇,人均近2篇,其中核心期刊为20篇,EI收录2篇。出版学术专著1部,教材4部。完成和获准新立科研项目36项,其中新立国家社科基金1项,省级项目7项,获各类科研经费13.1万元,获河北省科技进步三等奖、河南省实用社会科学三等奖等各类科技奖励17项。2004年11月学院召开的教学与科研工作会议重点研究讨论科研与学科建设问题,讨论通过并出台了《2004—2007年发展规划》、《2004—2007年学科、专业建设规划》、《教学与科研专项奖励办法》等文件,凝练出了学院未来发展的5个主要研究领域和方向:技术经济理论与政策、系统优化与管理决策方法、资源利用与经济发展、企业制度创新与创业经济、农业经济理论及政策以及企业财务管理理论与方法。在教学与教研专项奖励办法中规定了高层次科研项目立项奖、优秀学术论文奖、学术著作奖、获各级政府奖励的配套奖以及科研项目申报鼓励奖等5个奖项。这次会议在一定程度上激发了教师申报教研、科研项目的积极性,有效地促进了学院教研、科研工作的开展。

2005年之后,全院教师共同努力,科研状况呈现快速发展的态势。2005年,共发表学术论文104篇,人均2.2篇,其中在国家一级学报或核心期刊发表论文达到41篇,EI收录1篇,到2010年,被SSCI/EI/ISTP收录论文达到20篇以上;2005年,出版学术专著1部,主编和参编教材12部,到2010年,主编、参编教材、著作达到14部;2005年,完成或鉴定科研项目15项,获准新立科研项目28项,获各类科研经费36万元,到2010年,省级鉴定7项,新立项13项,其中省级及以上9项,横向4项,科研合同金额突破100万元。科研奖励的层次也逐步提升,2008年学院荣获奖项11个,其中省部级奖项8项,厅级奖项3项。2010年,学院教师主持获得省社会科学优秀成果二等奖1项、参与获得省发展研究一等奖和二等奖各1项。

2010年,为进一步促进教师之间的学术交流,统一对学院科研和学科建设的认识,完善学院科学研究和教学研究的有关文件,2010年暑期,学院在河南洛阳白云山召开科研与学科建设会议。会议讨论修订了《管理与经济学院科研奖励办法》、《管理与经济学院教学奖励办法》、制定了《管理与经济学院青年教师培育基金资助办法》等。会议开的很成功,取得了超出预期的效果。会后,学院出资设立管理与经济学院青年教师培育基金,首批资助青年骨干教师和青年教师共12人。组织完成国家自然基金和社科基金的申报工作,共28项。

2. 科研机构

为促进科研工作,学院重视构建科研平台,鼓励具有副教授职称以上的教师在形成相对稳定科研方向的基础上依托学院成立科研机构。2002 年,成立了经济研究所,系主任王延荣担任首任所长,现依托经济贸易教研室开展工作。2006 年,创办了创业研究与教育中心,这是我省第一个以创业研究与教育为主的教育研究机构。2007 年,成立了系统工程与管理决策研究中心,中心主任由杨雪教授担任。2010 年,成立了资源系统优化与决策研究中心,马歆副教授担任主任。

3. 学科及研究生教育

在建院初期,由于受师资、科研等方面条件的限制,在学科以及硕士学位授权点建设一直没有实现突破,李创教授等教师主要在水利水电工程学科招收硕士研究生。2003 年,经过不懈努力,学院与水利学院合作申报管理科学与工程硕士点获得成功,实现了学院硕士学位授权学科点零的突破,使学院学科建设和培养人才的层次上了一个新的台阶。同时,技术经济与管理学科成为校级重点学科,学科带头人为李创教授,建设期为两年。

2005 年,人口、资源与环境经济学、技术经济及管理 2 个学科顺利通过了专家评审,新增 2 个二级学科硕士学位授权点,管理科学与工程学科获得一级学科硕士学位授权资格。其中,经济学硕士学位授予权的获得,实现我校经济学硕士学位授权点零的突破。这样,学院在管理科学类、工商管理类、经济学类均具有了硕士学位授权点,为学院本科专业的发展提供了学科支撑,也为进一步引进高层次人才提供了一定的学科平台。

2007 年,技术经济与管理学科校级重点学科验收合格,2008 年,技术经济及管理学科成为省级重点学科,实现学院学科建设的新的突破。同年,组织申报工商管理硕士(MBA)专业学位授权点未能成功。2009 年,与水利学院合作成功申报项目管理工程硕士授权领域,积极准备申报系统工程、企业管理、农业经济管理、产业经济学 4 个二级学科硕士点材料以及工业工程、物流工程 2 个工程领域硕士点的材料。2010 年,国家学位委员会调整学位点申报政策,由原来申报二级学科点调整为直接申报一级学科,学院申报工商管理一级学科硕士学位授权点获得成功,在原来拥有技术经济及管理 1 个二级学科点的基础上,增列会计学、企业管理以及旅游管理 3 个二级学科授权点。同时,成功申报工业工程、物流工程等 2 个工程硕士授权领域以及工商管理硕士(MBA)学位授权点,为学校新增 1 个专业学位门类。同年,重点学科建设稳步推进,技术经济及管理和人口、资源与环境经济学等 2 个校级一、二层次的重点学科顺利通过学校学科验收,并取得优异的成绩。2011 年根据学校安排,对重点学科和学科带头人进行调整和遴选,形成管理科学与工程(与水利学院合作建设)、技术经济及管理和人口、资源与环境经济学等 3 个校级一、二层次重点学科。

2008 年,根据学校学科建设需要,王延荣教授主持编制了管理科学与工程一级博士学位授权点建设规划,2009 年 1 月通过河南省人民政府组织的专家审查,被国务院学位委员会确定为河南省博士学位授权立项建设学科,成为我校博士授权立项建设单位的 3 个一级授权立项建设学科之一。管理科学与工程一级学科获得博士学位授权立项建设,对于学院来说,是一次千载难逢的发展机遇,同时作为学科建设的依托学院,也面临着严峻的挑战,承受着巨大的压力。由于广大教职工对学院近年来的发展以及未来发展前景比较认同,工作积极性空前高涨,能够愉快地接受学院和学科的工作安排,工作十分投入,不讲分内分外,任劳任怨,表现出较强的主人翁责任感、踏实的工作态度和敬业精神,积极为博士授权学科建设建言献策,广揽人才,积极申报科研项目和重大科研奖励,对于学院科研以及学科建设工作的顺利开展发挥了重要的作用。目前,学科正在准备接受中期检查工作。

4. 对外学术交流

建院初期,学院鼓励教师开展科研活动,活跃学术气氛,举办院内学术交流会。近年来,学院派代表参加全国技术经济学术研讨会、河南省市场营销协会组织的学术会议、创新与管理国际学术会议、价值工程与技术创新国际学术会议等一系列国内外会议,邀请全国著名经济学家卫兴华教授、党耀国教授、刘思峰教授等以及企业界管理专家来院做学术报告。同时,学院先后成为省级学术期刊《河南社会科学》以及国家级学术期刊《中国流通经济》的理事单位。为促进经济管理学科发展,推进双语教学,服务广大师生,学院于 2003 年 3 月创办了学校第一份内部交流的英文刊物《Business Digest》,文章全部选自《远东经济评论》、《商业周刊》、《经济学家》等国外知名期刊,为学院师生了解国外经济热点和研究动向创造了良好的条件。

为进一步开展对外学术交流,学院协办全国经济与管理学院协作年会以及河南省经济管理院系院长高峰会议,协办了第十五届工业工程与工程管理国际学术会议(IE&EM'2008),协办了首届可持续建设和风险管理国际学术会议、管理科学与人工智能国际学术会议。2010 年,我校成为中国管理科学与工程学会常务理事单位,使我校成为河南省唯一的中国管理科学与工程学会常务理事单位,这是我校管理科学与工程学科和管理与经济学院学术地位不断提升并得到学界认可的一个重要标志。

五、学生思想政治教育和管理工作

1. 学生思想政治教育及管理工作与创新

1999 年,分立后的经济管理系伴随招生规模的扩大,学生思想政治教育及管理进入了一个新的发展阶段。学院学生思想政治工作以全新的思想理论——科学发展观为指导,以思想政治教育为龙头,以学风建设为中心,以理念创新、制度创新、方法创新为工作动力,以学生就业为目标,解放思想,实事求是,与时俱进,开拓创新,积极开展各项工作,学生工作成绩突出,学风积极向上,学生理论水平、实践能力明显提高,创新意识、创业精神明显增强,展示了管理与经济学院学生思想政治及管理工作的新局面。

学生管理工作的运行模式创新。2005 年秋季新生在龙子湖新校区就读开始,两校区办学的局面形成,为适应这一新情况,全院学生工作实行分级管理,学生工作领导小组统一领导,下设学生工作办公室,负责全院学生工作日常事务,下设花园校区、龙子湖校区和电大学习中心 3 个。办公室成员在横向上要负责一个年级,在纵向上也要负责全院学生工作的某几个方面。经过初步探索,形成了"院党政领导班子—院学生工作领导小组—院学生工作办公室—学生'三自'常委会—学生党支部、团委、学生会、社团管理中心四个学生组织体系—各班级—全院学生"的管理体系。

学生管理工作的理念创新。以科学发展观为指导,大力转变传统的管理理念,树立以学生为本、管理与服务相结合的新理念,积极构建大学生科学发展教育平台。在学生日常管理中,学院党政领导班子深入贯彻管理与服务相结合的理念,把提高学生综合素质、增强学生理论水平、实践能力、创新精神和就业实力作为各项工作的出发点。在理论学习方面,除引导大学生学好课堂内专业知识外,积极鼓励大学生参加 MMD、党课、团课培训班,用科学的理论武装大学生的头脑,使大学生树立科学的人生观、正确的世界观和先进的方法论。在实践能力和创新精神方面,着力打造学生干部队伍、校园文化活动、科技创新以及社会实践 4 个实践平台。通过理论素质和实践能力的综合提高,形成有效的创新精神和就业实力。

学生管理工作的方式方法创新。既要放手让学生自我管理,又要在方式方法上加强指导。首先是加强学生干部队伍的建设,指导学生干部学习、运用民主集中制,重大事项集体决策,增强学生的民主意识和分析、解决问题的能力。为此,制定并实施了学生干部培养考核管理条例,注重对不同特长学生干部有针对性地培养,全院学生各显其长、相得益彰。

2. 各项学生活动取得优异成绩

2003 年,在校黄河杯足球赛中学院足球队获得亚军,在校成长之路辩论赛中获得亚军,在校篮球联赛中获得冠军,在校乒乓球比赛中获得亚军。

2004 年,获得河南省社会实践先进个人称号 6 人、1 个班级被评为河南省优秀班集体,2 个班级被评为学院优秀班集体,3 个团支部被评为学院先进团支部。尤其在 2004 年全国大学生英语竞赛中共取得了 11 个奖项,在学校组织的"CCTV"英语演讲选拔赛中也分别获得了二等奖和三等奖。2005 届学生参加全国大学生英语竞赛获得一等奖 2 名,二、三等奖 54 名,位居全校第一;学生参加校春季运动会,获第四名并获得体育道德风尚奖;参加全校学生男子篮球赛,勇夺冠军;有 3 个班获校优良学风班称号。

2006—2009 年,先后组织举办了两届院大学生科技文化艺术节,开展了校园歌手大赛、辩论赛、点钞比赛等 20 多项大学生喜闻乐见的活动,极大地丰富了学生校园文化生活。

在科技创新方面,在全院范围内组织开展了两届"开拓杯"大学生科技创新竞赛,选拔优秀作品参加河南省"挑战杯"竞赛,实现了学校在此项竞赛中金奖零的突破;学院教师获第六届"挑战杯"河南省大学生创业计划竞赛"优秀指导教师奖";参加第七届"挑战杯"河南省大学生课外学术作品竞赛,学校有 13 件获奖,其中学院占 7 件;在 2010 年第八届河南省"挑战杯"创业大赛中,学院选拔 7 件作品参赛,3 人获得金奖,5 人获得银奖,7 人获得铜奖,3 人获得优秀奖。

社会实践方面,在 2010 年首届全国商科院校流通领域现代物流技能大赛中,学院选拔三支团队代表学校参加决赛,4 人获得二等奖,8 人获得三等奖,27 人获得优秀奖,学校也被评为优秀组织单位;学院分团委与团省委学校部和宣传部、省团校、河南省红十字会、河南电视台公共频道和法制频道、河南省水利科学研究院、郑州世纪创联 59 互联公司等单位联合开展社会实践活动,连续三年获得全校第一。

3. 优秀学生不断涌现

支援西部建设,扎根贵州黔东南发展的学生王桂,捐献造血干细胞的 2003 级 73 班学生周济、2004 级 78 班学生程俊亚,品学兼优、全面发展的优秀学生干部王帅、蔡妮、车树国、闫丽娟等,一大批优秀学生已经成为全院学生学习的榜样。院分团委连续五年年终考评第一名,并连续五年被授予郑州市优秀基层团组织荣誉称号。

(王延荣、程世同执笔)

数学与信息科学学院

一、概况

数学与信息科学学院的前身为1973年建立的基础部。

1999年6月,基础部扩建为信息工程系。2001年成立信息与计算科学教研室。

2004年2月,学校成立第一个理科系——数学与信息科学系,下设公共数学教研室、信息与计算科学教研室、物理教研室、物理实验室、制图教研室;不仅承担专业课教学任务,大部分师资承担数学、物理、制图等全校公共基础课教学任务。同年9月成立应用数学教研室。

2005年成立统计学教研室。同年6月,第一届信息与计算科学专业学生毕业。同年12月,制图教研室从系分离,人员分流到机械、建筑、土木等相关系。

2006年3月,撤系建院,更名为数学与信息科学学院。

二、学科专业

2004年,从信息工程系分离出来后,学院坚持以"教学工作为主题,专业建设为龙头,科研工作为先导,培养人才为中心,全面发展"的工作思路,主动适应人才市场的需求,积极创建新学科,发展新专业,提高办学层次和办学质量。

2004年,应用数学学科被列入校级重点学科;2008年,应用数学学科获批省级重点学科;2010年,基础数学学科被列入校级重点学科;2004年,应用数学二级学科硕士点开始招生。2004年招收4人,2005年招收10人,2006年招收12人,2007年招收5人,2008年招收7人,2009年招收6人,2010年招收8人,已毕业38人;2010年数学一级学科硕士点申报成功,下设的二级硕士学科2011年开始招生。经过多年建设,学院的学科形成了代数与数论、微分方程、概率论与数理统计、预测和决策理论、运筹与控制、计算数学、孤立子与可积系统、纳米材料的制备及物性研究、激光聚变研究、水文水资源数据分析等独具特色、稳定厚重的研究方向。

学院在认真总结以往办学经验和深入调查研究的基础上,审时度势,抢抓机遇,克服各种困难,于2001、2004、2005年连续上马了"信息与计算科学"、"数学与应用数学"和"统计学"3个本科专业。在三个专业的培育和发展上,学院重视规模、质量、效益的协调发展,根据市场需求及时调整招生计划,加大课程体系和教学内容的改革力度,注重数学教学中的"应用"内容和实践环节的注入,大力培育理、工、经济、金融等学科交叉的通识教育模式,逐渐形成了专业教育"厚基础、宽口径、强能力、高素质、重应用、符市场"的发展思路。经过几年建设,3个专业均形成了完备的师资力量,成熟的培养计划,毕业生流向好、就业质量较高、分布也比较合理。检验数学专业学习培养效果的平台,莫过于全国大学生数学建模竞赛。学院自建系组队参加此竞赛以来,成绩和获奖水平逐年提升。2004年度,5支队伍参加比赛全部获奖,其中省级一等奖3项,省级二等奖2项;2005年度9支队伍参加比赛全部获奖,其中国家级二等奖1项,省级一等奖3项,省级二等奖3项,省级三等奖2项;2006年度,11个代表队全部获奖,其中1个队获国家级二等奖,3个队获省级一等奖,4个队获省级二等奖,3个队获省级三等奖。2007年度,12个队参加比赛全部获奖,其中国家级二等奖1项,省级一等奖3项,省级二等奖5项,省级三等奖3项。2008年度,13个队参加比赛全部获奖,其中省级一等奖4项,省级二等奖7项,省级三等奖2项。2009年度,16个队参加全国大学生数学建模比赛全部获奖,其中全国二等奖1项,省级一等奖1项,省级二等奖8项,省级三等奖6项。2010年度,参加全国数学建模竞赛的21支队伍全部获奖,其中全国二等奖2项,省级一等奖2项,省级二等奖8项,省级三等奖9项。上述成绩的取得,从另一个侧面反映了学院的专业发展质量和达到的层次与水平。

三、科学研究

2001年以来,特别是2004年成立数学与信息科学系以来,学院科研工作立足实际,服务行业,取得了比较显著的成绩,较充分地调动了全院教职员工从事科研的积极性和主动性,营造出了和谐并具有激励机制的良好学术氛围,造就了一批有影响的科研带头人,初步建立起了教学与科研并重的教育体系,在一定程度上提升了学院科研开发、为地方经济和行业服务的能力。

2004年,从信息工程系分离后,学院科研团队成立,当年科研立项8项,金额61万元,其中省级项目4项,学校4项;发表论文26篇,其中SCI、EI期刊4篇,核心期刊9篇。科研项目和论文获奖7项。为学院今后科研工作的发展奠定了良好的基础。

2005年,成立了"数据分析"研究所,组织了统计学、金融精算等研讨班,带动了一大批中青年教师的科研工作,取得了明显成效。当年,科研立项12项,科研经费20万元,其中有省级项目8项,学校4项。出版专著3部,发表论文45篇,其中SCI、EI期刊5篇,核心期刊14篇。科研项目和论文获奖10项。

2006—2007年,先后出台了《数学与信息科学学院青年教师科研奖励办法》和《数学与信息科学学院科研管理与科研奖励暂行规定》两个文件,学院的科研工作更加规范化、制度化,进一步激发了中青年教师的科研工作的热情,取得了显著的效果。2006年,省级项目批准5项,项目经费比往年大幅增加;出版教材专著3部;发表论文45篇,其中核心期刊14篇,SCI收录2篇;科研成果鉴定1项,科研项目和论文获奖4项。2007年,科研立项9项,科研经费39万元,其中有省级项目6项,郑州市项目1项,学校2项;出版专著6部,讲义4部;发表论文80篇,其中SCI、EI期刊5篇,核心期刊20篇;科研项目获河南省科技成果二等奖1项,三等奖1项。

2008—2009年,在学校加快教学研究型大学的办学方针引领下,学院也不断强化科研工作地位和作用,以教授博士为带头人的不同方向的研讨班发挥了重要作用,带动了一大批中青年教师的科研工作,科研水平取得了长足进步。2008年,科研立项10项,科研经费8.5万元,其中有省级项目5项,与中国农业大学合作项目1项,校级项目2项。本年度主编和参编教材各1部;发表论文84篇,其中SCI、EI期刊15篇,核心期刊26篇;科研项目获省科技成果二等奖2项,社科联一等奖2项,省级科技论文奖4项。2009年,发表学术论文55篇,其中被SCI、EI、ISTP三大检索收录14篇,核心期刊9篇;本年度共完成科研立项 13 项,含校级 3 项、市厅级 3 项、省部级 4 项、国家自然科学基金 2 项,横向项目 1 项,项目经费总额 22.7 万元;本年度获得郑州市自然科学优秀论文奖 3 项;出版著作和教材共 2 部。

2010 年,随着学校博士授权单位建设的不断深入和学院高层次人才引进力度的不断增大,学院科研成果质量和数量均取得了重大突破。当年,共发表学术论文 133 篇,其中被 SCI、EI、ISTP 三大检索收录 50 篇,核心期刊 18 篇;科研项目立项 12 项,其中国家级 2 项、省部级 2 项、市厅级 7 项、校级 1 项,项目经费总额 58.8 万元;科研成果鉴定 6 项;获奖 23 项,其中省部级 15 项,市厅级 8 项;出版著作和教材 2 部。近五年承担的重要科研项目见表 1。

表 1 近五年承担的重要科研项目一览表

序号	项目名称	主持人	来源	科研经费（万元）	起止时间
1	素数论与丢番图逼近若干问题	王天泽	国家自然科学基金	30	2011.1—2013.12
2	素数论若干问题及其应用	王天泽	国家自然科学基金	25	2007.1—2009.12
3	双原子复合填充 skutterudite 热电性、光电性、声子色散关系和热力学特性的研究	徐斌	国家自然科学基金	3	2010.1—2010.12
4	图案化金属纳米粒子制备及其表面增强拉曼散射效应研究	姜卫粉	国家自然科学基金	1.2	2009.5—2009.9
5	基于数据挖掘技术的水资源管理群决策研究	王志良	河南省高等学校新世纪优秀人才资助项目	20	2006.12—2009.12
6	高校学生综合管理评价系统	张愿章	河南省科技厅	10	2007.1—2008.12
7	企业资源外包理论与实证研究	罗党	河南省科技厅科技攻关课题	5	2005.1—2007.12
8	河南省人口老龄化数学模型动态分析及预测	叶晓枫	河南省科技厅	2	2008.1—2009.12
9	非线性双曲型偏微分方程研究	刘法贵	河南省科技厅	1	2008.1—2010.12
10	河南省科技资源的现状及分析研究	叶晓枫	河南省科技厅	2	2006.1—2008.12
11	压缩估计理论、方法及其在水文水资源中的应用	王石青	河南省科技厅	2	2006.1—2008.12

续表 1

序号	项目名称	主持人	来源	科研经费（万元）	起止时间
12	群决策理论及其在水资源中的应用	王志良	河南省科技厅	2	2006.6—2007.12
13	基于 F－ANP 的企业技术创新项目评价与决策方法	罗党	河南省科技厅	1.5	2008.1—2010.12
14	农村经济与农村政策数学模型研究	刘法贵	河南省科技厅	1	2007.1—2008.12
15	资源节约和资源循环利用评价模型及评价指标体系研究	罗党	河南省重点科技攻关课题	10	2007.1—2009.1
16	流场数值计算的定性与定量分析	刘法贵	河南省自然科学基金项目	1	2005.1—2007.12
17	不完备信息系统决策模型的数学建模机理研究	罗党	河南省自然科学基金项目	1	2007.1—2008.12
18	灰预测与灰决策模型的数学建模机理	罗党	河南省自然科学基金项目	1	2009.1—2010.12
19	内乡县水环境综合整治规划	刘法贵	内乡县横向课题	40	2009.10—2010.10

四、教育教学

学院承担着全校数学、物理理论、物理实验等公共基础课的教育教学任务，承担着信息与计算科学、数学与应用数学和统计学 3 个本科专业的教育教学任务，同时还承担着全校研究生的数学教学任务。

2004—2005 年，以本科教学水平评估为契机，以评促建，确立教学工作的中心地位，强化质量意识，不断提高教育教学质量。教学评估工作是这两年整体工作的重点，学院领导班子高度重视，充分认识这项工作的重要性和艰巨性，率先垂范，以身作则，全身心投入。根据学校的工作部署，结合学院实际，成立院评估小组，制订详细工作计划，逐项进行任务分解，派出专人具体做这项工作，做到组织和人员落实。积极宣传教学评估的重要意义和评估指标内容，组织了全体师生员工反复学习讨论评估标准，深入理解内涵，通过多种形式举办了学生教学评估知识竞赛、教职工讨论会等，使所有人员认识到这项工作的重要意义，做到了思想上认识到位。全体教职工以评估工作为己任，在做好教学、科研和管理工作的同时，加班加点，整理了教案、毕业设计(论文)、实验报告、听课记录、学生成绩分析表等各种教学文件资料，做到了在行动上人人参与。评估小组人员以高度的责任感和奉献精神，不辞辛苦，认真负责地做好每一项工作，收集、整理各种文件资料，完成了学院多个评估报告和各部门下达的材料整理任务。利用暑假和国庆节时间组织教师进行业务培训,对青年教师重点培养。全体教职工通力协作,相互配合,积极完成各项任务。根据“以评促改、以评促建、以评促管、评建结合、重在建设”的20字方针,在教学管理的各个环节进行改革和规范化,从教学内容、教学过程、教学方法到教学手段都给出具体规范并能严格执行。出台了新的《数学与信息科学系教学管理文件汇编》,形成了科学和完善的教学管理体系。管理体系包括教学规章制度、过程管理、目标管理。过程管理包括备课、上课、辅导、作业和考试过程的监控;目标管理包括信息的收集、评价、反馈和奖惩,形成信息管理的闭合系统。教学管理体系的实施使各项管理更加科学化和制度化,管理水平得到大幅度提高。在整个教学评估过程中,教职工生体现了高度的敬业奉献精神以及强大的凝聚力和向心力。

2006—2008年,大力巩固本科教学评估优秀成果,认真整改评估过程中暴露出的问题,不断深化教育教学改革。2006年,学院开展了“深化改革,提高质量”的系列活动,活动内容包括:本年度新进青年教师讲课比赛;博士、教授教学科研报告;国家级教学名师李梦如教学专题报告;召开教学研讨会;2004—2005年度引进青年教师讲课大赛;2004—2006年度引进青年教师评教活动;博士、教授为本科生做专题报告;实施教学优秀奖励制度。为鼓励教师热爱教学,倾心教学,制定了《数学与信息科学学院教师教学奖励办法》。通过一系列活动的开展,全体教师形成了思想上重视教学、行动上钻研教学的良好的教学氛围,并取得了丰硕的成果。在2006年度省教育工会组织的职业技能竞赛中,李幸福、凌虹、赵山全部取得二等奖的好成绩。2007年,学院在学校第九届青年教师讲课大赛中推荐的3位选手全部获奖,其中李萍和戴明清获二等奖,陈友军获三等奖;本年度,学院开展了青年教师评教活动,表彰了李萍、黄春艳、秦臻、陈友军、张天杰、王田丽、蒋礼、贾敏、程伟丽、丁凤霞一批青年教师并给予了物质奖励。各教研室开展了一系列教学观摩活动、教师培训活动,大大提高了教师的教学水平;当年,学院组织了三个方向的读书班,极大地丰富了教研活动的内容。2008年,大力规范了教研室活动。各教研室每学期初都按要求制定详细的教研活动计划,在学校没有特殊安排的情况下,每双周周四下午都能保证教研活动的正常开展,活动内容主要包括:教材内容及习题讨论、多媒体课件交流学习、课程体系和结构的讨论、青年教师讲课培训、学术交流等。通过教材内容和习题讨论,进一步统一了教学内容,更加明确了教学的重点和难点,使教师(特别是青年教师)能够更准确地把握授课内容,也使各位教师对自己的教学以及整体教学水平有了客观的认识,通过教师之间相互学习、共同探讨、取长补短,从而整体提高教学水平。当年,根据学校统一部署的教师培训年计划,结合学院实际,在教育基本理论、教学方法、教学能力、教学手段等多方面对全体教师进行了系统的培训。黄春艳、李艳玲的教案获得河南省教育厅第十二届Science-Word优秀教案设计三等奖。

2009—2011年,坚持科学发展观和以人为本的理念,紧紧围绕教学中心地位着力加强内涵建设,始终把每个师生的全面发展作为工作的出发点,不断改进教育教学模式方法。2009年,在举行的校第十届青年教师讲课大赛中,学院张金辉、贾敏和李萍分别取得一、二、三等奖的历史最好成绩;当年,张清年被评为校级“教学名师”,李亦芳和程鹏获得“教学质量优秀”奖。2010年,在深入调研和反复讨论的基础上,完成了数学与应用数学、信息与计算科学、统计学3个专业本科生培养方案的修订工作,制定并实施了二级督导方案,重点对本年度职称评定人员、教学效果较差人员及青年教师进行了督导,收到了良好的效果,评教分数在80分以下教师人数有明显减少,全院平均教学水平有了较大提升。2011年,在校第十一届青年教师讲课大赛中,学院戴明清、陈自高和娄妍分别取得一、二、三等奖的优异成绩,历史上第二次夺得所有奖项大满贯。

五、师资队伍

2004年建系时,学院下设公共数学教研室、信息与计算科学教研室、应用数学教研室、物理教研室、制图教研室共5个教研室,物理实验室、数学与信息科学实验中心2个实验室,有教师40人,其中副高以上职称13人,具有讲师职称10人,博士1人。2004年引进硕士毕业生14人;2005年引进硕士毕业生16人;2006年引进教授1人,博士1人,硕士11人;2007年引进博士1人,硕士1人;2008年引进博士6人,硕士2人;2009年引进博士1人;2010年引进博士15人,硕士3人;2011年引进博士8人;2004年以来,教师攻读学位并取得博士学位1人,取得硕士学位9人。截至2011年7月,学院有教职工103人,其中教授6人,副教授15人,博士34人,在读博士9人,硕士54人。

六、学生管理

数学与信息科学学院学生工作认真按照学校有关学生管理工作文件精神要求,积极开展有利于学生健康成长的各项活动;全面落实学院党总支提出的“六个一”(学好一门外语、完成一件好作品、熟练一门程序语言、具备一项特长、练就一副好身体、塑造一个好形象)工程,以学生党建、团建为龙头,加强学风建设,通过社会实践活动以及科技创新活动,培养学生的创新精神和实践能力。

1. 学生规模

建院之初,学院从信息工程系转来学生288名,随着数学与应用数学和统计学两个专业的连续上马,学院的学生规模也逐年上升,并稳定在640人左右。2005年共有在校生445人,2006年509人,2007年542人,2008年623人,2009年608人。2010年,随着学院师资队伍的不断壮大和社会对数学专业毕业生的需求不断加大,学院3个专业均扩招1个自然班,学生规模达到704人。目前学院已有6届毕业生,毕业总人数748人。

2. 管理成绩

2004年,3名学生参加全国英语竞赛,并分别获二等奖、三等奖、优秀奖。学院获学校语言之星大赛团体三等奖和学校演讲比赛优秀组织奖。2005年,9个队参加全国大学生数学建模比赛全部获奖。2006年,学院有7名同学在全国大学生英语竞赛中获奖,1名同学在河南省第三届科技文化节征文比赛中获奖,有3名同学获得“河南省省级三好学生”、1名同学获得“河南省优秀学生干部”、2003088班获得“河南省先进班集体”荣誉称号,1名同学获得河南省社会实践先进个人,1名同学获得国家奖学金、6名同学获得省政府奖学金、19名同学获得国家助学金、12名同学获得河南省政府助学金,2004087班和2005093班获得校优良学风班。2007年,学院有7名同学在全国大学生英语竞赛中获奖,有3名同学获得“河南省三好学生”、1名同学获得“河南省优秀学生干部”、2005093班获得“河南省先进班集体”荣誉称号,2名同学获得“河南省大学生社会实践活动先进个人”,2 名同学获得“郑州市大学生社会实践活动先进个人”,2 名同学获得国家奖学金、24 名同学获得国家励志奖学金,2004087 班和 2005093 班获得校优良学风班。2008 年,学院有 8 名同学在全国大学生英语竞赛中获奖,有 2 名同学获得“河南省三好学生”、1 名同学获得“河南省优秀学生干部”、1 名同学获得“河南省文明学生”荣誉称号,2006117 班获得“河南省先进班集体”荣誉称号,7 名同学获得“河南省大学生社会实践活动先进个人”,3 名同学获得“郑州市大学生社会实践活动先进个人”,2 名同学获得国家奖学金、22 名同学获得国家励志奖学金,2006117 班和 2007124 班获得甲级团支部称号。2009 年,院分团委荣获了“五四红旗团委”,“数学建模竞赛优秀组织单位”荣誉称号;学院有 2 名同学获得“河南省三好学生”、1 名同学获得“河南省优秀学生干部”、1 名同学获得“河南省文明学生”荣誉称号,2007124 班获得“河南省先进班集体”荣誉称号并代表学校申报全国先进班集体。2010 年,院分团委荣获了“大学生暑期社会实践优秀组织单位”、“大学生科技文化艺术节优秀组织单位”、“数学建模竞赛优秀组织单位”等荣誉称号;学院打造的网上团组织——“数信学院团学博客”已成为广大青年学生的网络思想家园,受到了《教育时报》等省内外媒体的广泛关注;由学院主办的“励志、成才”系列报告会已成为学院乃至全校学生专业教育、思想教育的一个品牌,受到在校学生的热烈欢迎;学院分团委组织的“多校区高校校园文化建设现状调查与思考实践调研团”,被河南省委宣传部、省教育厅、团省委联合授予暑期社会实践“省级优秀服务团队”。

3. 就业工作

学院学生工作领导小组把毕业生就业工作作为各项工作的突破口,认真对待,深入研究,加强对毕业生择业观、就业观、应聘技巧指导,邀请往届毕业生交流就业经验;多方联系用人单位,积极开拓就业市场,拓展就业渠道;引导毕业生参加硕士研究生入学考试,并为他们创造有利学习条件;积极发动并组织应届毕业生参加全国各地的公务员考试;引导毕业生做好职业生涯规划,积极主动寻找机会,合理把握创业契机。2005 年,学院第一届信息与计算科学专业学生毕业,89 名学生中 14 名考取研究生,就业率达到 84%;2006 年,117 名学生中 20 名考取研究生,就业率达到 90%;2007 年,学院有 79 名毕业生,15 名考取研究生,1 名考取了国家公务员,1 名参加了“三支一扶”活动,就业率达到 86%;2008 年,学院有 160 多名毕业生,24 名考取研究生,1 名考取了河南省委的选调生,4 名参加了“三支一扶”活动,就业率达到 87%。2009 年,学院有 153 名毕业生,共有 29 名考取研究生,1 名考取河南省委选调生;2008 届毕业生苏丽敏毕业后放弃了优越工作条件,为贫困地区的教育事业默默耕耘,辛勤付出,被确定为“全国大学生优秀援教教师”;统计学专业一次性就业率达到了 97%,应用数学以及信息与计算专业一次性就业率也超过了 90%;2010 年,学院共有 150 名毕业生,34 名同学考取研究生,5 名同学考取了选调生、公务员;统计学专业、数学与应用数学以及信息与计算专业一次性就业率都超过了 90%,就业质量较往年有明显的提高,毕业生就业流向较好,分布也趋于合理。

历任领导,教研室主任等见表 2、表 3。

表2 历任领导一览表

姓名	起止年月	职务	备注
杨乔	2004. 2—2006. 2	系主任	
杨乔	2006. 2—2008. 6	院长	
刘法贵	2004. 2—2008. 6	党总支书记	
王石青	2004. 2—2006. 2	系副主任	
王石青	2006. 2—2009. 4	副院长	2008. 6—2009. 4 期间主持院行政工作
王志良	2005. 1—2006. 2	系副主任	
王志良	2006. 2 至今	副院长	
李幸福	2006. 4—2009. 4	党总支副书记	
温随群	2008. 6 至今	党总支书记	
罗党	2009. 4 至今	院长	
张清年	2009. 4 至今	副院长	
祁萌	2009. 4 至今	党总支副书记	

表3 担任过教研室主任、实验室主任、分团委书记人员名单

教研室名称	主任
公共数学教研室	李亦芳
信息与计算科学教研室	魏志强
应用数学教研室	张愿章
统计学教研室	左卫兵
物理教研室	凌虹
物理实验室	邱淑荣、赵山、王燕红、单雯雯、徐斌
数学与信息科学实验中心	魏明华
分团委书记	赵娟

（罗党、温随群执笔）

建筑学院

建筑学院是学校目前唯一招收艺术类考生的院系，也是具有5年、4年两种学制，含理科、文科、艺术类学生的院系之一。现有建筑学(学制5年)、城市规划(4年学制，正在改5年学制)、艺术设计(艺术类)3个本科专业，教职工60人，在校生1 429人。

一、建筑学院创建

2006年2月，根据学校事业发展和工作需要，校党委研究决定成立建筑学院。2006年4月任命了建筑学院首届领导班子。张新中任院长，张占庞任党总支书记，张少伟、马勇任副院长。建筑学院领导见表1。

表1　建筑学院领导一览表

姓名	任职期限	职务
张新中	2006.4至今	院长
张少伟	2006.4至今	副院长
马勇	2006.4至今	副院长
张占庞	2006.4至今	党总支书记
李明霞	2008.6至2010.3	党总支副书记
胡昊	2010.5至今	党总支副书记

建筑学院由原来土木工程系的建筑学专业、城市规划专业、艺术设计专业及教研室组成，成立之初教工人数仅26人，分布在建筑学、城市规划、艺术设计3个教研室。在校生共3个专业28个班738人。

建筑学院成立后，领导班子在进行深入调查研究的基础上，明确了以学科建设为重点、以队伍建设为龙头、以产学研结合为特色、以教学型学院为目标的近期发展思路。突出了新学院、新班子、新思路、新征程的特点，重点抓了组建机构、建章立制、人才引进等工作。

1. 成立了教学、行政管理、党团工作机构。任命王志国为办公室主任，刘静霞为教学秘书，团学工作由刘延琪负责，组建党总支，选举产生李红光为教工党支部书记，同时成立了学生工作一支部、二支部、三支部，并配备了党支部书记。

2. 教研室建设。在建院之初的建筑学、城市规划、艺术设计3个教研室基础上，增加了建筑技术教研室，建立了建筑技术实验室。同时成立了建筑设计、城乡规划设计、景观设计研究所及建筑节能设计与检测中心四个研究所。分别任命李红光为建筑学教研室主任兼建筑设计研究所所长，张少伟兼任城市规划教研室主任和城乡规划设计研究所所长、吴怀静为副主任，马勇兼任艺术设计教研室主任和景观设计研究所所长、吴岩为副主任，李宗明为建筑技术教研室主任兼建筑节能设计与检测中心主任。

3. 组建了建筑学院首届学术委员会。张新中为主任委员，李宗明、张少伟、马勇为副主任委员，张占庞、李红光、宋岭为委员。

4. 组建成立了建筑学院分工会、建筑学院分团委，分别成立了花园校区和龙子湖校区学生会，积极开展学生工作。

5. 当年利用暑期，组织教工到新乡万仙山召开了建筑学院发展研讨会，确定了学院学科建设重点及教学、科研、生产相关制度,明确了产、学、研为特色的发展方向。制定了一系列规章制度:党政联席会议制度;院领导联系教研室制度;科技项目及学术活动管理实施细则;政治学习及教工考勤制度等。

6. 组织部分教工及学生参加了汤阴县社会主义新农村规划,取得了阶段性成果。

7. 制定了新专业方向、教学培养计划编制及教师派出进修。

除开展日常的管理工作外,组织学生结合专业特点开展各项公益及创新活动,组织了赴"汤阴县社会主义新农村"暑期社会实践活动;举办学习经验交流会;组织建筑学学生参加了"建业杯"建筑设计大赛;举办建筑学院书画大赛等;2002 级 32 班建筑学专业学生王战富、吴柳琦在全省 300 多家专业设计单位参加的社会主义新农村住宅方案设计大赛中获省级二等奖。

二、师资队伍建设和科研工作

学院成立之初,仅有教工 26 人。建筑学院成立后,大力加强师资队伍建设,积极引进人才,加大在职教师的培养力度。当年接收硕士研究生 9 名。支持教师在职攻读博士、硕士学位,当年有 4 人在职攻读博士学位,2 人攻读硕士学位,选派 2 名青年教师外出进修,鼓励教工提高专业素质和水平。加强对新进教师的岗前培训工作,给青年教师配备老教师作指导教师,做好传帮带,极大地提高了学院的教学质量。截至 2011 年 5 月,建筑学院有教职工 60 人,其中正高级职称 1 人,副高级职称 5 人。

新成立的建筑学院,由于学科特点等原因,青年教师占绝大多数,教学任务十分繁重,科研工作受到一定影响。为此,根据学院专业的自身特点,鼓励和提倡广大教师把自己的研究成果和教学心得总结出来,积极参加学术交流和撰写文章,扩大学院的知名度,增强学术氛围。支持和帮助青年教师进行课题申报,参加科研项目,实现社会效益和经济效益双丰收。在这一思想指导下,科研工作逐年有了较大进展。2008 年全院教师发表论文 49 篇,成果鉴定 5 项,科研项目 6 项,其中马勇副教授的多媒体课件"陶艺教学"获河南省教育厅多媒体课件大赛一等奖。杨海荣的"深基坑信息化技术研究"获河南省教育厅二等奖。出版教材 3 部,其中程炎炎独著 1 部,卢玫珺、曾颖各参编 1 部。2009 年申报国家自然科学基金 1 项,纵向项目 3 项,横向项目 3 项,获学校资助青年科学基金项目 4 项,科研成果鉴定 4 项,累计科研经费到位 46.4 万元。发表科研论文 62 篇,完成著作 8 部,申报并获批两项校教改项目。有 20 项成果获奖,其中一项美术作品获省级一等将,并入选国家美展,5 项作品获厅级一等奖,2 项获省社科联课题 1 等奖,2 项获厅级优秀论文一等奖。2010 年全院共发表论文 52 篇,承担纵横项目 7 项,科研到账经费 24.49 万元,主编及参编著作 10 部,成果鉴定 7 项,成果获各级奖项 30 项(包括美术作品收藏等)。

三、教学工作和实验室建设

学院成立以来,严格执行学校教学管理的有关规定,保证了学校教学管理规定的落实,并加强了实践教学环节。组建了教学办公室,出台了《建筑学院毕业设计管理规定》、《本科生导师工作管理规定》、《建筑学院教学任务下达管理规定》、《建筑学院教研室主任和副主任工作职责规定》、《建筑学院实习管理规定》等,进一步规范了建筑学院的教学管理环境。坚持学院领导深入一线听课制度和学院教工全年听课要求,形成了教学质量监督体系。

针对学院青年教师比例大的特点,认真做好青年教师的培养工作。开展新进教师岗前培训工作,鼓励教工之间互相听课学习,加强教师之间的交流。2007 年 3 月组织开展了建筑学院首届青年教师讲课大赛,先后有郝丽君、陈萍、马更、王志国、肖哲涛、王桂秀、吴怀静、刘延琪、吴航、魏东、程霞等 11 位青年教师登台展示青年教师风采,极大地调动了青年教师备课、讲课的积极性。同年 4 月,王桂秀代表学院参加了学校组织的第九届青年教师讲课大赛获优秀奖。2009 年 10 月,第十届青年教师讲课大赛中,程炎焱获三等奖、肖哲涛获优秀奖。

为进一步完善培养方案,培养特色人才,针对 2007 年的本科生教学培养计划,学院先后组织了 8 次教研室主任研讨会。按照各专业指导委员会的评估要求,利用暑期时间召开了 3 天的教学指导委员会会议。进一步调整完善各专业方向培养计划,统一认识、开拓思路、确定方向,整合了专业交叉课程,使现有的建筑学、城市规划和艺术设计专业均以创作设计为主线贯穿专业培养计划的全过程,建立了完善的专业培养体系。同时,以美术基础、计算机辅助设计为共同平台,凝练了各专业课程。形成了"理论与实践并重,艺术与技术融合,多学科交叉互补"的人才培养特色。完成城市规划专业由 4 年制改为 5 年制的申请报告。落实"以教师为主导,以学生为主体",以师生的发展为目标,强化制度,尊重学生的主体地位,组织全院教职工学习教学文件,加强教学管理队伍建设,提高服务意识。制定了"建筑学院校外完成毕业设计管理规定"和"建筑学院实习管理规定"。在龙子湖新校区新增美术专业教室,从根本上解决了低年级美术授课和作业展览的场地问题。

结合建筑学专业的特点,2008 年 10 月份,学院领导与郑州大学建筑学院进行了全面交流。根据学院的实际情况找差距,研究整改措施。同时参加河南省 6 所高校建筑学院院长会,确定 2009 年建筑学专业参加由郑州大学、河南大学、河南科技大学、河南工业大学、河南理工大学、华北水利水电学院 6 校建筑学专业的联合毕业设计事宜。当年参加设计竞赛的同学,2 人荣获二等奖,4 人获得优秀奖。2010 年,学院 1 人获一等奖,1 人获二等奖,5 人获三等奖,2 人获得优秀奖。

2008 年组织城市规划专业 8 名学生参加全国城市规划专业课程设计评展活动。推荐城市规划专业 2007 级冯再岩同学参加全国建筑装饰商会联盟举办的"中国设计师 2008 上海年会"。艺术设计专业 2006 级学生苏扬在由建设部、交通部、共青团中央、世界卫生组织等共同主办的"第一届联合国全球道路安全周系列活动"中,其参赛作品 30 秒公益电视广告创意《缺失》荣获二等奖、公益海报设计《最贴心的保护》入选作品集。参加全国建筑学专业指导委员会召开的建筑学院院长会议,进一步明确学院建筑学专业的办学方向。在清华大学举办的中国建筑学美术教学研讨会 2008 年会中,马勇被推选为新一届美术专业委员会委员。

四、学生及学生管理工作

2006 年 4 月建筑学院成立后,在校生共 3 个专业 28 个班级 738 人,当年艺术设计专业由原来招生 2 个自然班扩招为 4 个自然班。2007 年艺术设计专业扩招为 6 个自然班,建筑学专业由 2 个自然班扩招为 3 个自然班。2010 年城市规划专业由 2 个自然班扩招为 3 个自然班。截至 2011 年 6 月,学院有在校生 1 429 人。

学院自建院以来就十分重视学生工作，学生工作领导小组组长由院长、党总支书记担任，具体工作由党总支副书记负责，设有分团委和学生工作办公室。2010年底，在总结过去工作经验的基础上，经过征求各方意见，学院制定了《建筑学院学生工作例会制度》、《建筑学院学生安全教育管理及突发事件应急预案条例》等一系列制度。通过制度的不断完善，学院把学生管理工作纳入制度化的轨道，以制度的稳定来保证组织运转的稳定，保证了学生管理工作的针对性和延续性。学院建立了一支队伍稳定、责任心强、业务素质高的学生工作队伍。自2006年到2010年，程霞、叶琳、连俊彩、周延涛先后被授予“优秀辅导员”称号；程麟、宋海静、程霞、范钦栋先后被授予“就业工作先进个人”称号；程霞等被授予省市“社会实践先进工作者“；张占庞、胡昊被授予“优秀共产党员”、“优秀党务工作者”称号；学院先后有72名学生干部被授予省级“优秀三好学生”、“省级优秀学生学生干部”、“省级优秀毕业生”、“省级社会实践先进个人”称号；有674名学生被授予校级“优秀团员”、“优秀团干”、“三好学生”、“三好学生标兵”、“优秀学生干部”称号。

学院坚持以学风建设和文明行为养成为重点，加强学生学习和日常管理。以“四星”评选(“四星”评选即：面向建筑学院全院学生，评选3名建筑之星、3名自强之星、5名学习之星、6名文明之星）为抓手，加强广大青年学生中先进典型的推选、宣传、教育工作，选树学生身边可学、可比、可敬的榜样，让广大青年学生和各学生党支部、学生党员身边有榜样、追赶有目标。引导广大青年学生找差距、定目标、定措施、争先进，逐步形成良好的校园氛围。2010年评选了陈永等3名建筑之星、蔡少坤等5名学习之星、胡楠等6名文明之星、鄢翠等3名自强之星。同时在学生班级，实行考勤周报制、不定期查课制、学习经验交流制。

坚持以开展丰富多彩的校园文化活动和社会实践活动等为载体，培养学生的创新意识和实践能力。充分利用“五四”青年节、“七一”建党节、“十一”国庆节、“一二·九”运动纪念日等重大节庆日和纪念日，开展爱国合唱、特色党日等活动，唱响爱国主义、集体主义、社会主义主旋律。

学院结合专业特点，坚持开展特色活动。坚持两年举办一次“艺苑杯”大型书画摄影作品展；每年一次迎新见面舞会、海报设计大赛、“五四”书画摄影展、书法、绘画、摄影及篆刻比赛、元旦晚会等。2011年12月18日，学院举办了“表彰先进、舞动青春”大型颁奖晚会，对先进典型进行宣传，起到了教育广大青年学生的作用，同时丰富了校园文化生活，展现了建筑学子的蓬勃朝气和昂扬向上的精神风貌。

为激发学生的创造激情，促进师生的教学相长，使学生把专业知识更多更广地运用到实践中去，学院以“多阵地、多指导、多资助、多鼓励”为特色，让学生积极参与各级各类竞赛，一定程度上做到了学以致用。2009年，沈俊杰同学在河南省“诚信校园行”徽标设计大赛中荣获二等奖；2009年，李鹏飞等6位同学在河南省“大学生科技文化艺术节”中荣获优秀奖；2010年，王旭浩同学在河南省“大学生动漫、摄影大赛”中荣获动漫类的一等奖；在2009年、2010年“河南省六校建筑学专业联合毕业设计”中，学院获一等奖1个，二等奖3个，三等奖5个；在学校举办的“磐石杯”、“宿舍文化艺术节”等各类竞赛中，也是多次获奖。

学院坚持深化学生服务，服务学生成

才和就业。一是加强精神鼓励,树立学习典范。学院在"自强之星"评选活动中,选出家庭经济困难、学习好、自强不息、文明诚信、德智体全面发展的学生作为建筑学院的学生典范,并通过"自强之星报告会"等形式对全院学生进行"自强、诚信、文明"的励志教育。二是加强资助服务,解决特困学生的后顾之忧。2010 年学院认定家庭经济困难学生达 400 人,其中有 4 人获国家奖学金,资助金额 32 000 元;47 人获国家励志奖学金,资助金额235 000 元;376 人获国家助学金,资助金额 1 197 000元。共有 69 名同学审批通过国家助学贷款,总申请金额 324 300 元,其中生源地国家助学贷款 9 人,申请金额 54 000元;学院还拿出部分资金对部分学生给予一定资助;安排勤工助学学生 30 名。三是加强就业服务,做好毕业生就业工作。坚持一手抓毕业生日常管理和文明离校教育,一手抓就业指导,采取提前布局,加强就业指导和信息服务,保证了历届毕业生良好的求职择业势头。

自 2007 年以来,学院连续 4 次荣获学校"暑期社会实践优秀组织单位";2009 年 1 个实践队荣获河南省"社会实践优秀团队";2010 年 5 个实践队荣获校级"社会实践优秀团队";2010 年、2011 年连续荣获学校春季田径运动会"体育道德风尚奖"。2010 年学院分团委被评为校级"五四红旗团委";2011 年,2008 级学生党支部被学校评为"先进学生党支部"。近两年来,学院学生活动被国家级媒体报道 11 次、省级 24 次、市级 9 次。

(张新中、张占庞执笔)

信息工程学院

一、概况

信息工程学院前身为信息工程系，成立于1999年6月，由动力工程系计算机专业和基础部的数学、物理、制图等教研室合并组成，设数学教研室、物理教研室、制图教研室、物理实验室、计算机教研室、计算中心、网络中心、电教中心。信息工程系的主要任务是负责全校的基础课教学、计算机专业教学和本系的学生管理等工作，同时计算机科学与技术专业归口信息工程系。

2002年年底，电教中心、网络中心从信息工程系分离出去，单独成立现代教育技术中心。2004年3月，数学、物理、制图等教研室以及信息与计算科学、数学与应用数学两个本科专业从信息工程系分离出去，另行成立数学与信息科学系。信息工程系下设计算机软件教研室、计算机硬件教研室、计算中心和实验中心，以及一个研究所。

2005年后，随着办学规模不断扩大和信息化的快速发展，信息工程系相继增设了通信工程、电子信息科学与技术两个新专业，2007年撤系建院，改为信息工程学院。信息工程学院积极整合资源，解放思想，抢抓机遇，认真分析研究IT产业的发展需求，学院及时通过学校向河南省教育厅申办软件职业技术学院。2008年软件职业技术学院4个专业开始招生。此时信息工程学院和软件职业技术学院合署办学，教师及教学设备共享。

2010年5月为了两个学院更好的发展，经过多方论证，学校决定单独设立软件职业技术学院。

二、师资队伍建设

学院自1999年成立以来一直都保持有一支较强的师资队伍，特别是2000年教师队伍进一步扩大，相继引进部分青年教师，2000年教职工达69人。其中教授2人，副教授20人，讲师22人，助教6人，管理人员19人；具有博士学位6人、硕士学位16人。至2010年，加上引进的青年教师总人数达到95人。

2004年，数学、物理、制图等教研室从信息工程系分出来以后，教职工人数有所减少。2005年初，信息工程系有教职工40人，其中教师34人(实验教师5人)、行政管理人员5人，工人1人。2009年9月，教职工人数达到67人。通过大力引进博士教授等高学历人才，2010年4月，学院拥有教职工87人，其中教授6人，副教授11人，讲师54人；具有博士学位6人，硕士以上学历占95%以上，是一个朝气蓬勃、开拓进取、结构合理的教师团队。2010年12月，因软件学院独立设置，学院教职工人数降为70人，其中具有教授职称4人，副教授9人，具有博士学位8人。

学院注重师资队伍建设，特别是对中青年教师的培养，鼓励脱产和在职攻读学位，先后送出陆桂明、刘雪梅、向明森、李秀芹、海燕、皇普中民等攻读博士，陆桂明、刘雪梅学成回学院工作。还对引进的青年教师配备一位有经验的指导教师，经过一定时间的培训，多次试讲和助课，参加讲课大赛等直到通过教研室、学院和学校的考核方能上岗,从而提高了青年教师的业务知识和课堂教学技能。几年来,一大批中青年教师迅速成长起来,成为教学、科研和管理工作中的中坚力量。

三、教学科研管理

学院经过长期不懈的努力,逐步形成了“严谨、务实”的优良教风,始终坚持以教学为中心,从严执教,从严治教,教书育人;坚持教考分离,统一考试,统一评卷;坚持每年一次教学经验交流会,相互学习,共同提高。从而形成了一整套教学管理制度,保证了教学质量的不断提高,青年教师在学校举行的讲课比赛中多次获奖,学院每两年举行一次讲课比赛,培养了一大批青年教师。

1. 坚持以教学为中心,努力提高办学质量和效益。正确处理新形势下“规模与质量、投入与发展、教学与科研、改革与建设”以及教学工作与其他工作的关系,在确保完成本科教学的前提下,积极开展科研活动;坚持以思想道德教育为核心,创新意识和实践能力培养为重点,进一步改革教学内容、课程体系、教学方法和教学手段,主动适应社会发展的需要;采取有力措施,加强师资队伍和实验室及重点学科建设,加强学生教育管理。

针对各个教学环节(毕业设计、课程设计、实习、考试、课堂教学等)采取有效监控,为教学质量的提高提供了切实可靠的保障。

建立了学院领导、教师听课制度。学院规定院领导及教研室主任必须深入教学第一线,了解教学工作情况,每学期对所有任课老师至少听课 3 次,及时了解和处理教学问题。教师之间每学期互相听课,互相学习,取长补短。

抓好学生评教工作。一方面,学院从每个班选择一两名学习成绩优良、责任心强、有较强活动能力的学生担任教学信息员,请他们随时对课程设置、教材选用、教学秩序、教师讲课内容、教学方法、考查考试等方面出现的问题反映意见。另一方面,不定期召开学生座谈会,征求学生对教学工作的意见和建议,及时解决问题。

抓好期初、期中、期末教学检查工作。学院按照学校的统一布置,每学期都要进行期初、期中、期末教学检查工作。把教学检查作为教学管理的一项重要工作来抓,从教学准备、课堂教学、作业批改到辅导答疑,从理论教学到实践教学,全方位地检查教学工作。

加强对毕业设计(论文)的质量监控。近年来,学院将本科毕业设计(论文)作为培养学生创新能力和实践能力的重要环节,加强了毕业设计(论文)教学环节的管理和质量监控,使毕业设计(论文)的质量逐步提高。学院对毕业设计(论文)从导师的筛选、选题、过程、答辩等都有明确的规定,并加大质量监控。通过不间断的抽查,检查学生掌握“三基”的情况和分析、解决问题的能力,对毕业设计(论文)的撰写格式、装订等也进行了严格要求,强调了加强学生在毕业设计(论文)中资料运用能力、综合应用能力的培养。

实习时间有保证、措施完善、基本满足要求。两个专业的教学计划安排集中性实践环节均为 32 周,并严格按计划实施,让时间有保证。目前,校内实习基地有 2 个即学院实习工厂和信息工程专业实验中心,校外实习基地 5 个,并有较完善的管理措施。从近几届学生实习后反映的情况来看,能够部分满足教学要求。

2. 坚持围绕教学科研,以科研促教学。通过学科交叉、横向联合,走出去、请进来等方式，加快了科研工作的进程，科研项目、科研基金和科研成果大幅度增加。

学院教师先后参与完成了国家863项目“校园级元计算系统与试验床”，国家“十一五”科技支撑计划项目“矿井灾害监测与预警信息系统研究”，国家自然科学基金项目“地矿工程系统建模新技术及其应用”、“面向网格的协同计算模型及资源重构技术研究”、“基于信誉策略的拓扑自适应对等网络激励机”、“基于传感器网络的可重构机器人控制框架”，公安部重点科技攻关项目“网络化重点人口管理与笔迹鉴别系统”，教育部高等学校博士学科点专项科研基金项目“基于粗糙集和支持向量机的地矿体三维构模技术”、“矿床体视化与仿真研究”等多项国家级项目；同时，紧跟计算机监测监控技术的发展趋势，结合水利水电行业和河南当地经济发展的需求，承担了“河南省农科院自动化控制系统”、“河北省石津灌区自动化管理系统”、“嵌入式操作系统在工业控制中的应用”、“光传输模拟信号无源寻址控制系统”、“基于Web多数据源数据集成与共享系统设计与实现”、“对等网络数据库技术研究”、“基于医学影像的肝癌计算机辅助诊断系统研究”、“中原地区计算机软件产业发展战略研究”等项目；其中，“多沙河流洪水演进与冲淤演变数学模型研究及应用”项目获得水利部大禹科技进步一等奖，赢得了业界同行的广泛好评。

为了提高教师科研水平，学院拨出专款，设立了学院青年科研基金、组建科研团队，鼓励青年教师申报各类项目和课题。坚持“以科研促教学，以教学带科研”的指导思想。经过近几年的努力，科研工作有了迅速提高。学院教师2002—2005年在教学研究和科技开发中取得了多项成果，其中获得省厅级一、二等奖8项，在国内外学术期刊上发表论文43篇，其中核心期刊论文21篇，出版教材专著6部。2008—2010年学院发表论文120多篇，其中三大检索论文19篇；科技成果鉴定7项；获得各级奖励多项；在研科研项目19项；出版教材17部，其中《数据库技术及应用》教材被列为国家“十一五”规划教材，“数据结构”课程获省级精品课程。

在积极开展科研工作的过程中，学院也十分重视提高学生的科学实践能力。在朱贵良教授和其他教师的指导下，2010年学院学生获得多项科技竞赛奖励。其中：获得挑战杯竞赛全国三等奖1项，河南赛区一等奖1项、二等奖2项；获得全国数学建模竞赛河南赛区一等奖5人次、二等奖3人次、优秀奖2人次。

四、实验室建设和学科建设

1999年成立信息工程系时仅有计算机科学与技术一个专业，为适应高等教育的发展和社会对人才的需求，充分利用人才资源和设备资源，通过充分调研和论证，2000年成功申报了信息与计算科学专业，2002年又成功申报了电子信息科学专业和通信专业。学院以计算机学科为龙头，突出学科特色，优化学科结构，拓宽学科领域，强化学科融合，发展新兴学科，在原有计算机科学与技术本科专业的基础上不断拓展新的专业，学院于2003年申报计算机应用专业硕士点并获教育部批准，于2004年开始招收计算机应用专业硕士生，实现了学院硕士点零的突破。

学院有计算中心、实验中心2个实验室。

计算中心成立于1984年，早期承担部分科研攻关任务，1990年以后主要承担全校计算机公共基础教学、其他院系的毕业设计等上机任务，计算中心计算机及配套设备数量曾经多达 1 000 余台,随着课程及教学方式的转变,各院系也逐步配备计算机,目前计算中心计算机数量保持在 500 余台。

实验中心于 2004 年成立,主要负责本院计算机专业学生的实验,下设有计算机软件(机房)实验室、计算机硬件实验室和电子信息工程实验室。配有微型计算机 365 台,各类专业实验设备 275 台(套)。其中,计算机科学与技术专业配有 2 个实验室:计算机软件实验室和计算机硬件实验室,配有微型计算机 200 台。硬件实验设备有 60 套计算机接口试验箱,30 套计算机组成原理实验箱,30 套单片机实验箱,30 套 PLC 实验箱。电子信息工程专业有 30 套通信原理实验箱,30 套信号与系统实验箱,30 套 EDA 实验箱,并有与之配套的计算机约 150 台。专业设备经费投入合计 300 余万元人民币,专业实验室面积超过 1 200 m^2。现有教学实验实践的用房基本满足教学需要。

近年来,经过与区内及周边地区合作建设,共建立专业实践教学基地 5 个,能够部分满足学生实践教学需求。

到 2010 年年底,信息工程学院拥有 1 个一级硕士点,4 个本科专业,在校研究生 50 余人,本科学生 1 500 多人。专业布局科学、人才层次合理。2007 年,信息工程学院计算机应用技术学科被评为校级重点学科。2008 年,计算机应用技术学科被确定为河南省重点学科。

五、组织领导

2000 年 4 月,学校对信息工程系领导班子进行调整,杨乔任书记兼系主任,丁天彪、陆桂明为系副主任。2002 年,领导班子再次调整,由杨乔任系主任兼书记,刘法贵任系副书记,丁天彪、陆桂明为系副主任。2004 年,数学与信息科学系独立建系后,学校对信息工程系领导班子进行调整,张殿玉任系书记并主持工作,刘雪梅任系党总支副书记,陆桂明、向明森、庄晋林任副主任。2006 年,刘雪梅任院党总支书记,刘建华任院长,向明森、庄晋林任副院长。2009 年,刘建华任院党总支书记,陆桂明任院长,向明森、庄晋林、李秀芹任副院长。2010 年后,马万明任院党总支书记。

六、学生管理工作

信息工程系成立和首届学生入校,学生管理工作成为摆在系领导面前的重要工作之一。为做好学生工作,首先成立了有信息工程系党总支书记、信息工程系党总支副书记、团总支书记、年级辅导员和班主任为主要成员的信息工程系学生工作领导小组,具体负责学生管理工作和学生思想政治教育工作。系学生工作领导小组按照政治合格、工作主动、发扬优势、各取所长的原则选配学生干部,本着组织精简、统一高效的精神组建了各年级学生管理组织。

2000 年,信息工程系招生 150 余人,全系在校学生人数仅 350 余人。到 2008 年,信息工程学院及软件学院的 4 个本科专业和 4 个专科专业共招生 600 余人,两学院学生在校人数达到 1 820 名。2010 年,软件学院独立后,信息工程学院招生 360 余名学生。到 2010 年底,全院学生人数 1 500 余名。至 2010 年,学院累计培养本、专科毕业生 3 000 余人。

在学生的管理工作中,学院始终把学生的思想政治工作放在首位,严格执教,以教风促学风,从班级和宿舍抓起,树立优良班风。通过丰富多彩的学生活动提高学生的综合素质和动手能力,通过带领学生做项目、参与科技竞赛,培养学生的创新能力和科技能力。学生领导工作小组充分发挥了院分团委、学生会的作用,着重在以下几个方面开展工作。

1.加强思想政治教育,努力提高学生文明素质。组织学生深入学习"三个代表"重要思想,院团委组织开展了各种形式的宣传活动,如做展板、办宣传栏和开座谈会等。还要求辅导员组织各班定期召开主题班会,带领学生特别是 MMD 学习小组的成员共同学习"三个代表"重要思想,通过这些活动,增强了学生的历史使命感。

2.狠抓学生日常管理,建立良好的学风、班风,使学生的精神面貌有了一个较大的改善。对学生上课、自习、卫生、安全、纪律的管理,要求辅导员不定期地检查,对表现好的学生给予鼓励,对表现不好的学生加强教育和督促,特别差的给予系内通报批评。

3.注重学风建设。学风建设是学院工作的重中之重,因为学院专业的特殊性,很多学生都有自己的计算机,学生极易沉迷于网络游戏、聊天、电影电视而难以自拔,因此学院的学风建设与其他专业相比尤为突出。

通过学风建设一系列有效措施的实施,取得了明显的成效。学院英语四级通过率逐年上升,在反映计算机专业水平的全国计算机软件资格(水平)考试中,通过程序员、高级程序员的人数比例保持在较高的水平。考上研究生率和就业率都明显提高,2002 届计算机专业毕业生总人数 60 人,推荐和考上研究生共 5 人,年底签约 55 人,就业率为 100%;2003 届毕业生总人数 130 人,推荐和考上研究生共 13 人,年底签约 110 人,就业率为94.61%;2004 届毕业生总人数 289 人,推荐和考上研究生共 25 人,年底签约 244 人,就业率为 93.08%。

4.充分发挥学生党员的模范作用,"以点带面",深化学生政治思想工作。在党总支的指导下,学院举办学生诚信考试承诺活动、毕业生党员爱心捐书活动及优秀学生党员评选活动。每年根据党员的培养情况发展两批新党员。

5.精心开展了各项文体活动。为提高学生的综合素质,举办了"韶华杯"辩论赛观摩赛、MMD 知识竞赛、"梦翔杯"演讲赛等;为提高学生的计算机动手能力,举行网页制作大赛,flash 制作大赛等;为丰富学生的生活,积极开展丰富的文体活动。

6.社会实践活动和志愿者活动。每年学院团委都会积极响应校团委等上级领导的号召,在暑假组织社会实践小分队开展社会实践活动,充分发挥学生自己的能动性,就近参加社会实践,受到当地领导和师生的好评,产生了良好的社会评价。同学们也接受了教育,增长了才干,得到了锻炼。近十年间,我院师生的实践脚步走遍了大江南北,受到多家媒体的报道,如京九晚报、商丘日报、商丘晚报、平顶山晚报、叶县信息等,还受到了河南电视台、商丘电视台的关注,产生了良好的社会反应。

青年志愿者服务活动倡导"奉献、友爱、互助、进步"的精神,弘扬社会主义道德风尚。他们以"参与志愿服务,弘扬时代新风"为主题,深入广泛开展支援服务活动。在过去的一年中,他们组织队员开展了"保护母亲河行动周"植树活动和校园大扫除活动,参加了院运动会服务活动,并帮助接待新生。此外,他们还组织学生参加了"捐献造血干细胞"志愿服务活动等。

7.MMD 活动。自学院成立以来,学院大学生 MMD 学习研究中心组始终以"三个代表"重要思想为指导,在院团委的领导下,积极响应校"MMD"学习中心的号召,深入贯彻落实"MMD"学习中心的各项政策,并结合学院的特点,组织开展各项"MMD"学习研讨活动,形成了一套适合学院"MMD"学员特点的学习方式(紧抓自学、研讨、辅导、讲座、实践五个环节),在"MMD"的学习研讨活动中取得了较好的成绩。

8. 用丰富的活动培养学生的科技创新能力。为逐步培养学生的科技创新能力和动手能力,学院开展了丰富的活动,如承办校园网页比赛和 flash 制作大赛;组织学生参加全国挑战杯大赛、河南省互联网大赛、河南省创新创业大赛等,让学生早日接触相关项目,锻炼动手能力;在学生中成立电脑爱好者社团和网络与软件技术协会社团,以培养专业兴趣。

这些活动开阔了学生眼界,让学生学到了技能,也获得了一些奖项:全国数学建模竞赛河南赛区 2003 届学生 5 人获优秀奖,2004 届学生 6 人获一等奖,2 人获二等奖;全国挑战杯竞赛 2004 届学生 3 人获郑州市三等奖;全国英语竞赛 2004 届学生常培获河南省一等奖,并获河南省文明学生称号。特别是在 2009 年全国第十一届"挑战杯"竞赛中获三等奖,河南省第七届"挑战杯"中获省一等奖及省鼓励奖;"创新杯"数学建模一等奖 2 人 ,三等奖 1 人;省三好学生 1 人;省合唱比赛二等奖 1 人;省创业创新大赛二等奖 3 人,鼓励奖 2 人。

9. 良好的就业前景。学院毕业生面对广阔的人生舞台,扎根基层,放眼未来,到西部、到部队、到农村、到水利水电行业第一线增长才干、施展才华、发挥特长、磨炼意志的学生越来越多。2003 届 130 名毕业生中,有 22 名男女同学到部队献身国防事业,有 9 人考取研究生,有 1 人出国留学。2010 年,有毕业生 400 名,有 68 名学生考取了研究生,就业率达到了 95%。学院学生积极参与西部建设,2004—2005 年学院有 6 名同学志愿到西部服务。

学院从 1999 年创建以来已走过了 12 年的历程,广大教职工一同经历了艰苦创业,经历了学院从无到有、不断调整、不断发展壮大的过程。目前,信息工程学院师资力量逐渐壮大,师资结构逐步合理,教学科研水平不断提高,学生管理和思想教育工作也逐步形成了良好的局面。信息工程学院伴随着信息时代的到来应运而生,也必然伴随着信息时代的辉煌而不断壮大。

(陆桂明、马万明执笔)

外国语学院

一、概况

外国语学院的前身是基础部外语教研室，1998 年 12 月 28 日从基础部独立出来，成立外语部。2002 年 4 月外语部更名为外国语言系，当年开始招收英语专业学生 90 名，2008 年新增对外汉语专业，当年招收学生 60 名，2011 年新增俄语专业，招收学生 30 名。2009 年 4 月，外国语言系更名为外国语学院。2007 年开始招收三本（学校和嵩山少林武术职业学院合作办学）学生。外国语学院除承担英语专业、对外汉语专业和俄语专业近 1 000 人的教学任务外，还承担着全校研究生、本科生、专科生以及成教生的公共外语教学任务。经过全院教职工的不懈努力，2009 年，学院被省教育工会授予女职工建功立业先进集体；2010 年，外国语学院党总支被省高校工委授予河南省高校先进基层党总支。

外国语学院下设办公室、学生工作办公室、英语专业教研室、公共英语第一教研室、公共英语第二教研室、对外汉语专业教研室、多语种教研室、语音实验室、专门用途英语（商务英语、水电英语）研究中心、跨文化研究中心和外语培训中心。

二、师资队伍

外国语学院师资队伍力量雄厚，拥有一支师资结构合理的教学研究队伍，具备了较强的教学和科研实力。学院现有教职工 107 人，其中教授 5 人，副教授 19 人，具有博士学位教师 6 名，另有外籍教师 10 人。教职工中具有研究生学历的教师 74 人。学院先后派出张加民、周树兰、魏新强、刘桂华、郭淑萍、李胜机、张富生、时锦瑞等一批骨干教师到英国、加拿大、澳大利亚等国作访问学者。学院还对引进的青年教师实行岗前培训制度和导师制度，对每位青年教师进行岗前业务培训，经过半年至一年的指导、培训、试讲、参加讲课大赛等环节，学院青年教师提高了业务知识和课堂教学技能，站稳了讲台。

学院历任领导、教学人员基本情况如 1、表 2 所示。

三、教学科研

外国语学院经过长期不懈的努力，逐步形成了“严谨、务实”的优良教风，始终坚持以教学为中心，从严执教，教书育人；坚持教研活动有计划、有内容、有效果。坚持进行教学经验交流活动，互相学习，共同提高。形成了一套行之有效的教学管理制度，保证了教育教学质量的不断提高。英语专业四级和八级通过率和大学英语四级通过率均列河南省本科高校前茅，大学英语课程为河南省优秀课程；青年教师有多人次获得学校青年教师讲课大赛一、二、三等奖，并获得多次教学比赛优秀组织奖。获得省级教学比赛多项，其中 2004 年，董翌、常燕分别获得河南省教育系统教学技能竞赛二、三等奖；李胜机获得省高校大学英语教学观摩比赛第二名；2008 年，魏新强、周冠琼双双获得省教育厅、省教育工会组织的河南省教育系统教学技能竞赛一等奖并被授予河南省教学标兵荣誉称号，庞彦杰获得三等奖；2011 年，李燕、董翌分别获得河南省高校大学英语教学技能竞赛二、三等奖;2005年,孙文荣教授被郑州市教育局、总工会、人事局授予郑州市优秀教师荣誉称号,王明英副教授被郑州市教育局授予郑州市师德先进个人,曹盛华教授被评为河南省和漯河市优秀教师。

表1　学院历任领导

姓　名	任职期限	职　务	备　注
张加民	1998.12—2002.1 2002.1—2006.5 2007.3—2009.11	外语部副主任 外语语言系主任 外语学院院长	2000年6月开始主持工作
李雪彦	1998.12—2000.6	外语部副主任	
周树兰	2000.6至今	外语部副主任、外语系副主任、外语学院副院长	
李广荣	2000.6—2002.1	党总支书记兼副主任	
户进菊	2002.5—2006.5 2006.5—2006.12	党总支副书记 外国语言系主任	
史进才	2003.5—2006.5	党总支书记	
魏新强	2004.6至今	外语语言系副主任 外国语学院副院长	2009年11月起全面主持行政工作
侯占海	2006.5—2009.4	党总支书记	
王艳芳	2009.4至今	党总支书记	
李胜机	2009.11至今	党总支副书记兼副院长	
党兰玲	2009.11至今	外国语学院副院长	
曹德春	2010.3至今	外国语学院副院长	

表2　教学人员基本情况

教研室	合计	学历			职称				年龄		
		博士	硕士	本科	教授	副教授	讲师	助教	40岁以下	41至50岁	50岁以上
公共英语第一教研室	27	0	21	6	2	6	15	4	18	8	1
公共英语第二教研室	27	0	20	7	1	7	15	4	22	5	0
英语专业教研室	16	2	12	2	2	2	10	2	11	5	0
多语种教研室(日俄教研室)	13	2	9	2	0	1	3	9	11	2	0
对外汉语专业教研室	8	3	4	1	0	1	4	3	5	3	0

外国语学院设有5个教研室:公共英语第一教研室,担任过主任、副主任的教师有李雪彦、魏新强、刘桂华、韩孟奇、庞彦杰;公共英语第二教研室,担任过主任、副主任的教师有王明英、户进菊、魏新强、李胜机、余桂霞、刘星光;英语专业教研室,担任过主任、副主任的教师有张富生、党兰玲、周冠琼;多语种教研室(日俄教研室),担任过主任、副主任的教师有张郁萍、陈桂华;对外汉语专业教研室,担任主任的为刘桂华。

外国语学院设有3个科研机构:专门用途英语研究中心,曹德春兼任主任;跨文化研究中心,周树兰兼任主任;外语培训中心,李胜机、刘星光任主任。

近3年来,外语学院平均每年发表论文50余篇,其中核心期刊20余篇,参加各类科研项目40余项,先后承担了国家重点工程小浪底水利枢纽工程英文标书的汉译工作,黄河英文网以及河南旅游资讯英文网的建设工作。

自1999年以来,有92人次分别获得校先进教育工作者、师德先进个人、优秀党员、文明教师、文明家庭、巾帼建功标兵、先进女教工、先进实验室工作者、优秀档案员、"十佳教师"、科研先进个人、校教学比赛或论文比赛特、一、二、三等奖(见表3),有32人次完成的论文、项目或参加的各类竞赛获得省教育厅和省社科联一、二、三等奖;2006年,郑茗元老师等翻译的《天伦之爱》获加拿大总督文学奖、周冠琼获得河南省教育厅科技成果二等奖;2007年,周树兰等参与的南水北调中线一期工程总干渠安阳河渠道倒虹吸河工模型研究项目获得河南省科学技术成果三等奖;2009年、2010年,外国语学院党总支被省高校工委授予河南省高校先进基层党总支,学院被省教育工会授予女职工建功立业先进集体。党兰玲等完成的英汉语言对比与英语教学项目获得河南省优秀调研成果一等奖、曹德春博士完成的《多元化文化与市场信息交流行为》获得河南省社会科学优秀成果二等奖、刘春雨老师参与完成的《中国灾害通史》获得河南省社会科学优秀成果荣誉奖、程兰芹完成的论文《错误分析理论在大学英语教学中的应用》获得河南省高校大学英语教学改革优秀论文奖。

历年荣获校级以上荣誉情况统计如表3所示。

四、实验室建设

语音实验室是基础实验室,属于校、院两级管理。目前,有模拟型、数字型和网络型3种类型,共19套,其中松下2套、天润数字3套、JVC3套、蓝鸽数字1套、卓越网络4套、松下网络4套、利马数字2套。花园校区有8套语音室,龙子湖校区有11套语音室。语音室使用面积达到2 000 m^2,座位1 237个,其中64座的有14套,80座的有3套,设备费投入650万元。担任过语音室主任、副主任的教师有宁卫军、张富生、袁爱民。

语音实验室面向全校各层次各专业开设的课程有:大学英语听力、大学日语听力、大学俄语听力、英语专业听力、对外汉语听力、研究生英语听力、视听说课及口语课等。语音实验室现在承担着全校一、二年级15 000余名本科生以及全校专升本学生、国际合作学生和硕士研究生的听力课教学。2010年,语音室被学校评为先进实验室。语音实验室现有实验指导教师100人,其中博士4人,硕士57人;教授4人,副教授17人,讲师31人;外教9人。另有专职实验室管理工作人员3人。

五、学生管理

学院学生工作以邓小平理论、"三个代

表3　历年荣获校级以上荣誉情况统计

序号	姓名	荣誉名称	获奖时间	颁奖单位
1	王明英	郑州市师德先进个人	2001年度	郑州市教育工会
2	孙文荣	郑州市优秀教师	2005年度	市教育局、总工会、人事局
3	李胜机	河南省高校大英教学观摩比赛第二名	2006年	省教育厅
4	魏新强	河南省教育系统教学技能竞赛一等奖(河南省教学标兵)	2008年度	省教育厅、省教育工会
5	周冠琼	河南省教育系统教学技能竞赛一等奖(河南省教学标兵)	2008年度	省教育厅、省教育工会
6	庞彦杰	河南省教育系统教学技能竞赛三等奖	2008年度	省教育厅、省教育工会
7	张富生	文明教师	2006年	本校
8	党兰玲	文明教师	2007年	本校
9	李胜机	文明教师	2008年	本校
10	韩孟奇	文明教师	2009年	本校
11	周冠琼	文明家庭	2009年	本校
12	余桂霞	优秀共产党员	2010年	本校
13	魏新强	优秀共产党员	2010年	本校
14	李胜机	优秀共产党员	2010年	本校
15	冯飞妍	先进女教工	2007年	本校
16	余桂霞	先进女教工	2007年	本校
17	魏新强	师德先进个人	2009年	本校
18	余桂霞	师德先进个人	2009年	本校
19	韩梦奇	师德先进个人	2009年	本校
20	余桂霞	巾帼建功标兵	2007年度	本校
21	刘桂华	巾帼建功标兵	2007年度	本校
22	史玉霞	巾帼建功标兵	2008年度	本校
23	郑　宏	巾帼建功标兵	2008年度	本校
24	外国语学院	女职工建功立业先进集体	2010年度	省教育工会
25	刘星光	校文明职工	2010年度	本校
26	党兰玲	优秀教育工作者	2010年度	本校
27	袁爱民	文明家庭	2010年度	本校
28	外国语学院	河南省高校先进基层党总支	2010年度	省高校工委

表”重要思想和“十七大”精神为指导,以人为本,围绕学校中心工作,始终坚持党的教育方针,坚持社会主义办学方向,根据国家建设和社会需要,全面培养和输送合格人才的办学宗旨,以成才为目标,以活动为载体,求真务实,与时俱进,创造性地开展各种学习、科研、文体、社团活动,教育、引导、服务广大青年学生,促进学生创新能力的提高和综合素质的发展。学院自建院以来就十分重视学生工作,学工办配备分团委书记和专职辅导员。辅导员是学生管理工作各项政策和措施的具体实施者与执行者,对学生在思想、学习、生活、心理等方面进行全方位的指导。为此,学院建立了一支队伍稳定、责任心强、业务素质高的辅导员队伍。2011年,学院有专职辅导员7人。为切实落实招生、培养、就业联动机制,外国语学院逐步建立健全了一系列学生管理规章制度。制度涉及班级管理规范、共青团工作制度、奖助学金管理制度、科技创新管理制度、暑期社会实践管理制度、学生党建工作制度、学生工作人员规范、学生就业工作制度等8个方面,共计28项规章制度。

学生干部队伍由学生会干部、团委学生干部和各班班干部组成,是学院学生工作的骨干力量和得力助手,也是各种学生活动的主力军和生力军。近几年,外国语学院对学生干部队伍加强了建设力度,在建立了学生民主选举制度的基础上,实行了学生干部考核制度及学生干部培训制度,通过对学生干部队伍的选拔和培养,使学生干部队伍真正得到锻炼。通过这些措施,学生参与学院学生工作的热情大大提高。从2002年到2011年,学院先后有近50名学生干部被授予省级“优秀毕业生”、“三好学生”、“优秀学生干部”、“优秀团干部”、“优秀团员”、“社会实践先进个人”、“文明学生”等称号。

近年来,学院学生踊跃考取研究生,考研率平均达到15%。经过职业规划,学院学生的毕业就业形势良好,就业去向主要集中在涉外工程、教育、外贸及服务等领域,平均就业率达90%以上。

第二课堂是学生培养中的重要一环。为发挥专业特长,锻炼能力,在外教的大力支持下,学院从2002年起一直坚持组织英语角,成为学校学生提高英语口语、提升英语学习兴趣的大舞台;贾岗小学支教队自2007年成立以来,5年如一日,为贾岗小学学生英语成绩提高立下了汗马功劳,多次被大河网等多家省级媒体关注,现已成为华北水院的一个特色实践基地;2007年学校与嵩山少林武术职业学院开始联合办学,学院学生充分发挥自己的武术特色,成立了武术表演队,在学校及学院组织的运动会、联欢会中大放异彩,已成为学院的一张特色名片。

社会实践是学生提高综合素质的重要一环,通过社会实践,学生在开展调查、采访过程中,交往能力和创新能力都得到了较大的提高。多年来,学院先后与中州皇冠假日酒店、阿里巴巴西儒学院和联大外国语学校等单位签订协议,共建学生暑期社会实践基地,帮助学生积极实践,规划未来。另外,学院还组织团员青年参加学校组织的各种公益活动。每年暑假,学生分赴全国各地、市、县的基层组织,开展形式多样的调查、采访、学习和科普活动,学生发扬不怕困难、不怕吃苦的精神,深入调查实际,撰写了大量质量较高的调查报告,受到了当地政府的重视。

(魏新强、王艳芳执笔)

法学院

一、概况

法学院成立于2009年2月15日，前身为2004年成立的法学系，现设有法学、行政管理、劳动与社会保障3个专业。学院以本科教育为主，拥有结构合理的师资队伍。已经建立起由专职教师、客座教授、兼职教授组成的教师队伍和学科团队，现有专职教师44人，实验室管理员1人，其中教授3人，副教授6人；博士9人，硕士33人。学院主要从事法学理论、宪法与行政法、民商法、经济法、水法、诉讼法、刑法、行政管理、劳动与社会保障等学科领域的教学与研究工作。

法学院设有完善的教学与科研机构。现有水法与水行政、行政管理、劳动与社会保障、法学等4个教研室，水法与水行政研究所等科研机构。

二、教学管理与师资队伍建设

法学院高度重视教学管理工作，以规范教学管理、提高教学效果为重点，教学管理逐步进入规范化轨道。学院同时根据社会的需求，及时调整了培养计划，强化实践环节，主动适应社会对大学培养人才的新要求。

为加强优质课程建设，法学院积极参加学校和教育厅组织的课程建设工作。2007年12月，由王华杰教授主持的“思想道德修养与法律基础”通过了省教育厅组织的优秀课程评选。法学院重视青年教师讲课技能的培养，学院教师梁丽丽2007年5月荣获学校第九届青年教师讲课大赛一等奖。学院教师冯晓萌2011年5月荣获学校第十一届青年教师讲课大赛二等奖。

法学院重视学生的社会实践，培养学生分析问题和解决问题的能力。建立开放性的教育教学模式，围绕教学中的热点、难点、重点、疑点，组织学生进行社会调查，撰写调查报告。2009年10月法学院与大沧海律师事务所达成合作协议，大沧海律师事务所成为法学院学生的实习基地。这项合作有效地帮助学生学以致用，将法学理论与司法实践结合，提高法学专业素养，为将来从事司法工作打下坚实的理论与实践基础。同时，学院争取资金，购买了数码摄像机、照相机、计算机等设备，完善了学院实验室建设和模拟法庭的建设，实验条件的改善，为学院的实践教学提供了良好的保障。

学院在人才队伍建设上做了大量工作。积极创造条件，引进高学历人才，支持青年教师攻读学位和外出进修。学院先后引进了9名博士，2名教授，有3位青年教师正在攻读博士学位。全院教师学历结构、职称结构日趋优化，师资队伍建设日趋合理。

三、科研工作与学科建设

学院加大了科研工作与学科建设的力度，采取多项措施，培育科研氛围。

通过举办教授博士学术讲坛等方式，让学院具有教授、副教授职称以及具有博士学位的教师为学生作学术报告，引领学生了解学术前沿动态。通过全体教师的积极参与和广大学生的踊跃参加，取得了良好效果。

积极组织、鼓励教师参加学术交流活动,以拓宽学术视野。学院教师多次参加各种国内外学术会议,进行学术交流,一方面,密切了与兄弟院校间的学术友谊,另一方面,也开拓了自己的学术视野。

充分发挥学术带头人和学术骨干教师的带头作用,注重科研团队建设,增强全院科研综合实力。随着学校科研相关政策的出台和已经搭建的科研工作平台,学院科研工作有了新的进展,青年教师在科研项目的数量上有了很大的突破。目前,学院共有 14 名教师在 25 个科研课题中参加科研,拥有科研项目的教师占全院教师数的 56%。“十一五”期间,学院教师共发表学术论文 102 篇,专著 2 部,其中核心期刊 14 篇。论文发表数量及质量有了显著提高,学术氛围日渐浓厚。

四、学生管理工作

法学院自 2004 年开始招收本科生,截至 2010 年共招生 1 440 人。其中:法学专业本科生 750 人,25 个班级;行政管理专业本科生 180 人,6 个班级;劳动与社会保障专业本科生 180 人,6 个班级。学院自 2006 年开始招收法学专升本学生,近 5 年中共招收 330 人,11 个班级。

法学院充分发挥党的政治优势和组织优势,进一步加强基层党组织建设,做好大学生思想政治教育工作,学院以年级为单位设置学生党支部。发挥团学组织的凝聚力、战斗力,做好大学生思想政治教育工作。结合学院实际,通过党校、党章学习小组、“三个代表”重要思想和科学发展观研究会、主题团日、主题班会等形式,坚持政治理论教育与社会实践相结合,以理想信念教育为核心,以爱国主义为重点,以思想道德建设为基础,以大学生自我全面发展为目标,对团学干部及广大同学进行思想政治教育,努力提升学院学生思想政治教育工作水平和质量;做好推荐优秀团员加入中国共产党的工作,推优率达 100%;以“增强团员意识,服务和谐社会”为主题在广大团学青年中开展声势浩大的宣传教育活动,进一步增强团组织的凝聚力,取得良好效果。通过竞聘考核等形式,选拔德才兼备的学生担任学生干部,发挥学生“自我教育、自我管理、自我服务”的作用。

为更好地促进学生心理健康发展,学院成立心理健康教育工作小组,聘请心理专家为辅导员开展心理素质培训工作,建立了学院学生心理咨询室,开展多层次的心理咨询工作。成立大学生心理健康小组,开展互帮互助咨询辅导工作,使大学生掌握一般的心理调节能力,增强承受挫折能力,利用“慧多丰”心理测评系统开展学生心理健康调查,举办心理健康现场咨询活动,及时掌握学生身心整体发展状况,建立学生心理档案,充分发挥网络科技手段,创新工作载体,开展网上心理辅导、教育与咨询活动,开展心理健康周活动,在构建和谐校园中起到了积极的推动作用。

本着“转变管理观念,强化服务功能,加强信息服务,拓宽就业渠道”的工作原则,坚持一手抓人才需求调查和人才培养质量,一手抓就业教育和推荐工作,建立健全就业指导机制和就业信息服务系统,通过开展专题讲座,组织优秀毕业生介绍创业经验,教育学生树立“先就业,再择业,能创业”的就业观和择业观。学院十分重视毕业生就业指导与服务工作,成立了学院毕业生就业工作领导小组。毕业班辅导员带领毕业生参加人才供需见面会,了解人才市场需求信息,扩大毕业生就业市场,通过“请进来,走出去”的方式,在学院成功举办人才供需见面会,加大毕业生就业推荐力度,为学院毕业生提供高效优质的就业创业服务。学院逐步形成集考研、就业、毕业论文写作指导为一体的"捆绑式"、"一站式"全员参与的就业服务新机制。该机制把提高毕业生学历层次作为提升就业质量的有效手段;将毕业生毕业论文写作选题工作提前进行;充分调动专业教师积极性,主动参与到全员就业服务工作中。

学院历来重视大学生素质教育工作,组织开展大学生素质拓展文化节,通过与学生学习生活密切相关且喜闻乐见的系列活动,拓展学生视野,提高学生综合素质。从2009年开始举办法学院大学生素质拓展文化节。学院也十分重视开展大学生社会实践活动,把学生参加社会实践活动作为促进大学生素质教育,引导学生健康成长的重要举措,作为培养和提高学生实践、创新能力的重要途径。从2004年开始每年组织三支社会实践队到基层锻炼。在校团委的指导下,围绕中心,服务大局,依托学院发展的优势,开展了形式多样的大学生社会实践活动,形成了"一条主线、双管齐下、多元内涵、四个突出"的特色。

法学院把自身发展纳入学校发展的总体战略和格局,以学校特色学科建设为依托,努力实现其长远发展愿景和短期发展目标。以学术带头人和学术骨干的打造及成长为重点,以主动有效的学术交流为促进,以高水平学术成果的加速积累为保障,用三至五年的时间,使法学院整体学术水平迅速提升,学术能力明显增强,学术影响显著扩大,学科建设快速发展,为实现学校向博士学位授予单位的跨越作出贡献。

法学院历任领导见表1。

表1 法学院历任领导

姓 名	任职时间	职 务
张玉祥	2004.6—2009.4	法学系主任
饶明奇	2004.6—2005.1	法学系副主任
	2005.1—2006.4	法学系党总支书记
景中强	2006.4—2008.3	法学系党总支书记
陶玉慧	2008.3—2009.4	法学系党总支书记
晁根芳	2004.10—2009.4	法学系党总支副书记
	2009.4 至今	法学院党总支书记
黄建水	2006.4—2009.4	法学系副主任
	2009.4 至今	法学院副院长
王华杰	2009.4 至今	法学院副院长(主持工作)
刘术永	2009.4 至今	法学院党总支副书记

(王华杰、晁根芳执笔)

软件职业技术学院

软件职业技术学院（简称软件学院）是2008年4月由河南省教育厅批准设立的示范性软件职业技术学院。学院目前开设有4个专科专业，在校生共500多人。学院坚持以学生为本，以就业为导向，是培养国家和地方建设急需的IT类应用型人才的重要基地。

一、创建与发展

软件学院创建于2008年5月29日。根据学校实际情况及发展需要，学院成立之初，与信息工程学院合署办公，两块牌子，一套班子，刘建华任院长，向明森、庄晋林任副院长。2008年6月20日，经校党委研究决定，成立软件学院党总支，与信息工程学院党总支合署办公，两块牌子，一套班子，刘雪梅任书记，焦红波任副书记。2009年4月20日校党委对学院领导班子进行调整，任命刘建华为学院党总支书记，李伟为副书记；陆桂明为学院院长，向明森、庄晋林、李秀芹为副院长。

2010年4月，经校党委研究决定，软件学院与信息工程学院分离，单独设置。同时，校党委根据工作需要，对独立设置后的学院领导班子重新作了调整，刘建华任院长，李秀芹任副院长；郭玉宾任党总支书记，毕雪燕任党总支副书记。

自学院独立设置以来，软件学院领导班子团结带领全体教职员工齐心协力，紧紧围绕学校发展目标，开拓进取，改革创新，始终坚持科学决策，规范严格管理，扎实工作，取得了显著成绩。首先是顺利地完成了与信息工程学院人、财、物的科学、合理、和谐划分，保证了两个学院各项工作的平稳过渡。其次，结合实际，认真分析软件学院的发展现状、取得的成绩和存在的问题，调研分析软件技术的发展趋势及经济社会发展对软件人才的需求情况。根据学校对软件学院发展的要求，结合全省软件学院的发展情况及学院实际，梳理出“筑基、发展、创新、开放”的发展思路，并根据这个发展思路制定了软件学院的“十二五”发展规划。

筑基——就是要夯实软件学院的发展基础。通过加强领导班子建设、专业建设、课程建设、师资队伍建设和规章制度建设，保证软件学院党务工作、行政管理、教学管理、学生管理及其他各项事业的稳定和发展，保证软件学院教学质量的稳定与提高，保证软件学院教师队伍的稳定和发展。

发展——就是在保证软件学院各项事业稳定和发展的同时，进行规模的扩张，实现做大做强软件学院的目的。进行规模的扩张主要有两个途径，一是在专科层次进行规模的扩张，主要采取申办增加新的专科专业和设置新的专业方向，以专业和专业方向的数量增加支撑专科层次规模的扩张；二是上层次，实现软件学院招收三本学生的突破，以三本学生的招生实现规模的扩张。

创新——是从我校软件学院和全省软件学院的实际出发，发现和利用软件学院的优势，进行以特色专业建设和特色人才培养模式为核心的特色软件学院建设。特色专业建设就是积极和主管文化产业的河南省委宣传部、省文化厅、省教育厅等机构联系,并积极和相关企业合作,经过几年的建设,争取在我校建立新兴文化创意产业类基地、工程中心、重点实验室等机构,实现新兴文化创意产业类学科的突破。特色人才培养模式建设就是要在人才培养中走产、学、研相结合之路,进行课程体系、教学模式、教学方法的改革,构建适应经济社会发展的软件人才培养模式。

开放——就是面向社会、面向国际,开门办学。面向社会就是走校企合作办学之路。面向国际就是要进行国际合作,吸收国外的先进技术和教育理念,提高我们的技术水平和教学质量,同时为软件学院的学生开辟走向世界的通道。

二、组织机构

新领导班子组成以后,认真坚持党政联席会议制度,凡是涉及软件学院发展的重大问题,如专业建设、财务管理、人事安排等均由党政联席会议研究决定。坚持党政联席会议制度,使学院的各项决策更加民主化和科学化,也充分发挥每一个班子成员的积极作用,提高了大家的工作积极性,促进了班子的团结与和谐。

根据软件学院独立运行的实际情况,重新调整了软件学院党总支(党支部)、分工会、学生工作领导小组、分团委、实训中心等组织机构,为软件学院的发展做了组织上的保证,保证了相关工作的正常开展。

软件学院下设学院办公室,负责学院日常行政事务和教学管理工作;软件技术教研室,负责学院教学研究工作;实训中心,承担全院学生上机实习任务;辅导员办公室,负责两个年级将近500名学生的日常教育管理工作;分团委办公室,负责共青团工作和学生会日常管理工作。

三、专业建设

软件技术发展迅速,社会需求变化较快,为了使新知识、新技术尽快进入课堂,学院组织教师对软件学院现有的软件技术、计算机信息管理、图形图像制作和计算机多媒体技术4个专业的专业基础、专业特色、能力要求、素质结构,以及实践环节等问题进行了多次讨论,并与企业和实训机构等生产一线的技术专家多次沟通,全面修订了4个专业的教学计划,并认真编写每门课程的教学大纲,为保证现有专业的教学质量稳定和提高奠定了坚实基础。

根据河南省文化产业的发展规划和社会需求,制订了游戏设计专业和计算机网络技术专业的人才培养方案与教学计划,构建了包括动漫设计、多媒体技术、图形图像制作、游戏设计等专业的新兴文化产业类专业群,为特色专业建设打下了良好的基础。

调研论证开设对外汉语专业(文化信息技术与传播方向)的必要性和可行性,并制订了相应的人才培养方案和教学计划,为软件学院2011年招收三本学生做好了基础准备。

四、师资队伍

截至2011年7月,软件学院有教职工21人,其中教授3人,副教授4人,讲师7人,助教7人;其中博士2人,硕士16人。

学院重视加强师资队伍建设。针对青年教师较多,普遍缺乏项目实践经历的师资状况,学院领导班子积极创造条件,选派一线教师到实训机构培训进修,提高他们的教学实践能力。自独立设置以来,选派2名教师到江苏、上海参加教学改革调研和实训单位、毕业生回访工作;选派5人次到省内外进行教学或管理业务知识培训。

学院领导重视与关心广大教师的工作、学习、生活和自身发展问题。学院经常结合实际开展丰富多彩的职工文化体育活动。紧紧依靠广大教职工,事关学院发展的重大事情都召开全体职工大会讨论决策,充分发挥每位教职工的潜能,把大家的注意力凝聚到一心一意谋发展上来。

五、教学工作

加强教学过程管理,提高教学质量。在教学中,严格执行学校的各项规章制度,同时认真进行期初、期中、期末教学检查,教学秩序良好。建立了软件学院督导制度,学院领导及骨干教师全面参加督导工作,严把教学秩序和教学质量关。加强教研室建设,逐步开展了课程组建设。

制定实训教学规章制度,完善规范实训教学工作。在十几家单位建立校外实训基地,满足学生实训的需求。进一步完善校内实训基地建设,保证软件学院学生的上机和校内实训。与河南长城信息技术有限公司、江苏尚阳科技有限公司等单位建立了校企合作关系,创新人才培养模式,与企业联合开展订单式人才培养。

积极进行教学改革探索。选择3门课程进行考试考核方式的改革,重点突出动手能力、实践环节的考核。举办了2010级多媒体技术、图形图像专业的美术作业展等。

六、学生工作

软件学院紧紧围绕培养大学生全面成才这个首要目标,着力做好学生思想政治教育和管理工作。修订、完善了软件学院学生管理方面的规章制度,逐步形成思想政治教育和学生管理工作的规范化、制度化和科学化。

认真做好毕业生就业、文明离校、迎新工作和日常管理工作。2010年软件学院首届学生毕业,学院通过加强思想教育、就业观念教育,帮助毕业生树立正确的就业观念,同时积极开展有针对性的就业指导工作,首届毕业生就业情况良好,文明离校。

积极开展各类科技、文体活动,丰富学生大学生活,促进学生全面健康发展。通过暑期社会实践、辩论赛、素质拓展训练、篮球赛,迎新晚会等20余次活动,较好开拓了学生的视野,有力地促进了学生素质的全面发展。在2010年度全国数学建模竞赛中,软件学院参赛学生在专科组取得了好成绩,2支代表队分获省级二等奖和三等奖。

软件学院学生以勤奋、严谨的学风,良好的精神面貌在学校多项评比中获得佳绩,学生成绩合格率达96%以上,其中,2010年有1名同学获得国家奖学金、16名同学获得国家励志奖学金、131名同学获得国家助学金,22名同学被评为校级三好学生,15名同学被评为校级优秀学生干部。2009175班、2009185班被评为优良学风班,2009182班、2009186班被评为先进班集体。

软件学院大力促进学生进一步深造。2010届毕业生在专升本考试中取得了优异的成绩,参加专升本考试的共有61名学生,全部达到了省定最低录取分数线,专升本过线率达100%。

七、科研能力和服务社会工作

学院领导高度重视科研和服务社会工作。为提高学院的科研能力和服务社会水平,学院专门设置了一整套奖励制度和措施,积极鼓励教师申报各类科研课题和项目。自2010年独立设置以来,软件学院获得河南省发展研究奖三等奖1项,河南省优秀自然科学优秀论文6项,厅级奖励5项,承担科研项目8项,发表论文25篇,其中EI、ISTP等收录5篇,核心期刊5篇。

在学校的大力支持下,经过学院广大教职工的积极努力,经河南省人力资源和社会保障厅批准,同意在我校设立国家职业技能鉴定所。国家职业技能鉴定所的设立将为我院应用型人才和技能型人才的培养提供有力支持,使学生毕业时能同时获得相应的学历证书和职业资格证书,对提高人才培养质量和促进就业具有重要意义。同时,也填补了我校在职业技能资格认定领域的一项空白,为学校的发展作出了贡献。

(刘建华、郭玉宾执笔)

思想政治教育学院

思想政治教育学院成立于2009年2月，其前身是1988年成立的社会科学部。在社会科学部的基础上，1994年9月成立经济管理系，社科部与经管系合署办公。1999年上半年，属社科部的马列主义理论教研室和属宣传部的思想政治教育教研室、文学艺术教研室合并成立独立的人文社科部。2004年6月，人文社科部的文艺教研室独立成为人文艺术教育中心，人文社科部更名为社会科学部，并在此基础上组建了法学系，和社科部合署办公。2009年2月，学校独立设置思想政治教育学院。

思想政治教育学院现有专职教师23人，其中具有高级职称的9人，具有中级职称的11人；具有硕士学位的教师15人，占教师总数的88%，其中具有博士学位的教师5人。思想政治教育学院教师队伍整体上较为年轻，40岁以下的教师占教师总数的70%。思想政治教育学院现设立马克思主义原理、邓小平理论、思想品德、中国近现代史4个教研室，1个资料室，并有1个广谱哲学研究所。

思想政治教育学院承担着全校本科各专业的政治理论课的教学任务及部分全校选修课的教学，同时承担研究生“科学社会主义”和“自然辩证法”课程的教学任务。本科政治理论课共有5门：“思想道德修养与法律基础”、“马克思主义基本原理”、“毛泽东思想和中国特色社会主义理论体系概论”、“中国近现代史纲要”、“形势与政策”，文科专业开设“当代世界经济与政治”。思想政治教育学院现有马克思主义基本原理和思想政治教育两个硕士点，2007年开始招生，在校研究生已达80余人。

在教学方法改革上，思想政治教育学院积极探索，大胆创新。一是推广“三讲”法（即中学教材和大学教材内容重复的“不讲”，学生通过阅读教材能够理解的“少讲”，教学中的重点和难点要“精讲”），处理好教材内容；二是开展案例教学法和模块教学法，有效地实现了理论联系实际；三是采用专题滚动法，开展“形势与政策”课教学；四是采用双向交流法，开展研讨式教学，调动学生学习的积极性。在考试方法上，为了避免学生死记硬背，在“思想道德修养与法律基础”、“中国近现代史纲要”、“形势与政策”等课程的考试中，试行开卷考试，取得了很好的效果。思想政治教育学院的青年教师在学校的讲课大赛中屡创佳绩，蝉联三届校青年教师讲课大赛一等奖。

多年来，思想政治教育学院坚持教学与科研相互促进的原则，积极鼓励教师从事科研活动。近3年来，思想政治教育学院教师共发表论文158篇，主持或参加厅级以上科研项目32个，主编或参编著作、教材14部，获得厅级以上奖励18项。张玉祥教授创立的广谱哲学不断取得新的研究成果。中国自然辩证法研究会于2006年8月举办了“自主创新与广谱哲学10周年全国学术研讨会”。国际一般系统论研究会(IIGSS)于2007年6月举办第五次国际学术会议,把广谱哲学列入会议的专题研讨会之一。十余年来,广谱哲学在国内外哲学界、科技哲学界、系统科学界、数学界等领域产生了越来越广泛的影响。

(张玉祥执笔)

继续教育学院

一、概况

学校的继续教育始于1956年成立的北京水利发电函授学院，是我国率先举办成人教育的高等院校之一。继续教育是高等教育的重要组成部分，大力发展成人高等教育是社会经济建设发展的需要，也是高等院校自身发展的需要，更是高等院校服务社会的一项基本任务。

多年来，在学校的正确领导下，继续教育学院按照继续教育有关的政策法规要求，依托学校雄厚的师资力量，完备的教学设施和丰富的管理经验，结合我校的水电特色，抓住机遇，乘势而上，开拓创新，使我校成人教育得到了健康稳步的发展，取得了较好的社会效益和办学效益。

目前，我校的成人教育共开设有成人水利水电工程、电气工程及自动化、热能与动力工程、土木工程、给水排水工程、计算机科学与技术等36个本、专科(脱产、函授)教育专业，2010年12月在册总人数达12 300余名。在河南、贵州、广西、湖南、甘肃、宁夏、陕西、河北等省(区)共设立函授辅导站24个，有半数函授生在河南省外函授站学习。近十年来，共为国家培养本、专科毕业生2万余名。在为国家培养优秀人才的同时，也赢得了赞誉，2008年河南省高等成人教育教学评估为优秀。

2007年之前，所有的成人学历教育均由继续教育学院直接管理。2007年下半年，因规模比较庞大，为了更好地管理成人教育，保证教育教学质量，经多方调研、论证，对成人教育的管理模式进行了改革，由一级管理改革为二级管理，充分发挥了专业院系在成人教育教学方面的作用。

学历教育积极稳步发展的同时，非学历教育也有了突破性发展。学校于2007年7月印发了《继续教育管理暂行办法》，正式明确了“继续教育学院是学校非学历教育的管理部门，总体负责非学历教育管理工作。”现在，我校是水利部认定的水利行业水利监理工程师的定点培训机构，是河南省教育厅认定的河南省中等职业学校专业教师师资培养培训基地，是河南省建设厅认定的河南省建设系统培训机构。与专业学院先后开展了高级研修、资格认证培训等多种形式的非学历教育活动。

继续教育学院还独立承办了“水利高级研修班”、“水利行业领导干部专业能力建设培训班”、“火电厂全能值班员培训”、“热动培训”等多项长期和短期非学历教育项目。

二、组织机构

北京水利发电函授学院是新中国成立以来第一所独立设置的高等工科函授学院，自1956年诞生以来，一直伴随着新中国水电事业的发展而发展，经历了创办、恢复、改革、发展四个阶段。

截至1999年，学校成人教育设有四个部门：成人教育处、函授部、夜大学、电大试点办，分别在郑州和邯郸两地招生。成人教育处为行政管理部门,代表学校对全校成人教育工作实施管理;函授部、夜大学、电大试点办均为教学管理部门,分别负责各自的教学管理工作。

2000年,学校由水利部划归河南、北京水利电力函授学院划归北京、邯郸的函授部和夜大学划归河北进行地方管理、郑州函授部划归校本部管理。同年,郑州函授部更名为成人教育中心。校长助理刘宪亮兼任成人教育中心主任,王兰翔任副主任,下设办公室、教务科、教材科、学籍科、电大试点办。王斌任办公室主任,于献兰任教务科科长,杨宝珠任学籍科科长,邱信才任教材科科长,兼管电大试点办工作。同年,分别在湖北、重庆、山东、广西、宁夏五省区建立了函授站,至此,我校共有10个函授站、8个教学点。2001年,刘宪亮调任黄河水利职业技术学院任院长,成人教育中心由王兰翔主持工作。

2002年4月,学校机构调整,成人教育中心撤销,成立华北水利水电学院成人教育学院,下设办公室、教务教材科、学籍科。同时,建立了成人教育学院党总支及成教分团委。电大试点办剥离,成为一个独立的单位。王兰翔任党总支书记兼副院长,张占庞任院长,马万明任党总支副书记,王伟峰任团总支书记,王斌任学院秘书,李文军任办公室主任,储米萍任教务教材科科长,杨宝珠任学籍科科长,刘悦任教务教材科副科长。2004年12月因工作需要,马万明调离,许强调入并任副院长。

2006年4月,学校中层班子换届,成人教育学院更名为继续教育学院,下设科室不变。新班子组成如下:董贵恒任党总支书记,李有华任院长,陈文义任副院长兼党总支副书记,许强任副院长。2007年,全国成人教育脱产生停止招生,加之成人函授招生规模的迅速增加,为了更好地管理高等成人函授教育,保证教育教学质量,经多方调研、论证,学校出台了《继续教育管理暂行办法》,对校内直属函授辅导站的管理模式进行了改革,由一级管理改为二级管理,并同时撤销了党总支,继续教育学院作为一个党支部,隶属第二党总支。

2006年7月,根据工作需要,增设招生工作科和培训科,王伟峰和刘悦分别任科长。2007年2月,杨杰任分团委书记,李超任教务教材科副科长。2008年10月,因刘悦调离,王斌调任培训科科长。2009年4月,学校中层班子换届,李有华继续任院长,许强、陈文义继续任副院长。

三、队伍建设

1. 班子建设

重视政治理论学习,不断提高思想素养和管理能力,是继续教育学院历届党政班子成员的共识。因此,班子成员积极组织和参加政治理论学习,坚决贯彻党的路线、方针、政策和校党委、校行政的决议和决定。认真学习成人教育的业务知识,探索成人教育规律,团结奋进,求实创新,努力办好我校的继续教育事业。

2. 管理队伍建设

学院一贯重视管理队伍建设,坚持政治理论学习,坚持业务知识学习,积极支持管理人员外出参加培训、考察等,不断提高全体管理人员的素质,为做好我校的继续教育工作打下基础。

四、教学工作

积60年的成人教育教学经验,学院的教学管理、教材管理和师资队伍管理都建立了一套规范的教学管理制度以及教学文件,并在实践中不断发扬光大。

1. 教学计划的制订

成人学历教育教学计划的制订工作,一直是教学工作的一项重要工作。10 年来,除了每年的微调之外,于 2002 年、2007 年两次聘请专家教授进行了大规模的修订,在确保教学质量的前提下,充分考虑社会经济发展的需求和成人教育学生的教学特点,使学校的培养目标始终紧跟时代的变化和社会的需求,使学员学有所获、学有所用。2002 年共修订不同层次、不同学习形式、不同专业的教学计划 25 份,印刷成册,开始在 2003 级新生中执行。2007 年共修订不同层次、不同学习形式、不同专业的教学计划 28 份,印刷成册,开始在 2007 级新生中执行。

2. 课程建设

2006 年,借河南省成人高等教育评估的东风,根据实际需要,组织了一批专家和骨干教师,投入了大量的经费,全面系统地修订和完善了 165 门课程的教学大纲(毕业设计指导书)和自学指导书以及试题库的建设。特别是自学指导书,编制了简本(纸质)和繁本(电子)两个版本,纸质版的免费发给学生使用,电子版的学生可以根据需要进行无偿复制,既节省了经费,减轻了学生的经济负担,又方便了在工程一线工作的学生自学,形成了一个完整、科学、实用的教学课程资源库。

3. 教学规章制度的建设

制度是规范教学管理的依据和保障,围绕着教学工作,每年都进行制度的建设、修订和完善工作,截至 2010 年,共建立健全教学管理制度 30 余项,主要有:《继续教育学院授课教师管理规定》、《院继续教育学院教学检查制度》、《继续教育学院教案编写基本要求》、《继续教育学院教学计划管理规定》、《继续教育学院教材选用办法》、《继续教育学院试卷管理规定》、《继续教育学院函授站聘用教师管理办法》等。这些规章制度的制定和落实,有力地保证了教育教学质量。

4. 教学管理

学院紧紧围绕着教学这个中心,通过狠抓制度落实,规范教学、规范管理,确保教育教学质量的不断提高。特别是狠抓教学运行的监督检查,坚持面授教学检查制度,坚持对脱产学生的期中教学检查制度,坚持严格的考试制度。

5. 教材建设

2002 年前,学院单独设置有教材科,负责教材的选用、购置、发放。对于一些专业性较强的课程,还负责组织编写和出版工作。2001 年由黄河水利出版社出版了“水工建筑物”、“土力学”等 8 门课程的函授教材。2002 年,根据工作需要,教材科并入教务教材科,由教务教材科负责教材的选用、购置、发放。2005 年至今,根据形势发展的需要,教务教材科不再负责教材的购置和发放工作,只负责教材的选用工作。购置和发放工作直接由学校图书发行站负责。

五、招生

10 年来,以科学发展为核心,在扩大招生规模上下工夫、做文章。坚持做好招生宣传和生源市场的开拓工作,积极向上级主管部门争取招生计划,尽可能充分利用学校的办学资源,满足广大考生学习的要求。2001—2010 年录取新生 28 782 人,见表 1。

表 1　2001—2010 年新生录取情况

年份	合计	宁夏	甘肃	广西	重庆	贵州	湖南	河北	陕西	河南	四川	山东	广东	青海	湖北	山西
2001	2 219	100	70	171	147		231			1 144	4	91	2	30	229	
2002	2 240	91	89	448	108	210				1 009	2		61	19	15	188
2003	2 332	21	131	176	124	577	161			1 112				30		
2004	1 813	53	124	179	172	255	50			964				16		
2005	1 593	114	202	133	154	215	45			730						
2006	2 709	48	391	230	140	227	90			1 583						
2007	3 468	98	605	402	157	347	207		51	1 601						
2008	3 988	101	586	359	142	440	107	180	64	2 009						
2009	3 529	177	491	330	206	181	134	210	34	1 766						
2010	4 891	86	568	489	148	811	121	224	31	2 413						

六、学生管理

学院的学生管理工作主要分为两部分：学籍管理和学生的日常管理，分别由学院学籍科和学院分团委具体负责。

学籍科负责新生入学注册，校徽、学生证、学生手册的印制和发放工作，学籍移动工作，毕业生图像信息采集、毕业资格审核、毕业证书的印制和发放以及学生档案的管理工作。

分团委负责学生(主要为脱产生)的日常管理以及各种评优、表彰等工作，负责校园文化活动的组织，学生宿舍管理等工作。

2000—2003 年，脱产生规模迅速发展，达到 1 500 余人，其中 2002—2004 年，经学校同意，成人教育学院与郑州烟草公司培训中心签订了两年的租赁合同，两年内，我校的脱产生集中在郑州烟草公司培训中心进行脱产学习。自 2004 年，大批的脱产生毕业后，剩余部分又搬回花园校区进行学习。2008 年，国家在普通高校停止了成人脱产生的招生工作，2010 年底，所有脱产学生顺利毕业。

七、函授辅导站管理

函授教育是远距离教育，覆盖面大，涉及部门和单位多，我校又是面向全国招生的函授教育机构，因此加强函授辅导站的建设，是函授教育教学质量的一个重要保证。2000 年，学校由水利部划归河南省管理，函授辅导站也“划河而治”，即以黄河为界，黄河以南的函授站划归校本部管理。目前省内外函授辅导站(点)达 24 个，函授辅导站(点)全部由继续教育学院按照有关规定及协议进行管理。

八、教育教学评估

2008 年 5 月，河南省教育厅组织的普通高校成人高等教育评估专家一行 5 人，通过考察、听课、查阅有关档案资料、与师生座谈、调查问卷等形式，对我校的成人教育工作进行了全面评估。河南省普通高校成人高等教育评估五年一轮，评估实施细则共分为 8 个一级指标，27 个二级指标，51 个观测点。涵盖了学校办学指导思想、办学投入、行政管理、教学质量、师资队伍、函授站点管理、学生管理、社会评价等多方面的内容。

学校高度重视评估工作,专门成立了以校长严大考为组长、副校长曹兴霖为常务副组长的“华北水利水电学院关于成立成人高等教育检查评估工作领导小组”,并明确要求:学校的评建工作要以育人为核心,以提高教育教学质量为目标,坚持“以评促改、以评促建、以评促管、评建结合、重在建设”的方针,以评估指标体系为依据,结合成人教育教学基本建设,认真自查自评,对于评建中发现的不足,要及时整改。

扎实有效的评建工作得到了评估专家的充分肯定,评估结果为优秀。同时,评估专家从八个方面对学校的成人教育工作给予了充分的肯定:领导重视,目标明确,定位准确;规章制度完善,管理工作有章可依;管理机构设置合理,管理人员务实创新;注重教学资源建设,不断提高教育质量;函授站点管理规范,社会信誉良好;质量监控保障体系健全,有效地保证了教育教学质量;重视学生思想教育工作,课外活动丰富多彩;迎评工作真抓实干,评建效果明显。

(李有华执笔)

人文艺术教育中心

一、概况

人文艺术教育中心于2004年6月成立,李以明任主任。人文艺术教育中心是学校以人文艺术课程教学、校大学生艺术管理和训练、全校群众性的文化艺术活动辅导为主的一个院系级二级教学单位,其前身为1977年成立的音乐室,1988年成立的文学艺术教研室,1991年成立的文指办,1999年成立的人文艺术教研室,2002年成立的艺术教育中心。

始于1977年的学校艺术教育,是“文革”后全国非艺术类院校中开展艺术教育最早的几所院校之一,是中国高等教育学会音乐教育专业委员会5个副理事长单位之一,是校园文化委员会主任委员、教材编审委员会副主任委员、中国水利音乐舞蹈协会副会长、河南省学校艺术教育协会会长、河南省音乐教育学会副会长单位之一,是河南省普通高等学校艺术教育教学指导委员会委员单位之一。自2000年河南省开展普通高校艺术教育评估以来,已连续4次被评为河南省艺术教育一类学校(获此殊荣的高校全省只有3所)。2010年10月,被评为“全国学校艺术教育先进单位”(全国10年评一次,河南省获此殊荣的高校只有4所)。

二、师资队伍建设

2004年成立的人文艺术教育中心,中心主任为李以明教授,中心设有办公室,杨华轲任秘书,罗玲谊任科研秘书。中心设有文学艺术和综合素质两个教研室,文学艺术教研室主任为史秀玉教授;综合素质教研室主任由中心主任李以明兼任,罗玲谊任副主任。

人文艺术教育中心有教职工41人,其中专职教师8人,兼职教师33人。教授4人,副教授9人,讲师25人,助教3人。具有博士学位的3人,硕士学位的27人。

教学人员基本情况如表1所示。

表1　教学人员基本情况

教研室	学历			职称				年龄(岁)			
	博士	硕士	本科	教授	副教授	讲师	助教	<40	41~51	51~55	>56
文学艺术	2	14	2	2	4	12	2	14	0	1	1
综合素质	1	13	9	2	5	14	1	16	4	3	2
总计	3	27	11	4	9	26	3	30	4	4	3

三、教学与科研

人文艺术教育中心所授课程涉及文学、艺术学、历史学、哲学、法学、理学、医学、管理学等8个一级学科门类,11个二级学科,所开课程共计37门:“音乐鉴赏”、“基本乐理与名曲欣赏”、“基本乐理与视唱”、“舞蹈表演与欣赏”、“中外名歌学唱与欣赏”、“中国音乐史”、“西方音乐史”、“声乐”、“文学基础与写作”、“大学语文"、"现代汉语"、"中国古典小说研读"、"中国古文名篇鉴赏"、"现当代文学名篇选讲"、"唐诗宋词赏析"、"中国传统文化导读"、"影视与文学"、"外国文学赏析"、"女性文学"、"大众文化与传媒"、"语言文化与口才艺术"、"汉语言与汉文化"、"儒家思想与中国社会"、"美学概论"、"应用文写作"、"科技写作"、"公共关系学"、"领导科学"、"当代中国社会问题研究"、"知识产权与法律实务"、"逻辑学导论"、"管理心理学"、"人际交往心理学"、"发展心理学"、"社会心理学"、"大学生心理素质教育与发展"、"大学生健康教育"等。

除承担教学任务和训练任务外，中心教师还积极参加科研活动，代表性的科研成果及获奖有：1997 年 4 月，李以明主持完成了国家教育科学"八五"重点规划项目的子课题"中国普通高等学校音乐教育的情况调查与分析研究"；李以明 2011 年主持完成了省级教改项目"理工科院校艺术教育的开展与培养全面发展人才的关系研究"。刘玉玲主持完成了教育部重点项目"工科大学生创新精神与实践能力的培养研究"，河南省规划办课题"河南省社会主义新农村建设中的生态环境优化研究"。张殿玉主持完成的"试论自我意识与成就动机的激励"获 2002 年河南省教育厅科研成果特等奖；"新编管理学教程"编写改革尝试获 2001 年省级教学成果二等奖。魏石当2008 年主持的"高等工科院校语文教学对素质教育的作用"获河南省人民政府发展研究中心、河南省教育厅一等奖。赵勇主持的"大学生社交焦虑的测评方法及心理干预研究"获河南省教育厅三等奖。李有华于2001 年参编了《团学工作基本理论与方法》。宋孝忠主持了2010 年教育部人文社会科学青年基金项目"终身学习认证的理论与实践研究"。王宝玲论文《某工科院校大学生神经衰弱患病情况调查》获河南省教育厅优秀论文一等奖。陆珊论文《人际交往中的空间距离》于2007 年获河南省教科研所教育实践优秀论文一等奖。李以明参编（第 5 名）"九五"国家级重点教材《音乐鉴赏》于 2001 年 12 月获国家级优秀教学成果二等奖。教材《基本乐理与名曲赏析》（李以明任主编）和《乐理基础教程》（李以明任副主编）被全国高等学校音乐教学学会选定为全国普通高校推荐用书；2008 年主编高等教育"十一五"省级重点规划教材《音乐鉴赏》（李以明任主编），目前已在河南省普通高校推广使用。1993 年李以明、史秀玉完成的课题"搞好普通高校大学生艺术团的建设，培养全面发展的人才"获河南省优秀教学成果省级一等奖。2009 年李以明主持的课题"音乐艺术类课程教学内容与课程体系改革研究"获河南省优秀教学成果二等奖。2005 年，李以明论文《普通高等院校艺术教育的开展与培养全面发展人才的关系研究》在全国第一届大学生艺术展演中获国家级优秀论文三等奖。

由于艺术教育工作的出色，中心于 2005 年、2010 年两次被评为学校优秀处级单位；文学艺术教研室于 2004 年、2005 年、2009 年三次被评为校级优秀教研室。

四、课外艺术活动成绩斐然

学校课外艺术活动的开展有着较长的历史且成绩斐然。学校有大学生艺术团、美术协会、舞蹈协会、书法协会、戏剧协会、吉他协会、摄影协会、棋类协会等 16 个学生艺术社团。作为艺术实践的重要部分，每年都要举行多次群众性的文艺活动，其中必有2 ~3次全校性大型文艺活动。每年的"艺术节"、"交际舞比赛"、"卡拉 OK 歌手赛”、“迎新文艺汇演”、“告别母校晚会”、“元旦晚会”等大型文艺活动,已经成为学校内外大学生热切期盼的文艺盛事。“艺苑杯”书画大赛在学校已连续举办5年,展出和评选优秀学生作品,为学校推出书画新人,丰富了校园艺术表现内容。这些丰富多彩的校园艺术活动,对培养高素质工程技术人才发挥了重要的作用。

学校的大学生艺术团已有30多年的历史,由创立之初的几十人,发展至目前的200余人,取得了一系列辉煌的成就。大学生艺术团隶属人文艺术教育中心,配有专职专业教师指导训练。随着艺术团队伍的壮大和现代化管理的要求,2004年开始,艺术团采取了一系列的改革:完善了艺术团的机构设置,建立了教师负责、学生助理,以学生为主的管理模式;制定了《大学生艺术团章程》等一系列规章制度;制定了奖惩严明的激励措施;确立形成了传帮带的训练形式;制定了切实可行的训练制度和时间计划;鼓励学生每学期定期举行相关文艺演出活动等。这些改革的推行,大大促进了学校艺术团的建设和管理,尤其是放手鼓励学生参与到艺术团的管理过程,无形中锻炼了学生的综合素质,同时也提高、调动了学生的积极性。

近10年的艺术活动主要有:

(1)2001年2~6月,大学生艺术团参加了由河南省委宣传部、教育厅、文化厅、广电厅、团省委等举办的河南省大学生艺术歌曲演唱比赛活动,共获得一等奖3项、二等奖1项、三等奖2项、优秀奖1项和优秀组织奖1项等8个奖项的优异成绩。

(2)2001年6月底,大学生艺术团赴“深港供水”大型水利工程工地上慰问演出,出色完成了友好使者的任务。

(3)2001年8月,经过层层选拔,学校和河南大学、郑州大学三所高校代表河南省高校参加了由中宣部、教育部、文化部、广电总局、团中央等举办的国家最高级别的“全国大学生艺术歌曲演唱比赛”。学校在这次最高级别的大赛中,共获得国家级奖3项,即优秀组织奖1项、优秀表演三等奖1项、优秀表演奖1项。

(4)2001年1~10月,为庆祝学校建校50周年,大学生艺术团创作、排练了10月6日校庆主场大型文艺晚会。

(5)2002年4月,学校成功地承办了河南省第八届大学生科技文化艺术节“灿烂青春”校园歌手大赛。同时,大学生艺术团在本届艺术节比赛中,自己创作、演出的文艺节目共获得一等奖5项、二等奖2项、三等奖5项和优秀组织奖,其成绩名列河南省高校第二名;2002年5月,学校又成功地承办了河南省纪念中国共产主义共青团建团80周年大型合唱音乐会。

(6)2002年10月,大学生艺术团应邀参加了受教育部委托,由全国高等学校音乐教育学会和重庆市共同举办的“全国大学生歌手(美声、民族)邀请赛”。学校作为河南省唯一的参赛高校,获得了三等奖的好成绩。

(7)2002年11月,大学生戏剧协会成功地演出了著名话剧《雷雨》全剧。

(8)2002年12月11~19日,学校两个节目入选参加了河南省博物院与省会高校、部队共建爱国主义教育基地单位——“托起希望的中国”大型文艺晚会的2场演出,受到了省领导和宣传部、教育厅、文化厅等部门领导及20多家新闻单位的高度赞扬。

(9)2003年上半年,在全国上下团结一致、众志成城抗击“非典”的斗争中,艺术教育中心的教师们带领校大学生艺术团的同学们,采取分队、分片、化整为零等办法,在整个抗“非典”期间坚持平时训练、节假日强化训练等,并以高度的责任心和使命感,精心策划创作,准备了一台以抗"非典"为主题的文艺节目。这台节目反映了学校丰富多彩的校园现实生活,于6月1日晚在学校操场演出后,受到了广大师生的高度赞扬。

(10)2004年11月12~15日,作为河南省唯一一所高校参加了由教育部在中国科技大学召开的"全国理工科院校校长艺术教育论坛",刘汉东副校长代表学校作了《加强艺术教育,提高人文素质——理工科院校艺术教育的开展与培养全面发展人才的关系》的发言,受到大会代表的赞扬。

(11)2004年2~12月,在历时11个月的全国水利系统歌手大赛上,经过初赛、决赛和综合素质测试的激烈竞争,最终18个节目分获金、银、铜牌,10个节目获优秀奖。学校2个节目进入决赛,其中男声四重唱在61个节目中获第13名(铜奖),男声独唱获第27名(优秀奖),并在广西电视台播出。学校获得了本次活动优秀组织奖。

(12)2005年2月,在水利部举办的2005年春节文艺演出中,大学生艺术团除展示了学校艺术水平和精神风貌外,还带去了全校师生向全国水利工作者的新春祝福。艺术团的精彩表演,受到了部领导和全体观看人员的高度赞扬,为此,水利部特向学校发来了表扬信。

(13)2004年9月至2005年5月,在河南省教育厅举办的河南省第一届大学生艺术展演文艺类节目比赛中,学校按规定参赛的8个节目(大部分为自己创作)全部获奖,其中一等奖4项、二等奖3项、三等奖1项。在全省70多所高校参赛的近500个节目中,共评选出20个节目(专业组4个,业余组16个)上报教育部,其中学校占3个节目。

(14)2005年7月,在全国第一届大学生艺术展演中,学校参赛的3个节目(均为自创),获国家级二等奖2项、三等奖1项,并获优秀组织奖。

(15)2005年7月,李以明参加讨论修改《全国普通高等学校公共艺术课程指导方案》,教育部于2006年以教体艺厅〔2006〕3号文下发了《教育部办公厅关于印发〈全国普通高等学校公共艺术课程指导方案〉的通知》。

(16)2005年11月13日,教育部评估专家、省部领导和学校全体校领导与2 400余名师生一同观看了"金秋韵·华水情"大学生人文艺术教育成果展演。这次展演汇聚了近年来学校人文艺术教育,尤其是艺术教育的优秀成果。大部分作品是由学校艺术教师原创并在全国和省部级艺术活动中的获奖作品。

(17)2007年5月22日,在学校第一个国家级专业评估——土木工程专业评估中,大学生艺术团经过艰苦训练,精心准备,成功地举办了以"大河飞虹"为主题的大型文艺演出,晚会集中了大学生艺术团所获国家级、省部级奖的多个节目,同时新增多个原创声乐节目,充分体现了大学生艺术团和土木学子的精神风貌,给专家们留下了深刻印象,受到了专家们的高度赞扬。

(18)2007年6月25日晚,学校精心组织50名参赛选手和250名观众参加中央电视台一套"金苹果"栏目的节目录制。李以明、史秀玉创作指导的校大学生艺术团男小合《编花篮》、舞蹈《别推我》、二胡独奏《战马奔腾》、古筝合奏《丰收锣鼓》等节目参加了录制,并于11月4日在中央电视台播出。

(19)高雅艺术进校园是深受学生欢迎的艺术盛宴。2007年11月,交响乐音乐会表演;2008年,中央歌剧院走进华水,演出著名歌剧《图兰朵》;2009年,中国歌剧舞剧院走进华水;2010年话剧《宣和画院》等的精彩演出,让学校师生在校内感受了一次又一次的艺术洗礼。

(20)2008~2009年,大学生艺术团经过艰苦训练,选送了8个节目参加河南省第二届大学生艺术展演,获一等奖3项、二等奖3项、三等奖2项,并获省级优秀组织奖。学校入选2个节目参加第二届全国大学生艺术展演普通组的比赛。学校入选的由李以明、史秀玉编曲的2个节目:男小合《祖国啊,我永远热爱您》、男四重《吐鲁番的葡萄熟了》在第二届全国大学生艺术展演中全部获国家级二等奖,并获优秀组织奖。

(21)2008年11月12~13日,河南省第二届大学生艺术展演艺术教育科学论文报告会在学校召开,来自河南省普通高校艺术教育界的70多名专家学者汇聚一堂,互相交流研究成果,探讨当前艺术教育理论、研究艺术教育教学方法,以进一步促进我省艺术教育的快速发展。

(22)2009年2月,石品副校长创作的中国画《一线指挥》、《齐白石》,参加全国第二届大学生艺术展演暨首届大学校长杯书画展,均获校长风采奖。

(23)2009年6月,应水利部人教司之邀,中心派大学生艺术团队员岳宗亚、刘亮2位同学前往水利部辅导"庆国庆60周年爱国歌曲大家唱"歌唱活动,圆满完成任务,受到水利部人教司、监察部等单位的表扬。

(24)2009年8月,联合学生处、校团委等单位成功举办了"欢乐中原——教育系统庆祝新中国成立60周年爱国歌曲大家唱"第三赛区活动,学校获金奖。9月,中心组织并训练学校大学生艺术团合唱队参加"欢乐中原——教育系统庆祝新中国成立60周年爱国歌曲大家唱"活动,获二等奖,并获得活动优秀组织奖。

(25)2009年12月,学校被国家教育部授予爱国歌曲大家唱——全国教育系统"祖国万岁"歌咏活动优秀组织奖。

(26)2010年,大学生艺术团代表学校参加河南省第十二届大学生艺术节并取得优异成绩:男声小合唱《我像雪花天上来》、舞蹈《京韵新声》、舞蹈《好一朵美丽的茉莉花》、舞蹈《岁月如歌》、萨克斯独奏《茉莉花》获得一等奖,女声小合唱《绒花》获得二等奖,古筝二重奏获得三等奖,并获优秀组织奖。

(27)2010年12月27日,由河南省教育厅组织的河南省学校艺术教育协会成立大会在学校隆重举行。大会选举产生了协会会长、副会长及秘书长,并审议通过了协会章程草案。学校为会长单位,石品副校长任协会会长,李以明等任副会长。

获国家、省部级奖励的文艺节目统计如表2所示。

表2 获国家、省部级奖励的文艺节目统计

序号	奖励级别	奖项名称	获奖等级	获奖时间	备注
1	国家级	男声小合唱	三等奖	2001.9	证书
2	国家级	大合唱	优秀奖	2001.9	证书
3	国家级	全国大学生艺术歌曲演唱比赛	优秀组织奖	2001.9	证书
4	国家级	男声独唱(美声)	三等奖	2002.8	证书
5	国家级	男声四重唱	二等奖	2005.7	证书
6	国家级	男声小合唱	二等奖	2005.7	证书
7	国家级	舞蹈	三等奖	2005.7	证书

续表 2

序号	奖励级别	奖项名称	获奖等级	获奖时间	备注
8	国家级	全国第一届大学生艺术展演	优秀组织奖	2005.7	奖牌、证书
9	国家级	男声四重唱	二等奖	2009.2	证书
10	国家级	男声小合唱	二等奖	2009.2	证书
11	国家级	全国第二届大学生艺术展演	优秀组织奖	2009.2	证书
12	国家级	爱国歌曲大家唱——全国教育系统“祖国万岁”歌咏活动	优秀组织奖	2009.1	证书
13	国家级	全国高校艺术教育先进单位	先进单位	2010.1	奖牌
14	水利部	男声四重唱	铜奖	2004.12	奖杯
15	水利部	男声独唱(民族)	优秀奖	2004.12	证书
16	水利部	全国水利歌手大赛	优秀组织奖	2004.12	证书
17	河南省	男声小合唱	一等奖	2001.6	奖牌、证书
18	河南省	大合唱	一等奖	2001.6	奖牌、证书
19	河南省	女声小合唱	一等奖	2001.6	奖牌、证书
20	河南省	男声独唱	二等奖	2001.6	奖牌、证书
21	河南省	混声齐唱	三等奖	2001.6	奖牌、证书
22	河南省	男声独唱(民族)	三等奖	2001.6	奖牌、证书
23	河南省	男声独唱(美声)	优秀奖	2001.6	奖牌、证书
24	河南省	河南省首届大学生艺术歌曲演唱比赛	优秀组织奖	2001.6	奖牌、证书
25	河南省	大型舞蹈	一等奖	2002.6	证书
26	河南省	男声小合唱	一等奖	2002.6	证书
27	河南省	男声独唱(美声)	一等奖	2002.6	证书
28	河南省	男声独唱(民族)	一等奖	2002.6	证书
29	河南省	男声独唱(通俗)	一等奖	2002.6	证书
30	河南省	男声独唱(美声)	二等奖	2002.6	证书
31	河南省	舞蹈	三等奖	2002.6	证书
32	河南省	双簧	三等奖	2002.6	证书
33	河南省	男声独唱(通俗)	三等奖	2002.6	证书
34	河南省	女声独唱(民族)	三等奖	2002.6	证书
35	河南省	女声小合唱	三等奖	2002.6	证书
36	河南省	河南省第八届大学生科技文化艺术节	优秀组织奖	2002.6	奖状

续表2

序号	奖励级别	奖项名称	获奖等级	获奖时间	备注
37	河南省	器乐独奏	一等奖	2004.6	证书
38	河南省	男声小合唱	一等奖	2004.6	证书
39	河南省	女声小合唱	二等奖	2004.6	证书
40	河南省	男声独唱	二等奖	2004.6	证书
41	河南省	女声独唱(通俗)	二等奖	2004.6	证书
42	河南省	琵琶独奏	三等奖	2004.6	证书
43	河南省	双簧	三等奖	2004.6	证书
44	河南省	男声独唱(通俗)	三等奖	2004.6	证书
45	河南省	男声独唱(民族)	三等奖	2004.6	证书
46	河南省	男声独唱(通俗)	三等奖	2004.6	证书
47	河南省	女声独唱(民族)	三等奖	2004.6	证书
48	河南省	男声四重唱	一等奖	2005.6	证书
49	河南省	女声小合唱	一等奖	2005.6	证书
50	河南省	男声小合唱	一等奖	2005.6	证书
51	河南省	舞蹈	一等奖	2005.6	证书
52	河南省	器乐	二等奖	2005.6	证书
53	河南省	男声独唱	二等奖	2005.6	证书
54	河南省	舞蹈	二等奖	2005.6	证书
55	河南省	女声独唱	三等奖	2005.6	证书
56	河南省	河南省第一届大学生艺术展演	优秀组织奖	2005.6	证书
57	河南省	四人组合	一等奖	2006.6	证书
58	河南省	女声独唱(民族)	一等奖	2006.6	证书
59	河南省	男声四重唱	一等奖	2006.6	证书
60	河南省	男声独唱(美声)	一等奖	2006.6	证书
61	河南省	男声独唱(通俗)	一等奖	2006.6	证书
62	河南省	男声独唱(民族)	二等奖	2006.6	证书
63	河南省	男声小合唱	二等奖	2006.6	证书
64	河南省	器乐	二等奖	2006.6	证书
65	河南省	舞蹈	二等奖	2006.6	证书
66	河南省	管乐合奏	三等奖	2006.6	证书
67	河南省	女声小合唱	三等奖	2006.6	证书

续表 2

序号	奖励级别	奖项名称	获奖等级	获奖时间	备注
68	河南省	男声四重唱(民族)	一等奖	2008.7	证书
69	河南省	男声四重唱(美声)	二等奖	2008.7	证书
70	河南省	二胡独奏	二等奖	2008.7	证书
71	河南省	古筝合奏	二等奖	2008.7	证书
72	河南省	民族舞	一等奖	2008.7	证书
73	河南省	古典舞	一等奖	2008.7	证书
74	河南省	当代舞	二等奖	2008.7	证书
75	河南省	男声四重唱	一等奖	2009.2	证书
76	河南省	男声小合唱	一等奖	2009.2	证书
77	河南省	舞蹈	一等奖	2009.2	证书
78	河南省	古筝合奏	二等奖	2009.2	证书
79	河南省	女声小合唱	二等奖	2009.2	证书
80	河南省	舞蹈	二等奖	2009.2	证书
81	河南省	二胡独奏	三等奖	2009.2	证书
82	河南省	大合唱	三等奖	2009.2	证书
83	河南省	河南省第二届大学生艺术展演	优秀组织奖	2009.2	证书
84	河南省	“欢乐中原”——教育系统庆祝建国60周年爱国歌曲大家唱歌咏比赛	二等奖	2009.9	证书、奖牌
85	河南省	“欢乐中原”——教育系统庆祝建国60周年爱国歌曲大家唱歌咏比赛	优秀组织奖	2009.9	证书、奖牌
86	河南省	民族舞	一等奖	2010.6	证书
87	河南省	古典舞	一等奖	2010.6	证书
88	河南省	当代舞	一等奖	2010.6	证书
89	河南省	男声四重唱	一等奖	2010.6	证书
90	河南省	萨克斯独奏	一等奖	2010.6	证书
91	河南省	女声四重唱	二等奖	2010.6	证书
92	河南省	古筝合奏	二等奖	2010.6	证书
93	河南省	河南省普通高等学校艺术教育工作评估	一类学校	2001.2	奖牌

续表2

序号	奖励级别	奖项名称	获奖等级	获奖时间	备注
94	河南省	河南省普通高等学校艺术教育工作评估	一类学校	2003.12	奖牌
95	河南省	河南省普通高等学校艺术教育工作评估	一类学校	2007.2	奖牌
96	河南省	河南省普通高等学校艺术教育工作评估	一类学校	2010.12	奖牌

创作、编排的艺术作品获国家级、省部级奖励统计如表3所示。

表3　创作、编排的艺术作品获国家级、省部级奖励统计

序号	年份	名称	作者	获奖类别
1	2001	男声小合唱《长城谣》(编曲)	李以明 史秀玉	中宣部、教育部、文化部等举办的全国大学生艺术歌曲演唱比赛三等奖
2	2005	男声四重唱《校园的广场》(作词、作曲)	李以明 史秀玉	教育部等举办的全国第一届大学生艺术展演二等奖
3	2005	男声小合唱《故乡的云》(编曲)	李以明 史秀玉	教育部等举办的全国第一届大学生艺术展演二等奖
4	2005	舞蹈《红旗颂》(编排)	史秀玉 李以明	教育部等举办的全国第一届大学生艺术展演三等奖
5	2009	男声四重唱《吐鲁番的葡萄熟了》(编曲)	李以明 史秀玉	教育部等举办的全国第二届大学生艺术展演二等奖
6	2009	男声小合唱《祖国啊,我永远热爱你》(编曲)	李以明 史秀玉	教育部等举办的全国第二届大学生艺术展演二等奖
7	2004	男声四重唱《奋进的水利人》(作曲)	李以明	中国水利文学艺术协会主办的全国水利歌手大赛铜奖
8	2001	男声小合唱《长城谣》(编曲)	李以明 史秀玉	河南省委宣传部、文化厅、教育厅等举办的河南省大学生艺术歌曲演唱比赛一等奖
9	2002	女声小合唱《南湖的船,党的摇篮》(编曲)	李以明	河南省委宣传部、文化厅、教育厅等举办的河南省大学生艺术歌曲演唱比赛一等奖

续表 3

序号	年份	名称	作者	获奖类别
10	2002	舞蹈《朋友，手拉手》（编排）	史秀玉 李以明	河南省委宣传部、文化厅、教育厅、团省委主办的河南省第八届大学生科技文化艺术节三等奖
11	2002	大型舞蹈《红旗颂》（编排）	史秀玉 李以明	河南省委宣传部、文化厅、教育厅、团省委主办的河南省第八届大学生科技文化艺术节一等奖
12	2002	男声小合唱《故乡的云》（编曲）	李以明 史秀玉	河南省委宣传部、文化厅、教育厅、团省委主办的河南省第八届大学生科技文化艺术节一等奖
13	2004	男声小合唱《鼓浪屿之波》（编曲）	李以明	河南省委宣传部、文化厅、教育厅等举办的河南省第九届大学生科技文化艺术节一等奖
14	2005	男声四重唱《校园的广场》（作词、作曲）	李以明 史秀玉	河南省第一届大学生艺术展演一等奖
15	2005	男声小合唱《故乡的云》（编曲）	李以明 史秀玉	河南省第一届大学生艺术展演一等奖
16	2005	舞蹈《红旗颂》（编排）	史秀玉 李以明	河南省第一届大学生艺术展演一等奖
17	2005	舞蹈《欢乐的草原》（编排）	史秀玉 李以明	河南省第一届大学生艺术展演二等奖
18	2006	男声四重唱《美丽的草原我的家》（编曲）	李以明	河南省委宣传部、教育厅等举办的河南省第十届大学生科技文化艺术节一等奖
19	2006	舞蹈《谁不说俺家乡好》（编排）	史秀玉 李以明	河南省委宣传部、教育厅等举办的河南省第十届大学生科技文化艺术节二等奖
20	2008	男声四重唱《今天是你的生日，中国》（编曲）	李以明	河南省委宣传部、文化厅、教育厅等举办的河南省第十一届大学生科技文化艺术节一等奖
21	2008	男声四重唱《月亮代表我的心》（编曲）	李以明	河南省委宣传部、文化厅、教育厅等举办的河南省第十一届大学生科技文化艺术节二等奖
22	2008	民族舞《草原欢歌》（编排）	史秀玉 李以明	河南省委宣传部、文化厅、教育厅等举办的河南省第十一届大学生科技文化艺术节一等奖
23	2008	古典舞《世纪春雨》（编排）	史秀玉 李以明	河南省委宣传部、文化厅、教育厅等举办的河南省第十一届大学生科技文化艺术节一等奖
24	2008	当代舞《我和我的祖国》（编排）	史秀玉 李以明	河南省委宣传部、文化厅、教育厅等举办的河南省第十一届大学生科技文化艺术节二等奖

续表 3

序号	年份	名称	作者	获奖类别
25	2009	男声四重唱《吐鲁番的葡萄熟了》(编曲)	李以明 史秀玉	河南省第二届大学生艺术展演一等奖
26	2009	男声小合唱《祖国啊,我永远热爱您》(编曲)	李以明 史秀玉	河南省第二届大学生艺术展演一等奖
27	2009	舞蹈《世纪春雨》(编排)	史秀玉 李以明	河南省第二届大学生艺术展演一等奖
28	2009	舞蹈《谁不说俺家乡好》(编排)	史秀玉 李以明	河南省第二届大学生艺术展演二等奖
29	2009	大合唱《水利工作者之歌》(作曲)	李以明	河南省第二届大学生艺术展演三等奖
30	2010	民族舞《好一朵美丽的茉莉花》(编排)	史秀玉 鞠荣丽	河南省委宣传部、文化厅、教育厅等举办的河南省第十二届大学生科技文化艺术节一等奖
31	2010	当代舞《岁月如歌》(编排)	史秀玉 鞠荣丽	河南省委宣传部、文化厅、教育厅等举办的河南省第十二届大学生科技文化艺术节一等奖
32	2010	古典舞《京韵新声》(编排)	史秀玉 李以明	河南省委宣传部、文化厅、教育厅等举办的河南省第十二届大学生科技文化艺术节一等奖
33	2010	男声小合唱《我像雪花天上来》(编曲)	李以明 史秀玉	河南省委宣传部、文化厅、教育厅等举办的河南省第十二届大学生科技文化艺术节一等奖
34	2010	女声小合唱《绒花》(编曲)	李以明 史秀玉	河南省委宣传部、文化厅、教育厅等举办的河南省第十二届大学生科技文化艺术节二等奖

(李以明执笔)

体育教学部

一、概况

体育教学部，前身为军事体育部，成立于1991年9月，张书稳任军事体育部主任，杨玉泉任副主任。军事体育部主要负责全校学生体育课教学、群体竞赛以及学生的军训工作。

1995年9月，学校处级干部调整，杨玉泉任军事体育部主任。1996年6月，马耀琪任军事体育部副主任。2002年，体育教学部成立，杨玉泉任体育教学部主任，直属党支部书记，马耀琪任副主任。体育教学部主要负责全校学生的体育课教学、群体竞赛、运动队训练、全民健身以及全校学生的健康测试和教职工的群体活动。多年来在参加省部级比赛中获得了较好成绩，为学校争得了荣誉。

二、师资队伍及教研室建设

截至2011年6月，体育教学部共有专业教师31人，其中教授4人，副教授6人，讲师15人，助教6人。

体育教学部下设三个教研室：田径教研室、球类教研室、女生教研室，孙克成任田径教研室主任、于洋任球类教研室主任、李艳任女生教研室主任。王桂荣曾任女生教研室主任；2001～2007年韩鹤玲任办公室秘书，2008年至今朱淑玲任体育教学部办公室秘书；王莹、李红霞曾任教学秘书，现张颖任体育教学部教学秘书。

三、运动实施及利用

1. 运动场地

全校运动场地总面积为77 310.36 m^2，其中花园校区的运动场地总面积43 727.37 m^2（包括风雨草场面积6 178.93 m^2）；龙子湖校区运动场地总面积33 582.99 m^2，包括塑胶田径场面积15 625 m^2，篮、排球场地面积17 978 m^2。2009～2011年生均运动场地面积6.39 m^2。

2. 主要场地设施

学校的花园校区建设有文体活动中心1座，内设有乒乓球台10张，羽毛球场4块，篮球场1块，健美操场地，健身器械10套；标准田径场2块，足球场2块，篮球场40块，网球场2块，排球场20块，门球场2块，室外乒乓球台17张，单杠27付，双杠17付。学校的运动场地和器材配备能够满足体育教学、运动训练以及群众性体育活动的开展。

四、深化体育教学改革

体育教学部一贯坚持以教学为中心，根据《学校体育工作条例》和《全国普通高等院校体育课程教学指导纲要》的要求，在体育教学改革中突出“健康第一”的指导思想，加强对学生体育意识、能力和创新精神的培养，增进学生身心健康，为学生进行终身体育锻炼打下良好的基础。

（1）集体备课制度。体育课作为公共基础课，有其特殊性。针对各教研室工作既有分工，又有合作的特色，体育教学部多年来一直坚持每周一上午集体备课和每两周一次的教研室教研活动制度，大家共同钻研教材内容，探讨教学方法，分析教学工作的重点和难点以及在阶段教学中的作用,沟通信息,统一思想,安排工作,保证了教学工作有条不紊地进行。

(2)加强体育课质量评价。学校建立了体育教学质量标准、体育课教学质量评价表(分教学指导、同行评课用和学生评课用两种),体育课学生学习状况评价表等,使质量标准完善,评价指标全面客观,结论明确可行,可操作性强。每学期均要进行各种评教活动,并及时将评教信息反馈给有关教师。另外,结合学校教学要求,在期初、期中和期末分别进行教学检查,并进行教案、教学日历、学生点名册和工作总结的评比。

(3)在课程目标方面,能根据运动参与和运动技能、身体健康和心理健康、社会适应三个领域制定体育课程目标,充分体现了“以人为本”的教学思想,为培养全面发展的高素质人才起了重要的作用。

(4)在课程结构方面,每学期均安排4学时理论教学内容,扩大体育课知识面,提高学生的认知能力。充分发挥学生的主体作用和教师的主导作用,营造生动、活泼、主动的学习氛围。

(5)在教学内容方面,每学期均有明确的教学内容和目的要求,见表1。

表1　体育课教学内容和目的要求

类别	年级	课程	性别	内容	目的	要求
必修课	一年级	基础课	男生	以身体素质、24式简化太极拳为主,球类项目为辅	全面提高学生身体素质,为二年级的专选课打下基础	
			女生	以身体素质、球类项目为主,健美操为辅		
选修课	二年级	专选课	男生	男生:篮球、排球、足球、武术等	使学生掌握专项运动技能,并产生兴趣,为终身体育奠定基础	学生自主选择任课教师和课程内容,每班学生人数≤50人
			女生	初级剑、健美操等		
必修课	第二至七学期	没有开设过的必修课	男女生均可	游泳、42式太极拳、跆拳道、羽毛球、艺术体操	以学生的兴趣为主,奠定培养终身体育意识	

(6)在教学方法方面,教学方法讲究个性化和多样化,师生之间多边互动,积极采用探究式教学方法,提高了学生参与意识和创新意识。

(7)在学生考核评价方面,以把学生身体素质的进步幅度纳入评价体系中,有效地增加了学生参加体育锻炼的积极性。

(8)在教学手段方面,体育教学改革获得校内外的一致好评,也受到了良好的教学效果,在学校讲课大赛中获二等奖2人次,三等奖4人次;近3年学生评教成绩平均为96.61分,督导团专家评教成绩平均为85.15分,体育课成绩的及格率为95.15%。统计数据表明,近年来,学生体育课成绩的良好率呈上升趋势,不及格率呈下降趋势。

五、群体竞赛活动丰富多彩

1. *群体竞赛活动*

群体竞赛是实现体育教育目标的有效载体。根据学校两校区办学的特点，体育教学部和各学院因时制宜、因地制宜，积极开展丰富多彩、形式多样的群体竞赛活动。除每年各院组织田径运动会之外，还开展有篮球比赛、排球比赛、足球比赛和乒乓球比赛，还有趣味性比赛，如跳绳比赛、篮球投准、垫排球、“齐心协力”、托乒乓球比赛和拔河比赛等项目。

近年来，学校群众体育竞赛活动取得了优异的成绩：2008 年获中国水利体协迎奥运全民健身二等奖；2007 年获省教育厅大学生第七届排球赛男子甲组第七名；2007 年获河南省教育厅高等学校迎奥运火炬手选拔最佳组织奖。2010 年获全国水利系统“优秀组织奖”，2010 年获河南省“十一届”大学生比赛团体总分三等奖，省乒乓球比赛女子组团体第二名、男子组团体第五名，篮球比赛团体第四名。

学校每年校级体育竞赛活动安排有：3 月，足球联赛；4 月，田径运动会，跳绳比赛、健美操比赛；5 月，排球联赛、乒乓球对抗赛；6 月，拔河比赛；7 月，羽毛球比赛；8 月，网球比赛；9 月，篮球联赛；10 月，《国家学生体质健康标准》“达标”测验赛；11 月，羽毛球争霸赛；12 月，长跑比赛。

2. *《国家学生体质健康标准》测试工作*

学校把《国家学生体质健康标准》（以下简称《标准》）的实施作为体育工作的重要内容，积极宣传、加强管理、认真实行。体育教学部作为《标准》的主要实施单位，工作中细致、周到、严谨、科学，每个学生均填写一张《学生体质健康标准登记卡》，并贴有照片，以班为单位装盒存档，并严格按各个项目的测试方法及操作要求进行测试，2008 年获《国家学生体质锻炼标准》优秀组织奖。

为使《标准》的实施更加科学、准确、简便易行，选用的测试器材均是国家质量监督部门检测达到测试要求的合格产品。同时，积极使用计算机进行管理，及时上传数据，做到了信息化、科学化、现代化。

根据《标准》，2006—2010 年测试结果合格率分别为 96.07%、95.26%、94.13%、98%、96%。

六、科研成果

体育教学部教师在完成体育教学、运动队训练与群体竞赛工作的同时，积极开展科研工作，研究大都依托教学工作并将研究成果转换到实践工作之中，以科研促进教学改革。近 10 年来，主持、参与完成省级及以上项目 30 多项；主编教材 4 部、参编教材 20 余部，获省部级教学成果奖 10 多项，发表学术论文 200 余篇，核心论文 30 余篇。

（杨玉泉执笔）

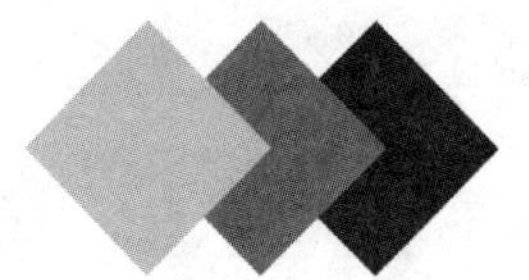

大事记

大事记(2001—2011年)

2001 年

2001 年 3 月,学校选派 5 名同志参加河南省机关干部“三个代表”重要思想驻村学教活动。

2001 年 4 月,学校新一届领导班子成立,成员为:党委书记朱清孟,院长、党委副书记严大考,党委副书记兼工会主席高武胜,党委副书记王保国,副院长冯跃志、孙纯淇、刘汉东,纪委书记孔留安,副院级调研员赵中极。新一届领导班子平均年龄 45.6 岁。

2001 年,我校招生就业工作形势喜人,在校学生首次突破 9 000 人。顺利完成 2001 年继续扩招任务,录取本科生 2 704人,高职高专生 420 名,研究生 55 名,成教招生 1 964 名。本科新生第一志愿报考率在河南省普通工科院校中名列第一,本科毕业生一次就业率在河南省非师范类普通工科院校中名列第一。

2001 年 8 月,学校在平顶山昭平湖召开有校领导、校属单位负责人、部分重点学科带头人参加的暑期工作会议,专题研讨学科建设、师资队伍建设和后勤社会化问题。会议就在连续扩招的形势下狠抓学科建设、师资队伍建设,不断提高教育质量等问题进一步统一了思想,形成了共识。

2001 年,学校投入 3 500 万元新建的 4、6 号教学楼,9、10、14 号学生宿舍楼,北院学生食堂和浴池等 7 项工程顺利完工并交付使用,新增建筑面积 4 万多 m^2。投入近 300 万元的图书馆电子阅览室建成启用。

2001 年,学校专业、课程建设取得很大进展,新增 5 个本科专业;“水轮机”、“混凝土结构”、“地下水动力学”、“计算机基础”等 4 门课程被评为河南省普通高校优秀课程。

2001 年 10 月 6 日,学校隆重举行建校 50 周年庆典活动,河南省副省长贾连朝、水利部副部长陈雷、国家防办主任鄂竟平和中国工程院院士王思敬等参加了庆典,来宾近 300 人,校友 700 余人。校庆期间学校举办大型科技文化艺术活动 30 项,邀请赵国藩、林皋、王思敬等多名院士作报告,成立了汪胡桢奖教奖学基金委员会,健全了 21 个省市的校友分会组织机构,系统地整理编写了办学 50 年的院史——《华北水利水电学院院史(1951—2001)》。

2001 年 11 月,校党委举办了“处级干部学习江泽民总书记‘七一’讲话和党的十五届六中全会精神培训班”,开展机关党的建设和对中层干部的思想政治教育。

2001 年,学校获得全国大学生暑期“三下乡”社会实践先进单位;艺术教育被评为河南省一类学校,大学生艺术团荣获全国首届大学生艺术歌曲演唱比赛三等奖 1 项、优秀奖 1 项和优秀组织奖,成绩名列全省第一名;荣获第七届“挑战杯”全国大学生课外学术科技作品竞赛三等奖 1 项,并获优秀组织奖,参加河南省首届“挑战杯”比赛,获得二等奖、三等奖、鼓励奖共 12 项,并获高校组织奖;大学生记者团荣获“郑州市十佳青年社团”。

2002 年

2002 年 1 月起,经国家批准,学校开始《1+2+1 中美人才培养计划》招生。

2002 年 2 月 5 日,中国工程院院士、总参工程兵科研三所研究员顾金才受聘学校教授签字仪式隆重举行,签字仪式由院党委书记朱清孟主持,河南省副省长贾连朝到会祝贺。

2002 年 3 月,学校被授予可开展同等学力人员申请硕士学位工作的学位授予权,这是河南省 2002 年度获此授权的唯一单位。9 月,学校招收第一批 46 名学生。

2002 年 3 月,学院将电化教学中心与网络中心合并,成立现代教育技术中心,成人教育中心更名为成人教育学院。

2002 年 4 月 12 ~ 13 日,学校召开田径运动会,1 200 多名运动员参加,3 人打破了 3 项学校纪录。环境工程系获得学生组团体总分冠军,水利工程系、经济管理系和岩土工程系分别获得第二、三、四名。

2002 年 5 月 16 日,学校举行处级领导班子及处级干部换届调整工作动员大会,对学校处级干部换届工作进行了动员部署。

2002 年 5 月 18 日,学校举行共青团华北水利水电学院第十三次代表大会。会议审议通过了《团委岗位职责》、《团委工作例会制度》等工作制度。

2002 年 6 月 13 日,学院召开行政处级领导班子换届聘任和党群系统处级领导干部调整工作总结大会。调整后的处级干部平均年龄由上一届的 43.5 岁下降到 41.6 岁,具有硕士以上学历人员占全院中层干部的 33.3%。

2002 年 6 月 20 日,学校召开 2002 届毕业典礼暨表彰大会。

2002 年 8 月 26 日,学校举行广谱哲学研究所挂牌仪式,来自省内外的专家学者 40 余人参加了仪式,党委书记朱清孟和河南省自然辩证法研究会副理事长兼秘书长陶承德教授共同为研究所揭牌。

2002 年 8 月 28 ~ 29 日,学院召开了暑期工作会议。会议的主要内容是:学习江泽民总书记"5·31"讲话精神和十五届六中全会精神,讨论学校津贴分配办法,安排部署下学期工作。

2002 年 9 月 9 日,学校召开庆祝教师节暨表彰大会,党委书记朱清孟宣读了获得省市及学校奖项的人员名单。

2002 年 9 月 18 日,学校在郑州水利学校举行华北水利水电学院水利职业学院成立暨挂牌仪式。华北水利水电学院水利职业学院为高等职业技术学院,属学校的二级学院,处级规格,编制内部调整,培养专科层次实用型人才。学校主要负责申报合作办学招生计划、教学计划、毕业证书发放,保证教学质量等。郑州水利学校提供必要的办学条件,负责学生的日常管理。

2002 年 9 月 29 日下午,学校举行 2002 级新生开学典礼。

2002 年 10 月 26 ~ 27 日,中共华北水利水电学院第八次代表大会隆重举行。中共河南省委副书记王全书,省委常委、组织部部长陈全国、水利部人教司发来了贺信。省委组织部副部长刘建基,水利部人教司副司长陈自强,省委高校工委副书记、省教育厅副厅长訾新建、郑州市委组织部副部长张进峰等领导和郑州大学、河南大学等 20 多所兄弟院校的领导出席了大会。党委书记朱清孟代表校党委作了题为《与时俱进,开拓进取,为把我院建设成为具有鲜明特色的水利水电大学而奋斗》的工作报告。大会选举产生了中共华北水利水电学院第八届委员会委员和新一届纪律检查委员会委员。

2002 年 11 月 15 日,学校举行汪胡桢塑像落成典礼暨新水事新思路学术报告会,水利部索丽生副部长、省教育厅副厅长李文成、黄委会副主任廖义伟、省水利厅厅长韩天经、汪胡桢生前工作过的三门峡水利枢纽局党委副书记兼工会主席段兰生和汪胡桢亲友代表等出席。

2002年11月30日至12月1日，学校召开第五届“双代会”。会议审议通过了院长严大考作的工作报告，审议通过了《财务工作报告》和《院内津贴分配办法》，推选了新一届的工会委员。

2002年11月末，学校获准新增资源环境与城乡规划管理（工学）、电子信息工程（工学）、国际经济与贸易（经济学）、消防工程（工学）、艺术设计（文学）等5个本科新专业。至此，学校本科专业数增至31个，涵盖了工、农、经、管、理、文等6大学科门类。

2003年

2003年2月14日，曹兴霖调任学校副院长，刘淑琴调任学校纪委书记。

2003年3月25日，河南省计划委员会批复同意我校在郑东新区龙子湖高校园区选址建设新校区，总征地面积118 hm^2 远期发展规模为在校全日制学生18 000人，主要承担本科生和研究生教育。

2003年3月，河南省委、省政府授予我校“省级文明单位”称号。

2003年4月21日，学校在2003年河南省大中专毕业生就业工作会议上，被评为“1999—2002年度河南省大中专毕业生就业工作先进集体”。

2003年5月10日，学校被批准为工程硕士授权单位，自2003年开始在水利工程领域招生。

2003年6月28日，学校举行2003届毕业研究生、本科生毕业典礼暨学位授予仪式。

2003年7月4日，学校召开教学评估迎评促建工作大会。严大考校长对迎评促建工作进行了全面部署，刘汉东副校长宣布了《华北水利水电学院本科教学工作水平评估实施方案》和《华北水利水电学院本科教学工作水平评估责任分工表》。

2003年8月1日，学校2003年招生录取工作圆满结束，共在全国30个省（区、市）录取本科新生3 003名，高职高专新生455名，在校本科生突破10 000人。

2003年9月17日，学校获准新增7个硕士点：岩土工程、结构工程、管理科学与工程、计算机应用技术、机械设计及理论、流体机械及工程、应用数学，学校硕士点总数达到13个。

2003年10月，学校新增地理信息系统、信息管理与信息系统、数学与应用数学、工业工程等4个本科专业。法学（水法与水政管理方向）专业经河南省评审批准设立并报教育部审批。水利职业学院新增4个专科专业。同月，学校被确定为空军飞行员选拔试点学校，成为河南省5所试点院校之一。

2003年12月1日，我院新校区总体规划设计方案进入招标阶段。

2003年12月2日，学校党委被省高工委、省教育厅党组授予“河南省高等学校‘五好’党组织”称号。

2003年12月末，学校校园局域网全面扩建并投入使用，建成了通达办公区、教学区、学生区、家属区的完整校园网络。同时，学校办公自动化系统投入试运行。

2004年

2004年2月19日，校党委召集信息工程系全体教工召开了对信息工程系进行调整的专题会议。王保国副书记宣布了校党委对信息工程系进行调整，将分离组建为两个系的决定。

2004年3月4日，学校召开了“教学

工作及迎评促建”专题会。党委书记朱清孟和校长严大考分别讲话。

2004年3月5日,学校召开教学督导团成立大会。

2004年3月31日,校党委召开2004年党建、思想政治工作会议,安排部署了2004年党建、思想政治工作及精神文明建设。

2004年4月1日,学校2004年春季田径运动会开幕。学生组比赛前4名是水利工程系、环境工程系、土木工程系、动力工程系。取得教工组前6名的是机关、外国语言系、图书馆、后勤总公司、数学与信息科学系、动力工程系。获得精神文明单位的是机关、后勤总公司、水利工程系、土木工程系。

2004年4月22日,第六批省级重点学科评审专家组对学校地质工程学科和水文学及水资源学科建设情况进行了实地考察。

2004年5月23日,根据河南省教育厅《关于同意华北水利水电学院恢复招收来华留学生的批复》(教科外〔2004〕307号文件),河南省教育厅同意我校恢复招收来华留学生。

2004年6月2日,学校在郑东新区举行新校区奠基典礼。水利部副部长陈雷、河南省人民政府副省长贾连朝、河南省政协副主席张洪华、水利部黄河水利委员会主任李国英、水利部人事劳动教育司副司长陈自强、水利部农田灌溉所所长庞鸿宾、水利部农田灌溉所党委副书记周子奎、河南省发展和改革委员会助理巡视员曹敦瑞、河南省教育厅副厅长肖新生等领导和来宾出席。省委副书记陈全国致电祝贺。水利部副部长陈雷、河南省人民政府副省长贾连朝、华北水利水电学院院长严大考分别在奠基典礼上发表了重要讲话。陈雷、贾连朝、张洪华、李国英、陈自强、庞鸿宾、曹敦瑞、肖新生、张海钦、朱清孟、严大考等为华北水利水电学院新校区挥锹奠基。

2004年6月15日,学校举行2004届毕业典礼暨表彰大会。

2004年7月7日,学校决定组建学校教学评估“评建办公室”,配备专职人员,专职从事迎评促建工作。评建办公室专职工作人员为:高辉巧、丁立杰、程思康、田卫宾、田刚、司保江、周俊胜。

2004年8月17日,水利部国际合作与科技司司长高波一行4人到校指导工作。高司长介绍了全国水利国际合作与水利科技工作的开展情况,并对学校的水利科研工作给予了具体指导。

2004年9月5日,学校召开2004级新生开学典礼暨军训动员大会。

2004年9月10日,学校决定成立教学指导委员会和系(部)教学委员会。9月13日,学校教学指导委员会召开了第一次会议。

2004年9月11~12日,学校召开五届二次教代会。会议审议通过了《华北水利水电学院发展战略规划》、《华北水利水电学院学科建设和师资队伍建设规划》、《华北水利水电学院校园建设规划》等3个规划,并对全院中层以上领导干部进行了民主评议。

2004年9月17日,省委副书记王全书莅临学校调研,出席在学校召开的省会高校党委书记学习贯彻中央十六号文件座谈会并发表重要讲话。

2004年11月27~28日,学校召开实验室建设工作会议。冯跃志副校长作了《抓住机遇,更新观念,开创实验室工作新局面》的主题报告,严大考校长作了重要的总结讲话。资产与实验室管理处处长邱林宣讲《实验室发展规划》、袁昕副处长宣讲《实验室整合方案》、《实验室基础实验中心物理与电工电子实验室组建方案》。

2004年12月4~5日,由河南省教育

厅主办,华北水利水电学院承办,郑州大学、河南工业大学、郑州轻工业学院等河南工科类高等院校协办的“2005年河南省普通高等学校水利电力暨工科类专业毕业生双向选择洽谈会”在学校举行。来自全国20个省市的近100家单位参加了本次行业洽谈会,用人单位共提供了4 000多个需求信息。我省水利电力及工科类毕业生近万人参加了本次洽谈会。洽谈会上用人单位和毕业生签约或达成就业意向3 000多个。

2004年12月10日,全省高校宣传部长座谈会在学校举行。河南省委宣传部助理巡视员聂道春、河南省委宣传部理论处处长郭书城、校党委书记朱清孟、副书记高武胜等出席会议。

2004年12月23日,学校召开了迎评促建工作阶段总结及经验交流会。动力工程系等六个典型单位就本单位在评建工作过程中取得的经验进行了交流。刘汉东副校长作了阶段工作总结报告。

2004年12月28~30日,河南省高校保卫工作研究会2004年年会在学校召开,来自全省65所高校的72位代表和省教育厅、省公安厅有关负责同志出席会议。

2005年

2005年1月13日,“河南省高校科研工作研讨会”在我校召开。校长严大考、副校长冯跃志,河南省教育厅领导和我省部分高校主管科研的副院长及科研处长出席会议。冯跃志副校长介绍了学校科研的发展情况。

2005年1月14日,新校区综合教学楼基础工程首根工程管桩顺利静压地下,标志着新校区建设全面进入主体建筑开工阶段。

2005年1月28日,学校召开校内评估专家组成立大会。刘汉东副校长宣读了《华北水利水电学院关于成立本科教学工作水平评估校内专家组的通知》。党委书记朱清孟、副书记王保国向学校本科教学工作水平评估校内专家组成员颁发了聘书。张镜剑教授代表专家组讲话。校内评估专家组名单:组长张镜剑,副组长李华晔,成员有王伯文、田润清、李创、李国庆、吴本陵、周丽芬、费广荣。

2005年3月,学校魏群教授应邀参加了由美国钢结构学会(American Institute of Steel Construction inc. 简称AISC)、美国国家标准和技术委员会(NIST)、美国乔治亚理工学院(Georgia Institute of Technology)主办的“2005年CIS/2钢结构世界标准研讨会”。主要议题是:交流CIS/2标准的推广和应用,CIS/2的最新进展以及新版本(LMP7.0)的预审和征集意见。这是CIS/2钢结构世界标准一年一度的最高级核心会议。魏群教授是唯一出席会议的中国学者,他发表了CIS/2钢结构世界标准应用研究成果的演讲。会议决定接受魏群教授为世界钢结构标准研发组织成员,华北水利水电学院成为中国第一个加入该研发组织的成员。

2005年3月5日,学校举行“曹培助学金”首次发放仪式。曹廷驹教授、关工委副主任孙绪金教授、学生处有关负责人及9名受助学生参加了发放仪式,并进行座谈。此项社会资助由学校关工委联系、学生处发放,主要用于资助家庭贫困、品学兼优的女大学生,帮助她们解决实际困难,顺利完成学业。本助学金每学期到账500美元,一次性全部发放。

2005年3月9日,学校组织了由校领导、校内评估专家组、各系部主任、主管评估工作的副主任、机关各职能部门负责人和评建办全体人员等组成的考察团到河南理工大学进行评估工作考察学习。

2005年3月10~31日,校内评估专家组对13个系(部)和12个观测点责任单位进行了首轮评估检查工作。校内评估专家通过审阅自评报告、听取评估工作汇报、分组查阅资料及现场考察和反馈意见等四个环节对各单位的评估准备情况进行了较为系统的检查。4月6日,学校召开了首轮评估检查工作总结大会,刘汉东副校长对评估检查工作作了全面总结。

2005年4月8日,学校2005年田径运动会胜利闭幕。水利工程系、土木工程系、动力工程系和经济管理系分获学生团体总分前4名,图书馆、机关、信息工程系、数学与信息科学系、后勤总公司和外国语言系分获教工团体总分前6名,水利工程系、土木工程系获得学生组体育道德风尚奖,机关、经济管理系和土木工程系获得教工组体育道德风尚奖。

2005年4月12日,学校40名教师和科研人员参加了在省人民会堂举行的河南省科技奖励大会。张丽、刘东常等负责、参加的4个项目受到表彰。

2005年6月29日,学校举行2005届毕业典礼暨表彰大会。

2005年7月6日,以省科学院党委副书记薛歧庚任组长,省委机要局调研员张国军、省教育厅机关党委副书记应文斌、省委办公厅第二秘书处主任科员赵彦杰为组员的省委党员先进性教育活动第25督导组成员进驻学校,督导学校开展保持共产党员先进性活动。

2005年7月18日,河南省委对学校领导班子进行调整,朱清孟书记调任河南科技大学党委书记,河南科技学院党委书记朱海风调任学校党委书记。冯跃志副院长调任商丘师范学院党委副书记,商丘师范学院副院长李纪轩调任学校副院长,副书记高武胜因年龄原因不再担任领导职务。

2005年8月1日,周振民教授参加了由“今日中国论坛”组委会与水利部发展研究中心在北京联合主办的“水利工程生态影响”论坛,提交的学术论文《黄河下游引黄灌区土地沙漠化及其对生态环境影响分析》获得表彰。

2005年8月23日,学校召开第五届教代会第三次(扩大)会议。会议除教代会的代表外,扩大到全院教职工参加。

2005年8月25日,学校录取工作圆满结束,录取新生3 196人,超额完成了预定招生计划。

2005年9月6日,河南省水利厅王建武副厅长一行5人来到学校,代表水利厅慰问学校广大教职工,并赠书60余册。

2005年9月13日,澳大利亚斯威本科技大学副校长Stephen Connelly(斯迪芬·康奈利)和高等教育办公室学术项目经理Andrew Smith博士一行两人来到学校访问。双方就两校合作办学的原则进行了讨论,制定了进一步协商合作办学合同的时间表。

2005年9月16日,学校在2005年度国家自然科学基金项目上取得新的历史性突破,获两项国家自然科学基金项目。其中,学校青年骨干教师严军博士获得的青年科学基金课题,是学校历史上首次获得该类别基金资助的项目。获得的两项国家自然科学基金项目分别是严军博士主持申报的“黄河下游河道中水河槽高效输沙和安全行洪的机理研究”项目,资助金额为26万元;周振民教授主持申报的“农田灌溉用水权有偿转让机制与农民受益研究”项目,资助金额为8万元。

2005年9月25日,由中国力学学会教育工作委员会和河南省力学学会主办,2005“宇通杯”全国大学生力学邀请赛颁奖典礼在郑州大学隆重举行。我校学生周生通荣获二等奖、李泽泽荣获优秀奖。我校是唯一一所非"211"高校的获奖学校。

2005 年 10 月 14 日,2005 届新生在新校区报到入学,标志着我校新校区正式投入使用,实现了校党委确保 2005 级新生入住新校区的目标。

2005 年 10 月 15 ~ 16 日,由中国计算机学会主办,我校承办的全国第八届计算机操作系统课程教学研讨暨学术交流会在河南饭店隆重召开。

2005 年 10 月 15 ~ 16 日,中国科学院院士、北京大学博士生导师杨芙清教授,清华大学计算机网络与协同工作 CSCW 研究室主任、博士生导师史美林教授,中国科学院计算技术研究所副所长、博士生导师徐志伟研究员,北京大学信息科学技术学院计算机系副主任、博士生导师陈向群教授,南开大学计算机系博士生导师张红光教授,西安交通大学博士生导师齐勇教授,河南省信息中心主任陈国斌教授级高工等 7 位计算机专家受聘我校兼职教授并为我校师生作学术报告。

2005 年 10 月 18 日,学校在新校区举行 2005 级新生开学典礼。

2005 年 10 月 18 日,学校合作办学伙伴澳大利亚新英兰大学校长 Ingrid Moses 女士和主管国际事务的副校长 Robin Pollard先生来校访问。校长严大考、副校长刘汉东接见了客人。

2005 年 10 月 18 ~ 20 日,国家计量认证水利评审组会同河南省质量技术监督局一行 5 位国家级评审员对学校实验中心进行了为期 3 天的计量认证复查评审。

2005 年 10 月 21 ~ 24 日,学校主办的第一届全国水工岩石力学学术会议在河南省郑州市黄河迎宾馆召开,刘汉东副校长作为组委会主席主持了会议。

2005 年 11 月 1 日,省委副书记、省人才工作领导小组组长陈全国专门约见学校钢结构与工程研究所所长魏群教授。

2005 年 11 月 12 ~ 18 日,教育部专家组对学校本科教学工作水平进行了评估。评估期间,河南省人民政府副省长贾连朝、教育部评估中心李志宏副主任分别专程接见和看望了专家组全体成员。

2005 年 11 月 22 日,河南省省级重点学科专家评估组对我校"水利水电工程"、"水工结构工程"、"水力学及河流动力学"、"地质工程"、"水文学及水资源"五个省级重点学科进行了年度建设评估。

2005 年 11 月 23 日,学校岩土力学与结构工程实验室被批准为河南省省级重点实验室。

2005 年 11 月 25 日,学校召开保持共产党员先进性教育活动总结大会。

2005 年 12 月 4 日,河南省省长李成玉视察我校龙子湖校区。严大考校长汇报了我校龙子湖校区建设和本科教学工作水平评估情况。

2005 年 12 月 7 日下午,党委副书记许琰到任。

2006 年

2006 年 1 月 14 日,我校在 2005 年全国大学生数学建模竞赛中取得突出成绩,获得全国二等奖 1 项,省一等奖 3 项,省二等奖 3 项,省三等奖 2 项。

2006 年 2 月 19 日,学校召开省级特聘教授聘任仪式,聘任周振民教授为学校首位省级特聘教授,校长严大考向周振民教授颁发了聘书。

2006 年 2 月 22 日,学校与北京国泰新华实业有限公司签订风电战略合作项目。李纪轩副校长代表学校在合作协议上签字。

2006年2月25日,学校在2005年河南省科技进步奖评选中获得河南省科技进步奖9项。

2006年3月22日,学校被中宣部、中央文明办、教育部、团中央、全国学联联合授予"2005年大中专学生志愿者暑期'三下乡'社会实践活动先进单位",这是我校连续第七次获此殊荣,并连续十一年获得河南省大学生暑期社会实践先进单位。

2006年3月28日,在河南省第八届青年科技奖表彰大会上,我校赵顺波教授、黄志全教授荣获第八届河南省青年科技奖,并被授予"河南省优秀青年科技专家"称号。

2006年3月29日,由河南省科技厅主持,对我校加拿大归国专家魏群教授负责完成的河南省重点科技攻关项目"逻辑产品模型及CIS2CAD的自主研发"进行了鉴定。鉴定意见认为:该成果填补了我国在钢结构逻辑产品模型方面的空白,开发的有独立自主知识产权的大型软件CIS2CAD达到了国际领先水平。

2006年4月18日,河南省委常委、省高校工委书记刘春良到校调研。

2006年4月19日,在河南省高校基建研究会年会上,学校被河南省教育厅授予"高校基本建设管理先进单位",公共教学楼被评为"高校优质工程"。

2006年4月25日,教育部公布了2005年普通高等学校本科教学工作水平评估的结论,我校被评估为优秀。4月28日下午,学校隆重举行本科教学工作水平评估总结庆祝大会,严大考校长作了评估总结主题报告。

2006年7月12日,省委、省政府印发了《关于命名表彰第六批河南省优秀专家的决定》,我校严大考教授、魏群教授、徐建新教授被授予"河南省优秀专家"称号。

2006年7月13~16日,学校召开了2006年改革发展研讨会,主要议题是两校区办学模式及学校内部管理体制改革。

2006年9月16日,省委宣传部、省军区政治部、省民政厅联合作出决定,在全省开展向王俊景、吴新芬学习的活动。根据我校校友——"好军嫂"吴新芬的感人事迹,河南电视台与湖南潇湘电影集团联手打造改编的电影《加油,新芬》在学校进行了部分场景的拍摄。

2006年11月25~26日,由河南省教育厅主办,河南省水利电力行业2007年大中专毕业生就业招聘会暨华北水利水电学院2007年毕业生就业洽谈会在我校举行。

2006年12月20~21日,教育部高等学校设置评议委员会专家组一行5人到校考察学校更名"华北水电大学"的办学条件。教育厅常务副厅长肖新生、水利部人教司副司长陈自强等有关领导全程陪同参与了评议工作。

2007年

2007年1月,学校被中宣部、中央文明办、教育部、共青团中央、全国学联联合授予"2006年全国大中专学生志愿者暑期'三下乡'社会实践活动先进单位",这是学校自1999年以来连续8年获此殊荣。

2007年1月22日,在首届"2006年河南省十大教育领军人物"评选活动中,严大考校长被评为2006年河南省十大教育领军人物。

2007年2月5日,根据河南省人民政府外事侨务办公室《关于表彰全省外事侨务系统先进集体和先进工作者的通报》(豫外侨〔2007〕5号),学校被评为"全省外事侨务系统先进集体"。

2007年3月30日,在河南省学位委员会和河南省教育厅组织召开的全省学位点建设与研究生教育工作会议上，学校被授予“2006年河南省学位点建设和研究生教育工作先进单位”称号。

2007年4月4日，河南省高等学校艺术教育评估专家组到学校进行了艺术教育评估。

2007年6月14～17日，张玉祥教授代表广谱分析学科参加了在武汉举行的一般系统论国际学术研讨会，并作了题为《关于一般系统理论的广谱分析》的学术报告，会议由国际一般系统论研究会(IIGSS)举办。这是学校第一次以广谱哲学发源地的名义进入国际学术界。

2007年6月16日，学校召开2007届毕业典礼暨表彰大会。

2007年9月初，水利学院正式与张光斗科技教育基金委员会签订了“张光斗科技教育基金——优秀学生奖学金”协议，水利学院成为首批“张光斗奖学金”获得单位。

2007年9月4日，学校教务处被国家人事部、教育部授予“全国教育系统先进集体”荣誉称号，成为学校历史上首次获此殊荣的集体单位。

2007年9月28日，学校与嵩山少林武术职业学院合作开办的以武术和中原文化为特色的英语(汉语国际推广方向)本科专业在嵩山少林武术职业学院隆重举行开学典礼。

2007年10月17～23日，中共河南省委组织部对学校党政领导班子进行换届考核。

2007年11月17～18日，“河南省水利电力行业2008届大中专毕业生就业洽谈会暨华北水利水电学院2008年毕业生就业双选会”在学校举行。

2007年12月26日，学校在全省高校基本建设检查评比中被评为“高校基本建设管理先进单位”，公共实验楼工程被评为“优秀工程”。

2008年

2008年1月19日，学校召开2007年获得省级以上重要奖项获得者代表座谈会。河南省科技进步一等奖获得者高传昌、河南省科技进步二等奖获奖项目主持人解伟、全国模范教师获得者杨振中、全国教育系统先进集体获奖单位代表教务处处长丁天彪、全国教育系统先进纪检单位获奖单位代表纪委副书记张殿玉等同志参加了座谈会。

2008年3月23日，河南省示范性软件职业技术学院评审专家组一行4人到我校软件职业技术学院进行了考察评审。

2008年3月31日至4月1日，全国水利科技大会在北京召开，我校科技处作为全国水利科技先进集体受到表彰，解伟教授、周振民教授获先进个人称号，我校参加完成的两项科研成果分获2007年度大禹水利科学技术奖一等奖和三等奖。

2008年4月26日，经过民主推荐、组织考查、公示等程序，我校行政领导班子换届工作顺利完成。新一届学校行政领导班子组成人员如下：严大考任校长，曹兴霖、刘汉东、徐建新任副校长。孙纯淇任正校级调研员(正院级)，李纪轩任副校级调研员。同时，省委对我校领导班子作了部分调整：党委副书记许琰兼任工会主席；刘淑琴任党委副书记，免去其纪委书记职务；尚宝平任纪委书记。我校党委组织部部长李俊杰调任中原工学院纪委书记。

2008年5月7日，河南省“2008读者最满意的十佳院校大型调查评选”揭晓，我校荣获“河南公众最满意的十佳本科院校”称号。

2008年5月8日，经河南省教育厅组

织专家验收评估,我校“地质工程”、“水力学及河流动力学”、“水利水电工程”、“水文学及水资源”、“水工结构工程”等5个省级重点学科顺利通过验收评估。

2008年5月12日14时28分,四川省汶川县发生里氏8级强烈地震。灾害发生后,学校工会、机关党总支、团委、学生会立即倡议广大师生为地震灾区捐款,全校师生集中捐款总计35万余元。

2008年5月22日,在前期捐款的基础上,学校广大党员以缴纳“特殊党费”形式表达支援灾区的心愿,共缴纳“特殊党费”230 253.90元,其中教工党员772人,缴纳“特殊党费”190 532.00元;学生党员2 297人,缴纳“特殊党费”39 721.90元。缴纳“特殊党费”金额1 000元及以上的有21人,500~1 000元的有128人。

2008年5月,我校班子调整后,党政领导分为两个调研组,分别到12个院系进行了集中调研和现场办公。调研结束后,学校整理出各类建议和问题100多条,学校党政领导班子逐条分析这些建议和问题,并进行了责任分工,予以研究解决。

2008年6月14日,在河南省组织的2008年度河南省高等学校精品课程评选中,我校赵顺波教授主持的“混凝土结构”和刘增进教授主持的“节水灌溉理论与技术”2门课程荣获省级精品课程称号,至此,我校省级精品课程数已达10门。

2008年6月23日上午,学校召开2008届毕业典礼暨表彰大会。

2008年7月4日上午,学校举行省校两级特聘教授聘任仪式,聘任1名省级特聘教授和6名校级特聘教授。

2008年7月6日,在河南省组织的2008年度河南省高等学校特色专业建设点遴选评审中,我校热能与动力工程和农业水利工程2个专业被评为省级特色专业。

2008年7月8日,在河南省高等学校省级教学团队评选中,我校以高传昌教授为带头人的“水力发电动力工程教学团队”成功入选。至此,我校省级教学团队增至2个。

2008年7月29日,我校赵顺波、张富生、李彦彬、刘娉慧和徐晨光分别获得2008年国家留学基金委全额资助访问学者资格、国家留学基金委河南地方项目全额资助访问学者资格以及国家互换奖学金项目资助资格。

2008年8月1日上午,学校召开“新解放、新跨越、新崛起”大讨论活动动员大会,决定集中两个多月时间,在全校组织开展“新解放、新跨越、新崛起”大讨论活动。

2008年8月3日,石品任学校副校长,党委副书记王保国调任河南省商业高等专科学校党委书记。

2008年8月26日,我校获得2项2009年度水利部公益性行业科研项目,资助总经费672万元,取得重大突破。获得资助的课题是:高传昌教授主持的项目“脉冲射流水下高效清淤冲沙关键技术研究”(资助经费367万元);周振民教授主持的项目“滦河下游区域水资源高效利用关键技术研究”(资助经费305万元)。

2008年9月10日,学校在改造后的江河宾馆举行了三星级揭牌仪式,江河宾馆成为河南省高校教育系统第三家荣膺三星级的酒店,也是江河宾馆经营近20年来首次取得的星级酒店称号。

2008年9月16日上午,学校召开2008级新生开学典礼暨军训动员大会。

2008年9月28日,在教育部、财政部第三批高等学校特色专业建设点评选中,我校地质工程专业被教育部批准为第三批国家级高等学校特色专业建设点,这是我校第一个被批准的国家级特色专业建设点。

2008 年 11 月 20 日上午，由省教育厅主办的“河南省 2009 年大中专毕业生就业工作启动仪式暨水利电力类毕业生就业双向选择洽谈会”在我校召开，我校被批准成立“河南省毕业生就业市场水利电力类分市场”，团省委副书记郭鹏和校党委书记朱海风共同为分市场揭牌。

2008 年 11 月 21 日，王天泽任学校副校长。

2008 年 11 月 21 日，学校被省委、省政府命名为省级文明单位。

2008 年 12 月，学校在 2008 年成人高等教育检查评估中获得“优秀”。

2009 年

2009 年 2 月 1 号，民进中央特授予康迎宾“民进全国抗震救灾优秀会员”荣誉称号，民进河南省委授予康迎宾和王新建“民进河南省抗震救灾优秀会员”荣誉称号。

2009 年 2 月初，根据中共河南省委组织部统一安排，刘汉东副校长赴河南省水利厅挂职，任水利厅副厅长、党组成员，为期 2 年。

2009 年 2 月 26 日上午，我校召开深入学习实践科学发展观活动总结大会。会议进行了学习实践科学发展观活动经验交流。

2009 年 3 月 4 日，严大考校长率副校长刘汉东、石品、王天泽等到水利部汇报省部共建有关工作，并就省部共建有关工作及共建协议的具体条款进行了沟通。

2009 年 4 月 15 日，学校召开“讲党性修养、树良好作风、促科学发展”教育活动动员大会。

2009 年 4 月 17 日下午，学校召开处级领导班子换届总结大会，标志着学校处级领导班子、处级干部换届已顺利结束。

2009 年 6 月 3 日上午，学校召开 2009 届毕业典礼暨表彰大会。

2009 年 6 月 5 日，学校在河南省第七届“挑战杯”大学生课外学术科技作品竞赛中，获得一等奖 1 项、二等奖 1 项、三等奖 3 项、优秀奖 8 项，并首次荣获“河南省‘挑战杯’竞赛优秀组织奖”。

2009 年 6 月 7 日上午，财政部中央与地方共建高校特色优势学科实验室项目评估专家，对我校 2008 年中央与地方共建特色优势学科实验室建设项目执行情况进行评审，并对我校 2009 年中央与地方共建 4 个特色优势学科实验室建设项目进行评估。

2009 年 6 月 13 日，以赵顺波教授为带头人的“土木工程结构类课程教学团队”被评为省级教学团队，学校省级教学团队增至 3 个。

2009 年 6 月 18 日下午，学校召开五届五次教代会，讨论、审议《校内津贴分配实施方案》。

2009 年 7 月 2 日上午，河南省副省长徐济超到校，考察了水利馆、工程结构与建筑材料实验室、岩土工程与水工结构研究所及钢结构研究所等科研场馆。

2009 年 8 月 10 日，我校与中国水电顾问集团北京勘测设计研究院签订了全面合作框架协议。严大考校长代表学校在协议上签字。

2009 年 8 月 12 日下午，河南省政府和水利部在北京签订《关于共建华北水利水电学院的协议》，河南省省长郭庚茂代表河南省人民政府，陈雷部长代表水利部在协议上签字。

2009 年 9 月 3 ~ 4 日，学校召开“抓共建机遇、促科学发展”专题工作会议，就如何抓住共建机遇，促进学校科学发展进行了深入研讨。

2009年9月5日,土木与交通学院生态高性能建筑材料实验室荣获河南省高校重点实验室培育基地建设项目。

2009年9月14日,全国高校毕业生就业市场河南分市场落户我校,副省长徐济超、教育部全国高等学校学生信息咨询与就业指导中心副主任张凤有、教育厅厅长蒋笃运和校长严大考为分市场揭牌。

2009年9月19日上午,学校举行2009级新生开学典礼。

2009年9月26日,学校与中国水利水电科学研究院签订了全面合作框架协议。

2009年10月11日,学校水利水电工程专业顺利获批为国家级特色专业。

2009年10月16~19日,学校隆重召开博士单位建设工作会议,动员全校上下统一思想,振奋精神,明确目标,落实责任,以"博建"为契机,不断加快学科建设步伐,促进学校事业又好又快发展。

2009年10月28日,我校水利实验中心被评为第四批河南省高等学校实验教学示范中心建设单位。这是我校第2个被评为省级实验教学示范中心的实验中心。

2009年11月20日,我校被教育部评为"全国高校毕业生就业工作先进集体"称号。

2009年12月6日,在2009年全国高校自然科学学报编辑质量评比中,我校学报(自然版)荣获优秀编辑质量奖。

2009年12月22日,河南省教育厅公布了第四批河南省高等学校重点学科开放实验室名单,我校水工结构与材料工程实验室名列其中。

2009年12月28~31日,省委组织部、省委高校工委组织的评估组,对我校3年来的党建工作进行了评估。

2010年

2010年4月15~16日,学校在龙子湖校区田径场召开2010年春季田径运动会。

2010年4月20日,我校与河南省水利勘测设计研究有限公司签订了全面合作框架协议。徐建新副校长、翟渊军总经理分别在协议上签字。

2010年4月22日,经河南省高等学校精品课程评审委员会评审,我校刘仕平教授主持的"液压与气压传动"和庄晋林教授主持的"数据结构"2门课程荣获省级精品课程。

2010年4月22日,学校艺术设计、工程管理两个专业被河南省教育厅评为省级特色专业建设点,农业水利工程专业被推荐参加国家级特色专业建设点的评选。

2010年6月22日,学校召开2010届毕业典礼暨学位授予仪式。

2010年6月29日,在中共河南省委组织部召开"庆祝中国共产党成立89周年暨全省城市分行业争创'五好'基层党组织工作座谈会"上,我校水利学院党总支荣获河南省"五好"基层党组织称号。

2010年7月18日上午,省委常委、郑州市委书记连维良一行到我校新校区视察指导工作。

2010年9月15日上午,学校在龙子湖校区田径运动场举行2010级新生开学典礼暨军训动员大会。

2010年10月11日,经过科技厅组织专家的现场考察和评审,我校河南省地下空间利用技术院士工作站、河南省水利防灾减灾工程院士工作站、河南省水文学及水资源研究院士工作站、河南省沙河流域治理院士工作站等4个院士工作站获得建设批准。

2010年10月20日上午,受水利部委托,我校承办了全国首届水文化培训班,党委书记朱海风出席并为学员授课。

2010年10月26日,由河南省教育厅主办、学校承办的河南省高等职业院校毕业生就业创业综合服务基地工程奠基仪式在龙子湖校区举行。

2010年10月27日,教育部艺术教育委员会授予我校"全国学校艺术教育先进单位"荣誉称号。

2010年11月20~21日,"河南省毕业生就业市场水利电力类分市场双向选择洽谈会暨华北水利水电学院2011届毕业生双向选择洽谈会"在我校花园校区文体活动中心隆重举行。

2010年11月28日,2010年现代水利工程学术会议在西安召开。本次会议由中国水利教育协会、西安理工大学联合主办,我校及河海大学、武汉大学等单位协办。校长严大考教授作为组委会副主席参加了大会的全部议程。

2010年11月29日,2010年高教杯全国大学生数学建模竞赛圆满结束。我校共选拔21个代表队参加比赛,其中19个队参加本科组比赛,2个队参加专科组比赛,参赛队全部获奖,其中国家级二等奖2个,省级一等奖2个,省级二等奖8个,省级三等奖9个。

2010年11月30日,以洛阳师范学院党委副书记张辛卯为组长的河南省毕业生就业工作评估专家组莅临我校,检查评估我校2006—2009年度毕业生就业工作。

2010年11月30日至12月1日,由河南工业大学设计艺术学院院长刘世声、河南师范大学音乐学院院长段续、河南教育学院艺术系主任郭锄非组成的河南省普通高校艺术教育教学评估专家组一行莅临我校检查指导工作。

2010年12月16日,河南省省委常委、郑州市委书记连维良一行到龙子湖高校园区进行调研,党委书记朱海风、校长严大考陪同视察了龙子湖校区。

2010年12月20日,以河南中医学院党委副书记、工会主席段荣章和中原工学院工会主席黄健为组长的河南省教育工会教代会评估专家组莅临我校,检查评估我校教代会、建家回头看工作。

2010年12月27日,由省教育厅组织的河南省学校艺术教育协会成立大会在我校隆重举行。

2011年

2011年1月9~10日,学校在讲堂三开展了2010年度处级单位、处级干部述职评议大会,全体校领导、处级干部、正高级职称人员、民主党派负责人参加了述评会。

2011年2月15日,河南省教育厅下发《河南省教育厅关于表彰全省高校后勤工作先进单位和先进个人的通知》,表彰在高校后勤工作中取得突出成绩的单位和个人,我校首次喜获"河南省高校后勤工作先进单位"荣誉称号,杜凤英、赵勇、李荣喜、刘炜、杨付停5人被评为河南省高校后勤工作先进个人。

2011年2月18日,河南省政法委、河南省综治委对全省5年来(2006—2010年度)的平安建设工作进行了考核,对先进单位进行了表彰。我校作为全省仅2所受到表彰的高校之一,被河南省政法委、河南省综治委授予"全省2006—2010年度平安建设先进单位"荣誉称号,并颁发了奖牌。

2011年2月19日,河南省——教育部直属师范大学首届免费师范毕业生就业专场双选会在我校隆重举行。省人大副主任、省委高校工委书记、教育厅厅长蒋笃运,省委高校工委常务副书记、副厅长李敏,省委高校工委专职委员贾修国,我校党委书记朱海风,副校长曹兴霖、石品,郑州市教育局党委书记、局长翟幸福及教育厅相关处室负责人出席了双选会。

2011年2月24日下午,学校在文体活动中心召开了全校教师发展总结动员大会。全体校领导出席了会议,全体教职工、教学督导团成员、关工委成员、学生会主席等参加了会议。

2011年3月1日上午,我校在第四会议室召开创建全国精神文明建设先进单位动员大会。党委副书记许琰出席会议并作动员讲话,创建全国精神文明建设先进单位领导小组全体成员参加了会议。

2011年3月8日,在第三会议室召开了学校第十一届青年教师课堂讲课比赛动员会和教学工作会议。

2011年3月11日下午,教学督导工作会议在第三会议室召开,副校长刘汉东出席会议并讲话,教务处负责同志和全体督导成员参加了会议。

2011年3月16~17日,2011年河南省共青团学校工作会议在江河宾馆会议厅隆重召开。团省委书记侯红、省委高校工委副书记张亚伟、团省委副书记郭鹏出席会议并作重要讲话,全省百余所高校团委、各地市团委以及部分中职、中学团委主要负责同志参加了会议。大会表彰了过去一年在各项工作中取得突出成绩的高校团组织,我校团委被授予"2010年度河南省最具执行力高校团组织"的荣誉称号。

2011年3月24日下午,我校"学科建设与研究生教育工作会议"在讲堂三召开。会议由校长严大考主持,校党委书记朱海风,副校长刘汉东、徐建新、王天泽出席了会议。

2011年3月25日,教育部下发了《关于公布2010年度高等学校专业设置备案或审批结果的通知》,我校申报的俄语、再生资源科学与技术、核工程与核技术、建筑节能技术与工程等4个本科新专业获得批准设置,其中再生资源科学与技术、建筑节能技术与工程是国家确定的战略性新兴产业相关本科专业。

2011年4月2日,省委宣传部、省教育厅就搞好"五月的鲜花"——大学生校园文艺演出活动和第三届大学生艺术展演活动在我校召开了组织动员会。省委宣传部文艺处蔡红霞、省教育厅体卫艺处处长郭蔚蔚、正处级调研员李岚、省电视台著名导演焦晓华以及全省部分高校的艺术学院负责人和音乐专业教师共50余人参加会议,石品副校长应邀出席。

2011年4月21~22日,2011年春季运动会在龙子湖校区隆重举行。

2011年4月23日,我校校友会成立大会在花园校区讲堂三隆重召开。河南省民政厅民间事务管理局局长王明远、河南省教育厅厅长助理荣西海等领导出席了大会,我校全体校领导、校友会有关负责人、校友代表、各学院和部门负责人、师生代表近300人参加了成立大会。

2011年5月4日晚,在"五四青年节"来临之际,我校迎来了2011年河南省高雅艺术进校园活动开幕式暨河南交响乐团华北水利水电学院专场演出。

2011年5月6日上午,我校与水利部水工金属结构质量检验测试中心在花园校区行政楼第三会议室签署了战略合作框架协议。水利部综合事业局副局长李兰奇、机械处处长李文明,水利部水工金属结构质检中心主任曹树林、总工张伟平、副主任张小阳、调研员张亚军,我校党委书记朱海风、校长严大考、副校长曹兴霖等领导及校办、科技处、水利学院、机械学院等部门负责人参加了签约仪式。

2011 年 5 月 10 日，在河南省第七届期刊质量检测评比中，我校自然版学报和社科版学报双双荣获河南省一级期刊。这是我校自然版学报第一次被评为河南省一级期刊，社科版学报继 2008 年荣获河南省一级期刊后再次获得这一殊荣。同时，2010 年的引证数据显示，自然版学报在同学科 66 家杂志中排名提前到 22 位，超过了几家核心期刊。

2011 年 5 月 14 ~ 15 日，我校成功举办了第十一届青年教师课堂讲课大赛，来自 16 个教学单位的 30 名老师参加了决赛。经过两天的激烈角逐，任岩老师和戴明清老师获得了一等奖，王慧等 6 名老师获得了二等奖，翟丽平等 12 名老师获得了三等奖，卢保娣等 10 名老师获得了优秀奖，机械学院等 5 个教学单位获得了优秀组织奖。

2011 年 5 月 18 日，由河南日报报业集团主办的“给力中原经济区建设 · 河南高校教育改革发展高峰论坛”在河南省人民会堂举行。论坛上，“2011 河南高校综合实力 20 强”大型调查评选活动揭晓，我校以优异成绩入选“2011 河南本科院校综合实力 20 强”。

2011 年 5 月 26 日上午，学校在第四会议室召开了创建全国文明单位领导小组全体成员会议。全体在校校领导出席了大会，创建全国文明单位领导小组全体成员参加了会议。

（校长办公室提供）

附录

历任校领导一览表

（2001—2011 年）

姓名	职务	任职时间	备注
朱清孟	党委书记	2001.4—2005.7	2005 年 7 月调任河南科技大学党委书记
严大考	党委副书记、院长	2001.4 至今	
高武胜	党委副书记 工会主席	1993.4—2005.7 2001.4—2005.7	已退休
王保国	党委副书记	2001.4—2008.7	2008 年 7 月调任河南商业高等专科学校党委书记
冯跃志	副院长	1997.10—2005.7	2005 年 7 月调任商丘师范学院党委副书记
孙纯淇	副院长 调研员（正院级）	2001.4—2008.4 2008.4—2010.11	已退休
刘汉东	副院长	2001.4 至今	
孔留安	纪委书记	2001.4—2003.2	2003 年 2 月调任河南理工大学副校长
曹兴霖	副院长	2003.2 至今	
刘淑琴	纪委书记 党委副书记	2003.2—2008.4 2008.4 至今	
朱海风	党委书记	2005.7 至今	
李纪轩	副院长 调研员（副院级）	2005.7—2008.4 2008.4—2009.3	
许　琰	党委副书记 工会主席	2005.12 至今 2008.4 至今	
徐建新	副院长	2008.4 至今	
尚宝平	纪委书记	2008.4 至今	
石品	副院长	2008.7 至今	
王天泽	副院长	2008.11 至今	

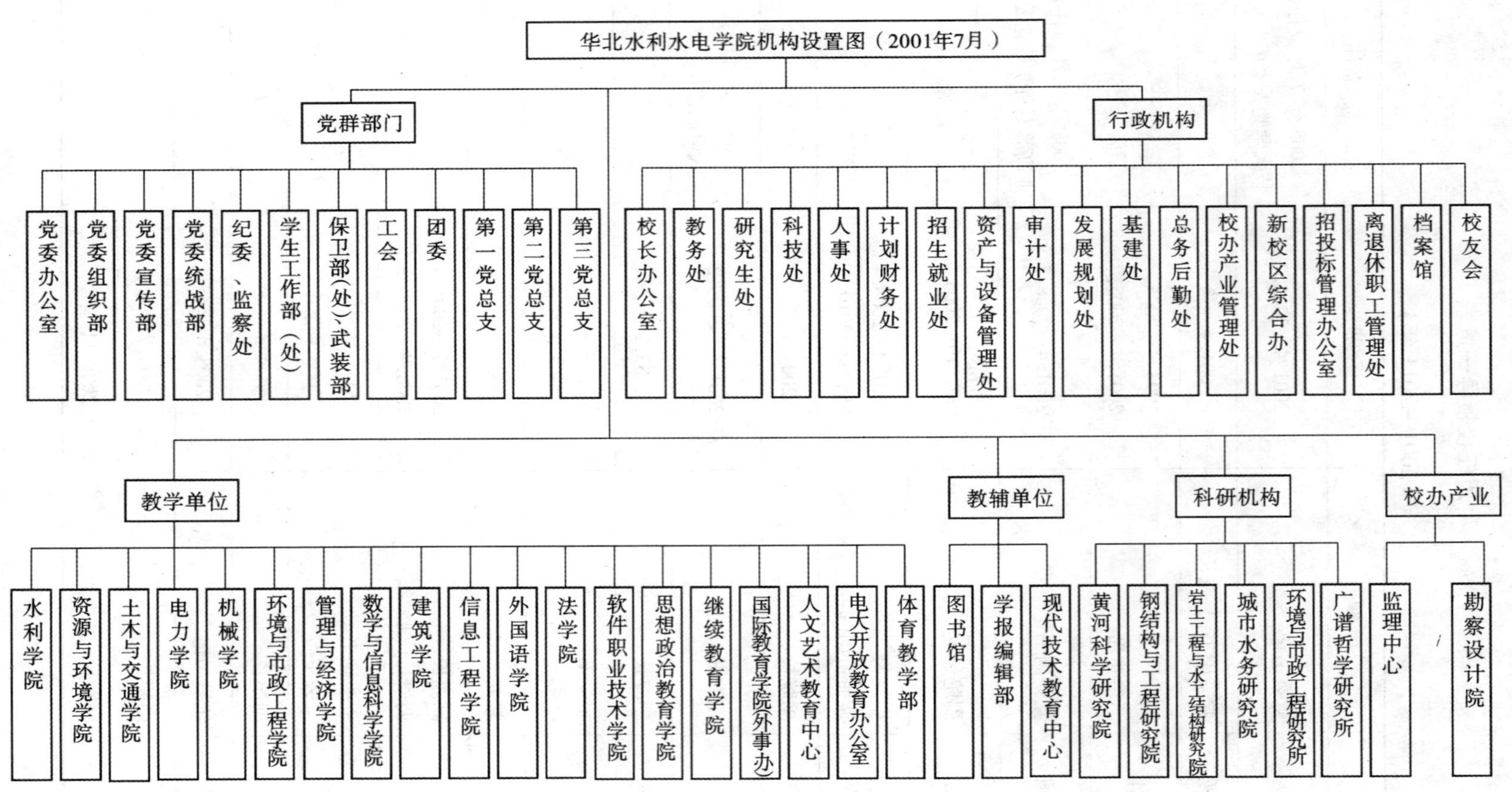
华北水利水电学院机构设置图（2001年7月）
党群部门
党委办公室
党委组织部
党委宣传部
党委统战部
纪委、监察处
学生工作部（处）
保卫部(处)、武装部
工会
团委
第一党总支
第二党总支
第三党总支
行政机构
校长办公室
教务处
研究生处
科技处
人事处
计划财务处
招生就业处
资产与设备管理处
审计处
发展规划处
基建处
总务后勤处
校办产业管理处
新校区综合办
招投标管理办公室
离退休职工管理处
档案馆
校友会
教学单位
水利学院
资源与环境学院
土木与交通学院
电力学院
机械学院
环境与市政工程学院
管理与经济学院
数学与信息科学学院
建筑学院
信息工程学院
外国语学院
法学院
软件职业技术学院
思想政治教育学院
继续教育学院
国际教育学院(外事办)
人文艺术教育中心
电大开放教育办公室
体育教学部
教辅单位
图书馆
学报编辑部
现代技术教育中心
科研机构
黄河科学研究院
钢结构与工程研究院
岩土工程与水工结构研究院
城市水务研究院
环境与市政工程研究所
广谱哲学研究所
校办产业
监理中心
勘察设计院

机关各部门历任领导一览表

部门	姓名	职务	任职年限	备注
党委办公室	马 英	主任	2001.12—2002.6	
	田 逸	主任	2002.6—2009.4	
	丁立杰	副主任	2005.11—2008.6	
	马 英	主任	2009.4 至今	
	郭相春	副主任	2009.4 至今	兼任
纪委、监察处	唐振科	副书记、处长	2002.6—2006.4	
	张殿玉	副书记、处长	2006.4—2009.4	
	程思康	副书记、处长	2009.4 至今	
	陈玉霞	办公室副主任	2006.4—2009.4	
		办公室主任	2009.4 至今	
	尹彦礼	副主任、副处长	2010.5 至今	
党委组织部、党校	李俊杰	部长	2002.4—2008.6	
	陶玉慧	组织员	2006.12—2008.3	
	解 伟	部长	2008.6 至今	
	丁立杰	组织员、副部长	2008.6—2009.4	
	田 逸	组织员、副部长	2009.4 至今	
	焦红波	副部长	2009.4 至今	
党委宣传部	李俊杰	部长	2002.4—2002.6	
	史进才	部长	2002.6—2006.4	
	程思康	副部长	2003.8—2009.4	
	饶明奇	部长	2006.4 至今	
	司保江	副部长	2010.3 至今	
党委统战部	李俊杰	部长	2002.4—2002.6	
	史进才	部长	2002.6—2006.4	
	饶明奇	部长	2006.4—2008.3	
	程思康	副部长	2006.4—2008.3	
	景中强	部长	2008.3 至今	
学生工作部(处)	高文荣	部长、处长	2002.6—2003.8	
	段 虹	部长、处长	2003.8—2004.9	
	何晓玲	副处长	2002.6—2003.8	
	田卫宾	副部长、副处长	2003.8—2009.4	
	李有华	副部长、副处长	2003.6—2006.4	
	郭玉宾	部长、处长	2004.9—2010.4	
	费 昕	部长、处长	2010.4 至今	
	武兰英	副处长	2008.3—至今	
		学生贷款管理中心主任	2009.4 至今	兼任
	李幸福	副部长、副处长	2009.4 至今	

续表

部门	姓名	职务	任职年限	备注
武装部、保卫部(处)	李发民	部长、处长	2002.6 至今	
武装部、保卫部(处)	徐 震	副部长、副处长	2002.6 至今	
武装部、保卫部(处)	范卫中	副部长、副处长	2010.5 至今	
工会	宋进章	副主席(正处)	2002.6—2006.4	
工会	史进才	副主席(正处)	2006.4—2009.4	
工会	王艳芳	副主席	2006.4—2009.4	
工会	郭少龙	副主席(正处)	2009.4 至今	
工会	李明霞	副主席	2010.3 至今	
团委	郭玉宾	书记	2002.4—2006.4	
团委	费 昕	副书记	2002.4—2006.4	
团委	费 昕	书记	2006.4—2010.5	
团委	李尚可	副书记	2006.4—2010.5	
团委	李尚可	书记	2010.5 至今	
团委	宋凯果	副书记	2010.5 至今	
团委	曹 震	副书记	2011.6 至今	
校长办公室	马 英	主任	2001.12—2009.4	
校长办公室	田 逸	副主任	2001.12—2002.6	
校长办公室	郭相春	副主任	2004.4—2009.4	
校长办公室	靖建新	副主任	2007.6—2009.4	
校长办公室	丁立杰	主任	2009.4 至今	
校长办公室	王笃波	副主任	2009.4 至今	
校长办公室	潘松岭	副主任	2010.5 至今	
校长办公室	高文荣	副主任	2010.5 至今	
校友会	王笃波	办公室主任(副处)	2009.12—2010.5	兼任
校友会	高文荣	办公室主任(副处)	2010.5 至今	兼任
发展规划处	张加民	处长	2006.4—2009.4	
发展规划处	韩宇平	副处长	2006.4—2009.4	
发展规划处	丁天彪	处长	2009.4 至今	
发展规划处	马建琴	副处长	2009.4 至今	
教务处	丁天彪	处长	2002.6—2009.4	
教务处	温随群	副处长	2002.6—2006.4	
教务处	高辉巧	副处长	2004.4—2006.4	
教务处	袁 昕	副处长	2006.4—2011.3	
教务处	武兰英	副处长	2006.4—2008.3	
教务处	刘法贵	处长	2009.4 至今	
教务处	李秀丽	副处长	2008.6—2009.4	
教务处	李秀丽	调研员	2009.4—2010.4	
教务处	李秀丽	副处长	2010.4 至今	
教务处	宋冬凌	副处长	2010.4 至今	

续表

部门	姓名	职务	任职年限	备注
科技处	解 伟	处长	2002.6—2008.6	
	邱道尹	副处长	2004.4—2006.4	
	高辉巧	副处长	2006.4 至今	
	刘法贵	处长	2008.6—2009.4	
	孙明权	处长	2009.4 至今	
	陈爱玖	副处长	2009.4 至今	
人事处(人才交流中心)	段 虹	处长	2001.12—2004.3	
	丁立杰	副处长	2003.8—2005.11	
	孟闻远	处长	2004.3 至今	
	郭志芬	副处长	2007.6 至今	
计划财务处	杜凤英	处长	2001.12 至今	
	张国庆	副处长	2004.4—2009.4	
	曹玉贵	总会计师	2009.4 至今	
	洪 岩	副处长	2009.12 至今	
资产与设备管理处	邱 林	处长	2001.12—2007.6	
	王成现	副处长	2001.12—2002.6	
	袁 昕	副处长	2004.4—2006.4	
	赵 瑜	副处长	2006.4 至今	
	陆桂明	处长	2007.6—2009.4	
	刘雪梅	处长	2009.4 至今	
审计处	曹玉贵	处长	2002.6—2009.4	
	肖大强	副处长	2004.12—2009.4	
	张国庆	处长	2009.4 至今	
	郭晓华	副处长	2010.3 至今	
招生就业处	段虹	主任	2003.8—2004.9	
	郭玉宾	主任	2004.9—2006.4	
	李有华	副主任	2003.8—2006.4	
	马万明	副处长	2006.4—2010.5	
	苏喜军	处长	2007.6—2009.4	
	张加民	处长	2009.4 至今	
	乔 敏	副处长	2010.5 至今	
招投标管理办公室	王成现	主任	2009.4 至今	
基建处	万林海	处长	2002.6—2006.2	
	王学军	副处长	2002.6—2006.4	
	王成现	副处长	2002.6—2004.3	
	周锦安	处长	2006.2 至今	
	黄立新	副处长	2006.4 至今	
	方林牧	副处长	2006.4—2009.4	
		调研员	2009.4—2010.4	
		副处长	2010.4 至今	
	田林刚	副处长	2009.4 至今	

续表

部门	姓名	职务	任职年限	备注
校办产业管理办公室	万林海	主任	2001.12—2002.6	
校办产业管理处	周锦安	处长	2002.6—2006.2	
	王艳芳	副书记	2002.6—2006.4	主持党总支工作
	靳 彩	书记	2006.4—2009.4	
	高胜建	处长	2006.4 至今	
	鲁智礼	副书记、副处长	2007.6 至今	
	刘仕平	书记	2009.4 至今	
	李 虎	副处长	2009.4—2010.5	
离退休职工管理处	王 儒	书记、处长	2002.6—2009.4	
	靖建新	处长	2009.4 至今	
	魏大庆	副书记、副处长	2009.4 至今	
总务后勤处	王成现	副处长	2004.3—2006.4	主持工作
	缑元有	副处长	2006.4—2007.6	主持工作
		处长	2007.6—2009.4	
		调研员	2009.4 至今	
	董贵恒	书记	2009.4 至今	
	苏喜军	处长	2009.4 至今	
	赵 勇	副处长	2009.4 至今	
	李荣喜	副处长	2009.9 至今	
	韦乐余	副处长	2010.5 至今	
龙子湖校区综合管理办公室	李俊杰	主任	2005.8—2008.3	
	郭少龙	副主任	2005.8—2008.6	
	温随群	副主任	2005.8—2006.4	
	徐 震	副主任	2005.8 至今	
	田卫宾	副主任	2005.8—2009.4	
		主任	2009.4 至今	
	郭玉宾	常务副主任	2007.3—2008.3	
	郭少龙	主任	2008.6—2009.4	
	袁 昕	副主任	2009.6—2011.3	兼任
	李幸福	副主任	2009.6 至今	兼任
	徐 震	副主任	2009.6 至今	兼任
	赵 勇	副主任	2009.6 至今	兼任
研究生处	孟闻远	书记、处长	2001.6—2002.6	
	徐建新	书记、处长	2002.6—2006.4	
	胡建兰	副处长	2004.4 至今	
	杨崇豪	副处长	2002.6—2006.4	
		副书记	2003.9—2006.4	
	邵 坚	副处长	2006.4 至今	
		副书记	2008.6—2010.5	
		书记	2010.5 至今	
	陈南祥	书记	2008.6—2010.5	
		处长	2008.6 至今	

续表

部门	姓名	职务	任职年限	备注
第一党总支	鲁志勇	书记	2006.4—2009.4	
	郭相春	书记	2009.4 至今	
第二党总支	董贵恒	书记	2008.12—2009.4	
	史鸿文	书记	2009.4 至今	
第三党总支	周锦安	书记	2008.12 至今	
后勤服务总公司	高胜建	总经理	2002.6—2004.3	
	鲁志勇	副书记	2002.6—2006.4	主持工作
		副总经理	2004.3—2006.4	兼任、主持工作
	郭少龙	副总经理	2004.3—2008.3	
		副书记	2006.4—2008.3	主持党务工作
	缑元有	副总经理	2004.3—2006.4	
	王成现	总经理	2006.4—2009.4	
	赵 勇	副总经理	2006.4—2009.4	
档案馆	毋红军	馆长(副处)	2009.4 至今	

（组织部提供）

荣获省部级及以上表彰的先进单位一览表

（截至2011年6月）

年份	获奖单位	颁奖单位	荣誉称号	备注
2001	学校	中宣部、中央文明办、教育部、团中央	全国大中专学生志愿者暑期“三下乡”社会实践活动先进单位	连续第2年
2001	学校	河南省委宣传部、省文明办、省教育厅、团省委、省学联	河南省大中专学生社会实践先进单位	连续第6年
2001	学校	中宣部、文化部、教育部、广电总局、团中央	全国大学生艺术歌曲比赛活动优秀组织奖	
2001	学校	河南省委宣传部、省水利厅、省教育厅、省广电局、省团委	河南省大学生艺术歌曲比赛活动优秀组织奖	
2001	学校	河南省教育厅	河南省普通高等学校艺术教育教学评估一类学校	首届评选
2002	校团委	团省委	河南省“五四”红旗团委	
2002	学校	河南省委宣传部、省教育厅、团省委	河南省第八届大学生科技文化艺术节优秀组织奖	
2002	学校	中共河南省高工委、省教育厅	河南省高校治安综合治理工作先进单位	
2002	学校	国家体育总局	全国中老年暨社区健身秧歌比赛二等奖	
2002	水利工程系	中央电视台科教频道“异想天开”栏目	“全国高校黄河清沙”竞赛冠军	
2002	学校	中共河南省委老干局、河南省老干部关心下一代工作委员会	关心下一代工作先进集体	
2002	学校	河南省人事厅和省直机关事务管理局	省直机关后勤系统先进集体	
2002	学校	中宣部、中央文明办、教育部、团中央	全国大中专学生志愿者暑期“三下乡”社会实践活动先进单位	连续第3年
2002	学校	河南省委宣传部、省文明办、省教育厅、团省委、省学联	河南省大中专学生社会实践先进单位	连续第7年

续表

年份	获奖单位	颁奖单位	荣誉称号	备注
2003	学校	中共河南省委、河南省人民政府	省级文明单位	
2003	学校	河南省教育厅	河南省大中专毕业生就业工作先进集体	
2003	水利工程系	河南省教育厅	2003年度河南省精品课程——水工建筑物	
2003	岩土工程系	河南省教育厅	2003年度河南省精品课程——岩石力学	
2003	校党委	河南省高工委、省教育厅党组	河南省高等学校“五好”党组织	
2003	校团委	河南省教育厅	河南省教育类社团工作先进管理单位	
2003	校团委	河南省教育厅	优秀教育类社团——MMD理论学习研究会	
2003	学校	中宣部、中央文明办、教育部、团中央	全国大中专学生志愿者暑期“三下乡”社会实践活动先进单位	连续第4年
2003	学校	河南省委宣传部、省文明办、省教育厅、团省委、省学联	河南省大中专学生社会实践先进单位	连续第8年
2004	学校关工委	中华人民共和国教育部关工委	2003年全国教育系统关心下一代工作先进集体	
2004	学校	省妇联和省社会体育局	庆祝“三八”妇女节健身秧歌大赛一等奖	
2004	学校	河南省内部审计协会	2002—2003年度河南省内部审计工作先进单位	
2004	学校	中国水利文学艺术协会	全国水利歌手大赛优秀组织奖	
2004	学校	河南省教育厅	河南省普通高等学校艺术教育教学评估一类学校	连续第2届
2004	数学与信息科学系党总支数学党支部	省委高校工委、河南省教育厅党组	先进基层党组织	

续表

年份	获奖单位	颁奖单位	荣誉称号	备注
2004	学校	中宣部、中央文明办、教育部、团中央	全国大中专学生志愿者暑期“三下乡”社会实践活动先进单位	连续第5年
2004	学校	河南省委宣传部、省文明办、省教育厅、团省委、省学联	河南省大中专学生社会实践先进单位	连续第9年
2004	学校	中共河南省委	第三批驻村工作先进工作队	
2005	学校	中宣部、中央文明办、教育部、团中央	全国大中专学生志愿者暑期“三下乡”社会实践活动先进单位	连续第6年
2005	学校	河南省委宣传部、省文明办、省教育厅、团省委、省学联	河南省大中专学生社会实践先进单位	连续第10年
2005	学校	教育部	全国第一届大学生艺术展演活动优秀组织奖	
2005	学校	建设部、中国建筑业协会	中国建筑工程鲁班奖(国家优质工程)	
2005	学校	广东省人民政府	广东省科技进步特等奖	
2005	学校监理中心	建设部、中国建筑业协会	中国建筑工程鲁班奖(国家优质工程)	
2005	学校监理中心	广东省人民政府	广东省科技进步特等奖	
2005	学校	河南省委统战部	河南省统一战线知识竞赛先进单位、优秀组织奖	
2005	校工会	河南省文明办、省总工会、省体育局、省妇联	庆“三八”系列健身比赛一等奖4个,体育道德风尚奖2个,优秀组织奖2个	
2005	学校	河南省委保密委员会办公室、河南省国家保密局	河南省“四五”普法保密法制宣传教育先进单位	
2005	学校	河南省红十字会	向印度洋海啸灾区捐赠荣誉证书	

续表

年份	获奖单位	颁奖单位	荣誉称号	备注
2005	学校	河南省省直机关老年人体育协会	河南省省直机关第二十届老年门球赛第六名	
2005	学校	河南省教育厅	河南省高校校舍建设优质工程	
2005	学校	河南省教育厅	河南省高校基本建设管理先进单位	
2005	资源与环境学院	河南省教育厅	2005 年度河南省精品课程——土力学	
2005	岩土力学与结构工程实验室	河南省科学技术厅	河南省重点实验室——岩土力学与结构工程实验室	
2006	学校	河南省省直机关精神文明建设指导委员会	省直文明单位“迎奥运、讲文明、树新风”系列文体活动优秀组织奖	
2006	学校	河南省水力发电工程学会	2004—2005 年学会活动先进集体	
2006	学校	河南省科学技术情报学会	河南省科学技术情报学会先进集体	
2006	学校	河南省水利学会	河南省水利学会先进集体	
2006	学校	中共河南省委高校工委、中共河南省教育厅党组	河南省高等学校先进基层党组织	
2006	学校	河南省大中专毕业生就业指导工作领导小组办公室	2004—2005 年河南省大中专毕业生信息化建设工作单项工作优秀奖	
2006	学校	河南省教育厅	河南省学位点建设和研究生教育工作先进单位	
2006	学校	河南省教育厅	河南省高校科研管理先进单位	
2006	学校	中宣部、中央文明办、教育部、团中央	全国大中专学生志愿者暑期“三下乡”社会实践活动先进单位	连续第 7 年
2006	学校	河南省委宣传部、省文明办、省教育厅、团省委、省学联等	河南省大中专学生社会实践先进单位	连续第 11 年

续表

年份	获奖单位	颁奖单位	荣誉称号	备注
2006	学校	河南省委宣传部、省教育厅、团省委、省文化厅等	河南省第十届大学生科技文化艺术节优秀组织奖	
2006	学校	河南省教育厅、河南省公安厅	河南省高等学校安全保卫工作安全单位	
2006	学校	中共河南省纪委、河南省监察厅、河南省人事厅	2001—2006 年度河南省纪检监察系统先进集体	
2006	学校	河南省教育厅	河南省高校校舍建设优质工程	
2006	学校	河南省教育厅	河南省高校基本建设管理先进单位	
2006	学校	河南省教育厅	河南省国家助学贷款工作评估优秀单位	
2006	学校	教育部	2005 年普通高等学校本科教学工作水平评估优秀	
2006	学校	河南省省直机关老年人体育协会	河南省省直机关第二十一届老年门球赛第八名	
2006	水利学院	河南省教育厅	河南省高等学校名牌专业建设点——水利水电工程专业	
2006	资源与环境学院	河南省教育厅	河南省高等学校名牌专业建设点——地质工程专业	
2006	机械学院	河南省教育厅	2006 年度河南省精品课程——“机械控制理论”	
2006	校团委	团省委	全国百佳学生社团——MMD 学习研究会	
2007	学校	教育部	全国教育纪检监察先进集体	
2007	学校	国家人事部、教育部	全国教育系统先进集体	
2007	学校	河南省教育厅	河南省学位点建设与研究生教育工作先进单位	
2007	学校	中共河南省委办公厅	2006 年度机要文件交换工作先进单位	

续表

年份	获奖单位	颁奖单位	荣誉称号	备注
2007	外事办公室	河南省人民政府外事侨务办	全省外事侨务系统先进集体	
2007	学校	河南省教育厅	高校基本建设管理先进单位	
2007	学校	中国广播电视大学	全国广播电视大学开放教育试点招生工作优秀集体	
2007	学校	河南省省直机关老年人体育协会	河南省省直机关第二十二届老年门球赛第二名	
2007	学校	中共河南省委高校工委、中共河南省教育厅党组	河南省高校党的基本知识竞赛优秀组织奖	
2007	学校	河南省教育厅	河南省大学生“诚信校园行”辩论大赛铜奖	
2007	学校	河南省高校伙食专业委员会	河南省高等学校餐饮服务行业先进食堂	
2007	学校	河南省高校伙食专业委员会	河南省高等学校伙食工作先进集体	
2007	学校	河南省省直机关精神文明建设指导委员会、河南省煤炭工业管理局	省直文明单位“迎奥运、讲文明、树新风”系列活动第二届“河南煤炭杯”乒乓球比赛优秀组织奖	
2007	学校	河南电视台法制频道	“诚信公民”最佳组织奖	
2007	学校	中宣部、中央文明办、教育部、团中央	全国大中专学生志愿者暑期“三下乡”社会实践活动先进单位	连续第8年
2007	学校	河南省委宣传部、省文明办、省教育厅、团省委、省学联等	河南省大中专学生社会实践先进单位	连续第12年
2007	机械学院	河南省教育厅	2007年省级名牌专业建设点——机械设计制造及其自动化专业	
2007	土木与交通学院	河南省教育厅	2007年省级名牌专业建设点——土木工程专业	
2007	学校	河南省教育厅	河南省普通高等学校艺术教育教学评估一类学校	连续第3届

续表

年份	获奖单位	颁奖单位	荣誉称号	备注
2007	机械学院	河南省教育厅	2007年度河南省精品课程——机械设计	
2007	资源与环境学院	河南省教育厅	2007年度河南省精品课程——地下水动力学	
2007	资源与环境学院	河南省教育厅	省级教学团队——地质工程专业教学团队	
2007	校团委	共青团河南省委、河南省教育厅、河南省学生联合会	河南省“优秀学生社团”——大学生心理协会	
2008	学校	中华人民共和国教育部、财政部	国家级特色专业——地质工程专业	
2008	学校	水利部	全国水利科技管理先进单位	
2008	学校	中共河南省委、河南省人民政府	省级文明单位	
2008	学校	河南省教育工会	2007年工会创新工作二等奖	
2008	学校	河南省教育厅	河南省“诚信校园行”知识竞赛铜奖	
2008	学校	河南省省直机关精神文明建设指导委员会	2007年度省直改善人居环境先进单位	
2008	学校	河南电视台民生频道、郑州绿化委员会办公室	迎奥运大型系列公益活动“优秀组织奖”	
2008	学校	河南省人事厅、河南省教育厅	河南省大中专毕业生就业工作先进单位	
2008	学校	河南省公安厅	2007年度河南省高校文化、科研单位安全保卫工作先进集体	
2008	学校	河南电视台	诚信先进办学单位	
2008	学校	中宣部、中央文明办、教育部、团中央	全国大中专学生志愿者暑期“三下乡”社会实践活动先进单位	连续第9年
2008	学校	河南省委宣传部、省文明办、省教育厅、团省委、省学联	河南省大中专学生社会实践先进单位	连续第13年

续表

年份	获奖单位	颁奖单位	荣誉称号	备注
2008	学校	河南省高工委、省教育厅	全省“教师培训年”活动先进单位	
2008	学校	河南省教育厅	2008 年成人高等教育检查评估“优秀”	
2008	学校	河南省教育厅	2008 年度资助工作考核优秀单位	
2008	学校	河南省教育厅	2008 年度国家助学贷款管理工作考核优秀单位	
2008	学校	河南省纪委	河南省纪检监察调研工作先进单位	
2008	学校	河南省政府	河南省依法治校示范校	
2008	学校	河南日报社	河南公众最满意的十佳本科院校	
2008	学校	河南省委宣传部、省教育厅、团省委、省文化厅	河南省第十一届大学生科技文化艺术节优秀组织奖	
2008	学校	河南省体育局、中共河南省委省直机关工作委员会、河南省精神文明建设指导委员会办公室、河南省总工会、河南省妇女联合会	“全民健身与奥运同行”2007 年河南省直机关庆“三八”妇女健身活动月优秀组织奖、羽毛球团体赛第二名	
2008	学校	河南省教育厅	河南省“诚信校园行”知识竞赛铜奖	
2008	土木工程综合训练实验教学中心	河南省教育厅	第三批河南省高等学校实验教学示范中心建设单位——土木工程综合训练实验教学中心	
2008	机关党总支	河南省高工委、省教育厅	河南省高校先进基层党组织	
2008	学生工作部团委党支部	河南省高工委、省教育厅	河南省高校先进基层党组织	

续表

年份	获奖单位	颁奖单位	荣誉称号	备注
2008	校团委	共青团河南省委、河南省教育厅、河南省学生联合会	河南省高校优秀学生社团——演讲与辩论协会	
2008	校团委	共青团河南省委、河南省教育厅、河南省学生联合会	河南省高校优秀学生社团——大学生心理协会	
2009	学校	中宣部、中央文明办、教育部、团中央	全国大中专学生志愿者暑期“三下乡”社会实践活动先进单位	连续第10年
2009	学校	河南省委宣传部、省文明办、省教育厅、团省委、省学联等	河南省大中专学生社会实践先进单位	连续第14年
2009	学报	中国高等学校自然科学学报研究会	2009年全国高校科技期刊优秀编辑质量奖	
2009	学校	郑州市公安局	国内安全保卫工作先进集体和情报信息工作先进单位	
2009	学校	教育部	全国第二届大学生艺术展演活动优秀组织奖、艺术表演类二等奖	
2009	学校	河南省教育厅、省发改委、省科技厅、省财政厅	河南省首届大学生创新创业大赛组织奖	
2009	学校	中共河南省委高工委	委管高校党内统计全优报表单位	
2009	勘察设计院	河南省勘察设计协会	河南省勘察设计行业抗震救灾援建先进奖	
2009	外事办公室	河南省外专局	河南省引进国外智力工作先进集体	
2009	校工会	河南省教育工会	创新工作一等奖	
2009	学校	河南省纠正行业不正之风领导小组	2009年度学校行风建设先进单位	
2009	学校	教育部	全国教育系统“祖国万岁”歌咏比赛优秀组织奖	
2009	学校	河南日报	本科教育类“2009河南最具影响力的十大教育品牌”	

续表

年份	获奖单位	颁奖单位	荣誉称号	备注
2009	学校	省编办、省人事厅、省教育厅	河南省大中专学校人事工作先进集体	
2009	学校	教育部	全国普通高等学校毕业生就业工作先进集体	
2009	学校	中共河南省高校工委、河南省教育厅	河南省“教师培训年”活动先进单位	
2009	校团委	团省委	河南省“五四红旗团委”	
2009	校团委	团省委	全省团干部读书学习交流活动组织奖	
2009	水利学院	河南省志愿者联合会	河南省优秀志愿服务集体——校援建江油志愿服务队	
2009	学校	团省委、省科技厅、省教育厅、省科协、省学联等	第七届“挑战杯”河南省大学生课外学术科技作品竞赛优秀组织奖	
2009	土木与交通学院	河南省教育厅	河南省高校重点实验室培育基地建设项目——生态高性能建筑材料实验室	
2009	土木与交通学院	河南省教育厅	省级精品课——“建筑材料”	
2009	土木与交通学院	河南省教育厅	省级教学团队——土木工程结构类课程教学团队	
2009	学报编辑部	中国高校自然科学学报研究会	全国高校自然科学学报编辑质量评比——优秀编辑质量奖	
2009	水利学院	教育部、财政部	国家级特色专业——水利水电工程专业	
2009	水利学院	河南省教育厅	省级精品课程——“水电站”	
2009	水利学院	河南省教育厅	第四批河南省高等学校实验教学示范中心建设单位	
2009	土木与交通学院	河南省教育厅	河南省第四批高校重点学科开放实验室——水工结构与材料工程实验室	

续表

年份	获奖单位	颁奖单位	荣誉称号	备注
2009	土木与交通学院	河南省教育厅	省级特色专业点——交通工程专业	
2009	土木与交通学院	河南省教育厅	省级特色专业点——工程力学专业	
2009	学校	河南省教育厅	2009 年度国家助学贷款管理工作考核优秀单位	
2010	学校	教育部考试中心	全国计算机等级考试优秀考点	
2010	学校	河南省人事厅、省教育厅	河南省大中专学校人事工作先进集体	
2010	学校	河南省委宣传部、省文明办、省教育厅、团省委、省学联	河南省大学生暑期社会实践先进单位	连续第 15 年
2010	学校	教育部	全国学校艺术教育先进单位	
2010	学校	河南省教育厅	河南省普通高校艺术教育工作评估一类学校	连续第 4 届
2010	学校	郑州市人民政府	郑州市园林单位	
2010	水利学院	教育部、财政部	国家级特色专业——农业水利工程专业	
2010	水利学院	河南省教育厅	河南省重点学科开放性实验室教学质量奖	
2010	学校	郑州市人民政府	2009 年度绿化模范单位(居住区)	
2010	学校	河南日报报业集团	河南考生心目中最理想的高校	
2010	国际教育学院(外事办)	河南省人力资源和社会保障厅、省外国专家局	河南省引进国外智力工作先进集体	
2010	学校	河南省委保密委员会	2008—2009 年度全省保密工作先进单位	

续表

年份	获奖单位	颁奖单位	荣誉称号	备注
2010	学校	中国水利体育协会、水利部精神文明建设指导委员会	第三届全国水利系统"小浪底杯"游泳比赛优秀组织奖	
2010	党委办公室	河南省委办公厅	2009 年度机要文件交换工作先进单位	
2010	校纪委	河南省纪委	2009 年度全省纪检监察调研工作先进单位	
2010	水利学院党总支	河南省委组织部	全省"五好"基层党组织	
2010	学校	河南省委宣传部、省教育厅、团省委、省文化厅等	河南省第十二届大学生科技文化艺术节优秀组织奖	
2010	学校	团省委、省科技厅、省教育厅	第八届"挑战杯"河南省大学生创业计划竞赛优秀组织奖	
2010	学校	中国绿化博览会组委会	第二届中国绿化博览会优秀志愿者集体	
2010	校团委	团中央、中国青年志愿者协会	第八届中国志愿者优秀组织奖	
2010	建筑学院	河南省教育厅	省级特色专业建设点——艺术设计专业	
2010	水利学院	河南省教育厅	省级特色专业建设点——工程管理专业	
2010	机械学院	河南省教育厅	2010 年度省级教学团队——机械类专业基础课程教学团队	
2010	机械学院	河南省教育厅	2010 年度省级精品课程——"液压与气压传动"	
2010	数学与信息科学学院分团委	河南省委宣传部、省文明办、省教育厅、团省委、省学联	省级优秀服务团队——多校区高校校园文化建设现状调查与思考实践调研团	
2010	研究生处分团委	省委宣传部、省文明办、省教育厅、团省委、省学联	省级优秀服务团队——赴开封市区平安建设及居民生活安全感调研团	

荣获省部级及以上表彰的先进个人一览表

(截至2011年6月)

年份	姓 名	颁奖单位	荣誉称号
2001	张春来	中华人民共和国教育部、中国人民解放军总参谋部、中国人民解放军总政治部	全国学生军事训练工作先进个人
2001	刘汉东	共青团河南省委	河南省新长征突击手标兵
2001	刘汉东	河南省科技厅	河南省杰出青年
2001	刘汉东	河南省教育厅	河南省高校创新人才
2001	鲁志勇	中共郑州市委	郑州市优秀共产党员
2001	张凤英	河南省国家保密局	全省“三五”普法保密法制宣传教育先进工作者
2002	高武胜	河南省老干部局	关心下一代工作先进个人
2002	邱 林	中共河南省委、省政府	河南省省管优秀专家
2002	刘汉东	河南省人事厅、科技厅、教育厅、财政厅、发改委、科协	河南省学术技术带头人
2002	解 伟	河南省总工会	河南省五一劳动奖章
2002	李发民	中共河南省高工委、省教育厅	河南省高校治安综合治理工作先进工作者
2002	闫世全	河南省老干部局	关心下一代工作先进个人
2002	郭玉宾	河南省委宣传部	社会实践先进工作者
2003	赵顺波	河南省教育厅	河南省高校教学名师
2003	Leo Lacey	河南省人民政府	河南省“黄河友谊奖”
2003	李有华	河南省高工委、省教育厅	河南省普通高校优秀思想政治工作者
2003	李有华	河南省大中专毕业生就业指导工作领导小组	河南省大中专毕业生就业工作先进工作者
2003	丁仁伟	共青团河南省委、中共河南省委宣传部、河南省教育厅	河南省暑期社会实践先进工作者
2004	郭雪莽	省高工委、省教育厅	河南省文明教师
2004	陈南祥	河南省人事厅、教育厅	河南省优秀教师
2004	邵 坚	河南省人事厅、教育厅	河南省优秀教师

续表

年份	姓 名	颁奖单位	荣誉称号
2004	邱 林	河南省人事厅	河南省学术技术带头人
2004	周振民	教育部、人事部	全国模范教师
2004	周振民	中共河南省委组织部、宣传部、统战部,河南省人事厅、教育厅、科技厅	河南省留学回国人员先进个人
2004	李尚可	共青团河南省委	河南省新长征突击手
2004	徐建新	河南省委高校工委、省教育厅党组	河南省优秀共产党员
2004	赵顺波	河南省委高校工委、省教育厅党组	河南省优秀共产党员
2004	李 创	河南省委高校工委、省教育厅党组	河南省优秀共产党员
2004	董 翌	河南省教育厅、河南省教育工会	2004 年度教学技能大赛二等奖
2004	张清年	河北省教育厅、人事厅、中国教育工会河北省委员会	2004 年河北省优秀教师
2004	韩瑞光	省委高校工委、河南省教育厅党组	河南省优秀党务工作者
2004	丁仁伟	共青团河南省委、中共河南省委宣传部、河南省教育厅	河南省暑期社会实践先进工作者
2005	李以明 史秀玉	河南省教育厅	河南省第一届大学生艺术展演活动优秀指导教师奖
2005	朱贵良	河南省教育厅、河南省教育工会	2005 年度教学技能竞赛特等奖
2005	郝用兴	河南省教育厅	河南省教育厅学术技术带头人
2005	郭朝彬	河南省教育厅、河南省教育工会	2005 年度教学技能竞赛二等奖
2005	王 敏	河南省教育厅、河南省教育工会	2005 年度教学技能竞赛二等奖
2005	吴 环	河南省教育厅、河南省教育工会	2005 年度教学技能竞赛二等奖
2005	张继辉	河南省教育厅、河南省教育工会	2005 年度教学技能竞赛二等奖
2005	冯振旗	河南省教育厅、河南省教育工会	2005 年度教学技能竞赛二等奖
2005	高武胜	河南省关工委、省委组织部、老干局和省文明办	关心下一代荣誉奖
2005	汪顺生	河南省教育厅、河南省学位委员会	河南省第一届优秀硕士学位论文
2005	丁仁伟	共青团河南省委、中共河南省委宣传部、河南省教育厅	河南省暑期社会实践先进工作者
2005	孙绪金	河南省关工委、省委组织部、老干局和省文明办	关心下一代先进工作者

续表

年份	姓名	颁奖单位	荣誉称号
2006	严大考	中共河南省委、省人民政府	河南省省管优秀专家
2006	魏 群	中共河南省委、省人民政府	河南省省管优秀专家
2006	徐建新	中共河南省委、省人民政府	河南省省管优秀专家
2006	刘汉东	国务院	国务院政府特殊津贴
2006	张凤英	河南省委办公厅	2005 年度机要文件交换工作先进个人
2006	解 伟	河南省教育厅、河南省高校科研管理研究会	河南省高校科技管理先进个人
2006	黄志全	河南省教育厅	河南高等学校教学名师
2006	赵顺波 黄志全	河南省委组织部、人力资源和社会保障厅、省科协	第八届河南省青年科技奖,河南省优秀青年科技专家
2006	王丽君	河南省教育厅	河南省教育厅学术技术带头人
2006	郭玉宾	河南省大中专毕业生就业工作领导小组办公室	就业工作先进工作者
2006	朱贵良	河南省总工会	河南省五一劳动奖章
2006	徐建新 胡建兰 张华平	河南省学位委员会、河南省教育厅	河南省学位点建设和研究生教育工作先进个人
2006	李发民 徐 震 刘 增	河南省公安厅、河南省教育厅	河南省高校安全保卫工作先进个人
2006	李幸福 凌 虹 赵 山	河南省教育厅、河南省教育工会	2006 年度全省教学技能竞赛二等奖
2006	陈 鹏	河南省委宣传部、河南省教育厅	“三下乡”社会实践先进工作者
2006	李胜机	河南省教育厅	河南省大学英语教学观摩比赛二等奖
2006	周振民	河南日报报业集团、河南省科技厅、河南省农业厅	河南省首届“红旗渠”杯群众喜爱的(杰出)优秀农业专家
2007	杨振中 张少伟 李凤兰 孙东坡 严 军	河南省教育厅	河南省学术技术带头人
2007	杨振中	人事部、教育部	全国模范教师

续表

年份	姓名	颁奖单位	荣誉称号
2007	龙腾云	河南省教育厅	2007年河南省教育系统干部教师法制教育征文评选一等奖
2007	陈爱玖	河南省委组织部、人力资源和社会保障厅、省科协	第九届河南省青年科技奖，河南省优秀青年科技专家
2007	解伟 高传昌 白新理 孙文怀	河南省人事厅、教育厅	河南省优秀教师
2007	孙文怀	河南省教育厅	河南省文明教师
2007	丁仁伟	河南省教育厅	优秀党务工作者
2007	李以明	河南省教育厅	学术技术带头人
2007	史秀玉	河南省教育工会、郑州市人事局	郑州市优秀教师
2008	刘汉东	河南省教育厅	河南省优秀教学团队
2008	杨振中	河南省教育厅	河南省高校教学名师
2008	韩林山 张瑞珠	河南省教育厅	河南省教育厅学术技术带头人
2008	张凤英	中共河南省委保密委员会	2006—2007年度全省保密工作先进工作者
2008	潘松岭	河南省纪委	省纪检监察调研工作先进个人
2008	马英	河南省人民政府	河南省依法治校先进个人
2008	解伟 周振民	水利部	全国水利科技工作先进个人
2008	解伟	中共河南省委、省人民政府	河南省省管优秀专家
2008	李幸福	中共河南省委、省政府	社会主义新农村建设驻村帮扶工作先进个人
2008	田林钢	河南省对口支援江油市恢复重建前线指挥部	优秀共产党员
2008	谭志光	河南省委宣传部、文明办、教育厅、共青团河南省委、河南省学生联合会	河南省大中专学生志愿者暑期“三下乡”社会实践先进工作者
2008	张梅 魏新强 周冠琼	河南省教育厅、省教育工会	省教育系统2008年度教学技能竞赛一等奖、河南省教学标兵

续表

年份	姓 名	颁奖单位	荣誉称号
2008	卢保娣	河南省教育厅、省教育工会	省教育系统2008年度教学技能竞赛二等奖
2008	邢振贤 黄志全 司保江 徐 启	河南省高校工委、省教育厅	河南省高等学校优秀共产党员
2008	李以明 史秀玉	河南省委宣传部、省教育厅、团省委、省文化厅、省学生联合会	第十一届河南省大学生科技文化艺术节优秀指导教师奖
2008	刘雪梅	河南省教育工会、郑州市人事局、教育局	河南省师德先进个人
2008	许 琰	河南省教育工会、郑州市人事局、教育局	河南省全心全意依靠职工办事业优秀党政领导
2008	孙东坡	河南省教育工会、郑州市人事局、教育局	郑州市优秀教师
2008	丁仁伟	共青团河南省委、中共河南省委宣传部、河南省教育厅	河南省暑期社会实践先进工作者
2009	康迎宾	民进中央	民进全国抗震救灾优秀会员
2009	陈 鹏	河南省委宣传部、河南省教育厅	“三下乡”社会实践先进工作者
2009	韩宇平 于国辉	中国水利教育协会、教育部高等学校水利学科教学指导委员会	全国水利学科青年教师讲课大赛一等奖
2009	邢振贤	河南省人力资源和社会保障厅、河南省教育厅	河南省优秀教师
2009	丁天彪 丁立杰	中共河南省高校工委、河南省教育厅	河南省“教师培训年”活动先进个人
2009	李以明	河南省教育工会	河南省师德先进个人,被授予河南省教育勋章
2009	张新中	河南省勘察设计协会	河南省勘察设计行业抗震救灾援建先进奖
2009	雷红军 魏义长	中国地理信息系统协会	2009中国大学生GIS软件开发竞赛优秀指导教师奖
2009	孙东坡	河南省教育厅	2009年度教育系统优秀教师
2009	薛 海	中国水利教育协会、教育部高等学校水利学科教学指导委员会	全国水利学科青年教师讲课大赛特等奖

续表

年份	姓 名	颁奖单位	荣誉称号
2009	汪顺生	中国水利教育协会、教育部高等学校水利学科教学指导委员会	全国水利学科青年教师讲课竞赛二等奖
2009	郭玉宾 饶明奇	中共河南省委高校工委、河南省教育厅	河南省高等学校优秀思想政治工作者
2009	陈 鹏	中共河南省委高校工委、河南省教育厅	河南省高等学校优秀辅导员
2009	韩江峰	中共河南省委高校工委、河南省教育厅	河南省高等学校优秀辅导员
2009	康长春	河南省委宣传部、省文明办、省教育厅、团省委、省学联	省级先进工作者
2009	马 歆	河南省教育厅、省教育工会	河南省教学技能大赛管理科学教学二等奖
2009	马 更	河南省省直文明委、省委省直工委、省文联	绘画作品《大风景》荣获一等奖
2009	韩玉洁 王 伟	河南省教育厅	省属大中专学校人事工作先进个人
2009	许 琰	河南省教育工会	优秀工会工作者
2010	韩宇平	河南省委组织部	河南省优秀青年科技专家
2010	潘松岭	河南省纪委	省纪检监察调研工作先进个人
2010	孙东坡	河南省科学技术协会	2010 年河南省科技优秀人物
2010	雷红军 魏义长	中国地理信息系统协会	2010 中国大学生 GIS 软件开发竞赛优秀指导教师奖
2010	薛 海	河南省教育厅	2009 年度河南省教育厅学术技术带头人
2010	张晓雷	中国水利教育协会、教育部高等学校水利学科教学指导委员会	全国水利学科青年教师讲课大赛特等奖
2010	李道西 赵基花 徐冬梅	中国水利教育协会、教育部高等学校水利学科教学指导委员会	全国水利学科青年教师讲课大赛一等奖
2010	刘秉涛	河南省教育厅、省教育工会	河南省教学标兵高等院校化学教学评比一等奖
2010	李金楷	河南省教育厅、省教育工会	河南省教学标兵高等院校德育教学评比一等奖
2010	张龙真	河南省委宣传部、省文明办、省教育厅、团省委、省学联	省级先进工作者
2010	杨晓明	中国教育工会河南省委员会	河南省教育系统“三育人”先进个人
2010	李以明 史秀玉 鞠荣丽	河南省委宣传部、省教育厅、团省委、省文化厅、省学生联合会	第十二届河南省大学生科技文化艺术节优秀指导教师奖

荣获省部级及以上科技成果奖一览表

（截至2010年12月）

序号	成果名称	所获奖项	获奖等级	获奖年度	本校完成人员
1	区域水资源规划及灌区节水增产灌溉专家系统研制	河南省科技进步奖	二等奖	2001年	徐建新
2	边坡失稳定时预报理论与方法(专著)	河南省科技进步奖	二等奖	2001年	刘汉东
3	纳米氧化锡气敏粉体的制备与应用	河南省科技进步奖	三等奖	2001年	刘秉涛
4	平原井灌区节水农业综合配套技术研究与开发	国家科技进步奖	二等奖	2002年	徐建新
5	沙河市农业节水综合示范研究	河南省科技进步奖	二等奖	2002年	邱 林
6	多功能净水剂MPA的备制及应用	河南省科技进步奖	三等奖	2002年	刘秉涛
7	氢燃料汽车发动机应用技术研究	河南省科技进步奖	三等奖	2002年	杨振中
8	TKD-A型交流提升机电控系统微机化改造研究	河南省科技进步奖	三等奖	2002年	郝用兴
9	长江三峡工程永久船闸中隔墩岩体裂缝影响及其危害性研究	河南省科技进步奖	三等奖	2002年	赵中极
10	林州市水资源合理利用评价及综合节水技术应用研究与示范	河南省科技进步奖	三等奖	2002年	朱贵良
11	黄河小浪底水利枢纽工程东苗家滑坡体工程地质勘察	水利部优秀工程勘察奖	铜质奖	2002年	刘汉东
12	桃林口水电站采用111 kV GIS全封闭组合电器防雾化研究及应用	河北省科学技术奖	三等奖	2002年	张长富
13	东深供水改造工程	广东省科学技术奖	特等奖	2003年	汪伦焰
14	宽浅式溢洪道消能方式及体型优化研究	河南省科技进步奖	二等奖	2003年	解 伟
15	安阳电厂丰安桥贮灰场灰坝动静力分析	河南省科技进步奖	二等奖	2003年	刘宪亮

续表

序号	成果名称	所获奖项	获奖等级	获奖年度	本校完成人员
16	DZF－120 型便携式防汛抢险打桩机	河南省科技进步奖	二等奖	2003 年	周林森
17	施工期钢筋混凝土结构可靠度研究	河南省科技进步奖	二等奖	2003 年	李宗明
18	大型水利枢纽工程项目后评价研究	河北省科学技术奖	三等奖	2003 年	李 创
19	社会主义市场经济条件下职业道德建设机制与措施研究	河南省实用社会科学优秀成果	三等奖	2003 年	李 创
20	DZF－120 型便携式防汛抢险打桩机	大禹水利科学技术奖	三等奖	2003 年	周林森
21	区域水资源承载能力研究	河南省科技进步奖	三等奖	2004 年	张 丽
22	水电站引水钢管外压屈曲破坏的机理分析及稳定性设计	河南省科技进步奖	三等奖	2004 年	刘东常
23	大型预应力 U 型薄壳渡槽结构分析及优化设计	大禹水利科学技术奖	三等奖	2004 年	刘东常
24	深部矿井大型抢险救灾联合排水系统的开发与应用研究	河南省科技进步奖	二等奖	2004 年	高传昌
25	电阻类计量器具新型半自动检测系统的研制	河南省科技进步奖	二等奖	2004 年	杜明峡
26	河南省农村消费结构研究	河南省第十二届实用社会科学优秀成果奖	三等奖	2004 年	王延荣
27	河南省素质教育问题研究	河南省第十二届实用社会科学优秀成果奖	三等奖	2004 年	孙绪金
28	彭楼灌区水资源合理配置与可持续利用研究	河南省科技进步奖	二等奖	2005 年	严大考
29	基于三维随机有限元的水工结构可靠度评价及其工程应用研究	河南省科技进步奖	二等奖	2005 年	解 伟
30	大型预应力 U 型薄壳渡槽施工技术及设计理论研究	河南省科技进步奖	三等奖	2005 年	刘东常

续表

序号	成果名称	所获奖项	获奖等级	获奖年度	本校完成人员
31	郑州市城市防洪及集雨节水工程研究	河南省科技进步奖	三等奖	2005年	孙绪金
32	储粮害虫机器视觉实时检测装置	河南省科技进步奖	三等奖	2005年	邱道尹
33	基于矿山抢险救灾的超高扬程悬挂式排水系统的研究	河南省科技进步奖	二等奖	2005年	高传昌
34	营养型抗旱保水剂研制及增产效应研究	河南省科技进步奖	二等奖	2005年	谷红梅
35	吉家河滑坡研究	河南省科技进步奖	三等奖	2005年	刘汉东
36	高性能预应力混凝土板桥研究与工程应用	河南省科技进步奖	二等奖	2005年	赵顺波
37	不同尺度条件下灌溉水高效利用研究与应用	教育部科技进步奖	一等奖	2006年	杨宝中
38	逻辑产品模型及CIS2CAD的自主研发	河南省科技进步奖	二等奖	2006年	魏群
39	集雨、多水源优化配置与节灌综合技术研究及示范	河南省科技进步奖	二等奖	2006年	徐建新
40	钢纤维高强混凝土材料与结构性能研究	河南省科技进步奖	二等奖	2006年	李凤兰
41	DCY900型轮胎式动力平板运输车	河南省科技进步奖	二等奖	2006年	严大考
42	基于和谐理念的北方河流综合治理研究	河北省科技进步奖	三等奖	2006年	孙东坡
43	环形高效预应力混凝土新技术关键理论的研究	河南省科技进步奖	三等奖	2006年	赵顺波
44	超贫胶结材料坝研究	河南省科技进步奖	三等奖	2006年	张镜剑
45	电厂运行经济性实时监测系统研究	河南省科技进步奖	三等奖	2006年	张小桃
46	GTS/GSM/110/Internet四网合一移动目标卫星定位监控通讯系统的研究	河南省科技进步奖	三等奖	2006年	苏海滨
47	BSP高速夯基法在郑少高速公路工程中的应用研究	河南省科技进步奖	三等奖	2006年	孙文怀

续表

序号	成果名称	所获奖项	获奖等级	获奖年度	本校完成人员
48	河南省山丘区集雨节灌综合技术研究	河南省科技进步奖	三等奖	2006年	杨宝中
49	首都圈水资源保障研究	大禹水利科学技术奖	二等奖	2006年	韩宇平
50	东深供水改造工程大型现浇后张无粘结预应力混凝土压力涵管的设计研究	大禹水利科学技术奖	三等奖	2006年	赵顺波
51	广东东深供水改造工程	中国水利工程优质（大禹奖）	全国十项	2006年	汪伦焰
52	赢在起跑线	河南省社会科学优秀成果奖	三等奖	2006年	毕雪燕
53	煤矿重大水灾害抢救技术研究	河南省科技进步奖	一等奖	2007年	高传昌
54	南水北调中线一期工程总干渠安阳河渠道倒虹吸河工模型研究	河南省科技进步奖	二等奖	2007年	解 伟
55	三维可视化仿真与虚拟现实技术的研发应用	河南省科技进步奖	二等奖	2007年	魏 群
56	河南省高校高层次人才的引进、培养和管理研究	河南省科技进步奖	二等奖	2007年	朱海风
57	建筑物整体移位及其隔震加固技术研究	河南省科技进步奖	三等奖	2007年	张新中
58	河南高校在中原城市群战略的作用研究	河南省科技进步奖	三等奖	2007年	张愿章
59	河南丘陵旱地农田土壤水分动态变化规律及综合节水技术研究与应用	河南省科技进步奖	二等奖	2007年	陈南祥
60	电厂电能计量管理系统	河南省科技进步奖	二等奖	2007年	鲁改凤
61	河南省新农村建设科技发展战略研究	河南省科技进步奖	二等奖	2007年	叶晓枫
62	电厂蒸汽循环理论广义化研究	河南省科技进步奖	二等奖	2007年	王爱军
63	PP－R管承插热熔连接“不规则缩径”现象的成因、检测与防治对策	河南省科技进步奖	二等奖	2007年	吴文红
64	河南省武术产业化发展对策研究	河南省科技进步奖	三等奖	2007年	陶玉慧

续表

序号	成果名称	所获奖项	获奖等级	获奖年度	本校完成人员
65	岭南高速公路跨河工程防洪影响研究	河南省科技进步奖	三等奖	2007 年	周振民
66	HL420－2S6000L 超大型预冷强制式混凝土搅拌楼研制	大禹水利科学技术奖	一等奖	2007 年	韩林山
67	重型起吊与搬运机械关键技术研究及装备开发和典型工程应用	中国机械工业科学技术奖	一等奖	2007 年	严大考
68	北方毗邻城市河流一体化综合治理研究	大禹水利科学技术奖	三等奖	2007 年	孙东坡
69	农田灌溉用水权有偿转让机制与农民受益研究	河南省科技进步奖	二等奖	2008 年	周振民
70	机制砂粉煤灰混凝土及其在结构工程中的应用研究	河南省科技进步奖	三等奖	2008 年	赵顺波
71	高速公路路基非开挖快速加固技术研究	河南省科技进步奖	二等奖	2008 年	刘汉东
72	混合二元酸综合利用技术研究	河南省科技进步奖	二等奖	2008 年	李新宝
73	黄河水沙调控与下游河道中水河槽塑造	大禹水利科学技术奖	一等奖	2008 年	严　军
74	黄河干流水轮机磨蚀与防护技术	大禹水利科学技术奖	二等奖	2008 年	陈德新
75	基于预警的煤矿安全生产管理研究	第二届河南省发展研究奖	二等奖	2008 年	杨　雪
76	河南省农村饮水安全长效机制研究	第二届河南省发展研究奖	二等奖	2008 年	何　楠
77	河南省公立医院激励机制研究	第二届河南省发展研究奖	二等奖	2008 年	苏喜军
78	河南省优势产业发展研究	第二届河南省发展研究奖	二等奖	2008 年	王　晶
79	基于因子分析的煤机行业核心竞争力研究	河南省社会科学优秀成果奖(论文类)	二等奖	2008 年	杨　雪
80	河南农村城镇化研究	河南省社会科学优秀成果奖(著作类)	二等奖	2008 年	王艳成
81	现代养禽产业发展新模式	河南省社会科学优秀成果奖(著作类)	三等奖	2008 年	何　楠

续表

序号	成果名称	所获奖项	获奖等级	获奖年度	本校完成人员
82	多沙河流洪水演进与冲淤演变数学模型研究及应用	大禹水利科学技术奖	一等奖	2009 年	刘雪梅
83	岩土工程中图形计算力学方法的研究及应用	河南省科技进步奖	二等奖	2009 年	魏 群
84	县(市)级组织部门干部信息管理和选拔任用决策支持系统	河南省科技进步奖	三等奖	2009 年	刘建华
85	南水北调工程河南段水资源优化利用与管理(研究及)决策软件研制	河南省科技进步奖	三等奖	2009 年	徐建新
86	CGMT 桩质量检测与勘测技术研究	河南省科技进步奖	三等奖	2009 年	刘汉东
87	钢纤维混凝土特定结构计算理论和关键技术的研究与应用	国家科技进步奖	二等奖	2010 年	赵顺波
88	重型成套桥梁施工装备关键技术、产品开发及工程应用	河南省科技进步奖	一等奖	2010 年	严大考
89	裂解乙烯碳四碳五资源高效利用新技术	河南省科技进步奖	一等奖	2010 年	王天泽
90	区域水资源系统供水短缺风险分析及经济损失评估研究	河南省科技进步奖	二等奖	2010 年	韩宇平
91	污水资源化与土壤重金属污染防治技术研究	河南省科技进步奖	二等奖	2010 年	周振民
92	农村饮水安全工程地下水源污染防治及可持续利用研究	河南省科技进步奖	二等奖	2010 年	徐建新
93	大吨位低吨锚比预应力闸墩结构试验研究	河南省科技进步奖	二等奖	2010 年	解 伟
94	高性能钢纤陶粒混凝土在空心板旧桥面铺装或改建中的应用	河南省科技进步奖	二等奖	2010 年	何 伟
95	氢发动机异常燃烧信号分析及先进控制技术研究	河南省科技进步奖	三等奖	2010 年	王丽君
96	再生混凝土损伤的细观分析及耐久性研究	河南省科技进步奖	三等奖	2010 年	陈爱玖

续表

序号	成果名称	所获奖项	获奖等级	获奖年度	本校完成人员
97	黄河下游主槽对径流泥沙过程响应及高效输沙研究	大禹水利科学技术奖	三等奖	2010年	严军
98	离心成型钢纤维混凝土技术及工程应用研究	大禹水利科学技术奖	三等奖	2010年	赵顺波
99	滦河流域水库群联合调度及三维仿真	水利部水力发电科学技术奖	三等奖	2010年	邱林
100	海量点云数据采集、处理、数值分析及逆向建模成套信息技术的应用研究	贵州省科技进步奖	三等奖	2010年	魏群
101	中国高等教育资源的区域分布特点和协调发展对策研究	教育部科学技术进步奖	一等奖	2010年	朱海风
102	城市防洪与供水利用工程技术研究	河南省发展研究奖	三等奖	2010年	孙绪金
103	中原城市群生态城市建设评价指标体系研究	河南省发展研究奖	三等奖	2010年	周振民
104	农村企业家培育与河南省农村经济发展研究	河南省发展研究奖	三等奖	2010年	罗党
105	中国近现代技工学校教育发展历史、现状及发展战略研究	河南省发展研究奖	三等奖	2010年	刘建华
106	河南省水利工程产权和管理制度改革研究	河南省发展研究奖	一等奖	2010年	何楠
107	河南农业劳动力供求问题研究	河南省发展研究奖	二等奖	2010年	宋冬凌
108	河南信访制度完善与改革问题研究	河南省发展研究奖	三等奖	2010年	宋志军
109	中国生态工业园建设问题研究	河南省发展研究奖	三等奖	2010年	杨雪

硕士学位点分布情况一览表

<table>
<tr><th rowspan="2">序号</th><th colspan="2">一级学科点</th><th colspan="2">二级学科点</th></tr>
<tr><th>名称</th><th>获得授权时间</th><th>名称</th><th>获得授权时间</th></tr>
<tr><td rowspan="5">1</td><td rowspan="5">水利工程*</td><td rowspan="5">2005 年</td><td>水文学及水资源</td><td>2000 年</td></tr>
<tr><td>水力学及河流动力学</td><td>1983 年</td></tr>
<tr><td>水工结构工程</td><td>1983 年</td></tr>
<tr><td>水利水电工程</td><td>1983 年</td></tr>
<tr><td>港口、海岸及近海工程</td><td>2007 年</td></tr>
<tr><td rowspan="3">2</td><td rowspan="3">地质资源与地质工程*</td><td rowspan="3">2005 年</td><td>矿产普查与勘探</td><td>2005 年</td></tr>
<tr><td>地球探测与信息技术</td><td>2005 年</td></tr>
<tr><td>地质工程</td><td>1993 年</td></tr>
<tr><td>3</td><td>力学</td><td></td><td>工程力学</td><td>2005 年</td></tr>
<tr><td rowspan="4">4</td><td rowspan="4">机械工程*</td><td rowspan="4">2010 年</td><td>机械制造及其自动化</td><td>2010 年</td></tr>
<tr><td>机械电子工程</td><td>2010 年</td></tr>
<tr><td>机械设计及理论</td><td>2003 年</td></tr>
<tr><td>车辆工程</td><td>2005 年</td></tr>
<tr><td rowspan="6">5</td><td rowspan="6">动力工程及工程热物理*</td><td rowspan="6">2010 年</td><td>工程热物理</td><td>2010 年</td></tr>
<tr><td>热能工程</td><td>2010 年</td></tr>
<tr><td>动力机械及工程</td><td>2010 年</td></tr>
<tr><td>流体机械及工程</td><td>2003 年</td></tr>
<tr><td>制冷及低温工程</td><td>2010 年</td></tr>
<tr><td>化工过程机械</td><td>2010 年</td></tr>
<tr><td rowspan="5">6</td><td rowspan="5">控制科学与工程*</td><td rowspan="5">2010 年</td><td>控制理论与控制工程</td><td>2010 年</td></tr>
<tr><td>检测技术与自动化装置</td><td>2010 年</td></tr>
<tr><td>系统工程</td><td>2010 年</td></tr>
<tr><td>模式识别与智能系统</td><td>2005 年</td></tr>
<tr><td>导航、制导与控制</td><td>2010 年</td></tr>
<tr><td rowspan="3">7</td><td rowspan="3">计算机科学与技术*</td><td rowspan="3">2010 年</td><td>计算机系统结构</td><td>2010 年</td></tr>
<tr><td>计算机软件与理论</td><td>2010 年</td></tr>
<tr><td>计算机应用技术</td><td>2003 年</td></tr>
</table>

续表

序号	一级学科点		二级学科点	
	名称	获得授权时间	名称	获得授权时间
8	土木工程 *	2010 年	岩土工程	2003 年
			结构工程	2003 年
			市政工程	2005 年
			供热、供燃气、通风及空调工程	2010 年
			防灾减灾工程及防护工程	2005 年
			桥梁及隧道工程	2005 年
9	农业工程 *	2010 年	农业机械化工程	2010 年
			农业水土工程	2000 年
			农业生物环境与能源工程	2010 年
			农业电气化与自动化	2010 年
10	环境科学与工程		环境工程	2005 年
11	数学 *	2010 年	基础数学	2010 年
			计算数学	2010 年
			概率论与数理统计	2010 年
			应用数学	2003 年
			运筹学与控制论	2010 年
12	林学		水土保持与荒漠化防治	2005 年
13	管理科学与工程 *	2005 年	管理科学与工程	2003 年
14	工商管理 *	2010 年	会计学	2010 年
			企业管理	2010 年
			旅游管理	2010 年
			技术经济管理	2005 年
15	理论经济学		人口、资源与环境经济学	2005 年
16	马克思主义理论		马克思主义基本原理	2005 年
			思想政治教育	2005 年

注:加“ * ”表示该学科同时具有一级学科硕士学位授予权。

专业学位点分布情况一览表

序号	专业学位类别	专业学位领域	获得授权时间
1	工程硕士	水利工程	2003 年
		地质工程	2004 年
		农业工程	2009 年
		机械工程	2010 年上半年
		动力工程	2010 年上半年
		控制工程	2010 年上半年
		建筑与土木工程	2010 年上半年
		项目管理	2010 年上半年
		计算机技术	2010 年下半年
		工业工程	2010 年下半年
		物流工程	2010 年下半年
2	农业推广硕士	农业机械化	2010 年下半年
3	工商管理硕士	工商管理	2010 年下半年

专业设置一览表

（截至2011年6月）

序号	所属学院	专业名称	批准时间	层次
1	资源与环境学院(原名岩土工程系,1983年成立,2006年改为资源与环境学院)	地质工程	1958年	本科
		土木工程(岩土与地下建筑方向)	1997年	本科
		资源环境与城乡规划管理	2003年	本科
		地理信息系统	2003年	本科
		测绘工程	2006年	本科
		水土保持与荒漠化防治	1992年	本科
2	水利学院(原名水利工程系,1958年成立,2006年改为水利学院)	水利水电工程	1951年	本科
		农业水利工程	1952年	本科
		工程管理	1997年	本科
		水文与水资源工程	2002年	本科
		港口航道与海岸工程	2004年	本科
3	土木与交通学院(原名土木工程系,1988年成立,2006年改为土木与交通学院)	土木工程	1978年	本科
		工程力学	2002年	本科
		交通工程	2002年	本科
		无机非金属材料工程	2007年	本科
		建筑节能技术与工程	2011年	本科
		再生资源科学与技术	2011年	本科
4	机械学院(原名机械工程系,1958年成立,2006年改为机械学院)	机械设计制造及其自动化	1951年	本科
		材料成型及控制工程	2001年	本科
		测控技术与仪器	2005年	本科
		交通运输	2005年	本科
5	电力学院(原名动力工程系,1958年成立,2006年改为电力学院)	热能与动力工程(分水动方向和热动方向)	1958年	本科
		电气工程及其自动化	2001年	本科
		自动化	2002年	本科
		电子科学与技术	2006年	本科
		核工程与核技术	2011年	本科
6	环境与市政工程学院(原名环境工程系,1993年成立,2006年改为环境与市政工程学院)	给水排水工程	1993年	本科
		环境工程	2000年	本科
		建筑环境与设备工程	1999年	本科
		消防工程	2003年	本科
		应用化学	2009年	本科

续表

序号	所属学院	专业名称	批准时间	层次
7	管理与经济学院（原名经济管理系，1994 年成立，2006 年改为管理与经济学院）	经济学	1994 年	本科
		会计学	1999 年	本科
		国际经济与贸易	2002 年	本科
		工业工程	2003 年	本科
		信息管理与信息系统	2003 年	本科
		市场营销	2006 年	本科
		物流管理	2009 年	本科
8	信息工程学院（原名信息工程系，1999 年成立，2007 年改为信息工程学院）	计算机科学与技术	1996 年	本科
		电子信息工程	2003 年	本科
		通信工程	2007 年	本科
		电子信息科学与技术	2007 年	本科
9	外国语学院（原名外国语言系，2002 年成立，2009 年改为外国语学院）	英语	2002 年	本科
		对外汉语	2008 年	本科
		俄语	2011 年	本科
10	数学与信息科学学院（原名数学与信息科学系，2004 年成立，2006 年改为数学与信息科学学院）	数学与应用数学	2003 年	本科
		统计学	2005 年	本科
		信息与计算科学	2001 年	本科
11	法学院（原名法学系，2004 年成立，2009 年改为法学院）	法学	2004 年	本科
		行政管理	2008 年	本科
		劳动与社会保障	2008 年	本科
12	建筑学院（2006 年成立）	建筑学	1995 年	本科
		城市规划	2001 年	本科
		艺术设计（分景观设计方向和视觉传达方向）	2003 年	本科
13	软件职业技术学院（2008 年成立）	软件技术	2008 年	专科
		计算机信息管理	2008 年	专科
		图形图像制作	2008 年	专科
		计算机多媒体技术	2008 年	专科
14	国际教育学院（2005 年成立）	会计电算化（与澳大利亚斯威本科技大学合办）	2006 年	专科
		建筑工程技术（与澳大利亚斯威本科技大学合办）	2006 年	专科

2002—2011年本、专科学生情况统计表

年度	在校生数			招生数			毕业生数		
	合计	本科	专科	合计	本科	专科	合计	本科	专科
2002年	7 387	7 387	0	2 820	2 820	0	939	939	0
2003年	11 142	11 142	0	3 011	3 011	0	1 008	1 008	0
2004年	11 132	11 132	0	3 112	3 112	0	2 683	2 683	0
2005年	11 832	11 832	0	3 244	3 244	0	2 710	2 710	0
2006年	13 780	13 780	0	5 334	5 094	240	2 704	2 704	0
2007年	13 956	13 793	163	5 106	4 866	240	2 918	2 918	0
2008年	15 693	15 403	290	5 876	5 236	640	3 789	3 789	0
2009年	16 829	16 415	414	6 288	5 647	641	3 677	3 523	154
2010年	18 673	17 791	882	7 045	6 343	702	4 468	4 117	351
2011年	20 322	19 380	942	8 776	7 116	1 660	4 575	4 216	359

(招生由崔冰提供,在校生由田刚提供,毕业生由谢俊莹提供)

省级重点学科一览表

序号	名称	批次	建设期	备注
1	土木工程	第七批	2008—2010	省级一级重点学科
2	水利工程	第七批	2008—2010	省级一级重点学科
3	环境科学与工程	第七批	2008—2010	省级一级重点学科
4	应用数学	第七批	2008—2010	省级二级重点学科
5	机械设计及理论	第七批	2008—2010	省级二级重点学科
6	流体机械及工程	第七批	2008—2010	省级二级重点学科
7	计算机应用技术	第七批	2008—2010	省级二级重点学科
8	岩土工程	第七批	2008—2010	省级二级重点学科
9	结构工程	第七批	2008—2010	省级二级重点学科
10	市政工程	第七批	2008—2010	省级二级重点学科
11	防灾减灾工程及防护工程	第七批	2008—2010	省级二级重点学科
12	桥梁与隧道工程	第七批	2008—2010	省级二级重点学科
13	农业水土工程	第七批	2008—2010	省级二级重点学科
14	水文学及水资源	第七批	2008—2010	省级二级重点学科
15	水力学及河流动力学	第七批	2008—2010	省级二级重点学科
16	水工结构工程	第七批	2008—2010	省级二级重点学科
17	水利水电工程	第七批	2008—2010	省级二级重点学科
18	港口、海岸及近海工程	第七批	2008—2010	省级二级重点学科
19	地质工程	第七批	2008—2010	省级二级重点学科
20	环境工程	第七批	2008—2010	省级二级重点学科
21	水土保持与荒漠化防治	第七批	2008—2010	省级二级重点学科
22	技术经济及管理	第七批	2008—2010	省级二级重点学科

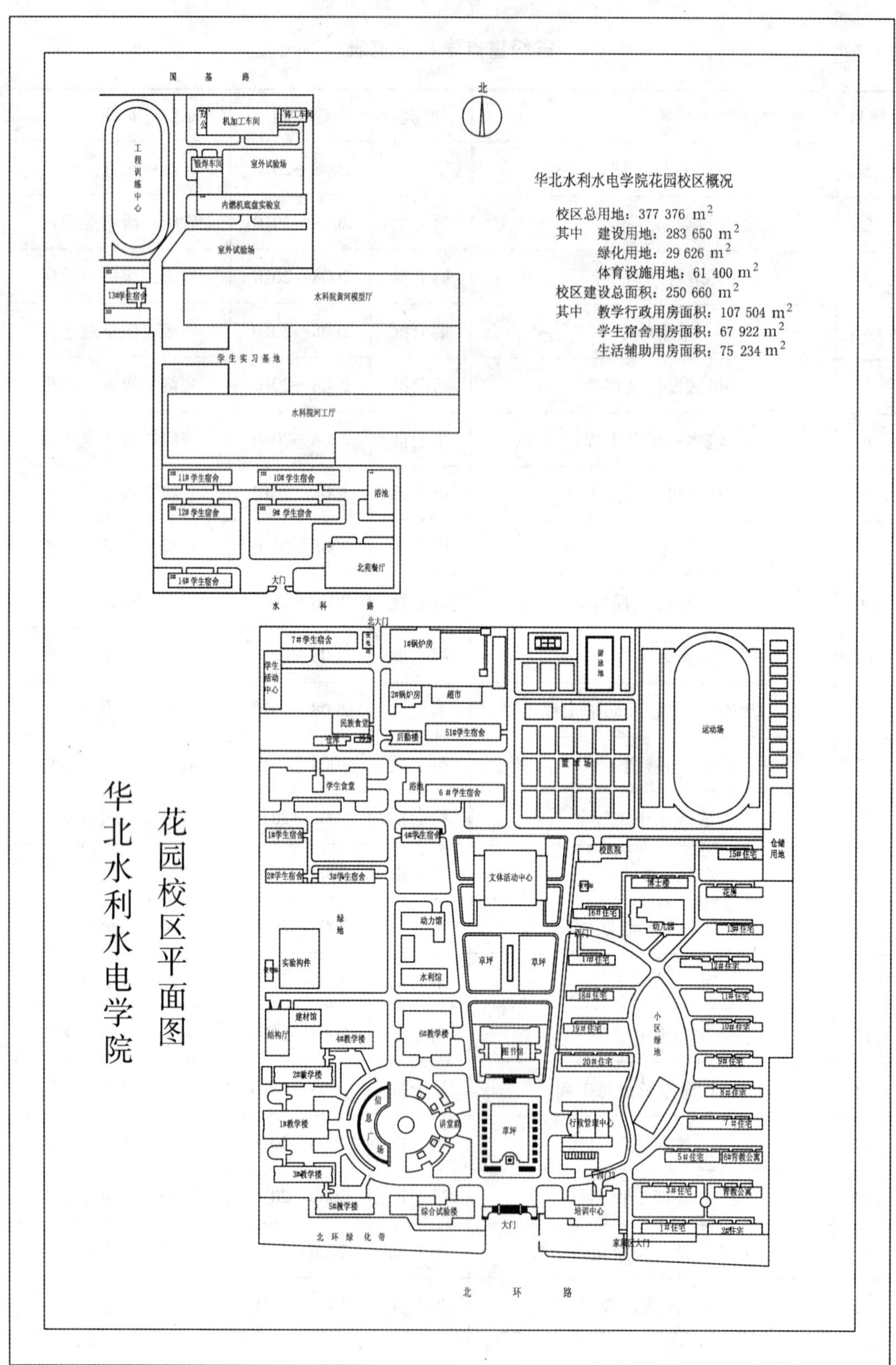
华北水利水电学院
花园校区平面图
华北水利水电学院花园校区概况
校区总用地：377 376 m²
其中　建设用地：283 650 m²
绿化用地：29 626 m²
体育设施用地：61 400 m²
校区建设总面积：250 660 m²
其中　教学行政用房面积：107 504 m²
学生宿舍用房面积：67 922 m²
生活辅助用房面积：75 234 m²
北
国基路
工程训练中心
机加工车间
铸工车间
锻焊车间
室外试验场
内燃机底盘实验室
室外试验场
13#学生宿舍
水科院黄河模型厅
学生实习基地
水科院河工厅
11#学生宿舍
10#学生宿舍
浴池
12#学生宿舍
9#学生宿舍
北苑餐厅
14#学生宿舍
大门
水利路
北大门
7#学生宿舍
1#锅炉房
游泳池
学生活动中心
2#锅炉房
超市
运动场
民族食堂
后勤楼
5I#学生宿舍
学生食堂
篮球场
浴池
6#学生宿舍
1#学生宿舍
4#学生宿舍
仓储用地
校医院
15#住宅
2#学生宿舍
3#学生宿舍
文体活动中心
博士楼
花房
绿地
动力馆
16#住宅
幼儿园
13#住宅
西门1
实验构件
草坪
草坪
17#住宅
12#住宅
水利馆
18#住宅
11#住宅
建材馆
小区绿地
结构厅
19#住宅
10#住宅
4#教学楼
6#教学楼
图书馆
20#住宅
9#住宅
2#教学楼
8#住宅
信息广场
1#教学楼
讲堂群
草坪
行政管理中心
7#住宅
5#住宅
6#青教公寓
3#教学楼
西门2
3#住宅
青教公寓
5#教学楼
综合试验楼
培训中心
大门
1#住宅
2#住宅
北环绿化带
家属区大门
北环路

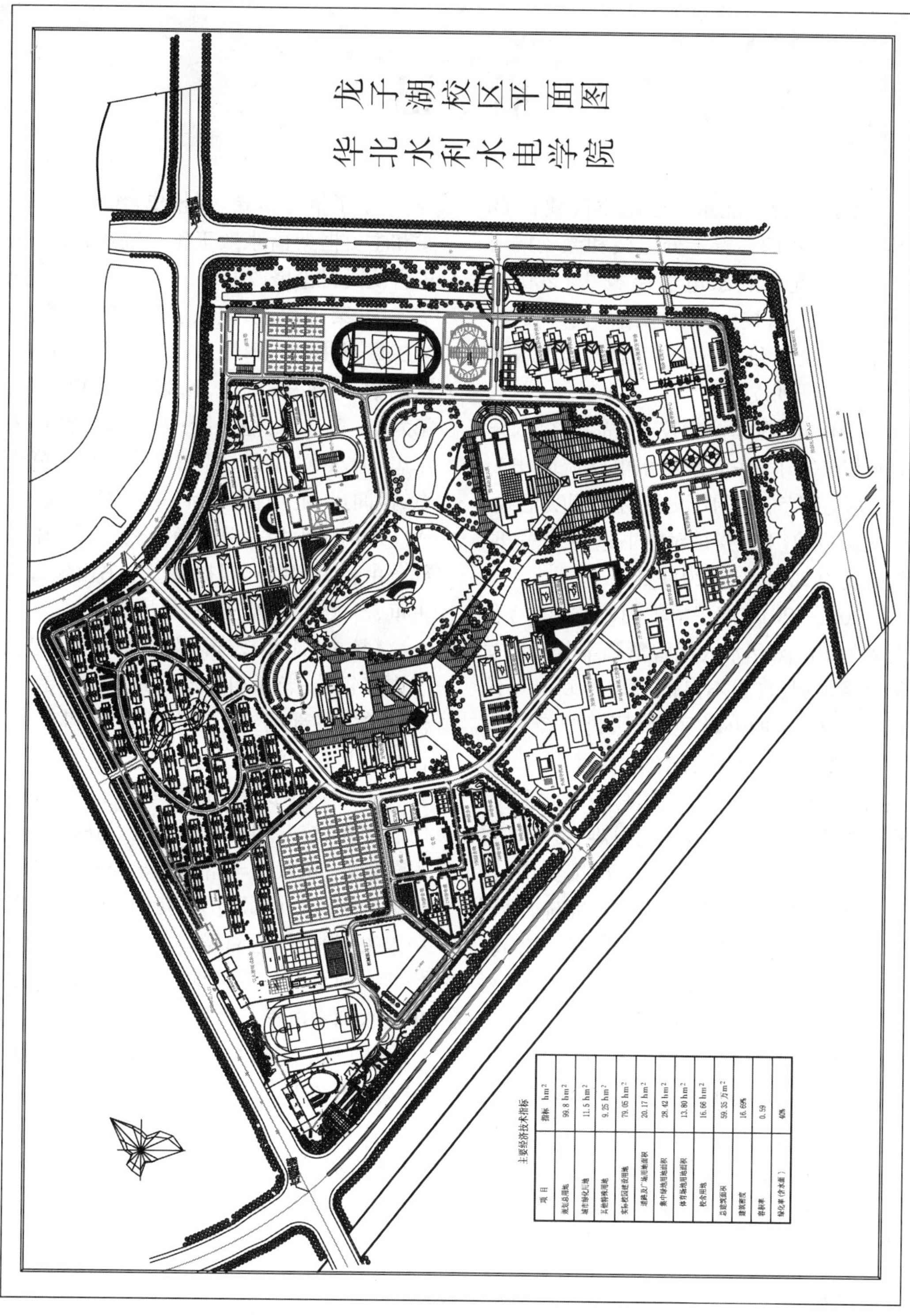

项　目	指标　hm^2
规划总用地	99.8 hm^2
城市绿化用地	11.5 hm^2
其他特殊用地	9.25 hm^2
实际校园建设用地	79.05 hm^2
道路及广场用地面积	20.17 hm^2
集中绿地用地面积	28.42 hm^2
体育场地用地面积	13.80 hm^2
校舍用地	16.66 hm^2
总建筑面积	59.35 万m^2
建筑密度	16.69%
容积率	0.59
绿化率（含水面）	40%

后 记

值此庆祝华北水利水电学院建校60周年之际,我们怀着十分虔诚和激动的心情,将《华北水利水电学院校史(2001—2011)》(简称《校史》)奉献给海内外校友、全体师生员工和关心关注我校建设与发展的社会各届朋友们。

2001年,在学校建校50周年之时,学校组织编写了《华北水利水电学院院史》,对学校办学50年的历史进行了翔实记载。本次编写的《校史》是对前书进行续写,时间跨度为2001年至2011年。

2001—2011年是学校固本强基、特色发展的10年,华水人用智慧和辛劳又谱写了情系水利、自强不息的辉煌乐章。系统总结这10年的办学经验,探讨学校的发展,意义深远。承载着前辈、师生员工、广大校友的殷殷期待,校史编写组承此重任,虽感荣幸,却又深知修史之艰难,责任之重大,不敢有丝毫草率、懈怠。在撰文中,校史编写组力求用笔客观、翔实、准确,再现学校发展轨迹,体现学校办学特色,突出教育教学发展主线,诚愿撰成可读、可感、可借鉴之史书。但囿于编写组人员水平和资料所限,难免有诸多疏漏和不当之处,离撰写愿望尚有相当距离。恳盼全体师生员工、广大校友、读者和社会各界不吝赐教,多加批评指正。

《校史》编撰工作启动以来,学校党委书记朱海风、校长严大考高度重视,全程参与,给予了精心指导。《校史》编写工作方案和主史框架由张殿玉策划提出,编写组进行认真讨论修改而成。主史部分编写执笔人为:第一章,丁立杰、潘松岭、宋孝忠;第二章,刘法贵;第三章,孙明权、景中强;第四章,陈南祥、刘法贵;第五章,程思康;第六章,李有华、程思康;第七章,费昕、宋孝忠;第八章,田逸;第九章,饶明奇;第十章,孟闻远、范功伟;第十一章,周锦安、田逸。部门史由相关单位负责人撰写。附录部分由相关职能部门提供。全书由朱海风主审,严大考、张殿玉、程思康统稿。

《校史》能在校庆之际如期出版,得到了许多领导、老师和校友们的悉心指导,学校各单位各部门给予了积极配合和支持,在此一并表示深深谢意。

60年风雨历程,60年不懈奋斗,学校历届领导、校友和全体师生员工齐心协力,艰苦创业,积累了丰富的办学经验,取得了巨大的成就。回顾过去,我们豪情满怀;展望未来,我们信心百倍。让我们共同祝愿华北水利水电学院的明天更加美好,祝愿华北水利水电学院再铸辉煌!

谨以此书向华北水利水电学院诞辰60周年献礼!

《华北水利水电学院校史(2001—2011)》
编写组
2011年8月